中芬合著：造纸及其装备科学技术丛书（中文版）第十一卷

"十三五"国家重点出版物出版规划项目

造纸Ⅲ 纸页完成

Papermaking Part Ⅲ Finishing

[芬兰] **Pentti Rautiainen** 著
[中国] 何北海 文海平 刘文波 李湘红 胡剑榕 译

中国轻工业出版社

图书在版编目(CIP)数据

造纸Ⅲ　纸页完成／(芬)罗裴迪(Pentti Rautiainen)著;何北海等译.—北京:中国轻工业出版社,2019.6

(中芬合著造纸及其装备科学技术丛书;11)

“十三五”国家重点出版物出版规划项目

ISBN 978-7-5184-1102-3

Ⅰ.①造…　Ⅱ.①罗…②何…　Ⅲ.①造纸　Ⅳ.①TS75

中国版本图书馆 CIP 数据核字(2016)第 218283 号

责任编辑:林　媛

策划编辑:林　媛　责任终审:滕炎福　封面设计:锋尚设计

版式设计:锋尚设计　责任校对:吴大鹏　责任监印:张　可

出版发行:中国轻工业出版社(北京东长安街 6 号,邮编:100740)

印　　刷:三河市万龙印装有限公司

经　　销:各地新华书店

版　　次:2019 年 6 月第 1 版第 2 次印刷

开　　本:787×1092　1/16　印张:17.75

字　　数:454 千字

书　　号:ISBN 978-7-5184-1102-3　定价:110.00 元

邮购电话:010-65241695

发行电话:010-85119835　传真:85113293

网　　址:http://www.chlip.com.cn

Email:club@chlip.com.cn

如发现图书残缺请与我社邮购联系调换

190583K4C102ZBW

中芬合著：造纸及其装备科学技术丛书（中文版）编辑委员会

序

芬兰造纸科学技术水平处于世界前列，近期修订出版了《造纸科学技术丛书》。该丛书共20卷，涵盖了产业经济、造纸资源、制浆造纸工艺、环境控制、生物质精炼等科学技术领域，引起了我们业内学者、企业家和科技工作者的关注。

姜丰伟、曹振雷、胡楠三人与芬兰学者马格努斯·丹森合著的该丛书第一卷“制浆造纸经济学”中文版将于2012年出版。该书在翻译原著的基础上加入中方的研究内容：遵循产学研相结合的原则，结合国情从造纸行业的实际问题出发，通过调查研究，以战略眼光去寻求解决问题的路径。

这种合著方式的实践使参与者和知情者得到启示，产生了把这一工作扩展到整个丛书的想法，并得到了造纸协会和学会的支持，也得到了芬兰造纸工程师协会的响应。经研究决定，从芬方购买丛书余下十九卷的版权，全部译成中文，并加入中方撰写的书稿，既可以按第一卷“同一本书”的合著方式出版，也可以部分卷书为芬方原著的翻译版，当然更可以中方独立撰写若干卷书，但从总体上来说，中文版的丛书是中芬合著。

该丛书为“中芬合著：造纸及其装备科学技术丛书（中文版）”，增加“及其装备”四字是因为芬方原著仅从制浆造纸工艺技术角度介绍了一些装备，而对装备的研究开发、制造和使用的系统理论、结构和方法等方面则写得很少，想借此机会“检阅”我们造纸及其装备行业的学习、消化吸收和自主创新能力，同时体现对国家“十二五”高端装备制造业这一战略性新兴产业的重视。因此，上述独立撰写的若干卷书主要是装备。初步估计，该“丛书”约30卷，随着合著工作的进展可能稍许调整和完善。

中芬合著“丛书”中文版的工作量大，也有较大的难度，但对造纸及其装备行业的意义是显而易见的：首先，能为业内众多企业家、科技工作者、教师和学生提供学习和借鉴的平台，体现知识对行业可持续发展的贡献；其次，对我们业内学者的学术成果是一次展示和评价，在学习国外先进科学技术的基础上，不断提升自主创新能力，推动行业的科技进步；第三，对我国造纸及其装备行业教科书的更新也有一定的促进作用。

显然，组织实施这一“丛书”的撰写、编辑和出版工作，是一个较大的系统工程，将在该产业的发展史上留下浓重的一笔，对轻工其他行业也有一定的借鉴作用。希望造纸及其装备行业的企业家和科技工作者积极参与，以严谨的学风精心组织、翻译、撰写和编辑，以我们的艰辛努力服务于行业的可持续发展，做出应有的贡献。

中国轻工业联合会会长　步正发

2011年12月

中芬合著:造纸及其装备科学技术丛书(中文版)的出版
得到了下列公司的支持,特在此一并表示感谢!

芬欧汇川集团

维美德集团

JH 江河纸业
Jianghe Paper

河南江河纸业有限责任公司

河南大指造纸装备集成工程有限公司

前　言

本书为芬兰《造纸科学与技术丛书》之《造纸Ⅲ　纸页完成》的中文版。本书所涉及的内容，是造纸工艺最后的一个重要过程，该过程的技术发展和进步越来越受到造纸工作者的关注。但由于传统造纸工艺的重点在于纸浆打浆和纸页抄造、压榨和干燥，对后续的纸页完成工艺在一般教科书中着墨甚少。本译著的完成希望为我国造纸工作者提供多一些纸页完成过程的工艺原理和设备操作的国外技术资料。

本书第1章压光由华南理工大学何北海教授（1.1～1.4）和轻工业杭州机电设计研究院文海平工程师（1.5～1.7）合作翻译；第2章卷取和复卷由广州造纸集团有限公司刘文波工程师和李湘红高级工程师［现任职安德里茨（中国）有限公司］共同翻译；第3章纸卷的包装和处理由华南理工大学何北海教授翻译；第4章纸页完成由福伊特造纸（中国）有限公司胡剑榕产品经理翻译。

由于纸页完成工艺涉及较多和较细的设备构造和操作知识，本人刚接到本书翻译任务时也深感这方面知识的不足。所幸有机会到有关造纸厂现场向工程技术人员请教，充实和更新知识。同时还得益于本课题组几位已毕业研究生的鼎力相助，他们从事造纸机械设计、制造和运行操作的实践经验，使本书的翻译工作得以完成。由于译者的学识水平特别是实际操作知识有限，翻译过程难免有不完善和差错之处，敬请读者批评指正。

在本书完稿之际，感谢参与本书翻译工作的几位硕士毕业生，也藉此祝愿这些年轻的造纸工作者能继往开来，不断进步。同时感谢杨旭教授级高工，他提供的翻译意见使我受益匪浅；还要感谢林媛女士和各位编审，她们付出的辛勤劳动使本书得以顺利出版。

何北海

2016.03

目　录

CONTENTS

第1章 压 光

1.1 导言

1.1.1 压光简介

纸页需经压光工序以满足涂布、印刷等后续加工的要求。在压光过程中,纸或纸板经过两压辊、多压辊或压辊/压带复合压光等压力作用后致其厚度减少。

压光过程以压力作用于纸页,通过热量、湿度或其他的变化来改善纸或纸板的模塑性能。简而言之,压光过程就是通过机械压力作用于纸或纸板改变其塑化特性,以达到减少其厚度的目的。

压光过程主要体现于纸幅在压区受到机械压力作用,一般用压区压力(nip pressure)、压区长度(nip length)或压力持续时间(duration of compression)来描述。纸或纸板塑化特性一般可用压光机的控制变量来表述,如压辊热量、纸或纸板进入压区前段湿度以及压光过程中加入水量等。压光过程是一个较为复杂的过程,涉及压区压力和纸页厚度变化等方面,虽然纸或纸板的塑化是我们非常需要的,但是想用简单的术语和一般适用理论解释是非常困难的,因而需要多种理论的集成。

如还想关注压光过程如何改变了纸页的厚度和平滑度等方面的理论,请留意:

① 压光辊表面对纸页的塑形;

② 纸页平面中材料的定向。

与湿纸幅压榨相比,纸或纸板压光时处于较低的湿含量,因而对压力有较好的适应性。如果以长久的变形为目标,则需要较高的压区压力。

一个典型的进展就是将压光机分为两组:即预压光和后压光。预压光的目的是为后续工序(如涂布等)对纸或纸板进行整饰;而后压光是对纸或纸板性能进行优化,为后续的印刷和纸加工服务。压光过程设计应把握一种平衡尺度,既希望通过压光改善纸页的表面性能,又要避免在纸页厚度减少时发生一些不良变化,如透明度降低、白度降低以及纸面变黑。

对于印刷纸和文化用纸,后压光往往采用典型的复合压区压光,使得纸页具有高质量的表面特性以适应印刷的要求。在这种情况下,主要关注点是优化纸页的表面性能。而对于预压光的配置,则采用相对简单的单压区压光。

压光机还有一个重要的作用,是保证纸或纸板生产线良好的安全运行特性。预压光可用于校正纸幅的横向分布以改善下道造纸工序的运行性能。后压光则通过调控纸幅的横向分布为下一道工序操作奠定良好的基础，如调控纸幅的厚度横向分布和张力横向分布等，可对后续的纸幅卷取工序产生重要的影响。

压光操作本身也受到进入压光机纸页性能的极大影响，如纸页边缘破裂、孔洞、纸幅含水量等，这些因素会引起压光过程中纸幅起皱乃至断头。

1.1.2　压光的历史

自从有了造纸术后，用于改善纸页表面特性和平滑纸幅的技术就一直在应用。如早期手抄纸在干燥后就用光滑的石头（如玛瑙石、浮石等）磨光处理[1]。这种方法改善了纸页的光滑性和平整度。稍后，更均匀的纸幅表面整饰的工艺出现了，即把纸幅置于非常光滑的铜板之间，然后由水力驱动的锤和辊施加压力进行压光。这种用铜板在金属辊辅助下对纸幅施加多达20～30t压力的机器，可认为是历史上第一台压光机（见图1－1）。纸页经过3～4道辊压处理后，一般称为碾压纸（rolled paper），而对于经过更多道压光处理的纸页，则称为蜡光纸（glazed paper）[2]。

在19世纪初期，第一台造纸机以无端网开始造纸，此时的压光操作仍然是机外压光。1830年，一种可对连续纸幅进行压光的辊式压光机获得专利。与此同时，一种新的磨压辊方法也获得专利[3]。在19世纪中叶，第一台压光机安装在造纸机上，逐渐替代了纸幅机外压光整饰的需求。第一代的机械压光机至少配置两个硬质金属辊以构成压区。此后不久，发明了一种更为有效的超级压光工艺，这种工艺变换采用软辊和硬辊组成压区，纸页经过这种压光后获得较高的光泽度和平滑度。与原有的硬辊压光相比，由于超级压光中的软辊均衡了压区的压力，因而超级压光对纸幅的整饰性能更为均匀和有效。超级压光中的软辊是用天然纤维材料（如棉花或羊毛）充填制造的，即把许多天然纤维薄圆片穿在一根钢轴上，然后经高压锁紧制成软辊。由于这种充填软辊表面容易受纸幅上的瑕疵和破损的影响而留下印痕，因此必须经常更换。鉴于此种原因，超级压光机保持着机外压光的操作方式一直到150多年之后（参见图1－2）。

图1－1　早期的金属板式压光机

图1－2　早期的超级压光机

在过去的二三十年中,硬辊压区机械压光和充填软辊超级压光占据了纸和纸板压光操作的主流。随着造纸机整体水平的发展和压光机及其主要元部件的改进,更宽幅和更高速度压光机已经研发出来了。挠度补偿辊的出现,避免了对压辊表面的损害,使采用更宽的负荷区域成为可能。加热硬辊的发明也使得增加压光过程温度成为可能。再如出现了便于换辊的方法以及纸幅断头时压辊迅速分离的技术等,众多的发明改善了机外超级压光过程的效率。然而,超级压光的充填辊仍受到提升压力负荷和速度等因素的限制。

高定量的纸种的压光采用较高的过程温度,这些通常靠使用软橡胶基包覆的抗压痕压辊来实现,这一过程则称为光泽压光。对于某些纸种,引入塑料聚合物包覆辊替代橡胶包覆辊,可以获得较高的压光压力。早在 20 世纪 80 年代初期,这些软压光就被用于亚光和半光纸的机内压光。在不到 20 年间,机内软压光已经成为对这些纸种压光的工业标准,以其弹性软压光区的特征将高效的在线压光过程和均匀的整饰结果完美结合。

进入 20 世纪 90 年代,压光辊的软包覆发展成熟,可以承受较高的负荷,并开始取代充填辊用于超级压光。原来使用充填辊时几乎每天都要换辊和磨辊,而使用包覆软辊后可以保持运行几个星期,此举大大提高了超级压光的效率。

在 20 世纪 90 年代中期,出现了复合压区压光,该技术采用聚合物辊以产生较高的温度和线性的压力,并首次被用于离线压光而替代超级压光。不久随着纸幅穿引系统的完善,这种压光机已经安装在造纸机内运行,从而实现了真正意义上的在线超级压光。今天,大多数纸种可以由在线压光来完成,甚至在高速纸机上也可以实现。

还有一项新的压光技术也是在 20 世纪 90 年代中期出现的,该技术将造纸机的靴形压榨的压区延伸与软压光的高温操作相结合,被称作靴形压光。纸幅在高过程温度、长停留时间和低压区压力等综合因素下,实现了保留松厚度的压光理论目标。

在此基础上,一个完全新型的延伸宽压区压光(extended calendering)工艺在近年发展起来了。这种压光机的压区长达 1m,由一条加热的金属板带和一个加热压辊组成。与靴形压光相比,金属带宽压区压光的压力分布更为均匀,并可减少纸幅松厚度的降低。

1.1.3 目前发展趋势

在过去的 15 至 20 年间,不论是预压光和后压光技术均经历了重点变化。

对于预压光,已经采用宽压区压光来替代传统的单压区硬辊压光,并强调提升纸和纸板的性能。对于涂布纸板压光,采用这种强化的预压光配置取代扬克缸已经取得了提高纸页松厚度和生产产量的效益。

对于后压光,已经趋向于全部在线的解决方案,特别是对于印刷纸和书写纸。这种方案起始于全在线的超级压光纸生产线,进入 21 世纪时在低定量涂布纸生产线上达到高峰。在进入新世纪后,超级压光 A 级纸和全化学浆涂布纸的全在线压光生产线纷纷上马。这些成就使得在线压光机的运行速度从超级压光机的 600 ~ 700m/min 提升到复合压区压光机的 1900m/min,而纸页质量也保持了良好的水平。换句话说,这种惊人的速度变化大大带动了整个压光机领域的发展。从压光过程本身来说,通过技术革新也得到了极大的改善。如出现了温度梯度辊、湿度梯度辊以及具有长停留时间和高温特色的金属带式压光机。促进这些成就产生的重要技术之一,应归功于聚合物包覆塑性辊的引入和发展。原有用于超级压光机的充填辊受到自身的限制,使操作车速、负荷和温度只能达到适度的水平。聚合物材料及其制造技术和包覆辊结构设计的研发,使压区具有较少的滞后和发热,为高速、高负荷及高温压光机的应用铺平了道路。

值得一提的是多压区等压力负荷技术是多压区压光技术中最重要的发明之一。

1.2　压光工艺

纸页压光的主要目的是为下一道工序(如印刷和涂布)做准备,即纸页通过两辊之间的压光区域以获得预期的纸页性能。压力在压区施加,并伴有热能的作用,纸幅在此过程中被压缩其表面结构并得以平整。在此过程中,纸页发生了较大的永久性变化。随着所希望的纸页致密化性质(如粗糙度、孔隙率、吸收性和光泽度等)的改善,所对应一些纸页性能指标下降,如弯曲挺度以及白度、不透明度和黑变等光学性能。

1.2.1　压光的基本原理

如图1-3所示,压光的基本工艺参数和纸页性能指标共同决定了纸页的压缩程度和最终的纸页性能。影响纸页最终性能的压光工艺参数主要有压区压力、停留时间以及压光表面的粗糙程度。纸页的性能参数主要有纸页在压区的温度、湿含量、浆料配比以及纸页结构(如匀度、填料分布以及涂布层等)。

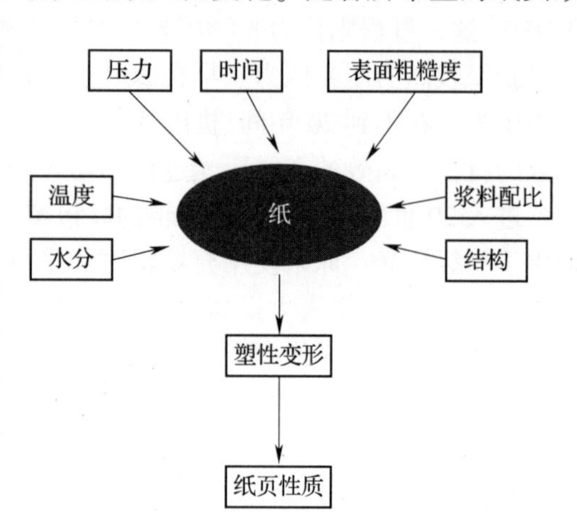

图1-3　压光工艺基本参数方框图

1.2.2　压光机参数

压光机参数随压光机的典型结构不同而异。实际上,可调的参数包括压光区的类型(如辊压区、靴压区或带压区)、压辊材料和密度、压区数量、压光机车速和线压力负荷等。

1.2.2.1　压区压力

压光区的压力平均值可用负荷系统施以的外力除以压区面积来计算。常用的压区压力单位是兆帕(MPa),一般压区压力的最大值可以从0.2MPa(如一些带式压光机的压区)直至100MPa(如一些硬辊压光机的压区),而软压区的压力最大值一般在10MPa至60MPa之间。

虽然压力是表征纸页在压区一个适用的物理参数特性,但在实际上也常常用线压负荷(外力除以压区的横向宽度)来替代。这实际的原因是压区确切的压力值常常是不知道的,因为纸机方向上压区的长度通常是随着压辊密度、压辊材料、施加外力以及纸页性能等的变化而变化,并非一个恒定值而是沿着纸机方向分布(参见1.2.4.2节)。通常使用的线压负荷单位为kN/m,典型的线压负荷范围一般在10kN/m至600kN/m。

一般来说,压力分布在纸页厚度方向是均匀的,纸页厚度可能的变化仅取决于纸页本身的性质。在纸页表面方向,由于纸页结构的不均匀性和纸页表面的不平整性,局部压力可能会有所不同。此外,压辊表面的一致性差异也会影响到纸页表面方向压力的变化(见图1-4)。对于硬辊压区,所有的局部非均匀性被视为压力的变化;而对于软辊压区,软辊表面的部分变形平衡了由于局部不均匀性引起的压力波动。由此可知,硬压区压光只获得均匀的纸页厚度而并非均匀的纸页密度。对于软辊压光则相反,纸页获得更均一的密度而仍然保留不均匀的厚度。

一般来说,增加压区压力意味着成纸性能需要更致密的结构和更大的改善。图1-5所示为 6 辊复合压光机的线压负荷变化对纸页光泽度的影响,该纸种为 SC 纸,每面都经过了两对软/硬辊压区的压光。随着线压负荷从 40kN/m 变化到 650kN/m,亨特光泽度(Hunter gloss)也从 19% ~25% 提高到 43% ~49% 。

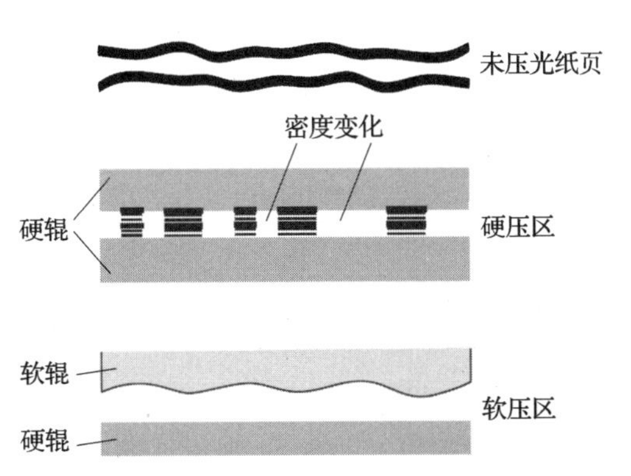

图 1-4 经过硬压区和软压区的纸页结构

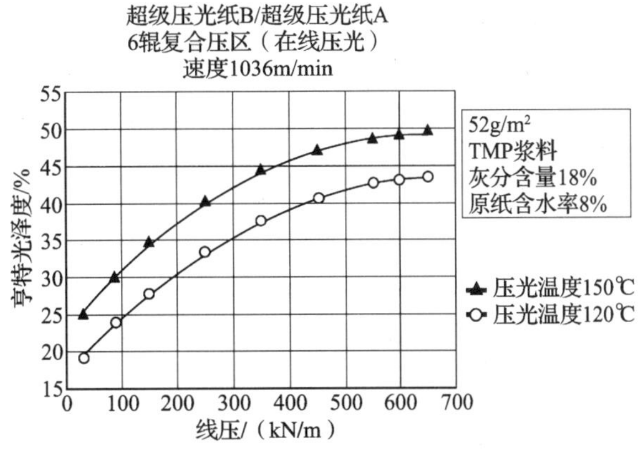

图 1-5 6 辊复合压光机的线压负荷与纸页光泽度的关系

图 1-6 示出了纸页受压时典型的应力—应变曲线[4]。在较低的压力水平下,纸页为弹性变形,即非永久性变形。而当压力继续升高超过了屈服应力后,纸页则呈弹—塑性变形,此时纤维被压缩以及纤维间孔隙塌陷,形成了部分永久变形。最后当压力达到很高值时,纤维和纤维网络结构被压溃。在很多场合下,要定义纸页真实的屈服压力是困难的。一般将一个较低的塑性变形量(如 0.02%)作为实际的界限。此外,对于不同的纸种,屈服压力和压溃压力也是随之变化的。在一定条件下,如当压力高于 0.05MPa 时,可以看出塑性变形已经发生了。对于一些较干和较挺硬的纤维来说,需要 50MPa 以上的压力才能发生永久变形,典型的纤维压溃则发生在 50 ~150MPa 的压力范围内。

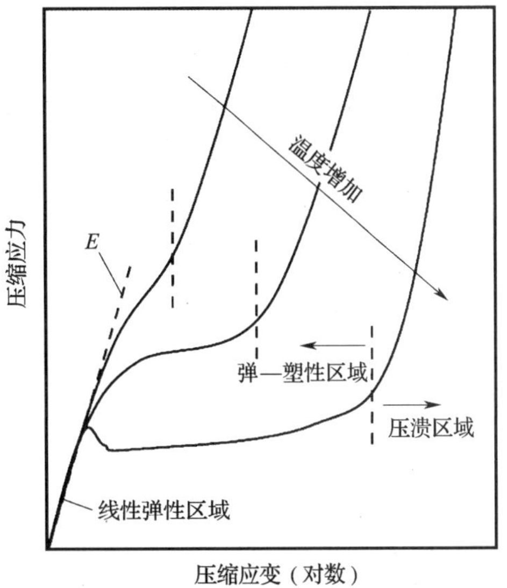

图 1-6 纸页压缩的应力—应变曲线[4]

1.2.2.2 停留时间

纸页在压光过程中表现为黏弹性行为。事实上,施压时间影响着纸页的塑性变形量。在纸页压光过程中,典型负荷速率引起的黏弹性变形并不是很大,仅仅对纸页的压缩模量有一些改变[5]。然而在一定的压力下,可以清晰地观察到纸页的蠕动变形[6]。图 1-7 给出了超级压光纸(SC)压光速率与蠕动试验的例子。

尽管事实上纸的行为是黏弹性的,但大多数压区停留时间的影响是来自于从热辊传递到纸幅的热流。压区停留时间越长,纸页厚度方向受热越深,则纸页聚合体变得越软。

纸页在压区的停留时间可用纸机方向压区的长度除以压光机的速度来计算。正如前面提及的(见 1.2.2.1 节),压区的长度并不能精确得知,然而可以大致估算。一般典型的压区长度为 1 ~10mm(从硬辊到软辊),这意味着在典型的压光过程中停留时间小于 1ms。由于压光

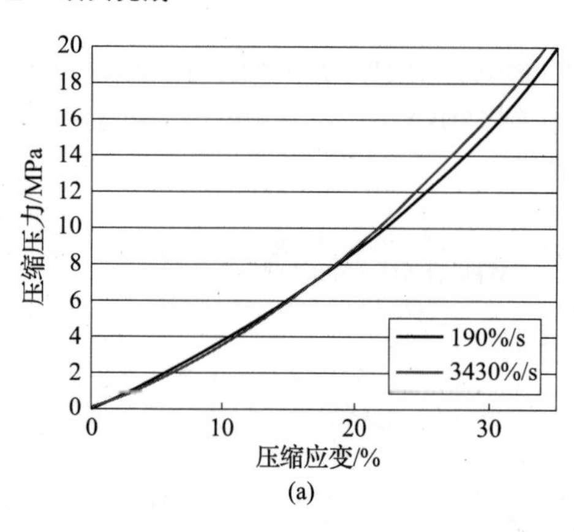

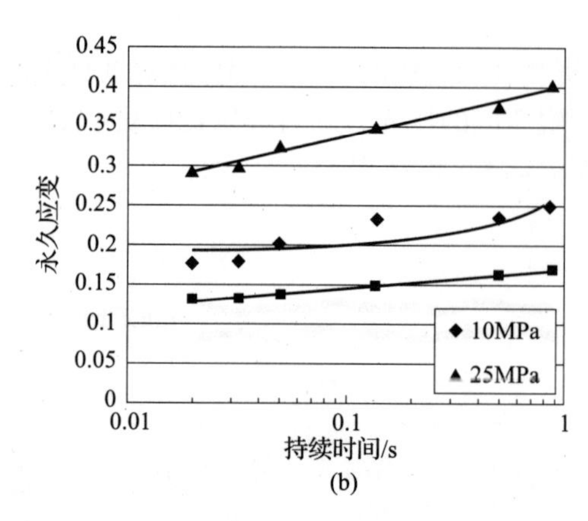

图 1-7 室温下超级压光原纸的受压变形行为

(a)两种不同压光速率的纸页压光应力与压光应变 (b)塑性压力应变与恒定压力下压区保持时间的关系

辊与纸页的热流接触阻力较大,纸页的热传导系数较差,如果停留时间较短,则只有纸页的表面可以达到压辊的温度。对于一些带式压区压光,纸页停留时间可达 100ms,则原纸的整个结构都会被彻底加热。

一种增加压光效率的方法是采用较多的压区。压光效果仅有很小部分取决于纸页的黏性蠕动,而绝大部分取决于压辊连续不断地传递到纸页的热量。图 1-8 给出了低定量涂布纸(LWC)在 12 辊复合压区压光中的情况。从图中可以看出,经过每一个压区后,纸页的光泽度增加,特别是与热辊接触的纸页那一面(顶面,TS)。

压光机速度是一个影响压区停留时间的控制变量。图 1-9 给出了为达到一定质量的超级压光纸(SC)所需的压光线压与压光机速度的关系。较高的压区压力和压辊表面温度可以补偿压光机速度的增加。

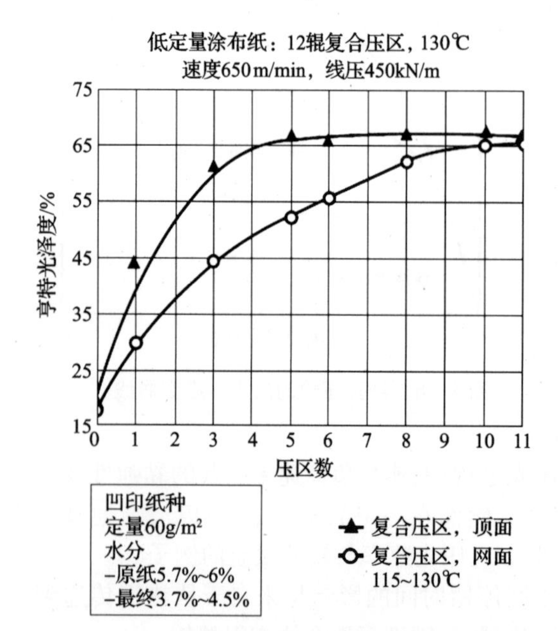

图 1-8 LWC 纸在各个压区获得的平滑度水平(压光线压 450kN/m,热辊表面温度 130℃,车速 650m/min。进入第一个压区的纸幅顶面接触的是热辊)

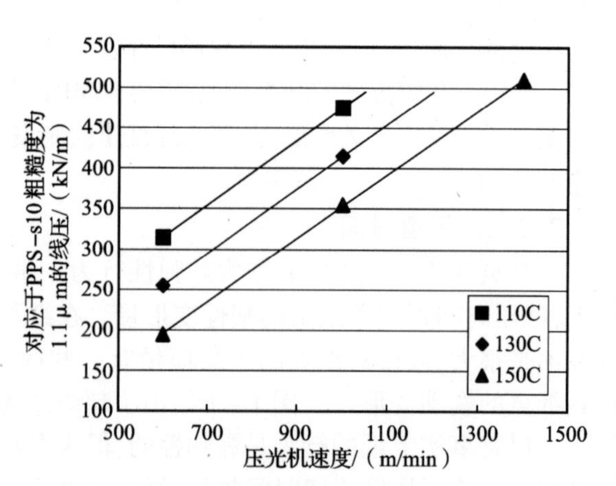

图 1-9 10 辊复合压区压光机获得粗糙度 1.1μm(PPS-s10)的线压水平与压光机车速的关系(不同曲线表示不同的热辊表面温度)

事实上，对于机外压光操作，压光机的速度一直被用于纸页质量的控制参数。而对于机内压光来说，压光机速度则与纸机的车速或涂布机的车速相一致，此时压光机速度已成为造纸线上的固定设计参数。

1.2.2.3 表面粗糙度

由于压区压力大变化，压光机压辊表面的纹路会部分地重现在纸页的表面。当受压纸页较柔软且表面粗糙度较低(如涂布纸)时，这种纹路转移重现较充分。事实上，这意味着热压辊的表面粗糙度越小则获得纸页的光泽度越高。另一方面，对于一些亚光纸种的压光，则采用表面粗糙度较大的热辊。

图 1－10 示出了热压辊表面与相对应的纸页表面的微观图像，从图中可以看出在压辊和纸页表面有相同的微观形态细节。

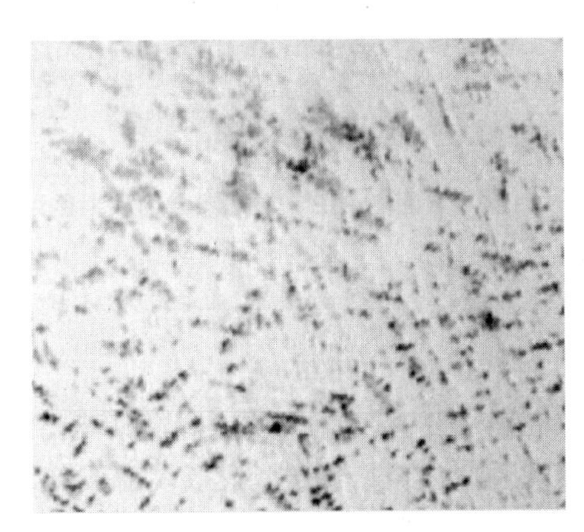

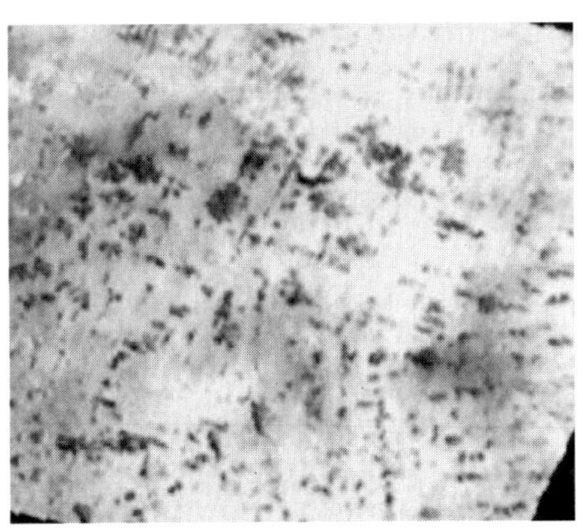

图 1－10 同一位置的热压辊表面(左)与纸页表面(右)的微观图像

(图像尺寸为 1.0×0.7mm，纸页为 WFC，化学浆涂布纸)

1.2.3 纸页的塑性

由于无机填料和颜料有较大的弹性模量，因而压光中纸页在压区的变形主要取决于纸页高分子聚合物的性质。纸页高聚物比例的差异取决于纸张品种和浆料配比的不同。

木材纤维包括三种无定形的聚合物：木素、半纤维素和纤维素。纤维素也包含一些结晶的结构(参见本系列丛书《森林产品化学》)。在涂布纸中，涂层含有连结料，既有合成的无定形聚合物，如丁苯胶乳，又有天然高分子聚合物，如淀粉等，淀粉也应用于非涂布纸中。一些高分子聚合物则用于填料留着、树脂控制等目的。

1.2.3.1 纸页中聚合物的变形

随着纸页温度和湿含量的增加，纸页中的聚合物软化，弹性模量降低，在一定的压力下塑性变形增加。纸页中无定形聚合物的塑性变形与温度的关系如图 1－11 所示，从图中可见材料的弹性模量随温度的变化一般可分为 5 个区域。

在低温情况下，纸页中的聚合物主要是弹性或脆性的，属玻璃化区(如图 1－11 中的 1 区)。此时弹性模量很大且受温度影响的变化较小。随着温度升高，聚合物的弹性模量迅速下降，此时称为玻璃化转变(如图 1－11 的 2 区)。在大多数的情况下，玻璃化转变区是压光操作的目标区域，因为与玻璃化区域相比，进入玻璃化转变区域的纸页有更好的可塑性且纸页性能在压光中有更好的改善。另一方面，从热辊传递到纸页所需的热量也要适当。

纸页从1区到2区的温度转变范围很宽。一些涂布颜料在室温就会软化,而绝干木素需要150℃,绝干纤维素则需要250℃(参见图1-12[8])。

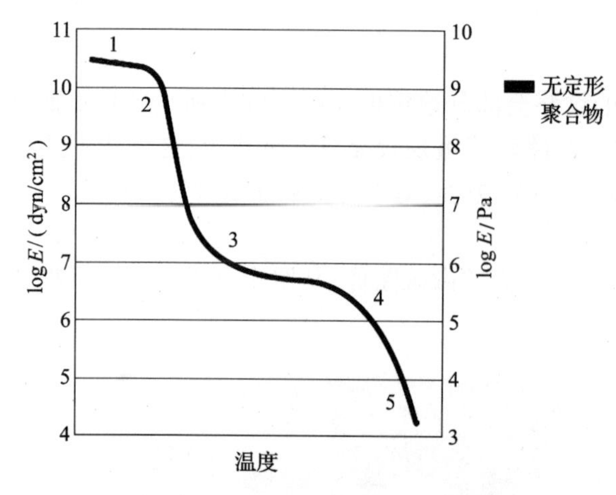

图1-11　无定形聚合物弹性模量 E 与温度的关系

注:① 区域1~5分别称为玻璃化、玻璃化转变、橡胶状、橡胶流以及液态流动区[7]。② 1dyn = 10^{-5}N。

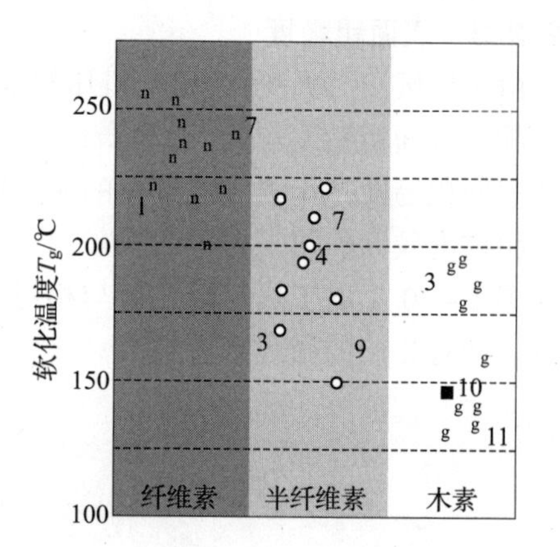

图1-12　木材聚合物从1区到2区的玻璃化转变温度

(根据 Back and Salmen 的资料[8])

注:1、3、4、7、9~11原文无解。

水是一种很有效的纸页聚合物的软化剂。增加纸页中的湿含量可大大降低其玻璃化转变温度。图1-13给出了木素、纤维素和半纤维素物质(碳水化合物)的玻璃化转变温度随纸页湿含量变化的情况。天然木素的吸水量有限,因此其玻璃化转变温度曲线在湿含量约为2%处开始达到饱和而停留在115℃(见图1-13)。由于木素的吸水量有限,因此高湿含量的机械浆呈现两个不同的玻璃化转变温度,一个是对应木素的,另一个则对应纤维素和半纤维素[9,10]。

当温度超过玻璃化转变温度后,无定形聚合物的弹性模量随温度的升高而下降较少(见图1-11),这个区域称为橡胶状平稳区[7]。当温度进一步增加越过这个橡胶状平稳区,就到达了橡胶流区(图1-11的4区)。最后,温度持续升高到达液态流动区(图1-11的5区)。

1.2.3.2　压光过程中纸页聚合物的软化

纸机的配置影响到进入压光区纸页的温度。该温度可以从室温(如典型的机外压光)到100℃(如在线的压光机)之间变化。提升压光机热辊的表面温度可以有效地增加压光区纸页的温度,在压区前用蒸汽预热也可以提高纸页在压区的温度。

增加纸页温度的作用在于软化纸页中聚合物,即可在较低的机械压力(线压)下可以获得相同的压光效果。前面的图1-9证实了这一事实:在达到同样纸页质量的前提下,热辊表面温度20℃的升幅相当于减少50kN/m的线压。

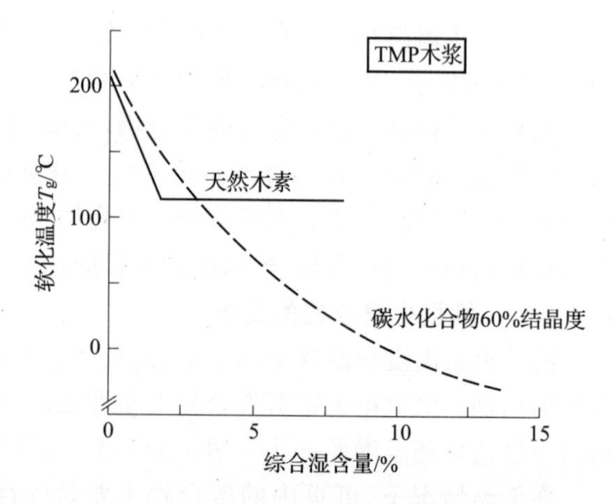

图1-13　TMP纸浆中木素、纤维素和半纤维素从1区到2区的玻璃化转变曲线

(根据 Salmen 和 Back 的资料[9])

注:由于半纤维素与纤维素的曲线非常相近,图中只给出一条曲线(碳水化合物)。

有限的热辊间压区热流辅以较短的停留时间,形成了温度梯度压光(temperature - gradient calendering)。进入压区时,纸页表面的大多数纤维被加热到热辊的表面温度,但由于纸页的导热性较差,纸页中部的温度还是较低的。在通常情况下,纸页表面的纤维被充分软化和压光了,而纸页中部依然保持玻璃化状态难以经压光致密。这种现象称为温度梯度压光,如图 1 - 14 所示。在图 1 - 14(a)的情况下,热辊与纸幅的温差较小,或者可认为纸幅在压区的停留时间较长。在图 1 - 14(b)的情况下,冷纸幅与热压辊接触,且纸幅在压区的停留时间较短。

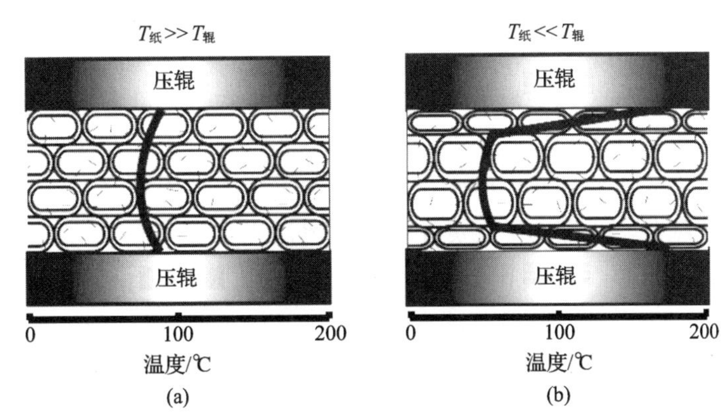

图 1 - 14 纸幅厚度方向的温差分布和密度分布示意图

(a)均匀的压光 (b)温度梯度压光

温度梯度压光改善了纸页的表面性质(如光泽度)和松厚性质(如空气渗透性)。压光的优化取决于纸页性能的综合目标。

图 1 - 15 证实了温度梯度压光对挂面纸板松厚度的影响,图中给出了挂面纸板经两种不同表面温度热辊压光后的表面粗糙度的情况。从图中可以看出,提高压光热辊的表面温度可以在相同的松厚度水平下,得到更低的表面粗糙度[11]。

一般来说,压光辊的温度很难不受纸页的湿含量的影响而独立调节。在通常环境下(相对湿度 50%,室温),纸页压光后的最终湿含量水平一般接近于纸页的平衡湿含量(4% ~ 9%)。因此确定纸页在进入压光前的湿含量要考虑其经过压光辊的干燥程度,即需要依据压光辊温度变化的关系来对其进行调节。

压光过程中纸页湿含量受压光前纸机干燥部的控制,因而在一些场合可在压光前设置附加的增湿器,蒸汽可改变纸页的湿含量。压光前附设的增湿器可产生类似于纸幅温度梯度的纸幅湿度梯度。同时,蒸汽在纸幅中产生一个较弱的湿度梯度,但在事实上其加入的水量只是喷射增湿器的 1/50 ~ 1/10。

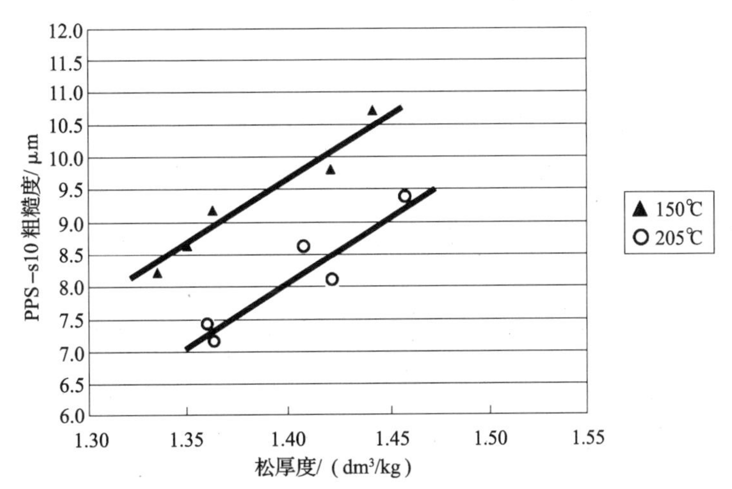

图 1 - 15 挂面纸板的 PPS - s10 粗糙度与经单道软压光的松厚度的关系

(软压光热辊温度为 150℃和 205℃)

湿度梯度压光带来的效果与温度梯度压光相似,即增加纸页表面的水分,则有利于改善纸页的表面性能;而增加纸页整体的水分,则有利于改善纸页松厚性能。纸页的温度和湿度受纸机布置和传动目标的控制。此外,压光操作的另一个重要因素就是纸页的原料组成。浆料组分对压光结果有很大的影响,因为不同原料纤维的软化和压溃性能差异很大。

典型的纸浆配料有磨木浆(GW,groundwood)、压力磨木浆(PGW,pressure groundwood)、热磨机械浆(TMP,thermomechanical pulp)、脱墨浆(DIP,deinked pulp)或化学浆。此外,还有不同的填料加入到配料中。针对不同的浆种和纸种设置的纤维离解、磨浆以及漂白等工艺,对纸浆纤维的结构和致密性潜能都有一定的影响。通常发现 TMP 浆比 GW 或 PGW 配料的纸页更难以压光。脱墨浆比原生化学浆的纸页更容易压光。

图 1-16 证实了纸页配料对最终压光结果的重要性。该图为改变 DIP 浆和 TMP 浆的比例以及填料加入量后纸页的压光结果。从图中可以看出,改变压光线压 100kN/m 后,对纸页的粗糙度和返黑程度影响不大,这意味着在较低的压光线压下纸页的致密性就已经很高了。但是在一定的线压下纸页的浆料配比发生改变时,可以观察到纸页性质会有很大的变化。

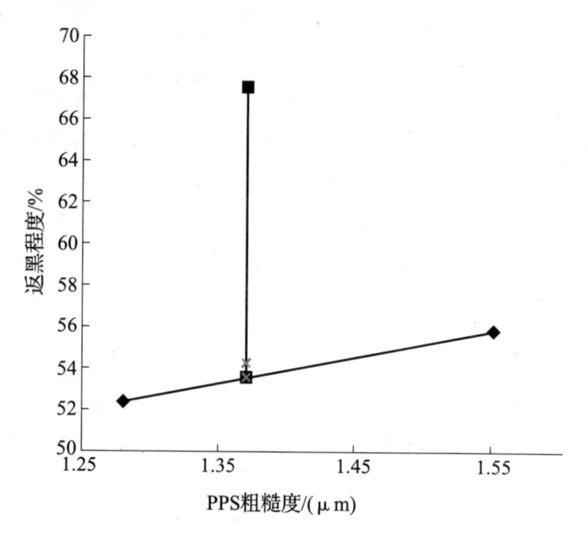

图 1-16　在压光试验中纸页的返黑程度与 PPS 粗糙度

注:在以 TMP 浆为基础的情况下,DIP 浆配比变化为 0~80%,用方块符号表示;加填量为 20%~35%,用钻石符号表示;线压变化为 100kN/m 用十字交叉表示。

涂布颜料的配比会影响到涂层的塑性,且最终影响到涂布纸的压光结果。涂布颜料包含颜料和连结料。通常使用的颜料有高岭土、碳酸钙以及塑性颜料(请参见本系列丛书《纸张颜料涂布与表面施胶》)。矿物质颜料(高岭土和碳酸钙)有不同的形状。与碳酸钙粒子相比,高岭土颗粒则更具有片状结构,这些颗粒的形状和粒径分布将会影响到涂层在压区的致密变化。此外,填料的玻璃化转变温度也会影响纸页的压光结果。

常用的涂布连结料包括合成胶乳(如丁苯胶乳)和天然连接剂(如淀粉,参见《纸张颜料涂布与表面施胶》)。丁苯胶乳的玻璃化转变温度随其结构型式(单体或复合组分)而改变,且对压光后的纸页性能及印刷适性有很大的影响。湿含量对丁苯胶乳的玻璃化转变温度有较小的影响,而对淀粉的影响则很大。

1.2.4　压光过程模拟

在压光的一些领域,过程模拟可以给出有用的结果。也许最感兴趣的问题是:“过程模拟是否能对质量目标实现有所帮助”以及“模型的过程表征与控制行为的相关性如何”。还有一些更具体的问题提出,如“为优化过程操作需要设定哪些过程控制参数”以及“如何获得最好的最终产品质量”。坦率地讲,目前还很难直接回答这些问题。事实上,随着工艺条件受生产力增加需求的影响变得粗犷,对模拟研究的深入的需求进一步增长。基于上述原因,对过程的进一步深入了解就变得非常迫切。这涉及造纸机的设计和规划、过程控制和优化以及相关过程特性的量化表征等。对于许多压光机理,尤其是纸幅中热量传递和水分转移,则只能通过模拟进行研究,因为直接观察是非常困难或不可能的。

像许多实时过程一样,纸张制造和压光过程可以视为一个包括随机元素的动态过程。这种过程非常复杂以至于不能精确地模拟。尽管我们可以构建一个非常细致的模型,但可能会太过复杂而距我们的目的太远。因此,自然的要简化模拟场合,使模型中仅仅包括必要的相关过程参数,这是非常中肯的建议。在多数情况下,我们希望将最感兴趣的范围限制在最基本的过程特性上。举例来说,我们必须仅仅关注系统的日常行为,然后才能忽略随机的变化和考虑过程的本质。再如,我们仅仅可浓缩过程的最终平衡状态,忽略动态变化,将过程视为一个静态过程。在每一种场合,模拟研究者必须决定哪种模型是可行的,且需要对每一个简单假设逐一分别作出判断。

1.2.4.1 数学和经验模拟方法

对过程模型分类的主要考量是根据该研发的模型是否基于正确的科学依据、普遍的物理定律以及过程观察的实验知识等。据此可将模型分为数学模型(或物理模型),或者是经验模型(或实验模型)。当然也可以构建一个所谓的半经验模型,即该模型的特性来自于数学和经验两方面。

对于压光过程的数学模型,明显地存在获得必要的输入参数和数据验证的困难。同时,在建模中需要先进的专业知识。现代的数值软件在这方面以很大帮助,但最尖端的软件也不能替代人们对模型背后深奥机理理解的需要。模型是用来解释物理过程的,而软件只不过是实现建模的工具。

与数学模型相比,经验模型的建模方法有很多不同。经验模型试图通过分析收集的过程数据来表征过程的特性,从而替代设定充分建立的物理定律。这些收集的数据来自感兴趣的相关过程变量,通常选自设计和受控的实验中。一种常用的分析方法称为回归分析,其目的是用统计学方法找出过程参数间的相关关系。尽管经验模型受到一定的限制,但在压光过程的研究中被认为是最通用的方法。不容置疑地,经验模型有一定的优点,对有些复杂的现象给出直截了当的解决方法。且当公式一旦设定,经验模型也非常容易使用。

1.2.4.2 压光机压区机理的讨论

压光接触机理一直是许多理论法和数值法研究压光的课题[12—14]。许多论文研究了各种材料的压光,如对无纺布压光[15]和纸张的压光[16,17]。有关纸页压光的理论、数值以及经验模型的综述,可由一些参考文献得出[16,18,19]。

一个有开创性的工作是压光机械效能理论,即赫兹接触理论(Hertz contact theory)。该理论关注静态场合下的弹性物体接触到另一个物体的问题。对于一个柱状体接触到另一个物体,可得到

$$\alpha \sqrt{\frac{4FR}{\pi E^*}}, \quad p(x) = p_0 \sqrt{\frac{x}{\alpha}}, \quad p_0 \frac{2F}{\pi\alpha} \tag{1-1}$$

式中 α——半接触长度

$p(x)$——常规接触压力分布

p_0——最大压力

F——总线压负荷

R——相对辊半径

E^*——接触物体的复合弹性模量

同时有

$$\frac{1}{R}=\frac{1}{R_1}+\frac{1}{R_2}\qquad\frac{1}{E^*}=\frac{1-v_1^2}{E_1}+\frac{v_2^2}{E_2}\tag{1-2}$$

式中　R_1,R_2——接触物体的曲率半径(若一接触物体为刚性和平直的,则其曲率半径视为无穷)

E_1,E_2——杨氏模量

v_1,v_2——接触物体的泊松比

理论上,式(1-1)仅用于绝热条件下均质的弹性体的无摩擦接触。再者,假设两物体的接触区域与两个接触物体的尺度和曲率半径相比非常小。换句话说,对于有弹性物质包覆的压辊来说,其包覆层的厚度应远远大于压区宽度。因此棉花或纸张充填压辊可依照此规则,但对于比较薄的塑胶包覆层的则是有问题的。由于纸页在压辊间的厚度有限,是不能计入包覆层的。

更严格的理论和数值方法已被认为可以克服赫兹理论的限制。若想了解更多细节,请阅本章参考文献[12—14,16,17,21,22]。

1.2.4.3　压光中的纸幅压缩模拟

仅有少数几种模拟理论可以关联纤维和纸幅的微观性能与纸幅的宏观压缩性质。Osaki,Fujii 和 Kiichi 等人[23]认为,对于纸幅的压缩性,压缩结果的非线性来源于不同体系的不同作用机理。同时还指出,在低压体系下,纸幅得到适当的压缩,这是粗糙网络结构中单根纤维弯曲的结果。而在较高的压力下,纸幅的结构变得更加质密和挺硬,此时纤维间的接触增多,并表现为以纤维的压溃为主导。

Ionides 等人[24]不认同关于低压时纤维弯曲的观点,他们认为纸幅的总体压缩可有效地归结为一堆如小柱子的单根纤维压缩的总和。另一方面,Rodal[4]提出了纸幅压缩非线性表象的应力—应变定律理论,分析了纸幅在不同压力负荷体系中的特征行为。他认为纸幅的压缩行为可以假设为三个的不同部分:在适当的压力负荷下,压缩行为遵循线性弹性定律;在较高的压力负荷下,纤维网络结构开始压溃,其行为变为非线性;最后当负荷非常高时,纸幅结构已经质密,此时增加的压力致使纤维压溃。

Schaffrath 和 Gottsching[25]则认为,纸幅的结构决定了压缩行为模型。纸页的压缩行为可分为表面和内部两种,且纸幅结构中的原料不均一也导致了模型的差异。纸幅的总体压缩可归结为纸幅不同层压缩的总和。此外,Ellis 和 Han 等人也探讨了不同纤维和网络性质对纸幅压缩机理的影响[26,27]。

由于纸页压缩性能微尺度的理论研究存在一定的难度,因而对压光参数与纸页变形关系的实验研究就一直受到关注。Chapman 和 Peel[28]提出了平板压缩研究模型,将纸页的压缩行为与压光停留时间和压力负荷相关联,认为纸页的最终变形与施加压力和停留时间呈对数关系。Colley 和 Peel[29]延续这一方面的研究,并将范围扩大到温度和湿度的影响。

Crotogino 将纸幅在单一压区的永久压缩值 ε_p(松厚度相对减少量)与压区强度因子 μ 相关联,提出了一个压光经验公式[30]:

$$\varepsilon_p=\frac{B_i-B_f}{B_i}=A+B_i\mu\tag{1-3}$$

式中　ε_p——永久压缩值

B_i——纸幅初始送厚度

B_f——纸幅压光后的松厚度

A——适配常数

μ——压区强度因子,可由下式计算:

$$\mu = \alpha_0 + \alpha_F \log F + \alpha_S \log S + \alpha_R \log R + \alpha_T T + \alpha_M M \qquad (1-4)$$

式中 $\alpha_0, \alpha_F, \alpha_S, \alpha_R, \alpha_T, \alpha_M$——对应的适配系数

F, S, R, T, M——对应的适配系数,依次与压光线压、纸机车速、平均压辊直径、纸幅温度以及纸幅湿度等相关

对于复合压光过程,公式(1-3)也可重复用于计算以得到多压区压光的最终纸页松厚度。

公式(1-4)原本是用于硬辊压光区域的,此后经 Gerspach[31] 修正,将原来的参数 S 和 R 用压区压力和停留时间替换,则可较好地用于软压光压区。

VanHaag 也关注到静态压缩下的非线性机理,提出了压缩应力与应变的关系式:

$$\sigma_Z = \frac{E_0 \varepsilon_Z}{1 - \dfrac{\varepsilon_Z}{\varepsilon_{\max}}} \qquad (1-5)$$

式中的压缩应力 σ_Z 随压缩应变 ε_Z 的增加而迅速增加。当渐进至最大压缩应变限值 $\varepsilon_{\max}$ 时,其值趋近于无穷。此时纸页的孔隙空间可假设被压缩为零。图 1-17(a)示出了接连两次的压缩试验中纸页厚度的变化。从图中可以看出,第一次压缩时纸页的永久变形是显而易见的。图 1-17(b)示出了应力—应变测量值与用公式(1-5)预测值的关系。

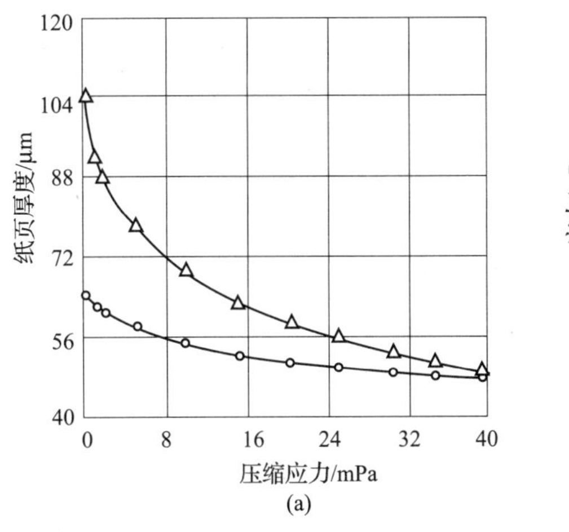

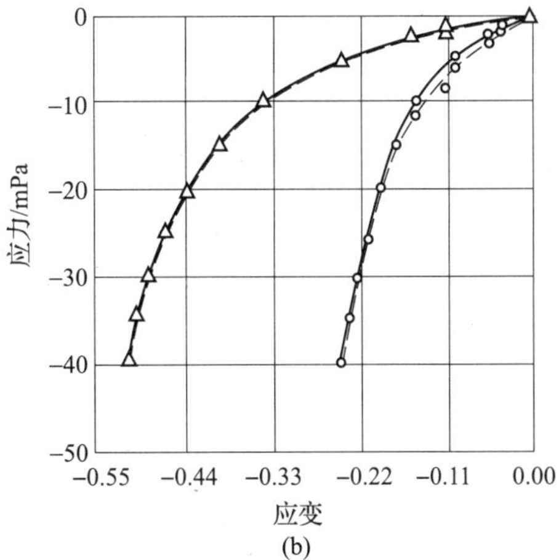

图 1-17 连续两次压力试验中压缩应力与纸页厚度(a)以及应力—应变关系曲线(b)[17]

注:第一次压缩用三角表示,第二次压缩以圆圈表示;实线为测量值,虚线为模拟预测值。

除了纸页厚度的永久减少外,压缩负荷还会引起纸页表面结构的变化。Heikkilä[32] 关注到纸页表面压缩性的课题。他针对涂布纸接触压光中的压缩和粗糙表面平整等问题,提出了一个非线性的黏弹性模型。Heikkilä 还通过实验测量了动态压区条件下的有效接触面积,用相对接触面积的术语表征了接触平滑度,并发现它是压区压力和停留时间的函数。

经典的半经验式的模拟成果,就是用简单的弹簧和阻尼元件组成的机械模型来解释黏弹性材料的变形。弹簧元件用于表示理想的弹性行为,而阻尼元件则用于表示黏性效能。最普通的线性黏弹体模型如图 1-18 所示。将一个弹簧和阻尼元件串联,就得到了麦克斯韦模型(Maxwell model),该模型用于表征流体的黏弹性永久变形。固体的线性黏弹性变形则由开尔文模型(Kelvin model)或伏伊特模型(Voight model)表示。

值得指出的是，四元素博格模型（Four－element Burger model）可用于纸页的压缩模拟[6,33]。该模型描述了纸页上观察到的许多实质性的变化，如瞬时变形、恢复、永久变形以及延迟恢复等现象。博格模型所给出的应变公式如下：

$$\varepsilon(t)=\frac{\sigma}{E_1}+\frac{\sigma}{E_2}(1-e^{\frac{-tE_2}{\eta_2}})+t\frac{\sigma}{\eta_1} \tag{1-6}$$

式（1－6）中 E_1、E_2 和 η_1、η_2 分别代表弹性和黏性系数。下标中的 1 或 2 与模型中的元件相对应。式中第 1 项和第 2 项分别表示瞬时变形和延迟弹性变形，这些变形均为可恢复的。而第 3 项则表示黏性及永久变形。然而实际上的压光情况是非常复杂的，因为变形更多地取决于过程条件，特别是温度和湿度。因此这些理想的模型在这方面也是不大适合的。

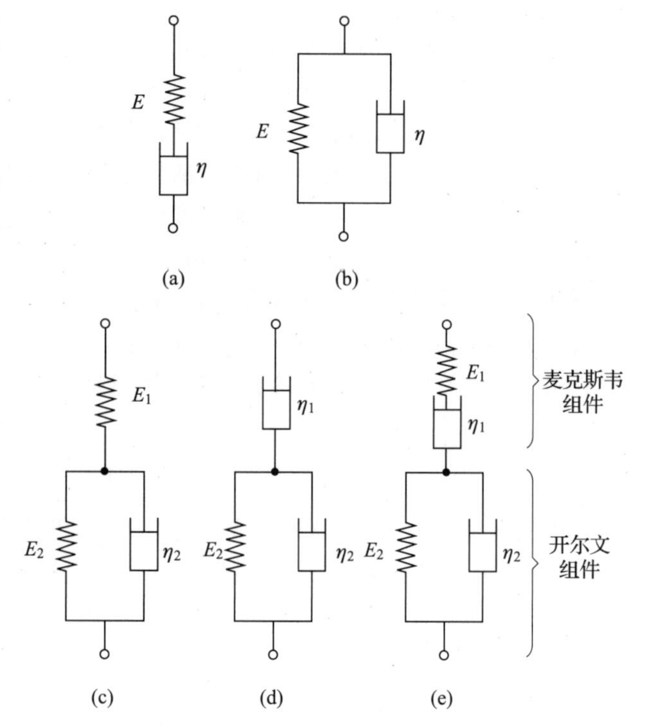

图 1－18 流变学模型示例

（a）线性麦克斯韦模型 （b）线性开尔文模型
（c）三参数固体模型（标准固体）
（d）三参数流体模型（标准流体）
（e）四参数流体模型（博格流体）

1.2.4.4 压光过程的传热和传质模拟

在许多综述文章中，关于多孔材料的传热和传质的机理早有论述，如本章参考文献［34］和［35］。关于纸页的热传导实验见参考文献［36］和［37］，理论研究见参考文献［38］，使用数值方法的研究见本章参考文献［39］和［40］。

第一个最简单明了的成果是瞬时热传导方程，它将经过压光区域的温度梯度作为该方程的解。我们可以简单地假设纸幅在纸机方向的传热主要是对流传热，该方向的热传导可以忽略。如果我们将一个坐标系加到纸幅的一个点上，即跟随纸幅的一个沿厚度方向的横截面经过压区，则问题就简化成与时间相关的一维热传导。如果我们关注靠近表面的行为，即热辊接触面的传导，则该问题就可认为是一个半无穷的一维传导占主导。向初始温度一样，纸幅的导热性能在一次逼近中被作为一些代表常数，且假使整个主体是均匀一致的。如对于热辊，在接触面上必须要求纸幅温度取一些定值，此时方程的解为：

$$T(z,t)=T_0+(T_S-T_0)\left[1-Erf\left(\frac{z}{2\sqrt{\alpha t}}\right)\right] \tag{1-7}$$

这里 T_0 和 T_S 分别为纸幅初始温度和热辊温度，z 是厚度的坐标值，α 是纸幅的热扩散系数，t 纸幅在压区的停留时间。

为了建立更精确和详尽的模型，需要进一步考量系统的情况。其中纸幅的热动力学行为是非常重要的，其与温度和湿度大影响有很强的偶联关系。如果纸幅被加热，部分施加的热能被用作蒸发存于纤维和孔隙间的水分。事实上，系统一直在试图趋向于热能的动力学平衡，这是唯一地由材料的性质、温度、纸页湿含量以及环境空气的相对湿度决定的。任何改变这种平衡因素，将会引起传质和传热发生直至建立新的平衡。实际上压光纸的湿含量较低，纸内所有水分均以结合水的形式存在，导致结合水的蒸发热很高，因而热与湿的偶联关系很强。

传热和传质也强烈地受到多孔纸页的结构和性质的影响。纸页的压缩程度影响传热，同样还有纸页温度和湿含量。另一方面，我们已经看到多孔结构的压缩机理在很大程度上受到湿含量和温度水平的控制。事实上，全部三个现象：变形、湿含量和温度是相互制约的。

让我们现在来分析一个改进的模型，将水分传递和偶联相变化的因素也考虑在内。这里毛细管传递被忽略，水分传递仅仅归于蒸发运动。假设热量传递仅仅是热传导，如方程(1－7)所示。因而多孔介质中接连不断地热量和水分的传递可用以下模型表述：

$$\frac{\partial U}{\partial t}=\frac{\partial}{\partial t}\left(D\cdot\frac{\partial U}{\partial z}\right)-E \tag{1-8}$$

$$pc_{\mathrm{P}}\frac{\partial T}{\partial t}=-\frac{\partial}{\partial z}\left(\lambda\cdot\frac{\partial T}{\partial z}\right)-\Delta HE \tag{1-9}$$

$$\frac{\partial T}{\partial n}=\alpha(T-T_{\mathrm{ext}}) \tag{1-10}$$

$$\frac{\partial U}{\partial n}=\beta(U-U_{\mathrm{ext}}) \tag{1-11}$$

$$U(z,t_0)=U_0(z) \tag{1-12}$$

$$T(z,t_0)=T_0(z) \tag{1-13}$$

这里一次变量 $U(z,t)$ 和 $T(z,t)$ 分别表示在负荷为 z 和时间常数为 t 时的湿含量和温度场。我们假设过程条件符合稳态环境，由纸幅运动引起的对流传输大大超过纸机方向的扩散和传导，因此将其忽略。因而纸幅的相对传输仅仅在厚度方向，则可将传输系统视为一个空间和一个时间段坐标系。时间坐标 t 伴随着空间坐标 x 组成坐标系，可以想象我们及时跟随一个设定的纸幅横切面来通过这一过程。

这里用一些变量来表征系统的内部行为。E 表示内部相变率（水分蒸发），ΔH 为结合水的蒸发热。D^*，λ^*，r 和 c_{p} 分别代表扩散效率、热传导系数、局部混合密度和纸页的比热容，这些参数可用混合理论由纸页的组成性能导出。总体来说，它们均为多孔结构、混合组分（如纤维、细小颗粒和水分含量）以及温度的函数。

边界条件式(1－10)和式(1－11)描述了场变量 U 和 T 以及纸幅外部之间的相互作用，它们在这里被定义为热通量和湿通量。比例系数 α 和 β 包括了纸页表面传输阻力的影响。上述边界条件随时间或负荷的变化而变化，因而不同类型的表面相互作用可被修正，包括开式牵引条件下的压辊压区的接触等。式(1－12)和式(1－13)描述了模拟的初始解域。

目前为止我们忽略了一些值得关注的问题，其中至少应包括变形以及变形与传输现象的联系，再如对边界作用的更精确的描述等。然而显而易见，对于一个“热—水—形变”高度复合的且有较为复杂的外部相互作用的多孔材料体系，要获得必要的信息并建立完整的模型是不可能的。

1.3 压光机类型

1.3.1 硬压区压光机

硬压区压光机用于各种纸和纸板的压光。在这类压光过程中，纸幅经过两个或多个硬辊之间。常用的硬压区压光机主要有两种：两辊硬压区压光机，复合多辊硬压区压光机。

两辊压光机最初用来对不需要重压光的纸幅进行压光，如涂布前的纸幅和完成后的未涂布的不含机械浆的纸种。复合多辊压光机最普遍的型式是配有4～6个压辊，在老式的纸机和纸板机上，复合多辊压光机仍然用于新闻纸、光滑的不含机械浆纸以及特种纸（见图1－19）。甚至在更老的纸机上，仍然配有2～3个压辊组，每组有6～8个压辊。

图1－19　造纸机中的压光辊组

1.3.1.1　硬压区压光工艺

在硬压区压光工艺中，辊间的压力对纸幅有影响。工艺控制参数为辊间的线压和压辊表面温度。此外，压区的数量也常用作控制参数。一般来说，硬压区压光辊已有的加热系统不能影响辊的表面温度和加热过程。当今的带有加热辊的两压区硬压光辊能够在平稳的温度下操作，使温度成为了有效的控制参数。

硬压区压光过程原理直接地说就是：施以压力使纸幅质密，同时使纸幅的表面与压辊表面一样平滑。这一过程的优点超过一些更复杂的操作，但同时也有一些缺陷。

由直径相对较小的压辊所形成的压区较短，而实际上作用于压区纸幅上的压力较大，即使在较低的线压下的情况也是一样。在成形过程中由于不同尺度絮聚的存在，纸幅总是表现出不平整，这种情况下较高的线压可以引起纸幅的变黑。硬压光只能压平突起的“峰”状结构，而压不到下凹的“谷”，因此纸幅在侧光下看起来总是不平整。纸幅上总是出现黑色和透明的点。这种纸页结构的不均匀也会导致纸幅对油墨吸收的不均匀，使一些纸品印刷后也可以引起类似的斑点问题。较高的线压使纸幅进一步质密，但同时也压溃了一些纤维并破坏了氢键结合。

对于一些需要好的厚度形貌的纸种，硬压区压光是唯一用作专门解决小规模厚度问题的过程操作。厚度塑形的操作可以使用空气喷头（冷/热），或者引入有区间控制的加热束。目前具有较窄范围区间控制的压辊已被广泛用于该目的，更多详情请参见本书1.5.2.1部分。

在硬辊复合压光机操作中，由于纸幅的伸长和增宽也会引起相关的运行问题（如图1－20）。一方面纸幅在压区中受到压缩，而同时纸页又在变宽，但当纸幅传递到下一压区时其宽度没有变化。这就导致了纸幅在经过下一压区时起皱，并可能引起纸幅断裂。这一现象限制了能够施以纸幅的加压量。纸幅的伸长可以使其与压辊失去接触从而在压区前形成气袋。在多辊复合压光中，纸幅的增宽和伸长要用增加张力、压区负荷和纸幅的皱缩来补偿。

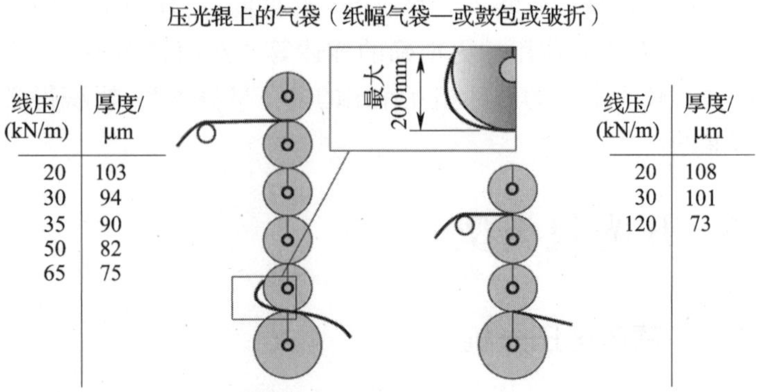

压光辊上的气袋（纸幅气袋—或鼓包或皱折）

最大200mm

线压/(kN/m)	厚度/μm
20	103
30	94
35	90
50	82
65	75

线压/(kN/m)	厚度/μm
20	108
30	101
120	73

结果：同样的厚度、平滑度和抗张强度，在4辊压光机上的纸页光泽度略低，纸幅鼓包（气袋）也取决于纸页质量。

图1－20　硬压光机中的纸幅处理问题

多辊复合压光中的另一个问题是起楞。这是压光辊组振动行为的表现，其产生的原因是进入压光机的纸幅表面不平整，或者是由于压光辊、驱动装置、周边机械引起的机械振动，以及压光辊圆度误差引起的振动。由于所有的压光辊在同一辊组工作，因此振动会从一个压辊传递到另一个压辊，最后在压辊表面得到多种振动波形的叠加，结果引起过度的振动和噪声，造成压光机纵向的纸幅厚度发生波动。早期曾采用改变纸机车速或线压负荷等方法消除辊面条纹，现在一种新的解决办法是在纸机或压光机的正常生产运行中改变辊的补偿（见图 1－21）。这种方法意味着以前对负荷的限制解除了，从而提供了一种不会干扰造纸过程的工具，使条纹不再干扰卷取操作。

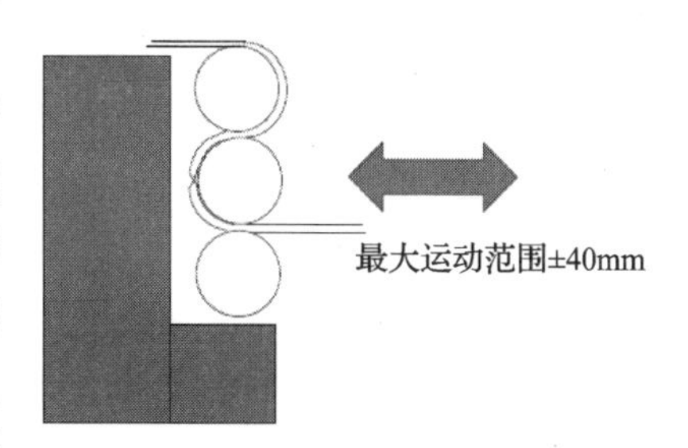

图 1－21　防止起楞的方案

硬压区压光机的优点有：a. 低成本的操作；b. 对改变纸幅厚度效果显著；c. 简单的尾端引纸。硬压区压光机的缺点有：a. 有使纸幅压黑的危险；b. 纸幅表面产生斑点（光泽斑点和油墨吸收差异等）；c. 纸幅强度受损；d. 纸幅厚度降低；e. 印刷效果受限；f. 过程运行特性限制了操作范围；g. 可以引起起楞和振动等多种问题。

1.3.1.2　硬压区压光机的概念

（1）双辊硬压区压光机

几乎所有新型的硬压区压光机都是两辊的。最普通的两辊硬压区压光机配置一个铸钢的加热辊和一个偏差补偿辊（见图 1－22）。通常地，一组支架中的一个可移动支架支撑着压辊，一个开放的支架从另一边支撑着压辊的轴承座。压辊通常是一个在另一个之上垂直排列，但为了防止振动有时也采用偏移 10°～15°角的排列。封闭的支架常常与偏差补偿辊一起使用。

压光机的主压辊可以有不同的设计。加热辊可以是双壁辊也可以在周边钻孔。热水在辊中循环加热压辊表面至 80～120℃，而加热油则可达到更高的温度。压辊的低温端对纸幅表面质量没有实质影响。热水循环的重要意义在于其可以使压辊表面温度在横向（CD）分布均匀，因而有助于纸幅厚度的一致。压辊温度在高端范围可以大大增加压光机对纸幅表面平滑度的改善潜力。另一个压辊的偏差补偿是非常必要的，因为造纸机的幅宽越来越大，以至于这种偏差经常影响到纸幅厚度的变化。从理论上来说，冷硬的铸钢压辊也可以使用，但是必须经过圆整以能够补偿偏差，而这种圆整后的压辊也只能在较窄的线压范围内操作。对于宽幅压光机，这种线压的范围太窄了，实际上只能在某种线压负荷下操作。

最常用的偏差补偿辊是浮游辊（swimming roll）和液压支撑的偏差补偿辊等。这些压辊可以有效地调节线压而不会对线压横向分布产生负面影响。液压偏差补偿浮游辊是一项主要的技术突破，但在宽幅压光机中仍会有一些横向的压力波动。因此，目前在宽幅压光机中通常采用区间控制偏差补偿辊（zone－controlled deflection－compensated rolls）。偏差补偿辊一般设有 3～8 个区间，但一些特殊压

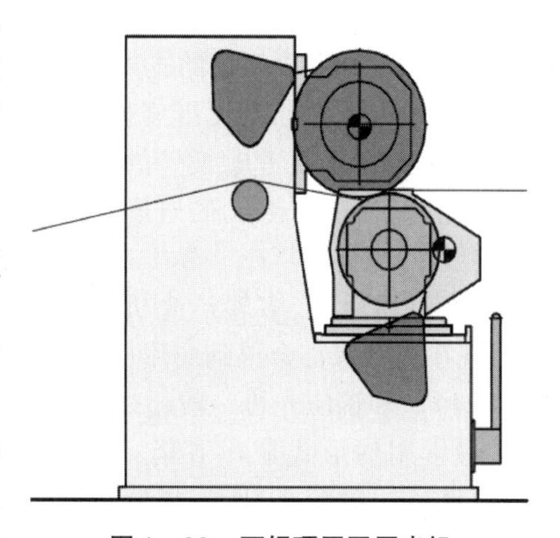
图 1－22　两辊硬压区压光机

辊可具有 40～60 个区间,以便进行窄区间规模的纸幅厚度精确控制。

压辊组的压辊在气缸、液压缸或静压辊本身的作用下相互压紧排列。气压系统比较简单,没有漏油现象,但其对负荷施加不如液压精确,且液压系统对振动有较好的抑制能力。因此,在宽幅高速纸机上,液压加压系统得到了排他的应用。

对于较低车速的纸机,仅仅在热压辊的驱动中使用液压系统。高速纸机要求一对压辊均使用液压系统,以防止压区两辊间出现速差。驱动系统可以有两种设置,一种是速差模式,即与纸机的驱动速差为控制依据;另一种是张力模式,通过测量纸幅进出压光辊的张力进行控制。

纸幅伸展辊(web spreading rolls)常用于压区前以保证纸幅平整无皱地进入压区。在压光机中,另一个主要部件是刮刀,用以保持辊面的清洁及防止纸幅对压辊的缠绕。此外,压光机还有引纸和厚度调节等装置。

(2)温度和湿度梯度压光机

温度梯度压光机是一种两辊硬压区压光机,且其中至少有一个高温加热辊,通常热量由高温油传递。高温作用使纸幅在压光时获得更好的表面质量、匀度和平滑度(如图 1－23),而且保持松厚度和强度。然而,加热压区的两个压辊是比较复杂的,因为另一个压辊是挠度补偿辊。基于软压光的效益,除了在科学研究中,一般很少采用双辊加热的压光机。

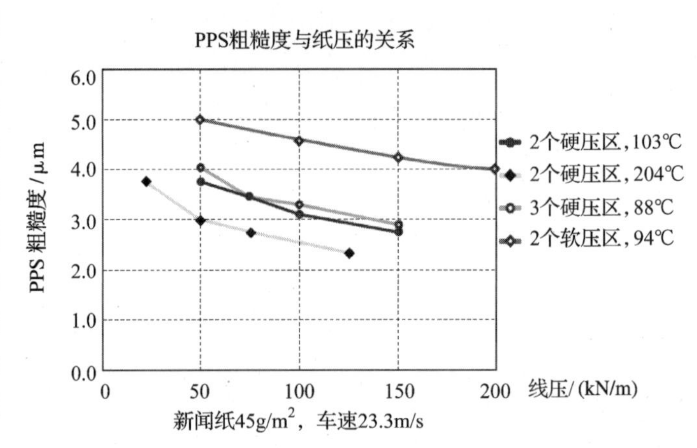

图 1－23　不同压光概念的压光机

另一种梯度变化的压光机是湿度梯度压光机。在这种压光过程中,水被施加于纸幅的表面,在纸幅 Z 方向的湿度梯度消失前进行压光。当这层水膜还没有来得及润湿纸幅表面时,压光就开始了。

(3)多辊硬压区压光机

研究表明,纸幅表面性能与施加于其上的全部压力脉冲有关。如果采用多压区压光,则纸幅的表面质量相当于在一个压区受到多压区总体压力的作用结果。

然而,只采用一个压区的压光有一些缺陷,如要求压光机本身必须非常精确,且压辊应具有完美的表面条件(辊面无压痕和瑕疵)。再如压辊直径必须足够大以至于能够在较高线压下不变形,当然还要考虑纸厂的起重机的能力。此外,巨大的研磨辊也存在很多问题。

基于上述原因,多辊压光机组过去、现在和将来都会得到应用(如图 1－24)。多辊压光机一般超过 3 个辊,最常用的形式是4～6 辊。这些辊的直径一般较小,所施加的线压主要靠辊壳的质量。具有多个压

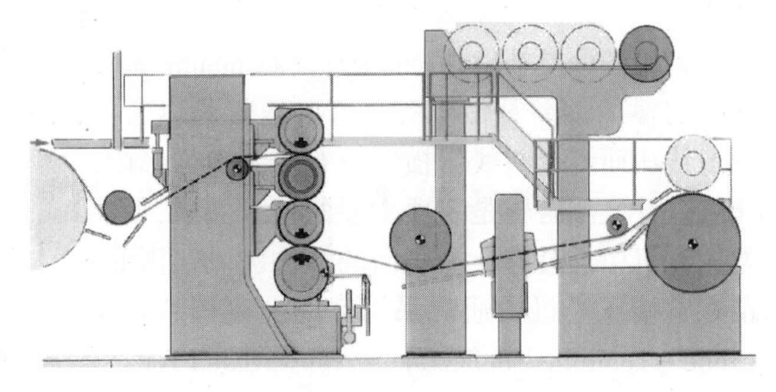

图 1－24　多辊压光机

辊组的压光机增加了底辊的线压负荷,用这种方法增加线压相对简单且较为精确,因为总体线压为各个压辊的质量叠加,而且线压沿整个辊面幅宽自然分布。因此多辊硬压区压光机被广泛应用于各种纸机和纸板机中。

通过增加压辊的数量可以很容易地调节多辊硬压区压光机的线压,即每一个辊通过自身的质量来增加线压。但是随之而来的问题是底辊压区的偏移,因为随着加压压辊数量改变,底辊线压也发生变化进而压区也在发生偏移。为解决这一问题,通常在底辊使用位移补偿辊(deflection - compensation roll)。并且在顶辊上装有液压缸来辅助压光负荷控制,通常在第二、三辊也安有这种装置。当使用液压缸来控制压光机的线压水平时,则外力作用的那个辊也需要进行位移补偿。

压光机另一个设计的关键是横向(CD)线压压力分布,要求整根压辊的质量沿辊面幅宽均匀分布。这里包括辊轴、轴承、轴承座、部分力臂以及压区防护罩等,总之一切与轴承座或力臂接触的装置,由轴头承载的质量统统包括在内。这些悬垂的质量会引起中间辊的偏移,而这种偏移会导致压区边缘的线压波动。在压光操作中,这些线压的波动被认为是纸幅厚度波动的起因。

实际上,所有多辊压光机中均采用气缸或液压缸来调节压辊边缘的支撑力。这些悬挂负荷的补偿装置通过高压力加压装置的加压臂提升压辊来开启压光机的压区。当压光机压区闭合且在操作压力时,加压元件被调节到较低的水平,即刚好足够补偿悬挂的负荷。

多辊硬压区压光机通常只有一个主驱动,驱动辊一般是底辊或以底辊排序的第二根压辊。如果底辊是挠度补偿辊,此时的驱动就会变得更加复杂和昂贵。在一些压光机中,会使用多辊驱动以保证高速时的牵引控制。

压光机的引纸,依靠一个纸条幅宽可以变化的引纸装置。在纸机操作侧,一个宽 100 ~ 300mm 的纸条从干燥部的最后一个烘缸牵引到压光部的前端,然后通过压光机,再从压光机的最后一个压区到卷取部。

通过改善原料(如纤维、填料)和工艺等来实现纸张表面质量的方式已经改变了人们对压光过程的要求设置。正如过去需要较高的线压一样,今天我们需要较低的压光线压。因此,多辊硬压区压光机允许其线压低于中间辊的累积质量,这里依靠液压支撑这些中间辊并使用挠度补偿辊,且通过旋转辊轴就可改变压区的方向。然而,多辊硬压区压光机很少在新纸机上使用。

1.3.2 软压光机

软压光机(或软压区压光机)在压区的两辊之间至少具有一个软辊。最常见的是一对压辊中一个是软辊,另一个是加热的硬辊,有点像硬压区压光机中的加热辊。对于无光泽的纸种压光,也有一些例外,有采用两辊均为软辊的情况。

1.3.2.1 软压光工艺

软压光工艺与硬压区压光最大的差别在于:压区的背辊有一个较软的表面。就是这一差别改变了整个压光工艺的本质。软压光工艺中,有以下工艺参数变量:a. 压光线压;b. 运行车速;c. 热辊表面温度;d. 软辊表面包覆材料;e. 软辊的位置(置于纸幅的顶面或底面);f. 蒸汽量(如可采用时)。

软压光在压区最主要的行为差异是:不论纸幅还是辊面包覆层都受到了压缩。与硬压区压光相比,这一结果导致软压光压区中的实际压力大大降低。压区越长,则允许的热量传递越多,且压光后纸幅的变形也越大。软压光与硬压光另一个较大的差异,是对纸幅上高低不同斑点的压力分布是非常均匀的。软辊包覆层的变形降低了压区的最大局部压力,导致对纸幅的压光更加均匀。一般来说,硬压光趋向于使纸幅的厚度均匀一致,导致纸幅小规模的密度波动;而软压光则趋向于使纸幅的密度均匀一致,从而会导致纸幅在厚度上的差异(如图1-25)。

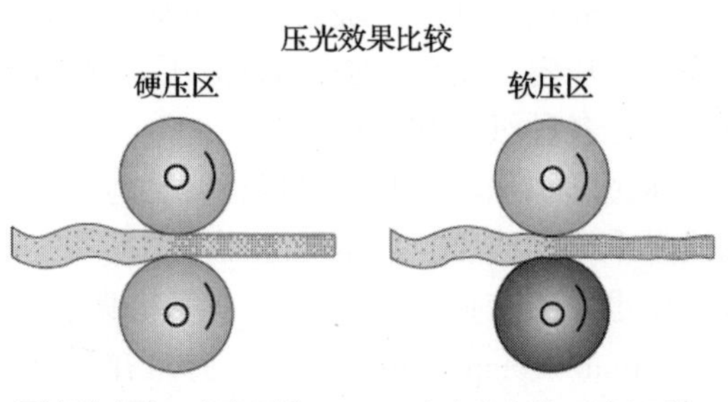

图1-25　硬压光和软压光对比

通常软压光要比硬压光有更多的优势。由于纸幅获得更均匀的密度,从而吸收性能和印刷效果更加均一。由于对局部高出的斑点没有压缩得太过分,因而较少产生对印刷图像的光泽色斑。较低的最大线压使得纸幅压光后更加平滑而没有变黑的风险。同时与硬压区压光相比,纸幅的强度性能保持得较好。

上面提及的优点已经引起主流新型造纸机压光方式的改变,而且在一些情况下,老的纸机也被装备上软压光。在一些不需要超级压光机全部潜力的工艺中,2~6压区的软压光机已经被安装在造纸机上来取代老式的超级压光机。

1.3.2.2　软压光的概念

(1)光泽压光

今天软压光的前身就是光泽压光。对于高定量的纸板,其成形的特性限制了其采用硬压光,局部的定量波动引起严重的光泽色斑和较差的印刷适性。高级纸板也有采用超级压光的(视其截面的湿度而定),但由于超级压光是在纸机之外进行,会导致大量的高定量产品的卷取废品,因此很少采用。

高质量的纸板被涂覆以高定量的涂料,使其较易经过压光获得高光泽的表面。温度是该工艺的关键参数,因此压光工艺一般使用较高的温度(120~150℃)和较低的线压。这种压光称为光泽压光。由于背辊是软辊,则不会产生光泽色斑。对于这些纸板品种,高温度和低线压的结合产生了一个很好的纸板结构。纸板表面被塑化得到很好的印刷效果,同时纸板的其他部分保持较少的压缩和较大的松厚度。

光泽压光(如图1-26)有一个用蒸汽、热油或电力加热到高表面温度的抛光缸,通常缸体表面是镀铬的,压区在抛光缸和软压辊之间形成。传统上软压辊的材料为橡胶,但是今天已经普遍使用聚氨酯类材料。热缸的温度虽然高,但仍可以使用软压辊,且由于被压光的纸板较厚,软压辊与热缸的表面没有接触。因此,对于橡胶和聚氨酯材料,哪个可以承受80℃的高温,则可以安全地使用。

由于线压较低(20~80kN/m),软压辊通常不需要偏移补偿,软压辊表面的柔软性和低线压也不需要高度的精确。此外,传统上的纸板机是窄幅的,因此压辊的偏移也比较小。为了提升压光效果,也会采用由两个软压辊和一个加热缸组成的两压区光泽压光。

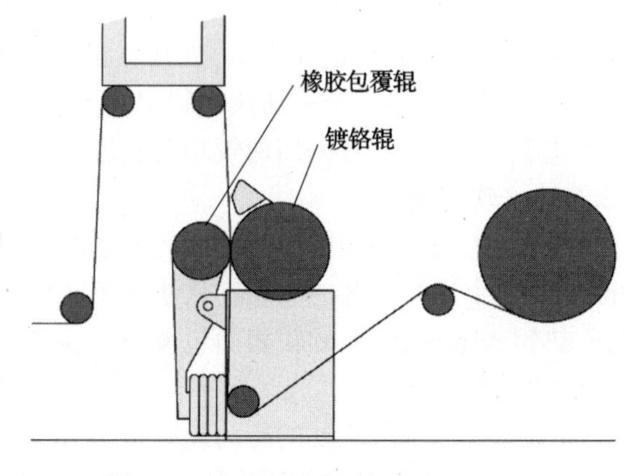

图1-26　光泽压光机

(2)两辊软压光

对于纸板来说,在压光机出现之前,光泽压光是一个很好的工艺,但是却不适于纸张。这是因为对纸张压光所需的线压较大,以至于超过光泽压辊包覆材料的承受能力。再者,纸张非常薄,压光时加热辊会直接与背辊接触。然而,对光泽压光的优点前景如此看好,以至于激励人们研发能承受较高线压和在压区产生高比压压辊的包覆层。软压光工艺被首次用于各种化学浆的特种纸和无光泽纸,因此被这种软压光机产品的第一个主要供应商 KÜsters 公司称为无光泽压光机或无光泽在线压光机。

通过将热油压辊与新型软包覆辊技术相结合,软压光转换成为我们现在熟知的多功能在线整饰机械(见图 1-27)。两辊软压光机的主要部件是带有偏移补偿的软包覆材料压光辊和具有平滑抛光表面的加热辊。软压光机的线压范围必须高于两辊硬压区压光机,且软压辊的辊径也很大。软压光的设计线压范围在 150~450kN/m,热辊的表面温度可高于 200℃。

图 1-27 软压光机

对于双面压光,由两个压区和一个反向辊总共四个压辊组成压光机。压光辊的排序考虑到纸幅的两面性、涂布顺序及其在压光机上的运行性能。软压光的线压可以很高,因此要求热辊的直径必须较大以保证足够的机械强度来承受压力负荷,同时能与挠度补偿辊一起创造一个直线压区(见图 1-28)。最简单的设计师采用一个真正的无光泽辊和两个软包覆辊的组合,其中至少有一个辊是挠度补偿辊,这种设计概念为涂布无光泽纸种提供了一种选择。大多数的软压光机被设计成具有一个软包覆辊和一个硬辊。硬辊可以是加热辊

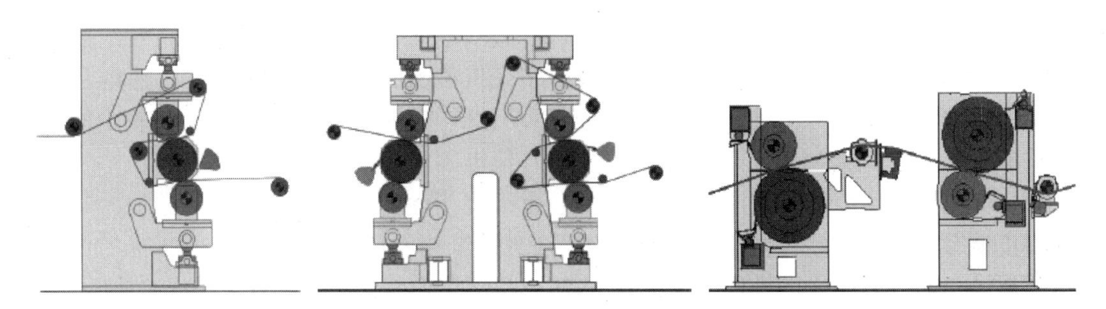

图 1-28 软压光机概念

或非加热辊,它可产生较高的纸页整饰作用,既可以作为上辊,又可以用作底辊,这取决于纸幅的哪一面需要整饰。

两辊软压光机可以组合获得更高的表面整饰效果。通常采用带有一个反向辊的两压区组合,但也有带有两个压区整饰同一表面的组合。还有带有多达6组两辊软压光的组合,对每一表面分别整饰三次。当然,也有将硬压光和软压光结合在一起的特殊压光机。

与两辊硬压光相比,两辊软压光机的主要设计是非常相似的。然而,两者也有很大的差异。因为挠度补偿辊具有软包覆层,不能像硬压光那样在压区闭合时引纸。软压光机在引纸时,压区要张开且压辊要以相同的表面速度转动。当纸头引入到卷取部后,纸条扩展至纸机整幅,然后压区才能闭合。

软辊包覆层是软压光机中的关键部件。第一个对纸张的软压光机经历了几乎连续的失败后在20世纪80年代后期问世。这一成果加速了压辊包覆层的研发。今天的压辊包覆层要求运行非常安全,且要提供操作和维护程序的不断校正。从这个意义上来说,软压光机的操作绝对不比硬压光机容易。由于软压辊的边缘可能直接接触热辊,因此压辊的边缘区域特别危险。因为软辊包覆材料不能承受非常高的温度,一些解决的方法就应运而生了。用冷空气和水分别冷却软辊包覆层和热辊的边缘是很常用的选项。另一个方法是将软辊边缘部分的直径变小,以避免其直接与热辊接触。最安全的操作方法是将纸张超宽幅进入软压光机,以防止软辊与热辊在边缘上接触,然后使用边缘切刀在压光后在进行纸幅切边。当然这种方法会损失纸幅的齐整性,如果产品对纸幅宽度要求是严格的,会引起齐整性的问题。

软压光辊的磨损问题比硬表面辊还要迅速,因此换辊的程序设计必须高效。换辊时间应该最小化,且换辊必须容易和安全。在一些场合,换辊可以在纸机运行的情况下进行而不用停机。值得注意的是,热辊可能是纸机中最重的部件,因此必须评估吊车的能力、磨床的能力以及将其从现场运输到维修地点的方法。

在纸机布置设计中另一个重要方面是,必须考虑液压系统、热油系统、电力驱动系统等所需的空间。软压光机是一个紧凑的部件,但其外围的单元和系统占据了大量的空间。对于窄幅压光机,外围系统可以占据比压光机本身还要大的空间。在放置这些单元时,也受到了其与压光机的距离和垂直高度等的限制。

压光机的机架设计对于纸机布置来说也是一个重要的影响。窄幅纸机通常采用开放式的机架布置,以便于用吊车换辊,特别是当压辊布置不是绝对垂直排列而是有一定的倾角时,开放布置更为方便,有足够的空间来对上下辊进行吊装和运输。然而对于宽幅纸机,开放式的设计受到限制。从轴承座传递到机架的力随纸机的幅宽增加而迅速增加,而将轴承座固定在机架上成为了关键。有两种不同的设计可以解决上述问题:一是在压辊轴承座的机架上部装设一个凸台,或者将轴承座固定在一起。

为了适应引纸和不同模式操作时精确控制的需求,压光机驱动必须有一个高效的控制系统。DC控制常常被调频控制的AC驱动取代。压光机机械驱动的设置也依据其速度和负荷不同而改变。加热辊以万向轴和齿轮减速箱来驱动。低速窄幅压光机的挠度补偿辊由同步齿形带来驱动。对于宽幅和高负荷的压光机,挠度补偿辊则采用综合齿轮的方式驱动。

软压光的其他主要部件有压区前的舒展辊、引纸辊、蒸汽喷淋器、刮刀、压辊边缘冷却装置以及厚度调节器。由于软包覆层可受到进入压区皱褶纸幅的负面影响,因此舒展辊的作用是非常重要的。对于软压光的操作来说,当进入压光机纸张的浆料中含有胶黏物或杂质时,压区辊间刮刀是非常关键的因素。当细小纤维、填料和其他杂质在辊面黏附前,必须将胶黏物从压辊表面除去。

(3)三辊软压光

每面经过一个压区的纸页并非总能满足整饰的需要,更强的整饰能力可以通过增加更多类似的压区来实现。然而,这是一种较为昂贵的方法,因为软压光辊直径较大且价格不菲,且软压光热辊必须能够承受来自压区的满负荷压力,而当两个软压辊安装在热辊两端时,对其产生的应变要很小。基于这种情况,压区负荷要相互平衡,并以不同的方法确定热辊的大小。然而,两个压区从一个辊获得热能,也将限制了辊面温度的最大值。

当纸幅从同一个三辊压光机单元的第一个压区到达第二个压区时,仅仅可完成对纸页一面的整饰。通过加入另一个三辊单元,纸幅可蜿蜒曲折地经过四个压区(见图 1-29)。一些造纸厂采用这种布置,以一个垂直或水平的压辊组来整饰化学浆涂布纸。垂直布置一般用于机外软压光或低速在线压光。对于高速或在线压光,则采用水平布置方式。

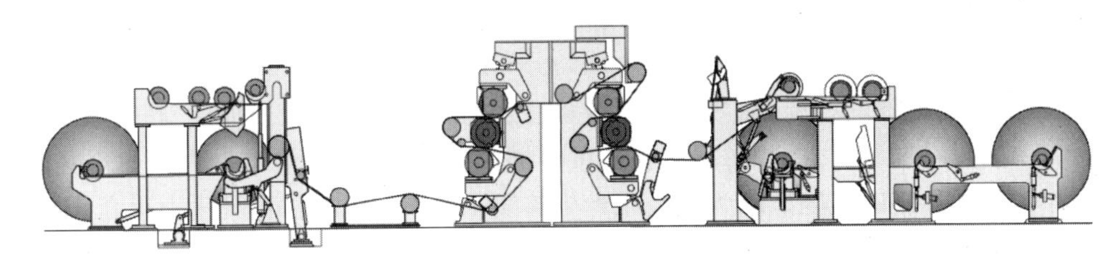

图 1-29 四压区软压光机

三辊压光机单元是良好的过程装备,特别是对于单面压光,在合理的价格下提供了较高的整饰能力。如果纸幅可以在高温下塑化,且平滑度的建立没有问题的话,其对于双面压光也是一个有趣的单元。在高温软压光的情况下,纸幅的光泽度比平滑度更容易达到较高的水平。

1.3.3 超级压光机

在高聚物压辊引入之前,超级压光是主流的多压区压光的方法。本文论述的超级压光机大多数是在 1990 年年底之前安装的。虽然最近十年来很少有新的超级压光机在安装,但是在世界各地仍然有大量的超级压光机在运行着。

超级压光机是一种由软辊和硬辊交替组成的多辊压光机。软辊可以承受较重的线压以获取良好的平滑度,而不会产生纸页变黑和产生斑点。超级压光机的主要控制参数如下:a. 底辊的线压;b. 热辊的表面温度;c. 填充辊的材料和硬度;d. 压光机车速;e. 蒸汽;f. 双面压区的位置。

超级压光机的软辊过去曾使用填充辊(filled roll)。填充辊有一个钢轴,钢轴上穿有中间开孔的特种纸片,纸片被穿好后用液压压紧。这些纸片通常由羊毛和棉花混合而成,或者仅仅由棉花制成。当这些填充物表面达到所需的硬度时,被压缩的纸片就被锁紧螺帽锁紧在辊轴上形成填充辊。这种软填充压辊的制造技术一直延续了 150 多年。

超级压光机总是用于机外压光(见图 1-30)。压辊组最常见的数量是 9~12 个。但也有例外,如制造防油防黏纸时,压光辊可多达 16 个。如果超级压光机的辊数为偶数,则在压辊组的中间将有一个由两个软填充辊组成的双面压区。在双面压区里,纸幅原本面向硬辊的一面改变方向,以使得压光机上部可以整饰来自底部纸幅的另一面。最常见偶数辊组的辊数为 10~12 个。

超级压光机的非偶数辊组导致纸幅的一面受益，即纸幅有一面比另一面受到多次压光，这在制造单面性能产品或光泽纸时是希望的。一度这种配置在北美比较常见，这里的长网造纸机生产具有双面差的纸种，且最后的质量由涂布和超级压光机来控制。在这种情况下，最通用的奇数辊组的辊数为9～11个。

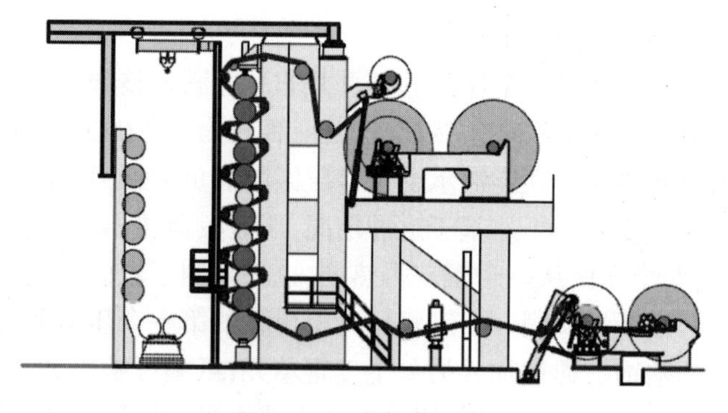

图1－30　超级压光机

超级压光机的辊组是垂直布置的。在运行时，底辊（有时称为“王辊”）支撑着所有上面辊的质量。压光机的线压由所有的中间辊的质量产生。由于线压与压辊的质量有关，因此在纸机的横幅方向产生均匀分布的线压。对于大多数纸种来说，这些中间辊的质量不能提供足够的线压，需要用液压装置在顶辊的轴承座上辅助加压，超级压光机的附加线压水平是容易控制的。由于每一压辊质量叠加成为总的线压，线压最大值出现在底辊压区，而最小值则在顶辊的压区。因为超级压光机的线压范围可以非常宽且压力很高，因此顶部和底部的位置均需要采用挠度补偿辊。为使压区压力更为均匀，挠度补偿辊的内部压力必须用附加的加压装置来协调。

超级压光属于机外操作，当每次纸机的纸卷更换时，压光机就要停机。这也是超级压光机生产能力较低的主要原因。不管怎样，每次更换纸卷都会造成产量损失。另一个造成较低生产能力的原因是其较低的运行车速。为了满足质量的要求，在一些情况下超级压光机的车速不能超过500m/min。通常最大的生产车速是750～850m/min，制约车速的最主要因素是填充辊。一般来说，加热辊的最大压光机车速、最高线压和最高温度不能同时采用，因为两个底辊位置的填充辊存在毁坏的潜在危险。

由于软填充辊的表面易于被纸幅的瑕疵、断头或表面缺陷擦伤而形成刮痕，因此填充辊需要经常更换，通常超级压光机是一天最少更换一个填充辊。如果超级压光机的车速很高，则每天要换三个辊。填充辊的更换是影响压光机生产能力的另一个因素。为了防止纸幅的断头导致填充辊表面的压痕，超级压光机装备有快速开启特性，由液压缸支撑着底辊（见图1－31）。当纸幅断头发生时，液压缸内的液压油迅速释放，导致底辊下降。当这些辊已经下降到足以使所有压光机的压区都开启时，底辊缓慢地停止在液压缸冲程的端部。这种快速开启装置含有一个纸幅切断装置，其可沿整个幅宽切断进入的纸幅，大大减少了填充辊在断头时产生压痕的危险。

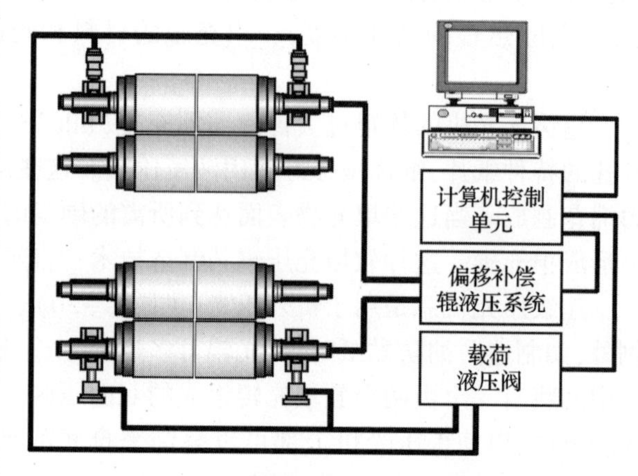

图1－31　超级压光机的加载液压装置

使用过的填充辊从超级压光机上拆卸之后，将被放置在室温下冷却。当冷却完毕，则送去车削或研磨来整修表面。然后，这些整修过的填充辊将被重新安装到超级压光机上。对于宽幅的压光机，研磨工作可能要进行多次。因为每次能研磨的表面为径向 50 ~ 65mm。如果填充辊径太小以至于无法重新研磨,则需要送回重新填充到原有的直径。

由于填充辊直径不断地变化,必须有一个方法来调整压区,这对于具有快速压区开启功能的现代压光机来说是非常重要的。如果这些辊在快速开启时移动的距离太长,则对纵轴和其他器件的冲击力会很大,将导致设备在疲劳载荷下毁坏。一般情况下,宽幅压光机压辊间压区的开度保持在 5mm,窄幅压光机为 3mm。开启动作是借助于纵轴完成的,当压光机的辊组开启时,纵轴抬起各个中间的压辊。

一般来说,在开启的状态有四种不同的方法来支撑辊组。最简单的是单片梭,纵轴上的螺母锁紧每一个中间辊的轴承座,且可手动调节。两辊间的开度为 5mm,因此当辊组开启时每辊移动距离也只有额外的 5mm,而压光机底辊的移动距离是最长的。为了快速抵达纵轴的调节区域,锁紧螺母可借助电动马达进行机械调节。换辊后的纵轴调节一般要占用 1 ~ 2h。

更先进的纵轴调节系统是分开的纵轴,即在每两辊之间有一个短的纵轴。当某个辊需要更换时,依靠转动纵轴对其进行调节。在每一段纵轴端部,有不同转动方向的螺纹,因此纵轴可以在要换的辊子上方或下方开启一个缝隙。对于分开纵轴的压光机,操作者具有一整套量规,能够用对应的量规测量每一个纵轴螺母的间隙。分段纵轴通常借助于气动装置或内嵌齿轮转动。纵轴的调节时间是换辊后的 15 ~ 30min。这种纵轴也可以自动操作。在这种情况下,每一段纵轴有各自的驱动马达和相邻的开关来设定适当的缝隙。

另一种广泛使用的自动纵轴系统具有一个驱动马达和单片梭(见图 1 - 32)。恰当的缝隙靠气动装置来设定。该气动装置既能在对应的位置锁紧螺母,又能允许其与纵轴一起运动。这里还有一些相邻的开关,用于设定螺母间恰当的缝隙。压辊的位置变换的选择则靠按键或凭借显示屏来自动实现。自动控制关注换辊后辊间的缝隙,当换辊后设定恰当的间隙。通常一个辊在一定的时间就要更换,以防止间隙设定的问题。这种纵轴调节的时间一般在换辊前后的 1 ~ 2min。

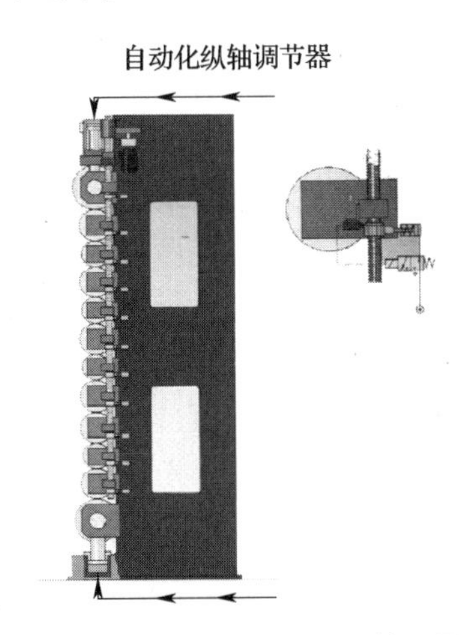

图 1 - 32 超级压光机的纵轴设置

在封闭框架的超级压光机中,则采用一种特殊设计的快速开启装置来进行缝隙设定。辊子采用液压缸来支撑,当压光机辊组压区闭合时缝隙自动设定(见图 1 - 33)。快速下降缝隙通过一个特定的布置来实现,这种布置有足够的空间让这些辊子向压光机底辊的方向下降。这种布置易于在封闭框架的压光机上操作,这种压光机一般需要 4 个心轴来设定恰当的间隙。

由于超级压光机中的填充辊实际上每天都要更换,因此换辊时的各种作业必须简易和快速。更换填充辊的程序包括下面几项:为换辊而调节心轴;升起被更换填充辊前面的压纸辊,并将其放到辊架上;旋转压区挡板,并将其取出;把支架提升附加装置滑向轴颈;然后松开轴承座螺母用吊车把填充辊轻轻提起。当用吊车移动填充辊时,运动行程必须非常小心地控制,因为这些填充辊是非常重的(特别是在宽幅压光机中),如果移动过程不小心操作,会导致对压光机的损害。同样,换辊过程也存在造成人身伤害的危险,因此只有取得资质的人员才能够进行换辊操作。当一根旧辊移除了,一根新辊则按照与拆卸相反的次序进行安装。一般来说,换辊时间为 10 ~ 30min,但是如果在封闭框架的压光机上没有自动心轴系统的话,所用的时间还要更长一些。

幸运的是,软聚合物包覆辊的发展已经取得了长足的进步。今天聚合物包覆辊几乎可以使用在任何超级压光机的任何位置上,而不管其机械载荷。传统的填充辊仍然在应用的唯一原因是纸张质量的需求。聚合物包覆辊不需要像填充辊那样需要较多的机械能来转动它,因此也从过程中缺少了当量的热能。如果没有能力增加压光机热辊的表面温度或者线压,聚合物包覆辊也不能产生像填充辊压光那样的纸张质量。但在实际上,即使在这种情况下,二或三个填充辊仍可以由聚合物包覆辊所取代而达到同样的质量。

图 1-33 封闭式面板的超级压光机

聚合物包覆辊的换辊周期为 3~4 个月,这种较长替换周期增加了超级压光机的生产能力。包覆辊在超级压光机中的另一个优点是改善了纸页的厚度形貌曲线。当使用填充辊时,不可能实现主动的厚度形貌控制,因为填充辊易于受到损害以至于线压压型作用在 15~30min 内丧失。因此传统的超级压光机不能以线压压型曲线来影响纸页的厚度轮廓曲线。然而,带有区间控制的蒸汽喷射可以影响纸页的光泽和厚度。这要求进入压光机纸页的厚度必须是好的,且填充辊必须经过精确的研磨。聚合物包覆辊可以使压辊表面轮廓保持更长的时间,但其研磨质量要求则更加精密,而包覆辊不会像填充辊那样易于损坏。

当进行压光时,填充辊表面有些粗糙。一般的粗糙度为 0.5~0.8μm。这种粗糙的表面导致较低的光泽度值,特别是当几个辊在同时被更换时。然而在压光过程中,填充辊则变得更加光滑,且在几个小时的运行后,其表面粗糙度逐渐接近热辊表面的粗糙度(为 0.2~0.3μm)。聚合物包覆辊的表面行为在压光中是截然不同的,有些包覆辊在压光中变得粗糙,而有些则变得非常光滑。这种现象对纸张的压光质量有很大的影响。

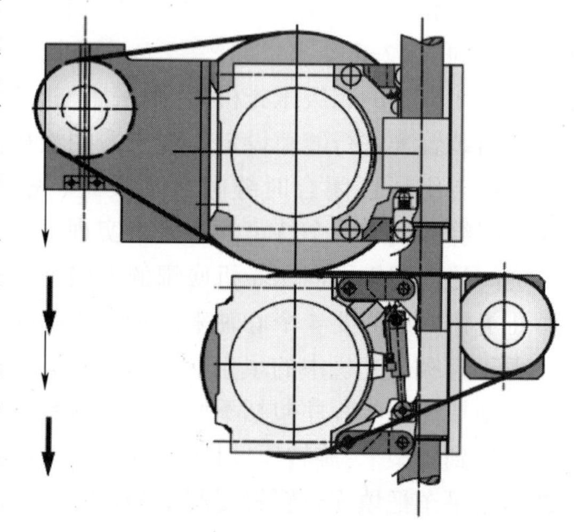

图 1-34 悬臂负荷补偿装置

对于窄幅的压光机,浮游型的单区域压辊提供了足够的控制。但是对于宽幅压光机,仍必须采用多区域控制辊。像影响到多辊硬压区压光机的情况一样,超级压光机也存在着同样的线压分布问题—悬臂负荷。由于超级压光机的压辊有着不同的刚度,且各个压区的悬臂负荷也不同,除非使用悬臂负荷补偿装置(图 1-34),否则是不能实现均匀的横向线压。悬臂负荷补偿一种比较新的装置,大致在 20 世纪 80 年代后期开始使用。超级压光机的滑轨经受固体摩擦,而只有以枢组方式操作的悬臂负荷补偿装置才能在长期运行中工作。

蒸汽喷射也是压光工艺重要的工序,特别是对于未涂布的超级压光纸种。蒸汽喷射的功效基于两个作用:即加热纸幅和润湿纸幅表面。压光机顶部的喷头是最有效的,可用于控制两面差和横向光泽分布。如果能够承受喷射,蒸汽喷射甚至可以用于少量的 LWC 和 WFC(化学浆涂布纸)等纸种。如果蒸汽量过大,则涂层会从纸页表面脱落并黏附在压光辊的表面。

由于超级压光是一个相对独立的工艺,因此压光后纸卷的质量是非常重要的。这里要求压光后的纸卷质量要像原来纸机卷纸的质量一样,而不受压光过程的影响。在任何情况下,由于张力的作用,每一次卷取都会使纸页稍稍伸长,即消耗了纸页的伸长潜力。当然,纸页仍有足够的伸长潜能来适应印刷机,以保证印刷过程的运行能力。今天有可调节牵引压纸辊负荷的中心驱动卷纸机几乎专有地被采用,而没有牵引压纸辊的中心驱动卷纸机会产生空气滞留的问题。表面驱动的卷筒式卷纸机用于非常高的压区负荷来防止光滑表面的纸页在卷纸时打滑。而配有压纸辊的中心驱动卷取则没有这些问题。中心驱动的卷纸机有很多种,但工作原理基本相同。最现代化的高速机外压光机则装备了转矩可调节压纸辊的卷纸机。

1.3.4 多压区压光机

多压区(或多辊)压光机的术语最早产生于 20 世纪 90 年代中期,被用来区分超级压光机以及早年间发展的软压光机与新研发的压光机技术。鉴于造纸机技术和压光机工艺的强劲发展,这个术语过去和现在仍是新型压光机的判据。多压区压光机潜在的应用数量惊人,比超级压光机要多得多。多压区压光机有如下关键特性:

① 多压区压光机适合在线和离线两种应用;

② 压光机辊组的辊数可以在 3 ~ 13 个范围内变化;

③ 与单列辊组一样,分开的或两列辊组的布置也是可行的;

④ 压光机的结构车速可达 2200m/min;

⑤ 加载和卸载操作快速而精确;

⑥ 辊组上所有的塑性辊均为聚合物包覆材料;

⑦ 当采用热油作为加热介质时,温度可达 280℃(运行时表面温度为 150 ~ 170℃);

⑧ 辊组中反向辊的次序是使第一个压区加热。

鉴于超级压光机总是在造纸机外以低速运行(通常在 1000m/min 以下),因此多压区压光机的塑性辊一般为填充辊。单个辊组布置的压区数量通常为 12 或 10。

与超级压光机相比,多压区压光机通常配置一个反向辊,这意味着顶部和底部的偏移补偿辊具有软包覆层。与普通偏移补偿辊排序不同,这样的配置使第一个压区具有一个高温热辊,因此在第一个压区比超级压光机更为高效。

由于多压区压光机是为聚合物包覆辊设计的,因此没有滑轨或心轴。多压区辊组的压辊由载荷臂上的轴承座支撑,这样使得摩擦力更低而载荷精确度更高。根据压光机的制造情况不同,压辊的质量部分或全部被补偿了。

多压区压光机研发的驱动力来自两方面:

① 由于受到压光机能力的限制,特别是对于特殊要求的纸种或高速操作,软压光机不能够包括所有压光应用的范围;

② 因为大型纸机每一次增加纸机车速和产量,差不多需要 4 台超级压光机为其配套,以

至于投资和操作的费用非常大。尽管与超级压光机相比,多压区压光机的单台价格增加也非常大,但是投资和操作的总费用却明显降低,因为针对上述的情况,一台在线的或两台离线的多压区压光机就足够了。

由于多压区压光机要在高温和高线压的条件下工作,软辊的包覆层必须保证安全运行和较长的研磨周期。

多压区压光机一般用于最后压光的位置。实验中也被用于涂布纸种的预压光位置,但从投资来评估其性价比不高。

多压区压光机的最新研发成果是将压光辊组分为两个部分,有两种方法来设计分开的辊组。第一种方法是在单一辊组中使用一些挠度补偿辊,将其分为两个载荷部分。在这种情况下,辊组仍然在单一的框架上。另一种可行的方法是所谓的两辊组压光机,即有两个分开的辊组。不管哪种设计,分开辊组的优点是具有相对较好的运行特性和较高的压光能力。这是因为双辊组设计可减少振动,减少纸幅皱褶,更好地控制纸幅的两面性。

多压区压光机在 20 世纪 90 年代的迅猛发展,使压光机成为造纸领域关注的热点。此时有超过 100 台的新型多压区压光机被安装使用。

就此而论,市场上的三种压光机的设计使用了多压区压光技术:来自 Voith 的 Janus 压光机,来自 AndritzJ 的 ProSoft 压光机,以及来自 Metso 的 OptiLoad 压光机。下面将简要地介绍上述各自品牌的压光机。

1.3.4.1 Janus 压光机

Janus 压光机是第一台多压区压光机,它可以安装在造纸机上在线使用。这在在线多压区压光机的历史上是一个重要的引领潮流的里程碑事件。

Janus 压光机最早以一种垂直辊组的布置安装在 20 世纪 90 年代。在 90 年代后期,这种压光机更新为 Janus MK2 的设计概念,其特性在于辊组支架不再是垂直的,而是以 45°的倾角排布(见图 1-35)。这种支架布置在多压区压光机中是独特的。

分离辊组也有 45°倾角框架的配置(见图 1-36)。

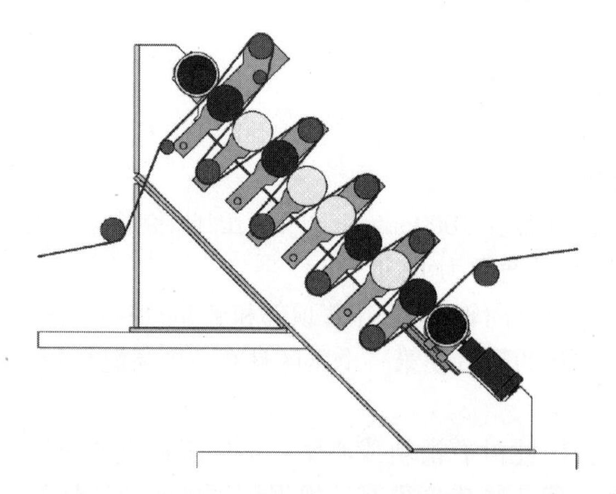

图 1-35 Janus 压光机(单辊组配置 1×10)

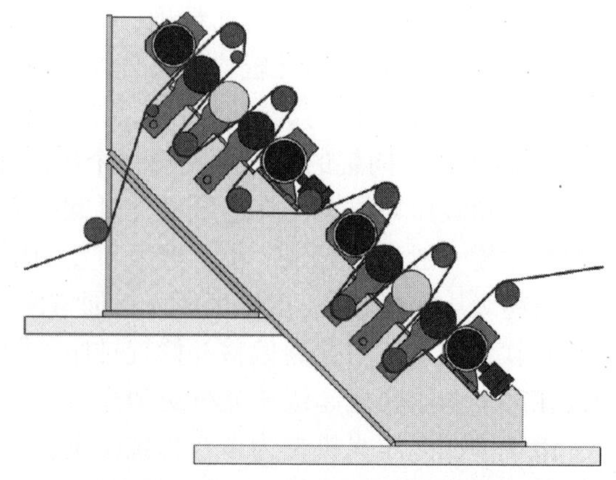

图 1-36 Janus 压光机(分离辊组配置 2×5)

45°倾角支架的优点有:

① 倾角设计重心较低,框架连接处有非常高的刚度,框架与基座的优化连接,使其有非常平稳的运行特性;

② 特殊研发的功能工具,使换辊快速便捷和安全,使换辊操作进一步改善;

③ 从平台和阶梯可以直接接近压光机的所有主要部分；

④ 高度较低；

⑤ 布局紧凑，宛如造纸机生产线的一个组成部分。

Janus 压光机的总体特性：

① Janus 压光机具有本章 1.3.4 节描述的所有主要特性；

② Janus 压光机辊组的压辊数可在 6～12 个之间改变。对于不同的纸种，辊组内的每个压区均可单独地闭合。举例来说，一个 10 辊的 Janus 压光机可以只闭合 1～4 个压区进行操作；

③ 设计线压可高达 550kN/m；

④ 加热辊是周边钻孔的辊，直接用水或油来加热，辊面温度可达 100～170℃。辊组的顶辊和底辊为挠度补偿辊，通常这些多分区辊是镍辊或镍铬合金辊；

⑤ 在造纸机机内压光应用中，引纸由引纸绳系统完成，此时压区开启。纸头由真空吸移装置送入引纸绳系统，两条引纸绳夹带纸头通过压光机辊组直到卷纸机。

目前，Janus 压光机安装的数量已经超过 40 台，包括新安装和重新安装的在线和离线机型。

1.3.4.2　OptiLoad 压光机

OptiLoad 压光机是第一台具有 12 个压辊的多压区高压光能力压光机。该机型投入市场的时间大约与前述的 Janus 压光机相同。

OptiLoad 压光机的载荷的排列是均布的（见图 1－37）。该机型的压辊组按照压辊平衡偏移原理设计，各中间辊的质量可以完全抵消，而不是通常的部分抵消。各中间辊的质量不再影响压光机的载荷和压光过程，因为线压的提供完全依靠附加的液压装置。这意味着全部压区的线压是同样的。

载荷原理允许该压光机以低于传统多压区压光机的线压水平（约为 100kN/m）产生同样的表面性质，这意味着处于辊组底部的聚合材料压辊具有更安全的操作。由于 OptiLoad 多压区压光机在各个压区具有相同的线压，因此各压区的长度也是一样的，因此可使纸幅以很高的速度通过压光机并达到需要的表面性质。

该机型中间辊组的释放角（the degree of relieving）是可以改变的，这使得该机型比其他多压区压光机具有更多的控制参数。通过这些参数调整顶辊和底辊间的线压水平，可以控制纸幅的两面性。

OptiLoad 压光机的主要特性为：

① 具有本章 3.4 节描述的各种主要特性；

② 辊组压辊的数量可以在 6～12 个之间变化，见图 1－38；

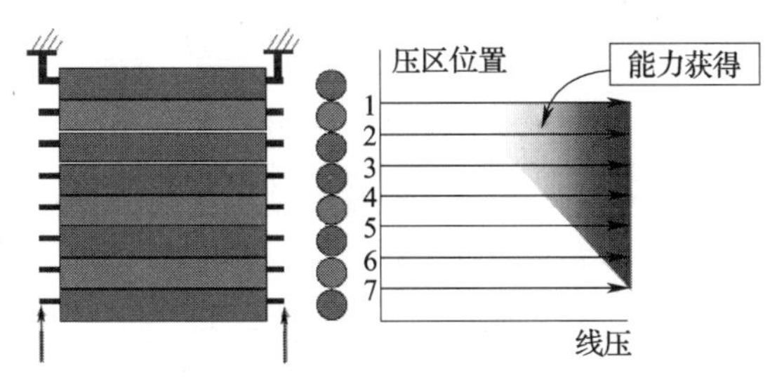

图 1－37　OptiLoad 压光机的载荷原理和液压装置（来源：Metso 2008）

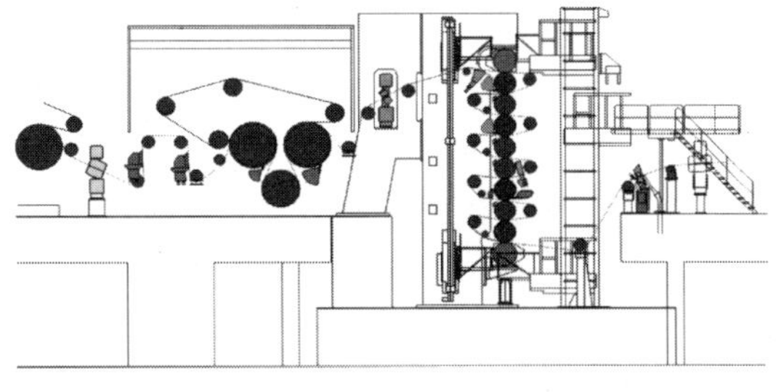

图 1－38　OptiLoad 型 1×10 在线压光机（来源：Metso 2008）

③ 设计压区线压高达500kN/m；

④ 该机型的加热辊通常为辊面周边钻孔的辊，采用典型的油或水基的加热系统，辊表面温度可达170℃。

在该机型在线系统中，引纸是由引纸绳装置在压区开放时完成。纸头由真空抽吸被输送至引纸绳之间，然后两条引纸绳导引纸条进入压光机并直到卷纸部分。一种特殊的两相引纸程序已经用于双线压光机，此时引纸由引纸绳从两个压光机之间引出，以稳定引纸并确保引纸成功。

对于两个压光辊组的OptiLoad压光机，称为OptiLoad Twinline压光机。这种型式的压光机是在21世纪才引入市场的，它结合了造纸机水分蒸发设备的优点，且有更开放的引纸空间（见图1－39）。

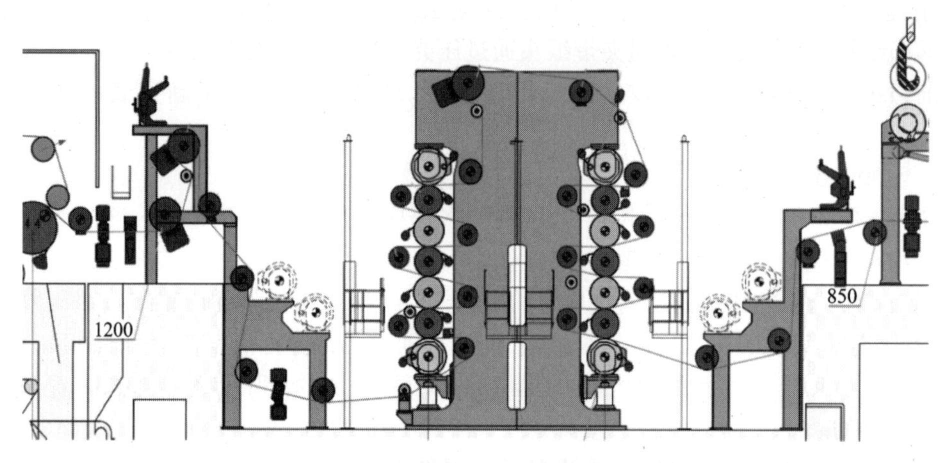

图1－39　OptiLoad Twinline型7＋7在线压光机（来源：Metso 2008）

1.3.4.3　ProSoft压光机

ProSoft型压光机与其他一些使用聚合物包覆辊和温度升高过程的多压区压光机相似。

ProSoft压光机具有垂直的机架，有1至2个压辊组。这种多压区压光机进入市场的时间要迟于前述的Janus和OptiLoad两种压光机。

ProSoft压光机的一个特点是，其电力驱动控制系统可以消除或减小辊组对水平压区的偏移。

ProSoft压光机的主要特性：

① ProSoft压光机具有本章3.4节描述的主要特性；

② 其主要应用型式为2×5辊的在线ProSoft压光机，参见图1－40。

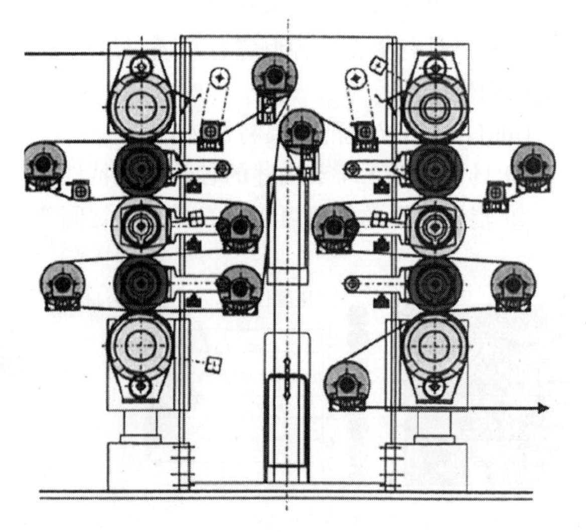

图1－40　ProSoft型5＋5压光机
（来源：AEL 2006压光机方法研讨会出版物）

1.3.5　靴形压区压光机

靴形压区（shoe－nip）压光机是一种长

压区压光机，其纸幅的停留时间是硬压区或软压区压光机的数倍。靴形压区在热辊和由靴形支撑的聚合物带间形成，润滑油被加入到靴和聚合物带之间。靴的纵向（MD）长度变化范围为 30 ~ 300mm。靴形压光机压区的机械设计是基于靴形压榨压区的形式，当然这里没有任何毛毯。由于靴形压区的厚度曲线无法调整，因此厚度的控制要在纸或纸板生产线的其他部位进行。这种靴形压光机的设计形式参见图 1 -41。

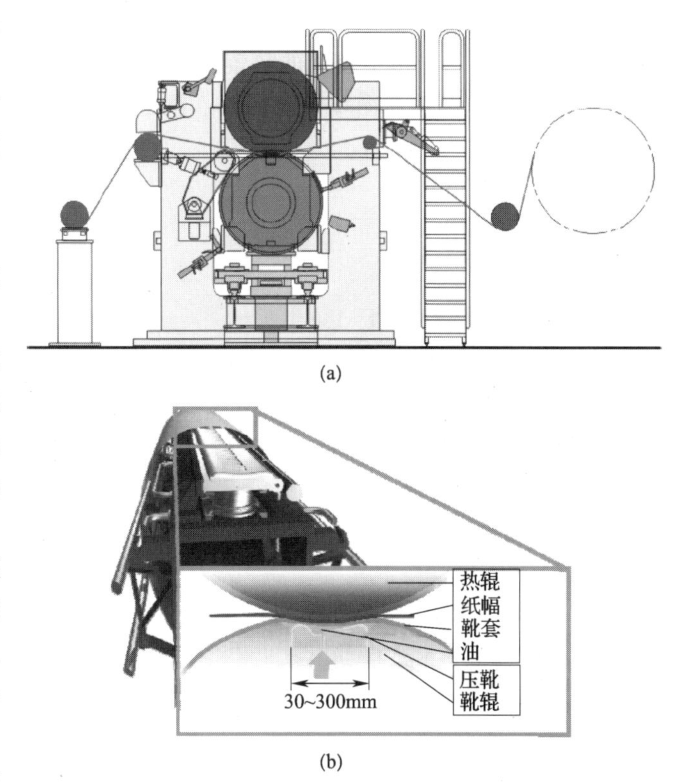

图 1 -41　靴形压区压光机及其结构（资料来源：Metso）
（a）靴形压区压光机　（b）靴形压区结构

靴形压区压光机的优势体现在压光后纸页松厚度的保留，较低的微细粗糙度值（ - PPS - s10）以及没有色斑的高光泽。松厚度的保留是源于缓和的靴形压区的压力，而较低的微细粗糙度和均匀的光泽度的获得，则得益于柔软的聚合物带赋予了压区更均匀的压力分布。从某种意义上说，靴形压区压光机是一种对纸幅厚度进行等高处理的压光机。另一方面，如果原纸或纸板的成形不是很好的话，其宏观规模的粗糙度（Bendtsen，本特森法）可能很高。

这种靴形压区压光机用于未涂布和涂布纸袋最后压光，也可用于纸板的预压光等。最终压光操作的靴形区长度通常为 30 ~ 80mm。在涂布纸板的预压光中，一般不采用单独的靴形压区压光，而是常采用将其与硬压区压光结合的型式。在预压光中，靴形压区的长度一般为 100 ~ 300mm。硬压区压光一般用于纸页压型和建立宏观尺度的平滑，这对预压光是重要的。尽管靴形压区压光的许多优点超过硬压区和软压区压光，但是其应用并不普遍。

1.3.6　金属带压光机

在金属带压光机中，由加热的金属带和加热辊组成了一个 1m 长的压光区。图 1 -42 和图 1 -43 给出了金属带压光机的示意图。这种压光区延长了停留时间，并施以较高的热能，有效地塑化了纸幅的表面。由于纸幅被塑化，压光时仅需较低的压力。因此与传统的压光方式相比，金属带压光可以最大限度地保留纸幅的松厚度。

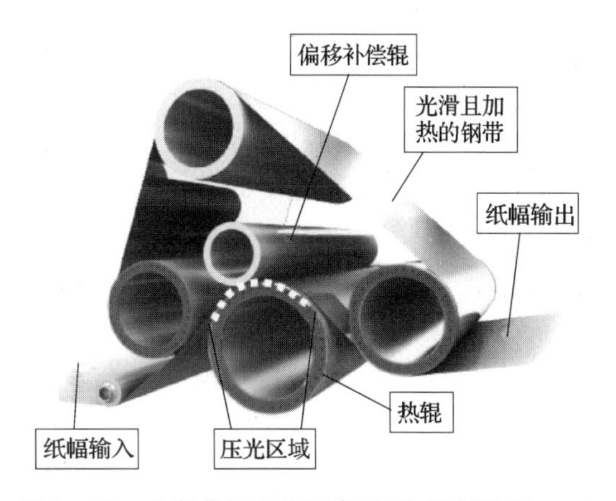

图 1 -42　金属带压光机示意图（资料来源：Metso）

尽管金属带压光是一种新型的压光工艺，但是其结构设计中还是采用了标准造纸机的部件。其中的钢带最早用于 CondeBelt 干燥部中，钢带的厚度为 0.6 ~ 1.2mm（见图 1 - 44）。金属带压光机上使用的热辊，也与传统压光机上的加热辊是同样标准的。该辊周边钻满了孔，且由内部热油循环系统加热。钢带由可加热的导带辊加热，导带辊基本与传统压光机的热辊相似。

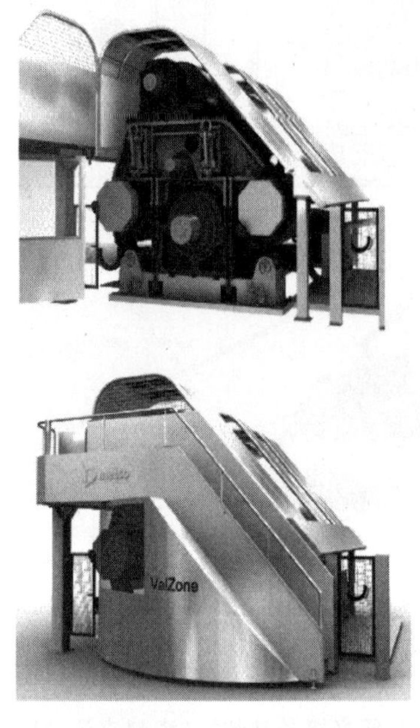

图 1 - 43 金属带压光机的机罩打开和关闭
（资料来源：Metso）

图 1 - 44 钢带和导带辊
（资料来源：Metso）

金属带压光工艺是基于采用加热和长压光停留时间。金属带压光区的长度约为软压光区的 100 倍。靴形压光也有较长的压光区（30 ~ 300mm），但是金属带压光区仍比最长的靴形压光区长 3 倍多。图 1 - 45 比较了不同的压光工艺。

金属带压光可以说是目前唯一的对称压光工艺，它可以将热同时施加于纸幅的两面，这是可以做到的，因为压光过程中钢带和热辊均被加热。对于硬压光、软压光或靴形压光过程，压区中仅有热辊的一面被加热。即在传统压光中，需要 2 个或更多的压区才能实现对称加热压光。在金属带压光中，由于可以独立地调节热辊和金属带的表面温度，因此可大大减少纸幅两面粗糙度的差异。热辊和金属带表面温度的典型范围为 80 ~ 170℃。

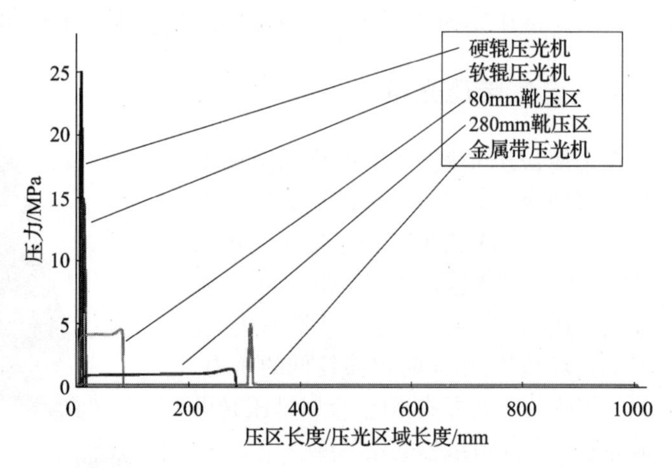

图 1 - 45 不同压光机的压力和压光区域比较
（资料来源：Metso）

金属带压光机的 1m 压光区可以分为三个截然不同的阶段：a. 预处理段；b. 塑型段；c. 后处理段（见图 1 - 46）。

预处理段的主要目的是加热

和塑化纸幅,因而通过钢带的张力将较低的压力(0.2MPa)施加于预处理段。大多数压光机的效能产生于塑型段,一个偏移补偿辊施加附加压力以获得希望的厚度和平滑度,横向厚度的塑型校正也可在这一阶段进行。由于纸幅在预处理阶段已经被塑化,因此仅需较低的压力就可以了。塑型段的载荷大致为软压光载荷的 10% ~30%,通常在 10 ~70kN/m(见图 1 -47)。后处理段的作用则是稳固压光的成果。在压光压力减少且仅由金属带张力(0.2MPa)产生的情况下,热处理以一种可控的方法持续进行。与传统压光机相比,金属带压光后纸幅的回弹行为大为减少。

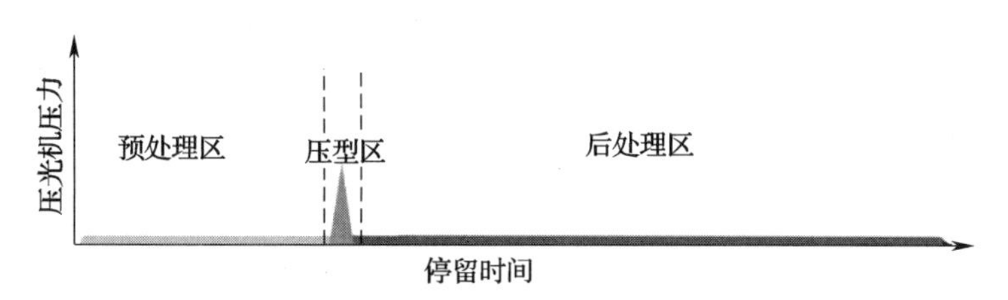

图 1 -46 金属带压光机中的压力分布(资料来源:Metso)

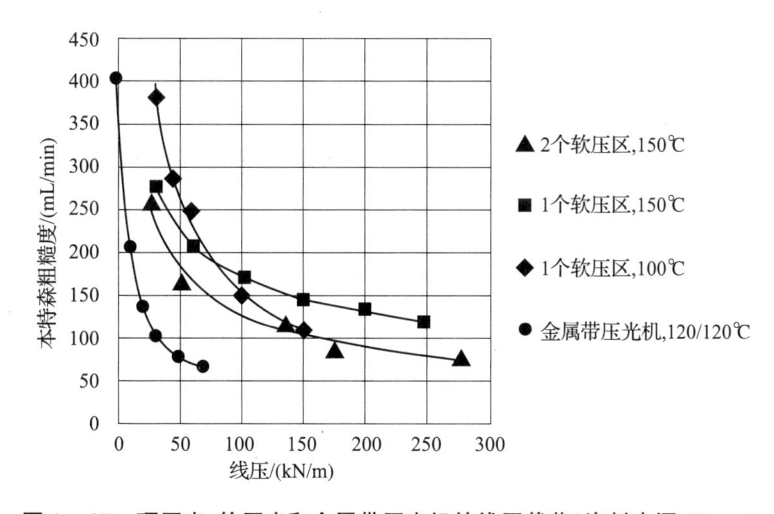

图 1 -47 硬压光、软压光和金属带压光机的线压载荷(资料来源:Metso)

由于纸幅的热塑化和较低的压光压力,金属带压光机可以极大地保留纸和纸板的松厚度和挺度。与传统的压光工艺相比,金属带压光机获得的纸幅松厚度提升可高达 10%。第一台金属带压光机被用于纸板(如折叠箱纸板)涂布前的预压光。金属带压光机不但可以用于未涂布纸或纸板的最终压光,还可以用于涂布纸的预压光。

1.3.7 特种压光机

1.3.7.1 湿式压光机

湿式压光机(wet stack,参见图 1 -48)通常用作涂布卡通纸板的预压光,但它也用作未涂布纸板的最终压光。湿式压光机的压辊配置几乎与复合辊硬压区压光机相同(4 ~11 辊),但其工艺则与标准的硬压区压光机完全不同。在湿式压光机中,在压区前的 1 ~3 辊上安有水箱来施加一层水膜在辊的表面。通常水量为 10 ~25g/(m^2·面)。在压区中这层水膜被压向纸幅的表面。纸幅在进入湿式压光机前通常仅含有 1% ~2% 的水分,在湿式压光的前后均需要进行干燥。湿式压光后纸板的平滑度大大提高，但松厚度水平通常则很低，这是重压光导致的结果。

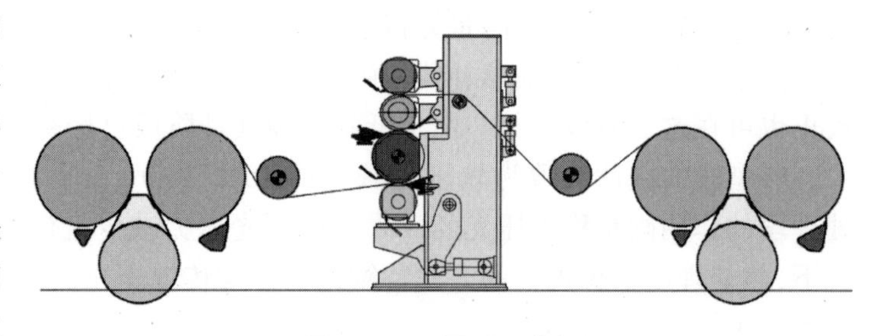

图1－48　湿式压光机

湿式压光机的关键因素是运行特性。如果压区压力分布对于水箱是不足够的，那么水将通过压区然后在纸幅下面形成水袋，以至于在进入下一压区时会产生纸幅断头。由于松厚度对于纸板是关键指标，因此必须有一个对应水箱操作的适宜的线压范围来适应所有的产品。这通常由一种特定的设计来实现，即允许改变运行压光辊数量和可选择偏移补偿辊位置等。这样一来，使用水箱操作的压区将产生良好纸幅塑形。

由于湿式压光机会引起操作运行问题，且纸幅需要在压光前后均进行干燥，因而湿式压光机仅用于对纸幅平滑度要求非常高的场合。目前湿式压光机也可以用金属带压光机替换，并赋予纸板良好的平滑度水平。与湿式压光机相比，金属带压光机有更高的效益，包括更好的松厚度、平滑度和更稳定的运行性能以及更高的生产能力。

1.3.7.2　半干压光机

半干压光机（见图1－49）是一种安装在造纸机靠近干燥部中部的硬压区压光机。进入半干压光机的纸幅水分为15%～30%。半干压光机过去常用于新闻纸和挂面纸等，但是许多这种类型的压光机已经被拆除了。半干压光机可赋予纸页良好的平滑度，但也对纸幅强度性能产生负面影响，纸幅具有损失松厚度的趋势。此外，还会降低纸页的亮度（brightness）和不透明度。在少数的造纸机中，软压区压光机也会安装在半干压光机的位置上。然而，在现代造纸机中则没有装备半干压光机。

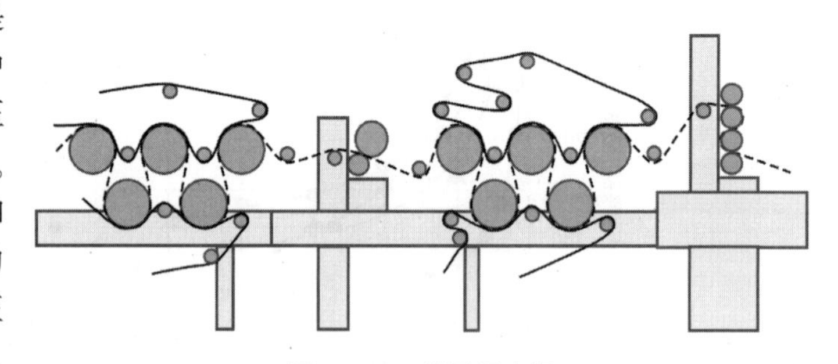

图1－49　半干压光机

1.3.7.3　研磨压光机

研磨压光机是通过纸幅在压光辊表面的滑动研磨来改善原纸的表面质量。换句话说，这种压光机的工作就是集中在纸幅的表面。通过使纸页表面的质密，影响表面颗粒的定向和引起磨损，这种滑动研磨产生热并减少了纸幅的粗糙度。添加石蜡等表面化学品，已经用于进一步改善纸张质量之中。

在典型的研磨压光机中，较小直径的硬辊在比软计算机纸卷更高的圆周速度下转动，转动方向与纸幅的方向一致。单独的高速小直径研磨棒也已用在压纸辊的位置上。研磨压光机可具一个压区的单一压光和多个压区的复合压光等配置。

研磨压光早在工业造纸时期的19世纪就被人熟知，其作为一种方法来整饰纸张的表面。在现代造纸中，研磨压光由于运行特性、控制和起毛掉粉等问题很少使用。但发现在纺织和橡胶工业，则有很多应用。

1.3.7.4 其他特种压光机

1.3.7.4.1 毛刷整饰(Brush Finish)

毛刷整饰赋予纸幅光泽的表面。由于这种整饰没有实际的压区,因而对平滑度的影响较小。操作时,纸幅经过由马鬃制造的旋转毛刷(图 1 - 50)。这一整饰过程的控制参数是纸幅与毛刷辊的速差和毛刷辊的旋转方向。毛刷整饰有两种应用方式:一是纸幅由承接辊支撑,另一种是纸幅悬挂在两个支撑辊之间。毛刷整饰主要用于纸板的整饰,由于这种整饰不降低纸板的松厚度,但也有一些纸种采用毛刷整饰的单元。由于涂布纸板机的运行车速提高,纸幅整饰的粉尘问题也大大增加,因而现在毛刷整饰的应用已经十分有限,而取而代之的是热辊软压光的方法。

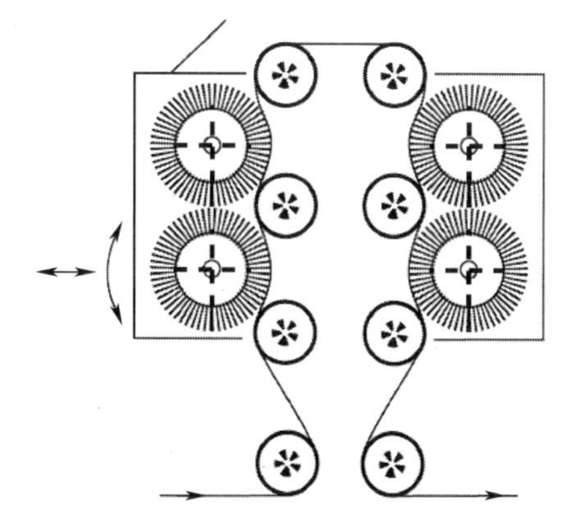

图 1 -50 毛刷整饰压光机

1.3.7.4.2 印花压光机

印花压光机(Embossing Calender)是一种特种压光机,其作用目的不是提高纸页平滑度和光泽度,而是在纸幅表面创建所需的图纹。这种压光机用于墙纸、面巾纸以及一些特种纸和纸板的生产中。压纹压光可以在硬压区或软压区中进行。在硬压区工艺中,带有特殊镌刻表面的压辊同步旋转压向纸幅。而在软压区工艺中,压辊可以独立转动,仅在硬辊上带有镌刻图纹。

1.4 压光工艺的应用领域

1.4.1 含机械木浆的纸种

1.4.1.1 新闻纸

(1)概述

这一部分我们来描述新闻纸的压光概念。目前的新闻纸浆中大多含有 80% ~100% 的脱墨浆(DIP),而剩余的部分是机械浆[典型的为热磨机械浆(TMP)]。然而也有采用 100% 机械浆纤维来制造新闻纸的。以脱墨浆为主的新闻纸可以含有高达 20% 的填料,而在以原生纤维制造的新闻纸中,填料的含量约为 8% 。新闻纸的定量通常为 40.0 ~ 48.8g/m^2。定量在 25g/m^2以下的新闻纸一般用于电话簿纸的生产。

如何对新闻纸进行压光操作很大程度上取决于其印刷方法:如冷固型油墨胶印(CSWO)、热固型油墨胶印(HSWO)、柔版印刷(flexo)或轮转凹版印刷(rotogravure)等。标准的新闻纸通常采用冷固型油墨印刷方式,需要较轻的压光,其对表面平滑度的要求也是最低的。对于冷固型油墨印刷的新闻纸,通常本特森粗糙度(Bendtsen roughness)的目标值约为 150mL/min,相当于 PPS - s10 型粗糙度的 4.0 ~4.5μm。对于软性版印刷,要求比冷固型印刷严一些,即要求平滑一些的纸幅表面,其本特森粗糙度值约为 90mL/min,相当于 PPS - s10 粗糙度的 3.5μm。显然,满足更高的表面性质的要求需要更大强度的压光。热固型油墨印刷要求更加均一的表面,要求 PPS - s10 粗糙度在 2.5 ~3.0μm。而对于轮转凹版印刷,则要求 PPS - s10 型粗糙度要低于 2.5μm。

(2)压光方法

新闻纸通常采用在线的4～6辊的硬压区压光机。线压范围为100kN/m,热辊水温为80～120℃。这些新闻纸机通常的运行车速为1100～1700m/min。

随着新闻纸配料中脱墨浆的增加,浆料的游离度降低,纸页结构的可塑性变好,纸幅平滑度在成形和压榨后均得以改善,此外软压区的停留时间也比硬压区压光长。基于上述原因,目前新闻纸压光趋向于采用较少的压区和较低的线压。

图1－51给出了纸料中脱墨浆含量与压光后纸幅密度的关系。当压光操作条件保持常数时,随着脱墨浆含量的增加,压光后纸幅的密度也随之增加,这与增加的纸幅可塑性有关。

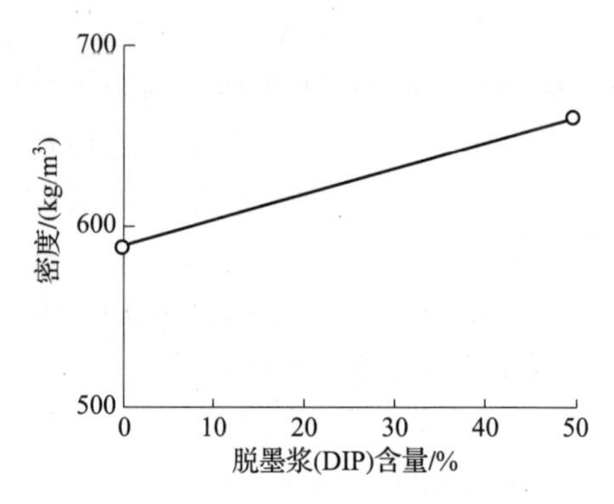

图1－51　在压光条件参数保持常量的情况下纸幅密度是脱墨浆含量的函数[46]

新闻纸的压光工艺已经逐渐转移为软压区压光。具有软压光配置的现代新闻纸机的运行车速可高达2000m/min。单一压区的软压光机是100%脱墨浆抄造冷固型印刷新闻纸机的标准配置。然而,取决于脱墨浆的含量、压榨部的设计、造纸机的车速或纸张的目标质量等情况,也可以采用双压区软压光机的配置。新闻纸压光机的线压载荷一般低于100kN/m,热辊表面温度在80～150℃。然而,这些工艺条件可依上述提及的因素而有较大的改变。

热磨机械浆(TMP)抄造的新闻纸需要两个压区的软压光机,其压光强度要大于脱墨浆抄造的新闻纸。线压变化范围在200～350kN/m,热辊表面温度可高达200℃。同样,压光条件主要取决于纸料的性能和最终产品的使用质量要求(冷固型或热固型印刷纸)。然而,热磨机械浆抄造的新闻纸也经常用作低定量的电话号码本纸进行轮转凹版印刷和热固型油墨印刷。对于化机浆新闻纸,蒸汽常常用来增强压光效应。通入蒸汽的方法也已经非常有效地应用于新型造纸机上的单面干燥的防皱控制。对于较为粗糙的配料(如南方松),预压光也考虑用于干燥部(半干压光机)。

纸张的厚度控制是新闻纸压光的一个必不可少的部分。通常,横向厚度分布已经由热/冷空气喷嘴、感应线圈以及区域控制压光辊等进行控制。最新单独分区控制辊可以控制横向厚度分布而不需任何附加的装置(参见1.5.1.1节的“分区控制辊”)。

新闻纸软压区压光工艺具有如下优点:

① 与硬压区压光相比,在同样的平滑度水平下,特别是对于较平滑度纸页,软压光的纸页强度较高。这是由于在软压区压光中实际的压力是处于较低的水平,因而引起的纤维断裂较少,同时也建立了一个适宜的温度和水分含量来形成新的键合(参见图1－52)。

② 软压光纸页具有较少的起毛掉粉的倾向,且在印刷过程中引起的问题也较少,这是由于软压光的高温促进了纤维的键合。纸页表面的密度和油墨吸收等均非常均匀,致使产生的印刷斑点图像的情况较少。

③ 在新闻纸中增加脱墨浆的用量将导致较低的厚度,及减少了松厚度。较高的温度可允许采用较低的线压从而保留了松厚度。

④ 与硬压光相比,软压光的纸页较为粗糙和松厚,但仍可达到相同的印刷适性。

⑤ 在较高的湿含量水平下,纸页压光变黑的趋向减少,因此纸幅湿含量水平可以提高。

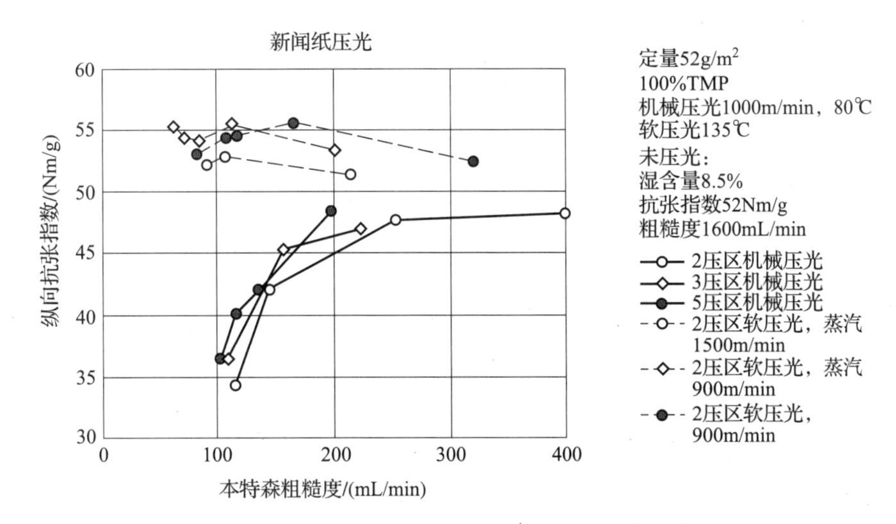

图 1－52 软压光和硬压光纸页的抗张指数比较

⑥ 通过采用不同的线压负载、温度、蒸汽加入量以及辊面硬度等工艺条件，单一压区的软压光也可以控制纸页粗糙度的两面性。

使用同样的造纸机来生产不同的纸种，如从标准新闻纸到超级压光纸，已经成为一种趋势。在新闻纸压光中，特别是当造纸机重建改造和产品质量升级时，采用新型的复合压区压光机成为近期的潮流。轻压光纸种可以仅经过一道压光或者以较低的线压通过整个辊组的各个压区（参见有关“Optiload 压光机”的章节）。聚合物包覆辊已经可以适应较高的温度和线压，因此可以在同样的压光机上满足较高质量纸种的生产。表 1－1 给出了新闻纸压光的典型质量数据。

表 1－1 新闻纸压光工艺的典型数据（资料来源：Metso）

新闻纸印刷方法	纸张定量/(g/m²)	PPS－s10 粗糙度/μm	本特森粗糙度/(mL/min)	密度/(kg/m³)	亮度/%	不透明度/%
冷固卷筒胶版印刷(CSWO)	40～48.8	4.0～4.5	150	600～750	58～59	92～95
柔版印刷	40～48.8	3.5	90	750～900	58～59	92～95
热固卷筒胶版印刷(HSWO)	40～55	2.5～3.0	50	800～900	58～75	89～95
凹版印刷	28～55	<2.5		800～900	56～75	86～92

1.4.1.2 超级压光纸

（1）概述

超级压光纸通常含有 50%～75% 的机械浆，5%～25% 化学浆以及 10%～35% 的填料。该纸种还可以含有脱墨浆。通常其定量范围为 40～60g/m²。

(2)压光方法

超级压光纸传统上采用10或12辊的超级压光机。一台造纸机生产的纸可由2~3台离线的压光机完成,压光机的车速在500~700m/min。线压通常为300~400kN/m,热辊水温为80~120℃。纸页的两面差可由反向压区的配置以及在压光机的顶部和底部采用不同的温度和蒸汽水平来进行控制。

蒸汽喷头对超级压光纸的喷射是超级压光不可或缺的部分。3或4个蒸汽箱通常安装在压光辊组上以改善纸页的质量。最近安装的蒸汽箱是分区控制和闭环光泽控制的,以得到良好的横向光泽均布。纸页厚度则由顶部和底部的偏移补偿辊来控制。

超级压光纸的C级和B级纸,介于新闻纸和光滑的超级压光纸之间,也可用2压区的压光机生产。辊面温度为160~200℃,线压高达350kN/m。对于上述纸种,蒸汽喷射也是必不可少的部分。

聚合物包覆层和辊面高温已逐渐进入超级压光工艺。该领域的工艺现在正朝复合压区压光机的方向发展。新型造纸机的运行车速在不久的将来会接近1800~2000m/min,届时将需要4台超级压光机来进行配套。聚合物包覆层包括了最新的压光机设计概念,使其能够在较高的车速、温度和线压下进行压光。对于大多数纸种来说,超级压光机的辊数为10或12。

当超级压光纸在高速和高温下压光时,对纸幅水分的控制则十分重要。控制的方法是在压光过程中加水以优化纸幅表面的水分含量。最初所有的纸页调湿都在纸机的干燥部完成,而现在新的调湿系统能够在超级压光纸造纸机在线压光中实现。复合压区压光对纸页质量的影响如图1-53所示。

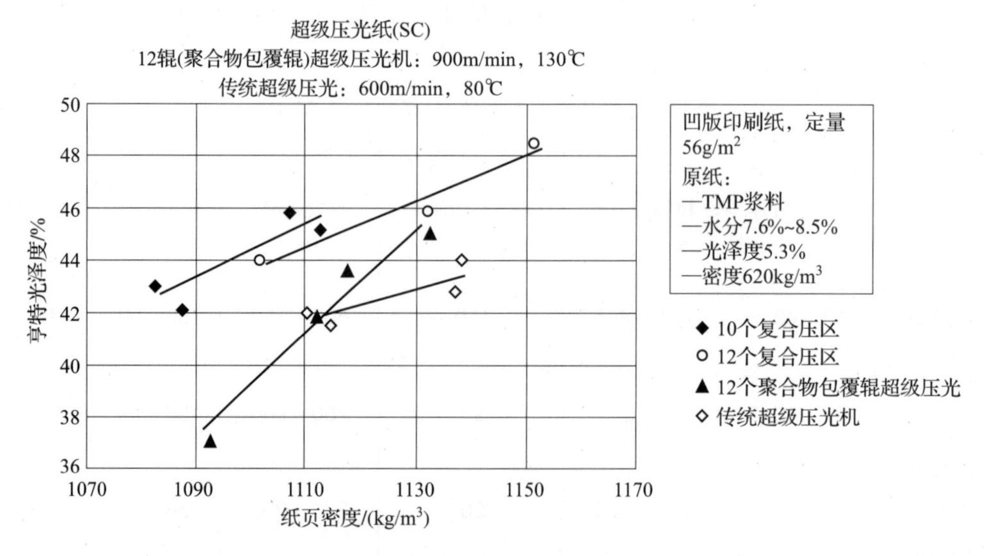

图1-53 亨特光泽度(Hunter gross)与线压的关系

(12辊传统和聚合物包覆辊超级压光机以及10和12辊复合压区压光机)

新型复合压区压光机也提供了控制超级压光纸变黑的工具。理想的压光结果应该对纸页的光学性质(如亮度和不透明度等)不造成大的影响。获得的良好纸页表面性质应该不导致纸页太过质密。与传统的超级压光相比,复合压区压光减少纸页变黑(参见图1-54)。表1-2给出了超级压光纸的典型质量数据。

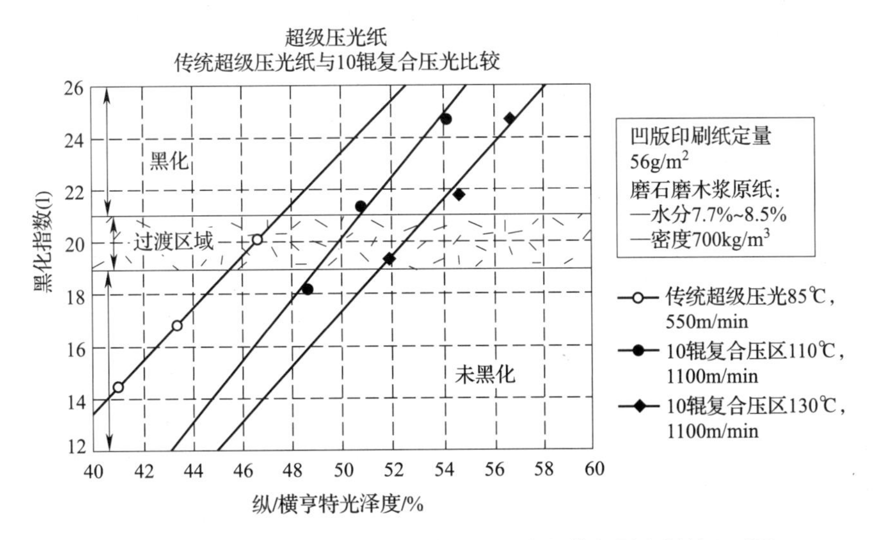

图 1-54　传统超级压光机与复合压区压光机的纸页变黑情况对比

表 1-2　超级压光纸的典型质量数据

参数	超级压光纸 C 新改进的	超级压光纸 B	超级压光纸 A/A+
定量/(g/m²)	45~52	48.8~55	40~60
灰分/%	0~10	10~30	25~35
亨特光泽度/%	<20	25~35	45~55
PPS—s10 粗糙度/μm	2.0~2.5	1.5~2.1	1.0~1.2
密度/(kg/m³)	700~850	900~1100	1100~1250
亮度/%	62~64	62~67	65~75
不透明度/%	92~95	92~93	90~93

1.4.1.3　含机械木浆的涂布纸

(1)概述

本节主要关注含机械木浆涂布纸[如纸机整饰涂布纸(MFC)低定量涂布纸(LWC),中定量涂布纸(MWC),以及高定量涂布纸(HWC)]纸种。薄膜涂布和刮刀涂布用于 MFC 和 LWC 纸。在过去的 10 年间,所有新型的 LWC 造纸机均已经安装了薄膜涂布机。MWC 和 HWC 纸种则通常采用刮刀涂布。

压光经常包括涂布前预压光和涂布纸的最终压光。

含机械浆涂布纸含有 45%~75% 的机械浆或废纸浆,其余为 25%~55% 的化学浆。远东地区制造的低定量涂布纸种通常采用半化学浆。填料含量为 5%~10%。定量范围为 40~80g/m²。

(2)压光方式

A. 预压光

预压光的目的是减少粗糙度和孔隙率以达到纸页涂布前的要求。传统上 LWC 纸已经采用包含一个热水加热辊和一个偏移补偿辊组成的两辊硬压区压光机。其线压在 10~40kN/m

范围变化，通常水温为 80～100℃。

预压光的另一个非常重要的功能则是控制厚度，这里采用的方法和新闻纸压光机是同样的。

B. 最终压光

刮刀涂布的 LWC 和 MWC 纸传统上采用两个 10 或 12 辊的超级压光机。压光机运行车速通常为 600～900m/min。线压范围 300～350kN/m，热辊水温为 80～120℃。薄膜涂布 LWC 纸的压光通常采用 8 或 10 辊的在线复合压区压光机。线压水平为 250～400kN/m，热辊油温为 150～230℃。

无光泽纸种经常采用仅仅一个压区的超级压光或复合压区压光机。纸页厚度由顶辊和底部偏移补偿辊控制。

刮刀涂布的纸机整饰涂布纸已经越来越多地被薄膜涂布的光泽纸所替代，这些纸种常常由像制造光泽 LWC 纸一样的纸机生产。

刮刀涂布的纸机整饰纸一般以两压区的在线软压光机来进行压光，这种压光机采用相对温和的压光条件，以适应这些纸种较低的光泽度要求。辊面温度通常为 70～90℃，线压为 70～120kN/m。薄膜涂布的无光泽纸采用复合压区压光机并以较低的线压（80～120kN/m）进行压光。

对于 LWC 纸的压光来说，聚合物包覆层和辊面高温是非常有效的。新型的复合压区压光机概念允许非常高的运行车速（如图 1－55 所示）。新型造纸机的车速为 1800～2000m/min，仅仅需要一台在线的复合压区压光机就可取代 3－4 台传统的超级压光机。

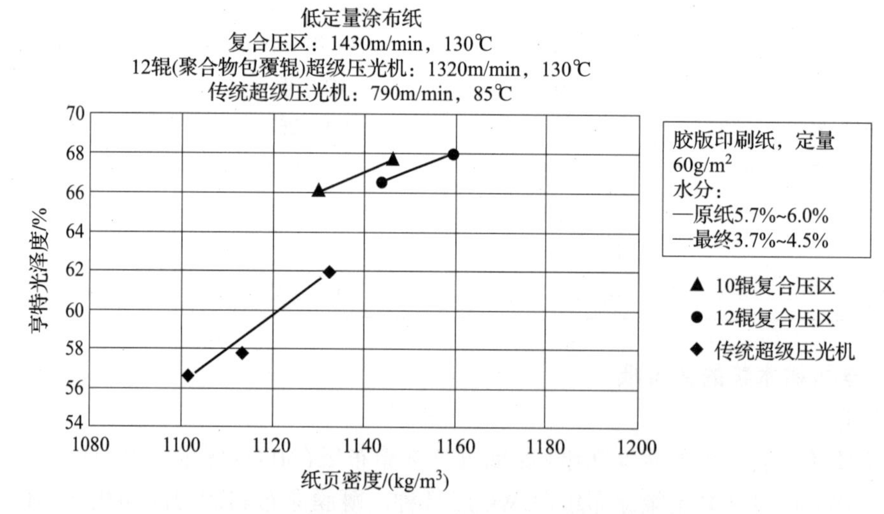

图 1－55　不同压光机和运行条件下的亨特光泽度与纸页密度的关系

表 1－3 给出了含机械木浆涂布纸种压光后的典型质量参数。

表 1－3　含机械木浆涂布纸种压光后的典型质量参数

参数	纸机整饰涂布纸和低定量涂布绸面纸	低定量涂布纸	中定量涂布纸
定量/（g/m²）	48～70	40～70	70～90
亨特光泽度/%	25～40	50～65	65～70

续表

参数	纸机整饰涂布纸和低定量涂布绸面纸	低定量涂布纸	中定量涂布纸
PPS－s10 粗糙度/μm	2.2～2.8	1.0～1.5 脚板印刷 0.6～1.0 凹版印刷	0.6～1.0
密度/(kg/m³)	900～950	1100～1250	1150～1250
亮度/%	70～75	70～75	70～75
不透明度/%	91～95	89～94	89～94

1.4.2 化学浆纸种

化学浆纸种可分为两个部分：非涂布纸和涂布纸。非涂布纸产品的最普遍用途为办公用纸、各种复印纸、打印纸以及书本纸等。化学浆涂布纸种也用于高档的书籍和手册的印刷。化学浆纸种配料中一般含有漂白化学浆以及少于 10% 的机械浆。

1.4.2.1 化学浆未涂布纸种

(1)概述

这一节主要介绍化学浆未涂布(wood free uncoated，WFU)纸种的压光，如办公用纸和复印纸等。复印纸和打印纸与传统的印刷纸有很大不同。形稳和防皱性能对于单面热打印机来说是非常关键的。同样四色印刷也需要良好的表面整饰。由于这些纸种是不涂布，因此压光整饰必须由对单根纤维和纤维网络施压才能达到目标质量。

(2)压光方式

WFU 纸种通常采用在线的具有 1～2 个压区的硬压区压光机进行压光操作。生产 WFU 纸的造纸机典型运行车为中速，为 900～1200m/min。

对于 WFU 纸压光来说软压光是首选的工艺。采用软压区压光机替代硬压区压光机的优点主要罗列如下(若需更详细的优点清单，请参见“含机械木浆纸种”一节)：

① 更好地控制两面差；

② 在一定的光滑度水平下保留松厚度；

③ 更高的表面强度；

④ 获得更高的表面平滑度。

图 1－56 给出了软压光和硬压光后纸页松厚度与本特森粗糙度对应关系。在一定的松厚度的情况下，热辊软压光纸页比硬压区压光的要平滑约 40mL/min。表 1－4 给出了典型 WFU 纸的指标。

对于不含机械浆的未涂布纸(WFU)来说，一种新的潜在的压光方式是金属带压光。如果用金

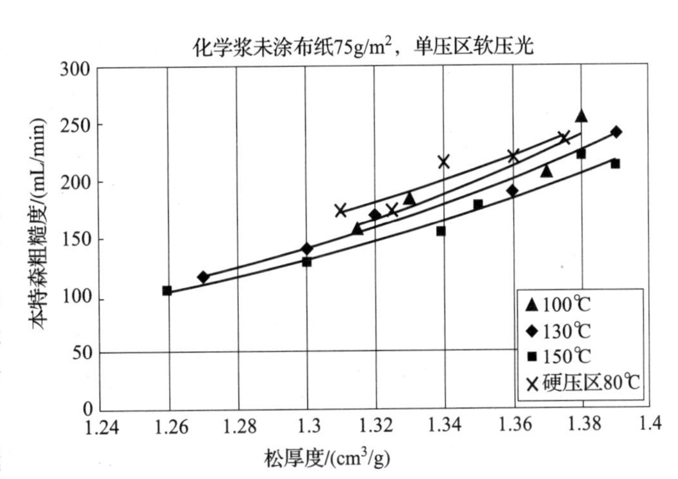

图 1－56 WFU 纸(75g/m²)软压光和硬压光后松厚度与粗糙度的关系(资料来源：Metso)

表1－4 标准复印纸、胶版印刷纸和四色复印纸的典型质量指标

参数	复印纸	胶印纸	彩色复印纸
定量/(g/m^2)	10,75,80	60～240	100
本特森粗糙度/(mL/min)	150～250	100～200	～50
松厚度/(cm^3/g)	>1.3	1.2～1.3	1.1

属带式压光机取代硬压光或软压光机,将会在保持同样印刷质量的情况下获得更高的松厚度和挺度等效益,或者在保持同样的松厚度水平下获得更好的印刷质量。用手感接触等方法测量,金属带式压光机已经可提供良好的平滑度数值。这种方法基于一个专家组的评估不同等级纸样的手感。根据专家组成员的手感评估,在同样的本特森粗糙度的水平下,采用金属带式压光机压光纸样平滑度的感觉要高于传统压光工艺(参见图1－57)。要了解更多的这种新型压光机的信息,请参见“金属带式压光机”一节。关于手感评估方法(the touch and feel method)在本系列丛书《印刷媒体—原理,工艺和质量》中有介绍。

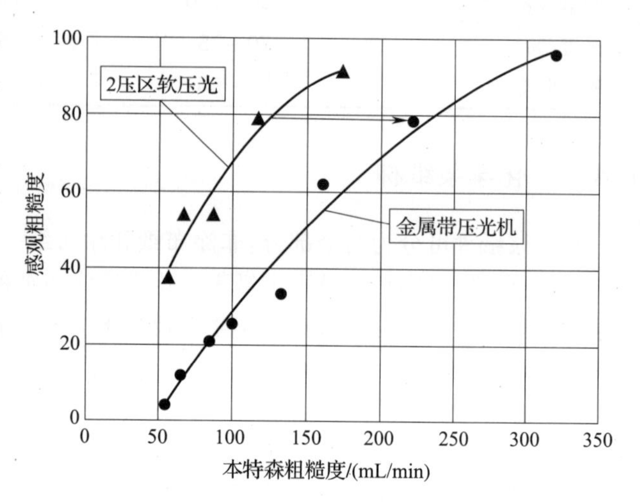

图1－57 化学浆未涂布纸经软压区压光和金属带式压光的粗糙度比较

1.4.2.2 化学浆涂布纸

(1)概述

化学浆涂布印刷纸(WFC)是为了满足书本纸、手册纸、年度报告等印刷品的需求。这些纸产品的最终使用要求决定了其颜料涂布量、光泽目标值以及其他的特殊性能。化学浆涂布印刷纸可分为单层、双层和三层涂布纸种。总涂布层可高达每面40g/m^2。在WFC生产中,预压光用于涂布机之前以使纸页表面适应涂布的特殊要求。最后的表面整饰可以是无光泽和有光泽两种。一些纸种既有一定规格的平版纸也有卷筒纸。所有这些纸页结构、表面整饰以及纸幅规格等参数的变化均会影响到压光机的配置,因此需用不同的配置以实现不同纸种的特殊质量目标。

(2)压光方式

A. 预压光

化学浆涂布印刷纸预压光的目的是减少纸页粗糙度和孔隙率以满足涂布前的工艺要求。通常该纸种的预压光由一个水热压辊和一个偏移补偿辊组成的两辊硬压区压光机来完成。其线压范围通常为10～40kN/m,温度为由于具有良好的两面差控制和压光效果,软压光工艺也越来越多地应用于预压光。软压光常常用于预涂和顶涂工艺之间。

B. 最终压光

化学浆涂布印刷纸最常用的压光方式是超级压光或复合压区压光。通常采用一或两台离

线压光机就能够满足一台造纸机的产能。压光机的车速变化范围为 500～1500m/min。无光泽整饰则可在涂布机或造纸机上进行在线压光，或者仅采用复合压光机的几个压区来进行压光。

C. 光泽纸的压光

在化学浆涂布印刷纸的压光中，新型复合压区压光机是一项即将到来的新技术。高辊面温度和聚合材料包覆软辊以及尖端载荷系统的结合，使达到质量要求所需的线压载荷大为减少，且保留了纸页的松厚度。

对于新型的复合压区压光机，WFC 纸种可以采用许多不同的压光机配置。图 1－58 给出了几种用于 WFC 纸种压光的压光机配置。现代的压光机采用 8～12 辊的配置，就可以满足生产目标的需要。最适宜的配置选择应基于对质量的考虑，因为产量已经不再是问题。在同样的产量下，8 辊压光机的压光参数有时与 12 辊的是不同的，8 辊压光机所需的载荷和热量较多。

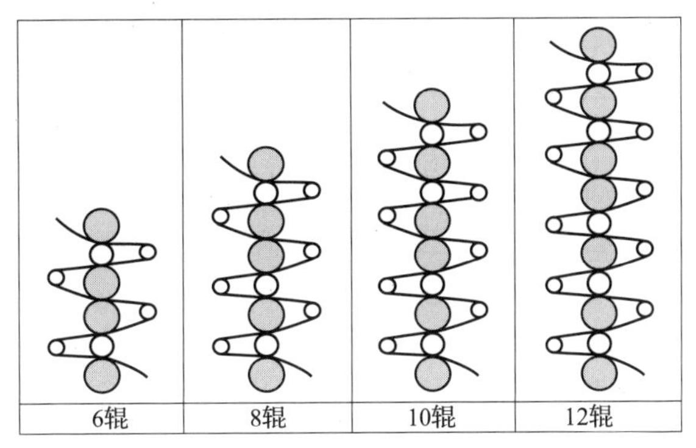

图 1－58 复合压区压光机在 WFC 纸压光工艺中的配置

较高温度的 WFC 纸压光致使纸页在一定的松厚度情况下获得较高的光泽度，如图 1－59 所示。与带有充填辊和 80℃辊面温度的标准超级压光相比，现代化的带有聚合材料包覆辊和高温的复合压区压光机有更好的压光效果，在同样的纸页密度水平下，亨特平滑度可提高 4%～5%。

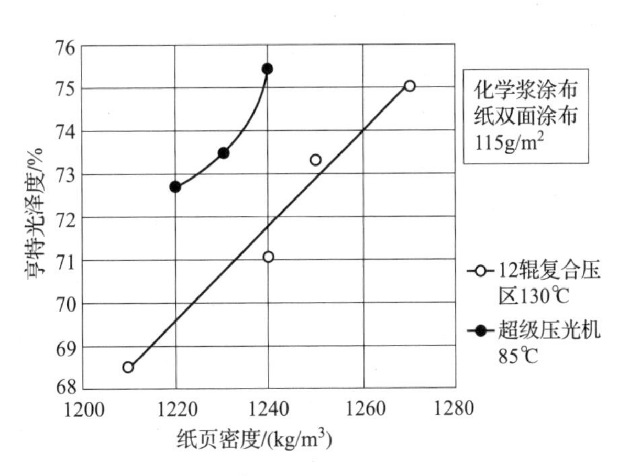

图 1－59 压光方式对纸页光泽度的影响

在一些场合下，随着压光操作温度的提高，亮度有一定的损失。这一风险可以用保持较低的纸页最终温度（35～45℃）来消除。

软包覆辊对 WFC 纸压光的影响是非常大的。因此要避免过度高模量的包覆层，即压区不能太硬。适宜的包覆层通常硬度在 88～91ShD（邵氏硬度）。对于 WFC 纸压光辊是越软越好。如果包覆层太硬则会引起不均匀的压光（光泽斑点）。这也与纸页的成形匀度有关。当使用较硬的（高模量）包覆层压辊时，纸页成形匀度越好，不均匀压光的风险则越低。

在欧洲，WFC 纸的压光不采用蒸汽喷射；而在北美，则用于微调纸幅的两面差和塑形。仅仅使用较低的蒸汽量［20kg/（h·m）以下］才不会造成涂布层的损失以及引起运行问题。

在最近几年中，在线复合压区压光已经引入到 WFC 纸的压光中。对机内压光来说，纸页涂层和水分的不均匀条纹是一个挑战。这些条纹可引起辊面的凸起，造成附加的加热、冷却和清洁工序以导致纸机更多的停机时间。在最坏的情况下，可引起包覆辊面产生热斑并最终导致包覆层损坏。

D. 无光泽纸种压光

WFC 无光泽纸在全部 WFC 纸产量中的比例正在不断增长。通常其光泽度水平保持在35% 亨特光泽度以下。当光泽度低于这个水平时,人的肉眼才可以分辨出无光泽。减少光泽并不是关键,仅仅降低就足够了。为了达到这种无光泽整饰结果,压光程度必须降低,通常仅用很少的压区。基于同一原因,压光温度也要降低。传统上,无光泽压光由装有两个软辊组成压区的在线软压光机完成。对于无光泽压光,另一个普遍的方案是纸幅以特殊的方式通过复合压区压光机,此时复合压光机的一些压区被旁路。

无光泽压光的目的可以用纸页光泽度和平滑度等术语来表述,即在降低光泽度的同时增加平滑度。在无光泽纸的生产中,涂布颜料的配方起了重要的作用。选择恰当的组分构成涂布颜料配方来影响压光后纸页的光泽度与平滑度的比率是最简单的方法。片状的颜料(如黏土)和易形成光泽的颜料(如塑料颜料)是不会用作无光泽纸颜料的。图 1 - 60 给出了碳酸钙粒度对光泽度/粗糙度比率的影响。在固定的粗糙度水平下,通过加入较细颗粒的涂布颜料,纸页的光泽度可以增加 15% (亨特光泽度)。

在无光泽纸生产中,压区的柔软度已成为压光操作的关键参数。由于该纸种仅经过较轻的压光,因此仅需较低的线压就可达到质量要求。如果压区太硬,即软包覆层的塑性模量太高,光泽斑点就会出现。

新型的复合压区压光机也可作为良好的无光泽纸压光设备。采用最佳的新型载荷系统,复合压区压光机可以足够低的压光能量施与纸页,而不会使纸页在整饰中产生过度光泽。WFC 纸的质量最简单的判断就是基于印刷表观视觉,而不是盲目地遵循纸页性能的测量。高亮度的 WFC 纸可以与机械浆涂布纸媲美。然而,WFC 纸种常常具有较低的不透明度。WFC 纸的主要质量参数见表 1 - 5。

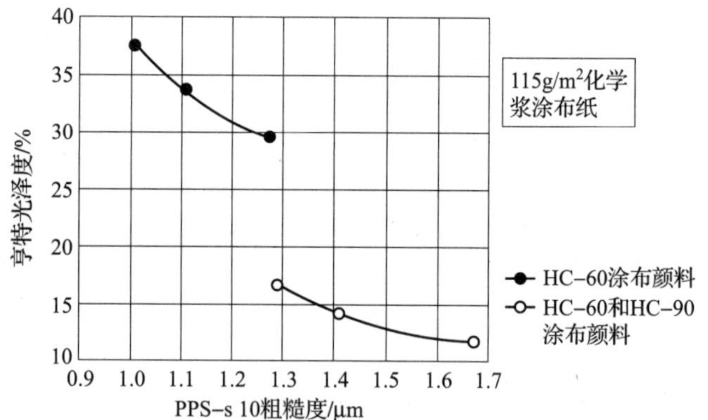

图 1 - 60　涂布颜料配方对压光后纸页光泽度/粗糙度比率的影响

表 1 - 5　化学浆涂布纸(WFC)的典型质量参数

质量参数	单面涂布	双面涂布
定量/(g/m²)	90	130
亨特光泽度/%	65 ~ 80	70 ~ 80
PPS - s10 粗糙度/μm	0.75 ~ 1.1	0.65 ~ 0.95
亮度/%	80 ~ 88	83 ~ 90
不透明度/%	91 ~ 94	95 ~ 97

1.4.3　容器用纸板

(1) 概述

容器用纸板包括箱纸板和瓦楞纸板。本节主要关注箱纸板,因为瓦楞纸板是不需要压光的。箱纸板按照其原料配比又可分为牛皮箱纸板、废纸箱纸板和灰底白纸板。箱纸板通常为1～3层的纸板，定量范围在100～300g/m²。

箱纸板通常是不涂布的，但为满足较高的印刷适性，涂布的灰底白纸板的产量正在不断增加。

容器纸板用于包装的目的。箱纸板表面性能要求是按照其最终的用途。其他要求则是良好的强度性能和挺度以及加工性能。

(2)压光方式

根据容器纸板的目标粗糙度水平和印刷方式，其所需的压光方式涵盖较宽的变化范围。箱纸板纸种是一个不均一的组合，其粗糙度水平有很大的差异(参见图1－61)。传统的硬压区压光机已经用于箱纸板压光。瓦楞纸箱包装物表观的广告功能也越来越重要。这也促进了对优质表面的灰底白纸板的需求。基于这些原因，采用软压光机对箱纸板进行压光以获得良好的印刷适性是非常必要的。涂布箱纸板的压光包括预压光和软压区的最终压光(参见后面的1.4.4章节)。箱纸板压光的发展趋势是朝着更高的压光温度的方向，包括硬压区和软压区压光。此外，在压光前采用蒸汽和水喷射的润湿方法也可用来进一步改善压光的效果。

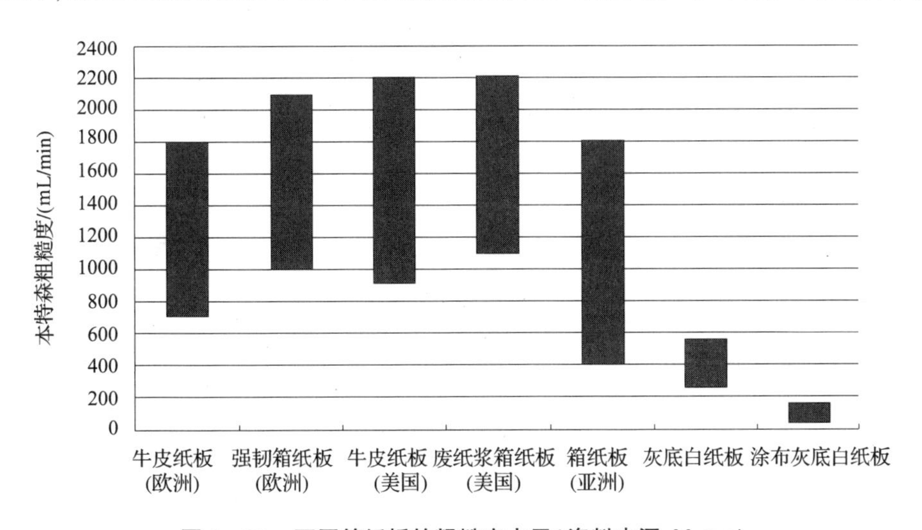

图1－61 不同箱纸板的粗糙度水平(资料来源:Metso)

1.4.4 盒用纸板

1.4.4.1 概述

盒用纸板的主要品种为折叠盒纸板(folding boxboard，FBB)、漂白浆挂面粗纸板(white－lined chipboard，WLC)、全漂白硫酸盐纸板(solid bleached sulfate board，SBS)和液体包装纸板(liquid packaging board，LPB)等。通常这些纸种主要用于不同种类的生活消费品的包装。盒用纸板为1～5层的纸板，定量在150～400g/m²范围内变化。纸板的顶层通常为1～3层的涂布层，涂布量为20～40g/m²，通常为顶面单面涂布，背面则很少或完全不涂。盒用纸板最重要的性能是高松厚度、挺度和平滑度。由于盒用纸板具有较多的品种，因此其质量指标的变化范围也较宽。图1－62给出了几种涂布纸板的PPS粗糙度和松厚度的典型数据。FBB纸板的芯层得益于使用了机械浆或化学机械浆，具有较高的松厚度。WLC纸板的芯层主要成分为回用纤维，而SBS纸板则完全由化学浆制造。

涂布纸板的压光配置不同于涂布纸(如WFC或LWC)的压光。主要差别在于涂布纸采用较轻的预压光,而将大多数平滑度问题留给最终压光(如复合压区压光)来处理。相反,盒用纸板涂布前的压光相对较重,而涂布后的最终压光可以很轻或者完全不用最终压光。

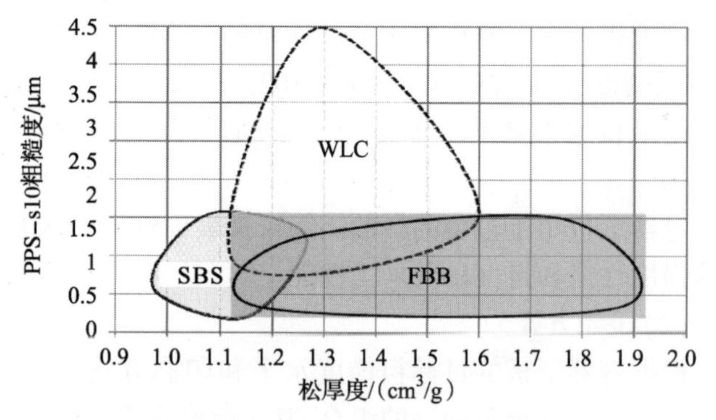

图1-62 几种涂布纸板的松厚度和PPS粗糙度数据(资料来源:Metso)

WLC—漂白挂面粗纸板 SBS—全漂白硫酸盐纸板 FBB—折叠盒纸板

1.4.4.2 涂布前的预压光

涂布前的预压光的目的是减少纸板的粗糙度和孔隙率,以满足涂布机性能的要求。纸板横向厚度的控制也是非常重要的。涂布盒用纸板的预压光机配置如下,各种型式的预压压光机如图1-63所示:a.硬压区(扬基烘缸后);b.加热的硬压区;c.加热的软压区;d.湿式压光机;e.靴压+硬压区;f.金属带式压光机。

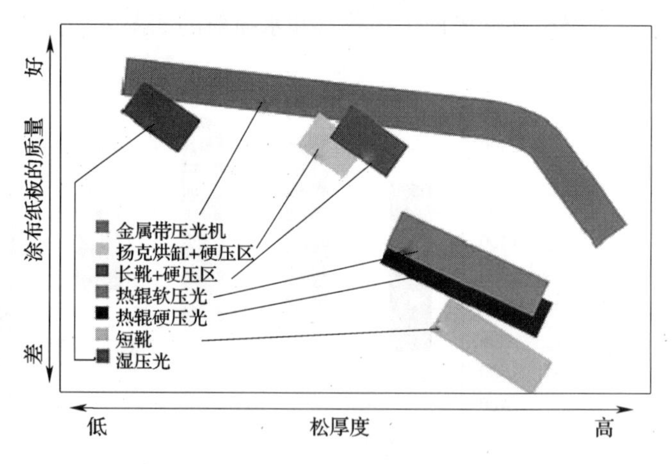

图1-63 涂布纸板的典型预压光操作视窗(资料来源:Metso)

欧洲国家的FBB或WFC纸板机通常配有扬克烘缸(也称为MG烘缸)。扬克烘缸在干燥中可产生相对平滑的表面,因此配有扬克烘缸的纸板机不需要有效的预压光。预压光通常以一个设置在涂布前的硬压区压光机来实现。线压一般较低,为10~30kN/m。热辊的表面温度为70~100℃。

一般来说,特别在亚洲地区,现代纸板机生产线在涂布前具有一个加热预压区。由于温度梯度,高温热辊(在一些场合超过200℃)压光保留了较高的松厚度。线压可以超过100kN/m。仅采用硬压区压光的涂布纸板质量不如配有扬克烘缸的纸机。然而,在纸板生产线中采用硬压区预压光的优点就是效益高,仅有硬压区压光的干燥部(没有扬克烘缸)易于运行因而高效。在硬压区前,可采用在线加湿或蒸汽润湿器。热辊软压光机也用作纸板的预压光,但软压区压光使用的不如硬压区压光普遍。

湿式压光(参见1.3.7.1节)是一种传统的预压光方式,特别是在美国和欧洲。压辊的数量可在4~11之间变化,这将取决于纸板的纸种。对于欧洲的木材纤维,不像美国纤维那样粗糙和挺硬,因此不需要很多的压区。湿式压光仅用于原生纤维原料纸种(典型的SBS纸板或涂布本色纸板)的压光。然而,湿式压光的问题包括运行特性的变化以及需要在湿式压光前后进行干燥。鉴于上述问题,一些湿式压光机已经被带有或没有润湿调节器的常规硬压区压光机所取代。

在一些情况下,扬克烘缸加上硬压区压光的配置已经被靴型压区和硬压区预压光(参见

1.3.5 节)所取代。在盒用纸板生产线上,与扬克烘缸相比,靴型和硬压区组合配置有更好的运行效率。而靴型与硬压区预压光组合的压光质量也像扬克烘缸与硬压区压光一样好。靴型压光机的表面温度可以超过 200℃,且靴的长度超过 150mm。

金属带式压光机(参见 1.3.6 节)是最近在涂布盒用纸板预压光领域中的创新成果。金属带式压光机可以取代扬克烘缸与硬压区组合、湿式压光机或热辊硬压区预压光等。与扬克烘缸或湿式压光机相比,采用金属带式压光机后,纸板生产线的运行性能和效益大大提高,涂布纸板的质量和松厚度也大为提升。在金属带式压光中,典型的表面温度范围为 130 ~ 170℃,线压载荷范围为 10 ~ 70kN/m。

1.4.4.3 最终压光

一般来说,涂布盒用纸板的最终压光采用硬压区或软压区压光。在一些情况下,涂布之后完全没有最终压光(如漂白浆挂面粗纸板 WLC 和液体包装纸板 LPB 等纸种)。热辊温度在 100 ~ 200℃,较低的温度用于无光泽纸板。典型的线压范围可从 10kN/m 直至 150kN/m。总的来说,WLC 和 FBB(折叠箱板纸)需要的最终压光要小于 SBS(全漂白硫酸盐)纸板。

许多年以前,毛刷整饰压光曾用作最终压光。然而,最终由于其高昂的运行成本和尘埃问题,毛刷整饰压光几乎消逝了。光泽压光是另一种早期的压光机,这种压光机曾是今日软压机之前身,与硬压区压光机相比,它赋予了纸页更加优良的均匀性。光泽压光机具有一个橡胶辊作为软辊,还有一个热辊,其表面温度相对低些。其热辊是一个蒸汽加热的镀铬钢辊。其压区载荷比现代的加热软压光机要低。

1.4.4.4 非涂布液体包装纸板

非涂布液体包装纸板(包括纸杯纸板)是一种最重要的非涂布盒用纸板。容器用纸板(在 1.4.3 节有介绍)是另一种主要的非涂布纸板。如同涂布盒用纸板的压光一样,非涂布液体包装纸板也必须保留松厚度和挺度。通常湿式压光机和硬压区压光机已用于非涂布液体包装纸板的压光。然而,现代的液体包装纸板压光则采用靴型压区和金属带式压光机,其优点是可保留较高的松厚度和挺度。

1.4.5 特种纸:离型和涂布标签纸

1.4.5.1 概述

在各种终端应用中,离型纸被用作标签原纸,如食品包装和办公标签等。在欧洲,最普遍的离型纸就是涂布硅树脂且经超级压光的半透明纸,其具有很好的剥离性能。表 1-6 给出了超级压光离型纸的典型性能。

表 1-6 超级压光离型纸的典型性能

质量参数	欧洲 60 ~ 65g/m²	欧洲 80 ~ 90g/m²
厚度/μm	55 ~ 57	71 ~ 79
密度/(kg/m³)	1080 ~ 1200	1150 ~ 1250
IGT/cm	12 ~ 14	13 ~ 15
Cobb 值/(g/m²)		
质密面	0.9 ~ 1.4	1.0 ~ 1.6
疏松面	1.2 ~ 2.5	1.8 ~ 2.2
透明度/%	45 ~ 55	40 ~ 45

通过压光获得的离型纸关键性能有:良好的硅树脂覆盖能力(高密度和平滑度),硅树脂的均匀吸附能力以及均匀的横向厚度。当然,对一些纸种,高透明度也是需要的。

涂布标签纸用作离型纸的面纸,但

有时也用作涂布底纸和柔性包装纸。涂布标签纸的定量为60～120g/m²，通常在单面用施胶机施胶或采用刮刀预涂布。表1－7给出了涂布和压光后标签纸的典型性能。

表1－7　涂布和压光后标签纸的典型性能

纸页性质	量值
定量/(g/m²)	50～100
亨特光泽度/%	70～85
PPS－s10 粗糙度/μm	0.6～1.0
别克(Bekk)光滑度/%	1500～2000
厚度/μm	45～90

涂布标签纸需要非常良好的厚度均一性以便进行后加工，因为冲切工具必须穿透整个标签，而不仅仅是原纸。

1.4.5.2　压光方式

离型纸典型的压光方式是采用离线的超级压光机。通常压区数量为11～17个。这里没有反压光压区，因为仅一面是需要处理的(涂硅树脂的那一面)。软压辊可以是纸辊或聚合材料包覆辊。热辊的表面温度为90～140℃。底辊压区的最大线压为450～500kN/m。纸幅在压光前要具有较高湿含量(15%～20%)，以获得较高的密度和质密的表面。由于进纸的水分较高，压光后需要干燥，通常使用空气烘缸。最终产品的水分保持在5%～7%。典型的压光车速为300～500m/min。对于一台离型纸生产线，需要配置两台超级压光机。

鉴于现代聚合材料包覆辊可承受高线压和载荷循环，采用复合压区压光机对离型纸进行压光已成为可能。目前的钢质热辊也给压光工艺带来了高热能。复合压区压光机通常配有11个压辊，并以700～1100m/min的车速运行。对于一台离型纸造纸机的产品压光，需要配置1～2台复合压区压光机。

标签纸的标准底纸和面纸在涂布前采用单压区的硬辊或软辊压光预压光，最终压光采用在线两压区热辊软压光。热辊的表面温度范围在90～120℃，最大线压为200～300kN/m。凹版轮转印刷纸种的压光采用离线的超级压光机或复合压区压光机。超级压光机具有11个压区，而复合压区压光机的压区为5～9个。在这些压光机中，均没有反向压光。压光车速可在800～1300m/min之间变化。

1.5　压光机的结构

1.5.1　压光机的机架与加载

压光机机架的主要作用有两点，支撑辊子或辊组，将结构固定到基础上。其机架设计可以分为两种形式：开式机架与闭式机架。在软压光中，这两种方式都比较普遍，而在超级压光机与现代的多压区压光机中，开式的机架设计则更加常见。在软压光中，决定机架类型的主要因素有：线压力、纸幅宽度和车速。在线压力相同的情况下，纸幅越宽，对机架产生的载荷就越大。而车速越高，也就需要更大和更重的压光辊，因此也要求强度更高的机架。对于高车速的软压光机，闭式机架设计能够提供刚性更好的机架，同时占地面积更少。市场上采用闭式机架结构的产品主要有美卓(Metso)公司的OptiSoft SlimLine、Küster公司的Mat－On－Line和福伊特(Voith)公司的EcoSoft Delta。对低车速和窄幅宽的软压光机，最常用的机架设计是开式机架。开式机架的优点主要在于机架大小与制造成本。

超级压光机的机架设计经历了早期的A形闭式机架(见图1－64)到现代的开式多压区机架。随着纸机车速的不断提高与幅宽的增加，造纸机产能不断提高，这也要求压光机的产能相应地增加。因此，更换压辊和机械维护等所造成的停机时间已经成为制约压光机产能的重要因素。随着填充辊的换辊频率增加，其占用的时间也更多，为了进一步减少换辊的时间，因此研发了开式机架设计，这也是从 A 形开式机架发展到闭式机架的主要原因。随着纸幅宽度的增加和车速的提高，压光机的产能越来越高，因此压光辊也就变的越来越大，越来越重。在 A 形闭式机架吊装辊子，从机架侧面移走纸泊辊时，就需要特别留意保护辊子包覆层。而由于开式机架在换辊时的显著优点，其在超级压光机以及近年来的多压区压光机中应用则越来越普遍。

图 1－64 闭合机架的超级压光机

现代的多压区压光机辊组的设计主要有两种类型：竖直式和倾斜式。美卓、安德里兹库斯特（Andritz Küsters）的多压区压光技术以竖直的机架与辊组设计为基础，而福伊特的 Janus MK 2 多压区压光机则是另外一种类型设计的代表，其机架与辊组间有 45°的倾角。针对不同的纸种，美卓的 OptiLoad 多压区压光机有一列和两列辊组设计。OptiLoad 采用竖直式的单列辊组设计，是今天工业涂布与特种纸机多压区压光机最普遍的设计。OptiLoad TwinLine 采用竖直式双列平行辊组，则为超级压光纸设计。安德里兹库斯特的 ProSoft 多压区压光机也是采用竖直式机架和双列辊组设计。福伊特的 Janus MK2 多压区压光机也既有单列式，也有双列式设计。与单列辊组设计相似，双列辊组为框架结构，两列独立的辊组成 45°角。

每一种机架与辊组的设计都有各自的优点，从人体工学、可视性和安全性的角度，竖直式辊组配置的优点在于有利于日常维护和操作。从辊组两面可以很容易地看到辊子表面，且在辊组两边均可以设置移动式维护平台。对于倾斜式辊组，这是不可能实现的，通常它只有一个移动式平台布置在辊组的上方。倾斜式辊组的优点在于非常适合纸机的整体布局。其结构高度不受限制，12 根甚至更多辊子的辊组也能够排布。对于倾斜式辊组，压光辊组的进出口的纸幅自由段均可以设计得非常短。对于机内压光，缩短烘干部与压光辊间的纸幅自由段长度有利于压光操作所需纸幅干度和温度。在多数情况下，从压光辊区域到卷纸区域之间的纸幅自由段较短也是一个优点，它能够最大限度地降低卷取前纸幅水分的损失。但是，这样也可能会导致纸幅的温度太高，例如对于双面涂布纸，其在机内或快速的机外压光时，需对纸幅进行额外的冷却。

压光机压区加载的方式可以分为两种：使用外部液压缸加载和使用中高补偿辊加载。外部液压缸加载虽然是最老的方法，但仍是在软压光和多压区压光机中使用最普遍的方法。随着中高补偿辊的发展，使软压光机结构的简化成为了可能，而外部液压缸加载不再受到重视。目前，外部液压缸加载只在窄幅和中等幅宽的软压光机上应用，而宽幅和高速软压光机通常则使用中高补偿辊加载。

现代多压区压光机新型的辊组简化布置与加载方法发展后,超级压光机发生了重大的革新(见图1-65、图1-66和图1-67)。超级压光机通常没有或只有部分的压光辊自重补偿系统,因此,由于辊子自重的影响,即使没有外部加载,其线压力从顶部压区到底部压区也逐渐增大。外部加载只能增大压区之间的线压力,但是无法改变从顶部到底部线压累计的分布趋势。超级压光机辊组结构相对复杂,当辊子直径变化导致辊组的高度变化时,其特有的纺锤形轴系统可以适应这种变化。这个系统需要大量的维护、操作和调节,因而也需要耗费更多的时间。基于以上原因,多压区压光机发展了一种新型的加载方式,其辊组设计更简单,强度更好,它使用油缸移动的杠杆机构取代了纺锤形轴系统。美卓的 OptiLoad 多压区压光机首先使用了这种新型加载方式。在这种结构中,油缸能够完全补偿辊子的自重。因此,从顶部到底部,辊组中的每一个压区能够设定成相同的线压力。由于不再受到底部压区的线压力的限制,这种加压方式提高了顶部辊子的压光能力。将顶部辊子固定在机架上,在油缸作用下移动底辊实现压区的闭合。在多压区压光机中,压区的闭合与加载可以使用一同组油缸或者使用中高补偿辊。

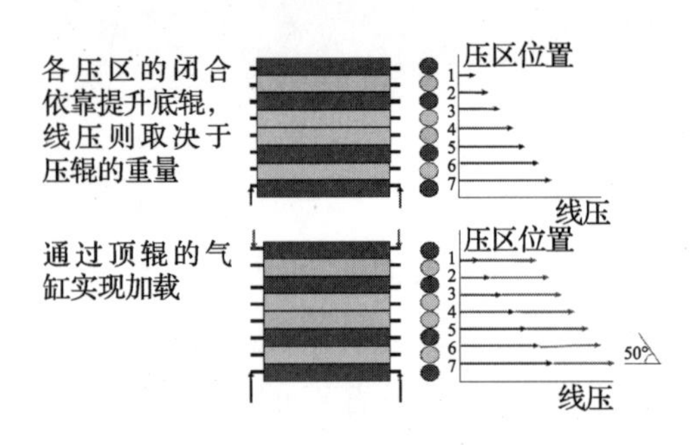

图1-65 传统的超级压光机加载方法

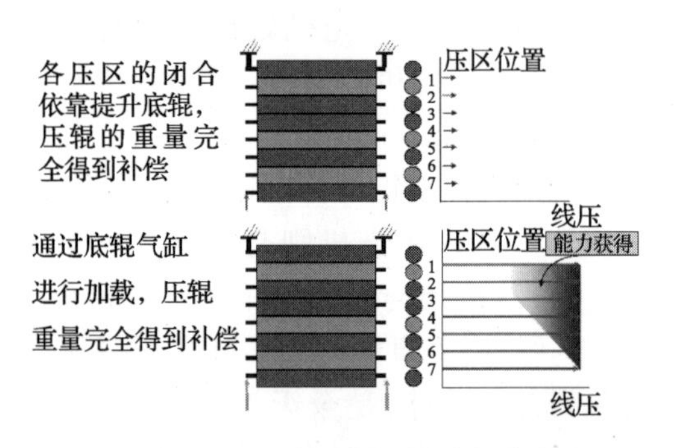

图1-66 Optiload 压光机的加载方式

辊组的闭合与释放系统包含一个快速开启系统,其主要作用有:当出现断纸或涂布扰动等生产故障时,能够快速开启压区,以保护压辊表面包胶层。在软压光和多压区压光机中,快速开启系统通常包含在压区闭合与油压加载系统中。随着生产车速和压光温度的提高,快速开启系统变的越来越重要了。在多压区压光机中,其快速开启时间通常为0.5s。

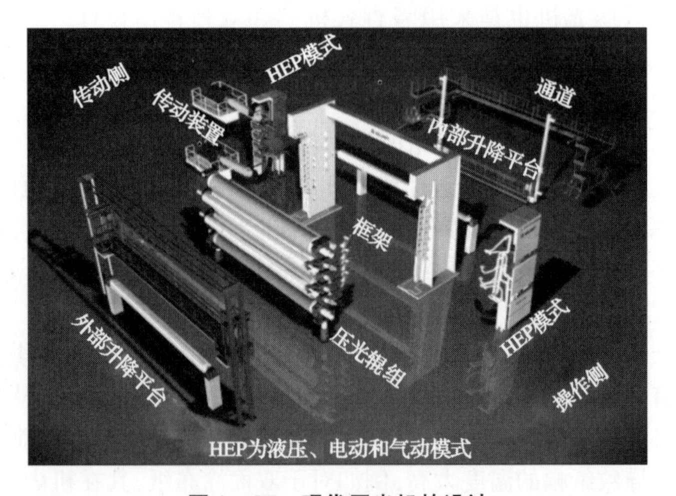

图1-67 现代压光机的设计

1.5.1.1 压光机中的中高补偿辊

(1)中高补偿辊的演变

对于造纸机的高效运行和高质量产品来说,组成压光机压区的辊子的运行情况是非常重要的。辊子在线压作用下会产生挠曲,因此,这种挠曲必须以某种方式进行补偿。几十年以前,这种补偿几乎总是由固定中高辊来完成。这种方法的缺点是均匀的线压仅能在某个特定的线压下得到。

在20世纪60年代后期,能够克服这一缺点的可调中高辊出现了,浮游辊是这一类型辊子的典型代表。它由一根固定轴和旋转的辊壳组成,辊壳通过固定轴和辊壳之间的液压油支撑,在圆周方向180°,通过密封形成压力油腔,其中高可以通过改变油腔内、外压差来实现。

这两种方法都存在一个共同的问题,即不能校正压区局部的缺陷,例如:纸幅厚度分布缺陷、辊子表面温度差、辊子表面或包覆层磨损。浮游辊最显著的缺陷或许是"鸥翼效应"(gull - wing effect),传统的解释是由于浮游辊与配对辊的轴承中心距存在差异所致。然而,这仅仅是其中的一个原因,而辊子温度不均衡也将产生这种现象。

液压支撑的可控中高辊是中高辊演变的下一代产品。压辊中高补偿通过液压加载单元的调节来实现(见图1-68),加载单元通常分为6~8组,每组均可以单独调节。通过这种设置,较宽范围的纸幅厚度偏差就能够减少或消除,另外,液压单元也能很好地吸收振动,这对于现代高速纸机非常重要。

中高补偿辊的最近发展是分区可控中高辊。在初始的可控中高辊中,其加载单元是成组控制的。若加载单元独立控制,辊壳相应地变形,则纸幅厚度分布控制效果能够和配置传统热空气或感应加热方式一样好,甚至相对更好,并可以取代它们。为了保证在所有线压力水平均能够得到合适地校正纸幅厚度分布的能力,某种类型的辊壳预张紧系统必须配置。例如,可通过反向分区结构或内部压力来实现预张紧功能。

(2)中高补偿理论

在一个压区中,背辊承受线压力和轴承支撑力。仅以背辊辊体为研究对象,其挠曲模式受三个分力的影响,即轴承支撑力 F_1、线压力 q_1 以及弯矩 M_1,弯矩由力 F_1 与距离 a 决定(见图1-69)。

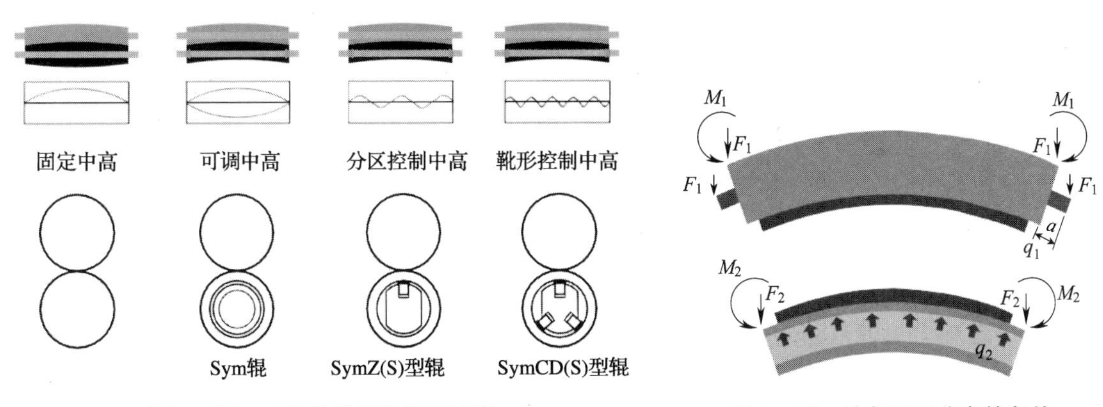

图1-68 中高补偿辊的发展演变

图1-69 均匀压区分布的条件

辊体的挠曲程度取决于辊体材料和尺寸,而这两者在纸机横向为常数。对于传统的中高补偿辊,为了获得高度相似的挠曲模式,其载荷也必须包括相应的分力。对中高补偿辊,线压差值 $q_2 - q_1$ 对应背辊线压力 q_1。同时,辊体边缘区域的力 F_2 和弯矩 M_2 也必须有效地存在。当这些对应的力元素比值相似时,挠度模式也就相似,见式(1-14)

$$\frac{F_1}{F_2} = \frac{M_1}{M_2} = \frac{q_1}{q_2 - q_1} \tag{1-14}$$

由于背辊的轴承中心与辊体边缘的距离较短,故弯矩 M_1 对挠度模式的影响也相对小。传统的中高补偿辊上无弯矩 M_2,因此,在线压分布上存在所谓的"鸥翼效应"。对于分区可控中高辊,这一弯矩的缺失实际上非常容易地补偿,即适当调节作用于辊上的分区压力就能够解决。

另一方面,力 F_1 通常比较大。在大多数情况下,通过调节辊上分区压力并不能有效弥补

F_2的缺失。在分区可控中高辊的辊体边缘,径向力 F_2必须有效存在且足够大。如果该力的大小是可以调节的,则提供了一个调节压区线压力分布的有效途径,特别是纸幅边缘区域。

图 1－70 与图 1－71 比较了两台常规大小的两辊压光机。由图可知,当轴承径向力存在时,压区线压分布容易达到均一,分区调压的能力也不会浪费。同理,当只存在分区作用力时,辊体只能在不同分区作用力下挠曲,其结果就不能尽如人意。同时,整个分区压力控制也被用来校正辊子的挠曲。

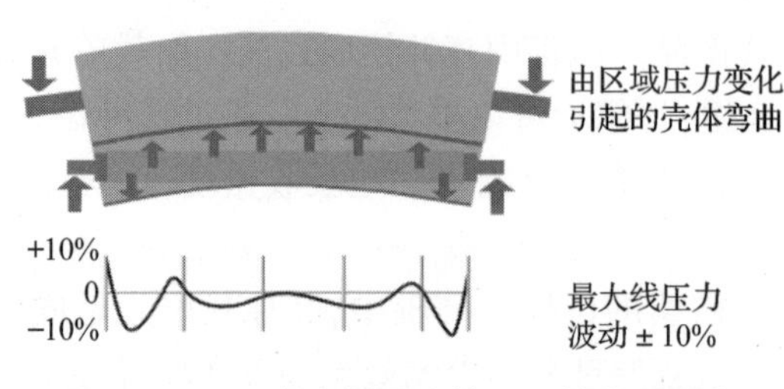

图 1－70　无径向轴承力情况下的线压分布

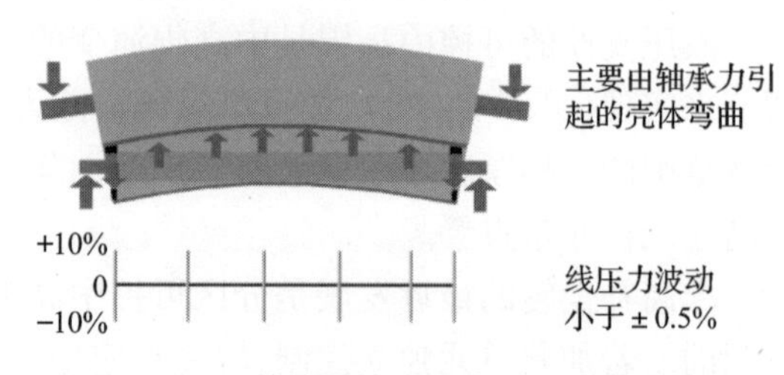

图 1－71　有径向轴承力情况下的线压分布

(3)浮游辊

浮游辊(swimming roll)也称为浮游中高辊,主要用于窄幅或者低速压光机,它不适用于宽幅、高速的压光机。

浮游中高辊的结构见图 1－72,它由一根固定轴、一个旋转的辊体以及将轴与辊体连接到一起的轴承组成。浮游辊总是需要外部的加载油缸,辊体与轴之间存在纵向密封,因而在加压侧形成压力腔,而在背面存在另一个腔。

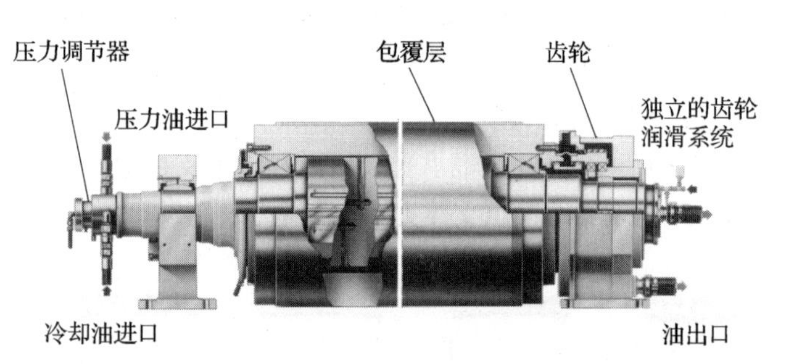

图 1－72　浮游中高辊的基本结构

(4)分区可控中高辊

A. 机械设计

分区可控中高辊主要由一根固定的中心轴和一个旋转的辊体组成。通过嵌在中心轴孔上的液压加载单元,对辊体起支撑作用。辊子能够安装整体齿轮传动。

辊体是一个被非常精确地加工和磨成的圆柱体。在压光机应用中,辊体材料通常为冷硬铸铁、包胶铸铁或者是锻钢。辊体在滚珠轴承或静压轴承上旋转,这些轴承既能够将轴与辊体的位置固定,也能够单独给辊体加载,即辊体能够在压区方向自由移动。

B. 液压加载单元

图 1－73 所示为 Metso 公司的 SymZ 辊的加载单元设计,它主要是一个固定在油缸活塞上的静压轴承,仅一路压力油连接到这一单元,压力油也为静压轴承提供润滑作用。

当油压加载时,加载单元移动并与辊壳接触,压力油从活塞下方油腔流出,通过毛细孔流至靴压板表面的油腔,再从靴

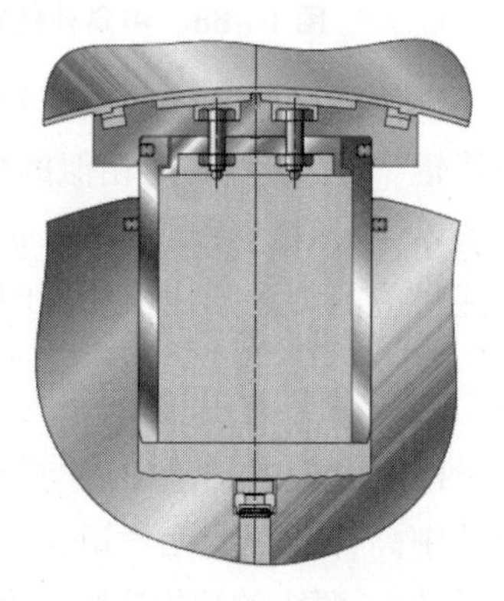

图 1－73　液压加载元件
(Metso 公司版权)

压板与辊体之间的间隙流至辊子内部。压力油在流经毛细孔和靴压板与辊壳间的油膜时存在压力损失，由于这些压力降，当活塞与靴板之间的压力比为定值时，靴板达到平衡或稳定状态。同样，不管作用在活塞上的油压与油的黏度如何变化，油膜厚度保持定值。毛细孔中的流体阻力决定了油膜的厚度。

为了保持稳定，靴板表面通常分为四个油腔。当其中一个油腔的油膜增加时，流至相应油腔的压力油也会增加，结果，流经毛细孔的压力损失也会增加，油腔的压力降低，靴板重新被校直。

另外，加载单元也能够具有动压作用，对于车速超过 1000m/min 的辊子，这是一个极大的优点。在靴板的前段增加一段楔形区即可实现这一功能。考虑到辊体有可能双向旋转，通常在后端也有一个楔形区。如图 1-74 所示，由于动压力，前段油膜厚度增加。图 1-75 表明，随着车速提高，油膜厚度增加，因此，进一步提高了靴板的稳定性。

辊子旋转的能耗取决于油膜厚度、黏度和靴板的脊部区域，由于辊子具有传统的静压轴承单元，因此，其能耗与油泵能耗是一对矛盾。然而，在动压楔形区，油膜厚度的增加，辊子旋转的能耗降低，而油泵的能耗不会增加。

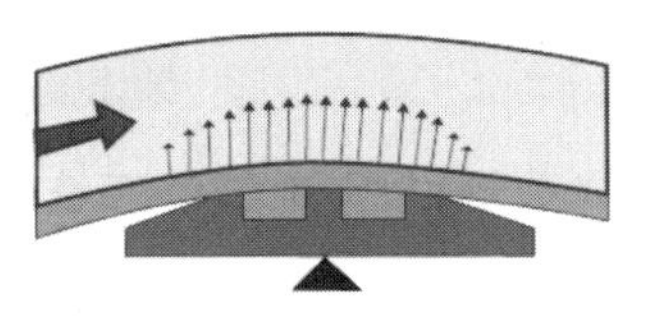

图 1-74 动力学边缘效应

液压加载单元也可以作为振动衰减器，当辊子振动时，辊体与固定轴之间存在循环作用力，进而引发辊体与固定轴发生相对运动。由于辊体与靴板之间的油膜实际上不可以被压缩，因此，这种相对运动会发生在活塞与缸体之间，其运动仅仅受毛细孔与油膜的流体阻力限制，也就是说，加载活塞杆与缸体形成了一个理想的黏性减震器。

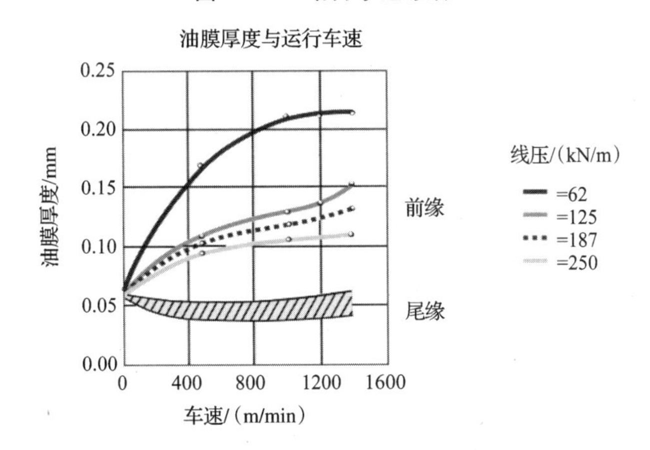

图 1-75 油膜厚度与运行车速的关系

C. 浮动轴承

在大多数情况下，使用自加载辊子比较有利，因此它不需要一个外部加载油站，结构可以更加简化。这种结构的难点在于，如何在保留轴承力可调节的情况下设计出辊子。图 1-76 给出了 SymZS 辊的结构，其轴承安装在一个在压区方向可以自由移动的加载环上，轴承加载单元位于可移动的加载环与固定轴之间。

D. 控制系统

传统浮游辊有两个调节参数，即辊内压力与外加载荷的关系和操作侧与传动侧的负载比。在分区可控中高辊中有 10 个非独立的参数，显而易见，不使用计算机将无法管理辊

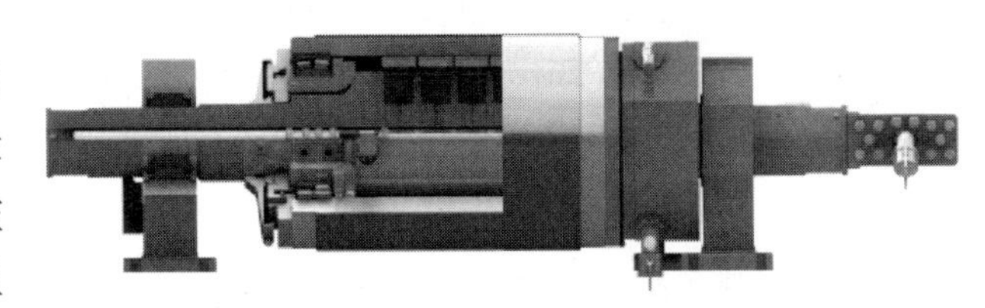

图 1-76 自加载分区控制辊(Metso 公司版权)

子控制系统。图1－77阐明了一个控制系统的功能，操作员仅需要调节压区线压力，计算机就会自动计算每种情况下的分区压力，操作员并不需要明白线压分布与分区压力之间的复杂关系。另外，辊子过载保护所需的参数也能简单的植入控制系统。

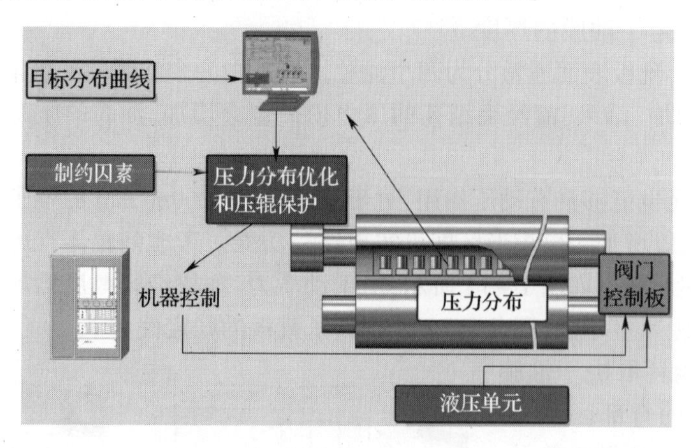

图1－77　自加载分区控制辊的控制系统（Metso公司版权）

1.5.1.2　横幅压区分布控制辊

当前，横幅压区分布控制辊在新型压光机中应用非常普遍。它们能够提供相同的甚至更好的厚度分布控制以及更好的投资回报。另外，当工艺参数变化时，相对于传统压光设备而言，它能够更快地适用。

（1）机械设计

在机械结构上，横幅压区分布控制辊与普通分区控制辊具有很多相同点，而最大的差异在于前者的每一个加载单元都能独立地控制，其所需的油路系统也完全不同。根据加载单元的尺寸与辊子面宽的不同，可以配置20～70个独立的加载单元。加载元件的间隔通常为100～250mm。

如果在低线压下也需要分布调节能力，则需要一套能够增加加载单元平均压力的系统，以达到适合正负校正的能力。有不同的设计方案可以满足这一要求，图1－78显示了用于横幅压区分布控制辊的背部区域结构。为了使辊体变形最小，其背部区域通常是分段的。

（2）控制系统

显然，横幅压区分布控制辊的控制系统比8压区辊的控制系统更为复杂。通常，在这类应用条件下，必须使用闭环控制系统，操作员的责任只需要提供目标分布，而系统将会完成其余部分工作。SymCD的控制系统图如图1－79所示。

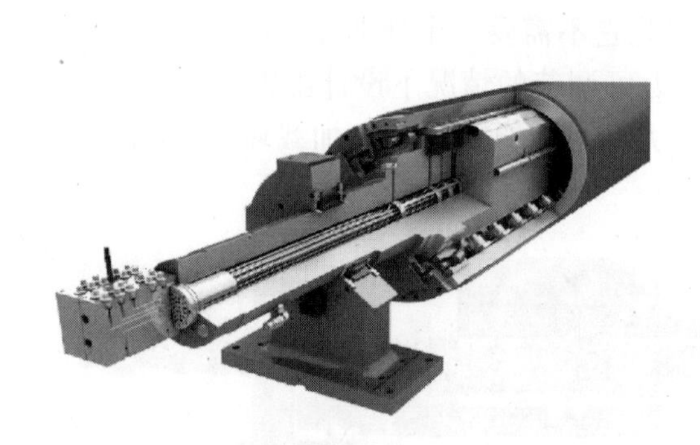

图1－78　带有背部分区的横向分布控制（Metso公司版权）

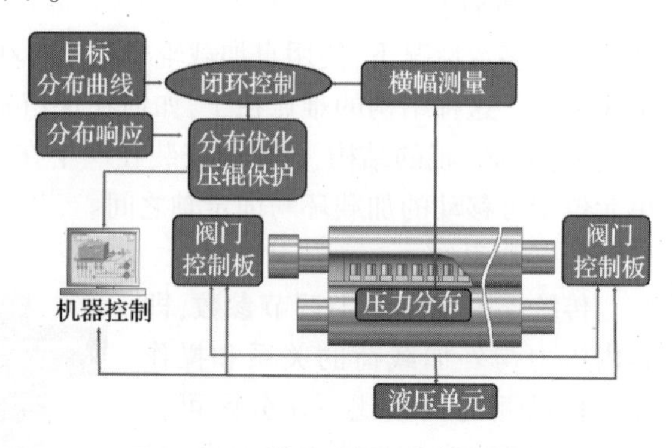

图1－79　横向线压分布控制辊的控制系统（Metso公司版权）

(3)液压轴承

传统理念认为,球面滚柱轴承是挠度补偿辊的唯一选择。但是,这种轴承也有一些问题。第一,不允许零载荷。当轴承仅仅受轻载荷或者在整个加载范围需要更好的控制时,这在系统中是较为困难的。第二,挠度补偿辊在自身轴承上不断研磨,因此,轴承滚动环上的跳动将会传递到辊体上。

图 1-80 给出了一种新的设计,它具有一些重要的优点。例如,使用静压轴承取代了球面滚柱轴承,这种静压轴承在中高补偿中也有用到。在压区方向配置有一些独立的单元,能够调节横幅方向上辊子两端的压力,并保证辊子在运行过程中横幅的位置不变。另外,还有一个类似的系统约束辊子的轴向位置保持恒定。

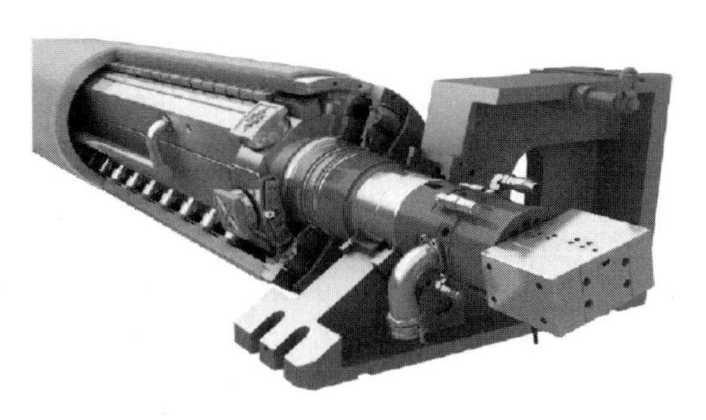

图 1-80 带有分区的横向线压分布控制(Metso 公司版权)

这种设计能够承受零到最大的载荷,因此消除了上述的零载荷问题。同样,因为所有的轴承元件都是静止的,所以也没有任何轴承跳动的问题。

1.5.1.3 热辊

在压光中加热能够得到更好的表面性能,如平滑度与光泽度,其加热通过使用热辊实现。

(1)热辊的设计

热辊主要的工艺要求是:必须提供从辊子表面到纸幅的合适热传导效率和足够均一的压区压力。根据压光机的类型、车速、净纸宽度和产品纸种,热辊必须满足以下基本要求:a. 足够的表面温度;b. 稳定的压区压力;c. 合适的表面粗糙度;d. 无振动;e. 均一的分布;f. 耐磨性;g. 防腐蚀性能。

热辊通常使用在辊体内循环的热载体进行加热,如油、水或蒸汽。同时,也通过感应方式对辊体内部或外部加热。

热载体通过旋转接头进入辊体内部,旋转接头能够在旋转的腔体与静止的油管之间形成密封。

(2)结论

大多数现代加热压光辊可以分为两种基本设计:即夹套辊和周边钻孔辊[58,59,60]。它们的前身是仅有一个中心小孔的辊。应用一种特殊的感应加热辊——Tokuden 辊,可以获得强烈的加热。

(3)中空辊

顾名思义,这种辊子仅仅在中心位置有一个大孔或小孔,热载体从辊孔的一端进入,从另一端流出。如中空辊具有非常小的孔则壁厚大。由于在辊体中间孔的流速较慢和辊横截面积较大,其传热功率低,传热效率也低,甚至辊子的表面温度也不均匀。

如果采用大的中心孔,辊子质量则更轻,但其仍有一个缺点,即辊中需充满热流体,这就意味着相对于单位质量流体来说,其热效率较低。

(4)夹套辊

夹套型热辊同样具有一个中心孔,在中心孔内通过收缩配合的方式插入一个钢制夹套。热流通过夹套进行输送,在辊体中心孔周围形成 7~10mm 宽的环形流道。通过增加流体流速，使其流态变为湍流，就具有良好的传热效率。这类热辊的加热能力明显优于简单的中空辊。

热载体从辊子一端流入，经过辊子表面的环形通道从另一端的轴头流出（单流道），或者通过夹套内部的空间从双流道的旋转接头流出（图 1－81）。

（5）周边钻孔辊

周边钻孔辊的辊体内钻有孔作为流体的流道，热载体在流道内循环。与中空辊和夹套辊相比，这种结构下的热载体离辊体表面更近，因此具有更好的传热能力。

辊体周边的孔通常从两端开始钻，在中间位置对接。根据辊体材料的不同，这些孔通常离辊体表面 20～60mm。根据工艺要求，孔径通常为 25～50mm，孔的数量为 15～50，辊体中心孔的尺寸则由辊子直径和应用情况来决定。

这种圆周方向钻孔的方式会引起辊体圆周方向温度分布不均一，但是这种温度差异不会很大，因此不会对压光工艺产生影响。然而，由于材料的热膨胀系数不同，这种温度分布的差异会导致辊体变形，而这种变形可以从辊子工作过程的振动判断出来。因此，精确加工辊子和热载体系统是压光平稳操作的重要保证。

周边钻孔辊有以下几种形式的设计：

A. 单流道热辊

流体在所有周向流道中的流动都是单方向的（图 1－82）。为了避免从一端到另一端表面温度降，热载体流速必须增加。流速的增加可以通过一种特殊的钻头加工直径变化的孔来实现。这种类型的热辊仅仅用于低加热需求的场合。

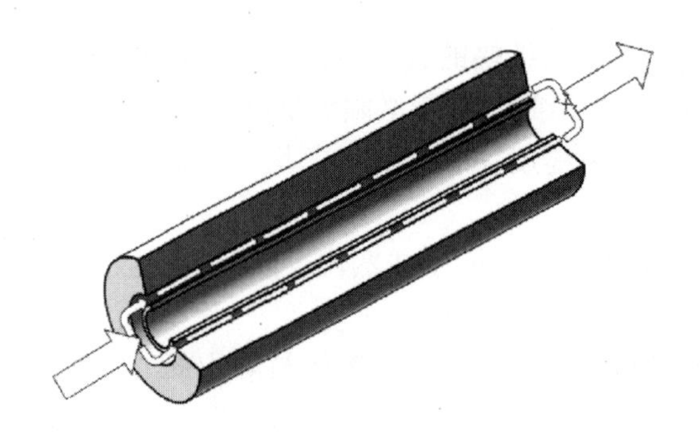

图 1－81　夹套式热辊

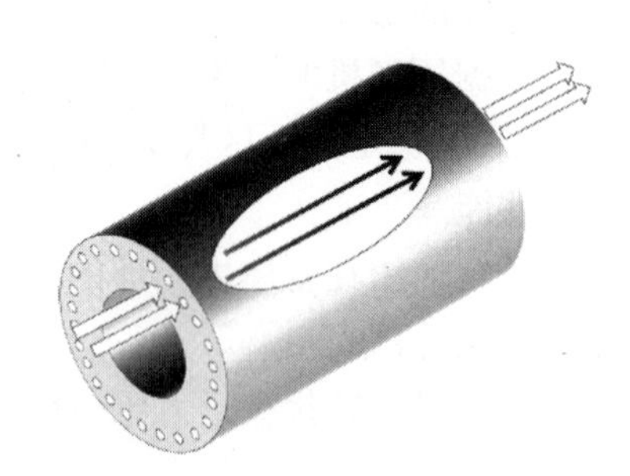

图 1－82　单流道设计的周边钻孔辊

B. 双流道热辊

在这种类型的周边钻孔辊中，热载体从相邻的流道流回进口端，其辊子一端到另一端的平均温度差降为零（图 1－83）。

C. 三流道热辊

在三流道热辊中，热载体在辊体壁的相邻流道孔中来回流动三次，再从对面轴头中流出，或者流回中心孔，再通过双流道旋转接头流出（图 1－84）。在三流道热辊的二代设计中，流体在中心孔中的速度和热传导速率会增加，用于补偿流体在第三个孔中温度的下降。

D. 多流道热辊

这种形式热辊的热流体从轴头排出前，可以在辊体壁圆周孔中穿过三次以上。

（6）Tokuden 辊

Tokuden 辊的主要结构为一个硬化钢辊体绕一根固定轴旋转，固定轴上集成有感应线圈，辊体被线圈产生的涡流电流从内部加热。为了克服热量的不平衡，有一套专门的中空加热管

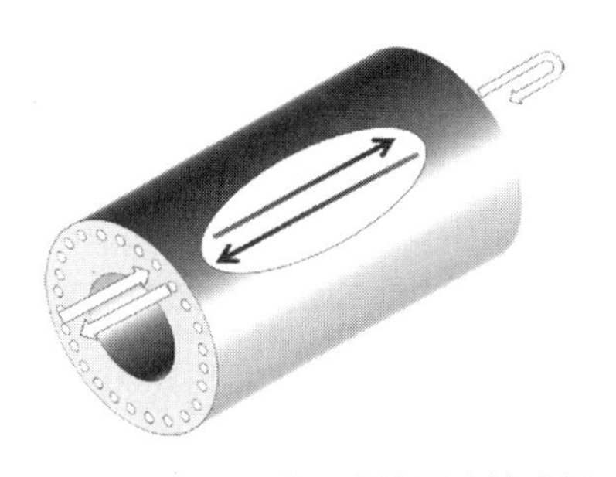

图 1-83 双流道设计的周边钻孔辊

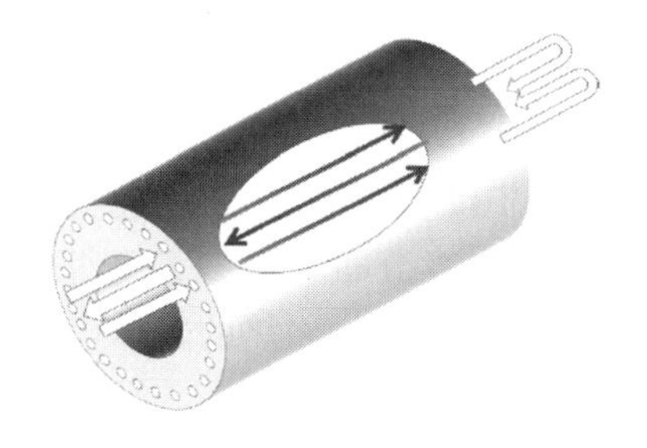

图 1-84 三流道设计的周边钻孔辊

系统来平衡辊体表面的温度分布。这种类型的辊子主要用于加工纸的小型压光机中。由于不受热载体的限制,这种结构能够达到非常高的操作温度。同时,其缺点也在于无法冷却辊子。

(7)热载体

在热辊中主要使用的热载体有水、蒸汽和导热油[61,62]。热水能够提供的辊表面温度在120℃以下。使用蒸汽加热时,辊表面温度能够达到170℃。使用导热油加热时,辊体的表面温度最高,可以超过220℃。

对于周边钻孔辊,在温度范围为80~170℃时,直接蒸汽加热具有明显的优势。其一是蒸汽来源便利,可以直接从工厂现有的蒸汽管网中获得;再者是辊体内任何位置都是由同压力和同温度的蒸汽加热,因此热辊沿纸机横幅方向的温度均一性好。然而,蒸汽加热辊需要冷凝水排出装置。辊体内部冷凝水的分布不均会造成辊子不平衡从而引起振动。

大多数现代压光机选择水或导热油作为热载体。

(8)辊体材料

热辊材料要求非常复杂。其表面要求极度平滑,良好的耐磨性和耐腐蚀性能,良好的耐冲击性能(机械上和热力学上),同时要求易于清洁。在保证良好的热导率前提下,辊体材料的强度应该尽可能的高。

辊体最主要的材料是冷硬铸铁,其表层材料为冷硬铸铁,内层材料为灰铸铁或者球磨铸铁。其他常用的材料还有表面渗碳的特种铸钢、调质的锻造钢、表面包覆有硬化层的灰铸铁或球墨铸铁。

冷硬铸铁具有良好的耐磨性,其表面硬度超过500HV20,允许使用的冷硬层厚度为8~15mm,因此,辊子能够多次研磨。其另一个优点是,辊体内层部分容易钻孔。其缺点如下:首先,由于材料内层到表层存在硬度梯度,内层钻长孔时,这将导致钻头朝软的材料方向弯曲。在辊的中间位置表层下,当钻孔达到一定深度后,这种现象比较常见。其次,表层白口铁热导率低,仅为中间灰口铁的1/3。最后,热的冷硬铸铁在与冷水接触后,容易发生龟裂(图1-85)。

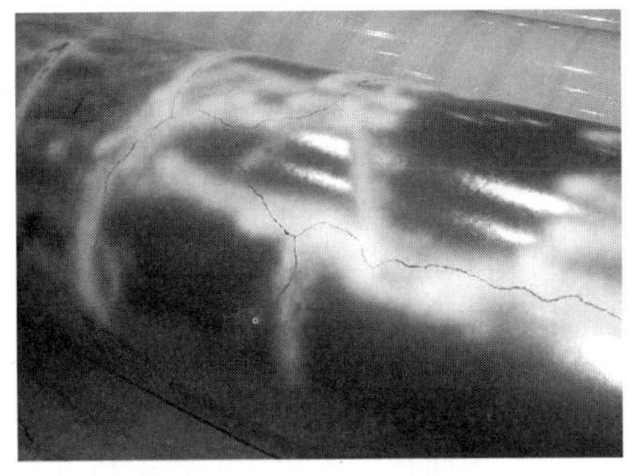

图 1-85 冷硬铸铁辊在热冲击下的破裂情况

热辊铸造工艺会产生不均一的材料分布,某些部位冷硬层厚度可能会大一些,由于冷硬层热导率和线膨胀系数不同,加热时,辊体有可能会产生扭曲,这对辊子的动态性能有严重的影响。在加热状态下进行动平衡,可以缓解这种现象。

锻钢材料通过表面硬化技术可以得到高硬度

的表面。表面硬化主要是指感应淬火,材料表面通过感应线圈加热,再使用冷水急剧冷却。根据材料的含碳量,其表面硬度可以达到600HV20。由材料的生产工艺可知,锻钢的材质是非常均一的。锻造工艺能够去除材质的孔隙和裂缝,其微观晶体结构由最终热处理工艺决定。由于辊体中没有硬度梯度,因此,这种材料的辊体钻孔比较容易,能够完成非常精确地钻孔工作,辊子温度分布和动态性能非常良好。锻钢也是一种可延展的材料,因此能够承受热冲击下的应力变化,如热的辊体表面接触到冷水的情况。

1.5.1.4　橡胶辊

(1)概述

正如前面章节所述,橡胶辊在压光工艺中有着至关重要的作用。为了达到纸幅某些特定的性能,压区必须要有一定的弹性,以提供足够的时间来进行热传递,同时包覆材料和纸幅均需有一定的变形。直到20世纪70年代后期,一种天然和人造纤维填充的辊子才被开发出来,以专门适应超级压光机的需要。然而,随着在线软压光和多压区压光技术的引入,基于聚合物包覆层的应用已经成为必然。

在压光操作中,"弹性"是一种相对的概念。纤维与聚合物包覆层都比较硬,但相对于其配对的金属软辊来说,它们显然还是较软的。这些弹性材料的弹性模量通常为1~8GPa,而钢辊的弹性模量通常是140~210GPa。辊子包覆材料的硬度通常使用ShD硬度(邵氏硬度)单位表示。根据不同的压光工艺,弹性辊的硬度在70ShD到95ShD之间变化。

(2)填充辊

填充辊用于纸幅压缩工艺已经有一两百年的历史了,其在超级压光机中的应用大约从1900年也开始了。一种典型的填充辊结构如图1-86所示。

填充辊是通过在两块端盖之间高压(通常是60~90MPa)挤压特定的纤维纸片来制造。在开始研发时,尝试了大量的纤维材料。早期,亚麻纤维材料是最好的。但是今天,最常选择的材料是棉或棉与羊毛的混合物。通过增加羊毛的含量,其硬度可以从硬到软进行调节(见图1-87)。除材料配比以外,纤维的均一性、方向性和分布状况也对填充辊的最终质量有重要的影响。

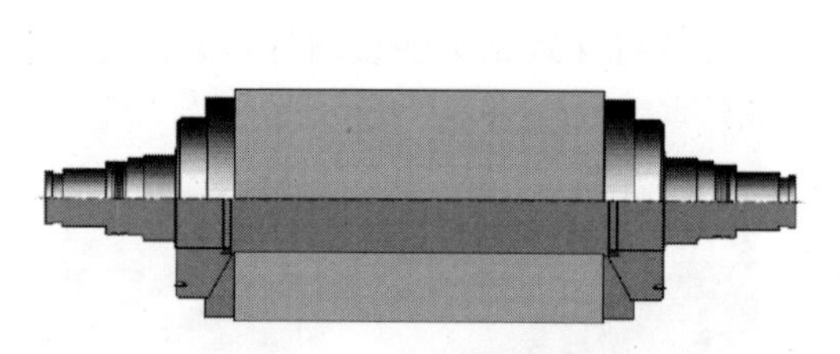

图1-86　一种填充辊的典型结构(美卓公司版权)

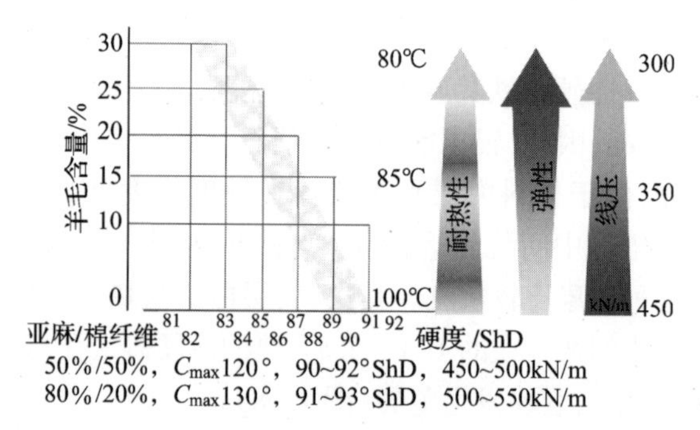

图1-87　改变羊毛和棉纤维比例对填充辊最终性能的影响(美卓版权)

与聚合材料包覆辊相比较,填充辊的主要缺点是耐划痕与耐磨损性能较差,这将导致每周频繁换辊,因而在今天老式的传统机外超级压光机中,填充辊只是作为一种可行的选择。填充辊主要的损坏类型是因内部温度聚集导致的碳化。局部过载和纤维结构的瑕疵都将导致过热产生。

过去,大量的合成纤维被尝试用于改善耐磨性能,使用 Nomex(杜邦商标)作为纤维材料就是一个很好的例子。这种类型的辊子能够延长两次研磨间的运行时间,但是,其粗糙的表面性能限制了它的应用。

著名的填充辊制造商有 Metso(芬兰)、RHL(英国)、RIF(意大利)和 Voith。某些聚合物生产厂家会为填充辊专门开发适合的填充材料。

(3)弹性聚合物包覆材料

A. 概述

聚合物包覆层目前通常用于软压光机、超级压光机与多压区压光机。本节内容重点讨论应用于这些场合的弹性聚合物包覆材料。

事实上,弹性包覆材料在压光中的应用最先始于光泽压光中。光泽压光是今天的软压光的先驱。光泽压光通常用于涂布纸板,它要求在不牺牲松厚度的情况下完成表面整饰,这就需要较低的线压力并结合足够长时间的热效应。在光泽压光中使用的弹性体首先是氯磺化聚乙烯橡胶,后来是聚氨酯,其硬度范围为邵氏硬度 50 ~ 80ShD(或勃氏硬度 20 ~ 3PJ)。环氧树脂型包覆辊最早在 20 世纪 70 年代。由于这些材料的弹性模量与填充辊在同一数量级,因此这些聚合物也被认为是潜在的压光辊备选材料。Beloit 公司是将这些材料应用于超级压光中的先驱。由 Küsters 公司提供的第一台软压光机使用硬橡胶包覆辊,但不久就被环氧树脂型包覆材料所取代。随着压光工艺从机外压光到软压光直至到现代的在线多压区压光的演变,包覆材料技术也在不断进步以满足日益提高的要求。

B. 弹性包覆材料的要求

在软压光、超级压光和多压区压光中,弹性包覆层的功能是提供达到目标产品整饰性能的压区条件。在压光过程中,包覆层同时承受动态压力与热应力。为特殊的应用选择特殊的包覆材料是压光工艺建模的一个重要部分。对压辊包覆层性能最重要的要求如下:

① 在给定线压力与热力学边界(压区压力、压区宽度、压区停留时间)下的压区条件与设计理念相匹配;

② 相邻两次磨辊之间有足够长的运行时间;

③ 应用中有足够高的抗动态负载的能力;

④ 持久的表面平滑度;

⑤ 对局部点蚀、冲击、过载和温度变化有合理的安全边际;

⑥ 良好的清洁性(如果工艺需要);

⑦ 易于修复(再次研磨)。

从设计和加工的观点来看,选择一些满足上述要求的可测量的包覆材料性能,有助于达到用户目标。这些性能包括:

① 弹性模量随温度的变化关系;

② 耐磨性;

③ 耐冲击与点蚀性能;

④ 耐高温性能[足够高的玻璃化转化温度(T_g)];

⑤ 抗条纹性能;

⑥ 在动载荷下的热累积情况(黏弹性、导热系数);

⑦ 断裂韧性;

⑧ 与金属辊芯的结合强度。

C. 典型的包覆层结构

市场上最常见的包覆层结构如图 1－88 所示。

包覆层一般由两层或两层以上组成，包括顶层和底层，可能还存在中间层，顶层提供性能要求，底层将上层固定在金属辊芯上。包覆层通过湿缠绕或铸造工艺完成包覆，也有可能是两种工艺的结合。只有仔细选择聚合的基体（如改良的环氧树脂）、填料（微米或纳米填料）、纤维和专门的添加剂，才能够获得理想的上层包覆层的最终性能。底层材料通常比顶层材料具有更好的强度性能，可在轴向、周向和径向上提供从包覆层顶层到金属辊芯的弹性模量梯度。

新的包覆材料和结构在开发阶段就经过完整的测试，不仅包括单独的物理性能测试，而且还包括通过有限元分析研究结构优化和压辊包覆层本体的动态性能试验。

为了对压区条件进行预测，对包覆层的弹性性能进行更具体的研究十分必要。特别关注的包覆层性能有：弹性模量对温度的独立性，耐温性与发热性。对包覆层材料的动态机械性能的测量，将会提供动态弹性模量与温度的关系。聚合材料是一种黏弹性材料，弹性变形的一部分能量会由于滞后现象而损失。这些能量损失将转化成热量，因此聚合辊包覆层的反复加载会引起温升。动态模量也可以分成一个储存（如弹性）和损失（如黏性）模量。能量损失与能量储存的比值称为损失因子（或者称为 $\tan\Delta$）。聚合物包覆材料的动态弹性模量必须满足：其值只是随温度的上升而略微下降，即在不同的操作温度或局部温度变化的情况下，包覆层的行为不会发生改变。包覆层材料的弹性模量急剧变化的温度（玻璃化温度 T_g）必须足够地远离操作温度。当然，T_g的温度也不需要过高。这些测试需要专门为这种材料特性（动态机械热力学分析，DMTA）设计的仪器来进行。图 1－89 是一种高性能弹性包覆材料的 DMTA 分析曲线。

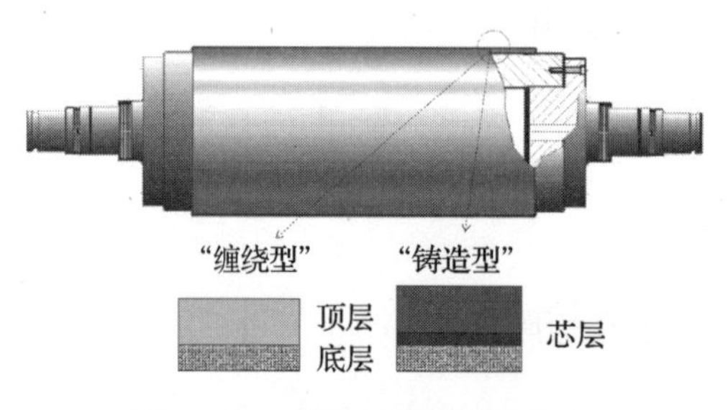

图 1－88 聚合物包覆层结构的实例（美卓版权）

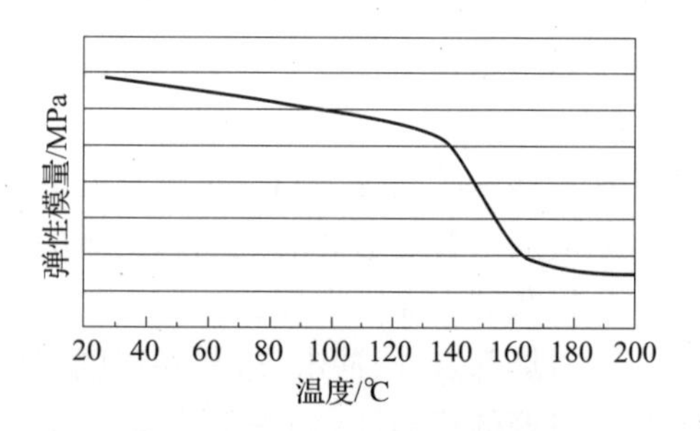

图 1－89 一种聚合物包覆层的动态弹性模量的实例（美卓版权）

预测与分析包覆层在给定压区条件下的应力与温度分布，也需要材料的 DMTA 与热性能数据。在评价压光目标、关键应用和包覆层研发等方面，这些分析也具有价值。图 1－90 是这类分析的一个实例。

随着压光工艺不断向提高车速、压力和温度的趋势发展，为了保证单次磨辊的使用寿命，包覆层的耐磨性和抗条纹性能则越来越重要。辊面的条纹实际上是随着压光过程的磨损和振动逐渐产生的，而并非由包覆层本身并引起。更高的滑动性和耐磨性与客户定制的黏弹性能相结合，将有助于提高其抗条纹能力。

D. 聚合物包覆层的应用指南

纸种性能与生产率目标决定了其对压光工艺的要求。选择正确的辊子包覆层对优化生产

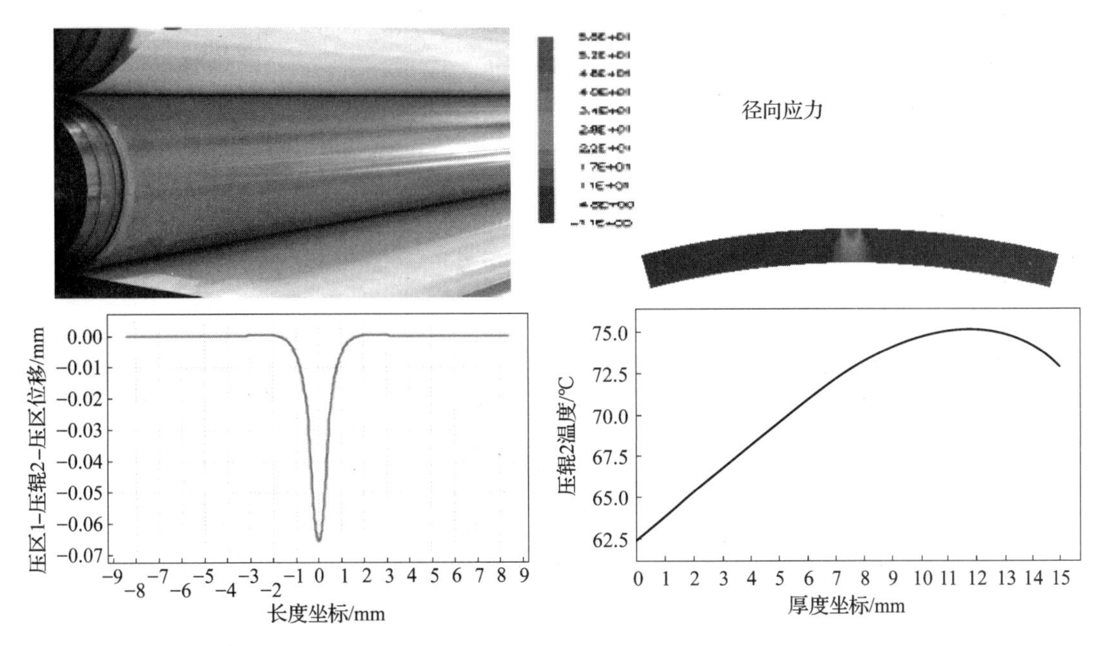

图 1-90 聚合物包覆层的压区、应力及热量分布分析(美卓版权)

率十分必要。对于印刷纸来说,纸张的平滑度要求越高,则压光强度越剧烈,因而对聚合物包覆层的弹性模量要求也越高。选择聚合物包覆层的指导原则见图 1-91。除了这些指导原则外,还应根据实际应用的特殊情况,如需要保留松厚度或可清洁性。

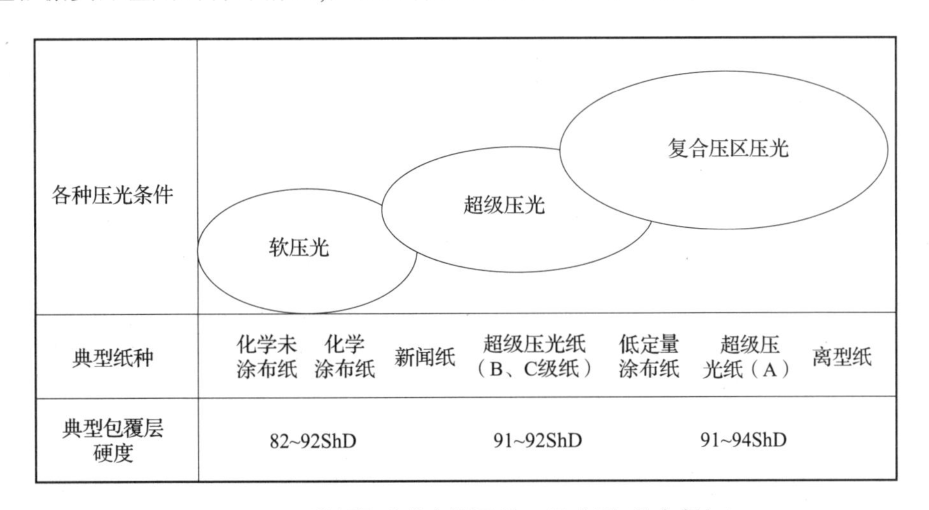

图 1-91 选择聚合物包覆层的一般准则(美卓版权)

全球最著名的制作压光辊弹性包覆层材料的公司有 Metso、Schäfer、Stowe、Voith 和 Yamauchi。此外还有一些偏本地化的经营商,如日本的 Kinyosha 和欧洲的 Kalker。

E. 使用与维护

与填充辊不同,聚合物胶辊非常有弹性,因此,由于纸幅厚度与紧度的不规则引起的磨损会非常少。这就意味着聚合物胶辊的服务周期会比填充辊长很多。如果填充辊的磨辊间隔以小时或天来计算,则聚合物胶辊则可以用几周或几个月来计算。

长的服务周期还需满足包覆层和用户的一些额外的要求,即包覆材料制造商需提供一种既耐冲击且对所谓的“热点”增长不敏感的包覆层。和填充辊一样,聚合物胶辊热点的出现是局部压力过大的结果。当反复冲击同一点或内部出现损坏时,热点均会快速出现。应力集中点的部分的能量增加会转化成热能,引起包覆层膨胀,随即引起更高的载荷及一系列反应导致了热点的产生。图1－92展示了一个小纸片引起的热点的信息,这是一种聚合物包覆层在300kN/m线压与1500m/min车速条件下运行5min后的热成像图片。包覆层生产厂家为客户提供非常好的操作与维护说明,如有必要,也可以进行培训。另一方面,客户也必须保证运行条件与监控系统的应用。监控系统可以阻止未正常使用时可能出现的损坏。现代多压区压光机配置有监控与压区自动打开系统,帮助包覆层的服务周期达到目标水平。

图1－92　聚合物包覆层上一个“热点”的热成像,在线压力300kN/m、车速1500m/min下,对80μm厚的纸片压光所产生局部过载(美卓版权)

F. 清洁

服务周期越长,污垢黏在包覆层的机会也就越多。因为聚合物包覆层通常带有静电,因此除了涂料颜料与胶带胶黏物外,纸片也容易被黏在辊子上。薄纸片或胶带不仅能在纸幅上产生印痕,而且还会导致辊子出现印痕,甚至破坏。如果考虑到在300～450kN/m的线压下,辊组中包覆层的径向变形也仅为60～120μm,那么一片80μm厚的纸片能够产生非常高的局部载荷也就不足为奇了。这种局部载荷可能引起像图1－92那样的“热点”。

机内压光机上,使用专门的刮刀对聚合物包覆层进行清洁,使用碳纤维刮刀片最合适。刮刀线压取决于应用环境,通常其线压力在50～100N/m,刮刀角小于20°,连续加载或周期性加载均可。

G. 关于包覆层磨损的认识

为了使两次磨辊之间的间隔足够长,包覆层必须非常耐磨,即不仅要保持辊面的平滑度,还要保持其几何形态。

由于压光是一种复制过程,因此辊子表面的平滑度非常重要。尽管纸面的光泽度和平滑度大部分由热辊来完成,但是软辊的表面情况也会影响纸张的质量。因此,辊子包覆层的粗糙度必须足够低,且能够维持较低的水平。目前,在软压光和超级压光机中运行的软辊包覆层一次磨辊的使用时间可以高达5～6个月,但是3个月的磨辊间隔时间更为常见。通常磨辊的原因是由于辊面轮廓分布不均,而并非是由于表面质量(如印痕等)的问题。包覆层几何形状的不均匀变化,通常是由于在变载下的磨损引起的。在包覆层宽度方向上,载荷的分布并非均一,而是存在高低载荷区域。在压光过程中,纸张(包括涂布或未涂布的)就像砂纸一样,随着时间的推移逐步磨损压辊,特别是在高载荷区域。为了保证纸幅厚度与光泽度分布,在磨损的区域需要更大的加载,这种压光在理论上不可能实现,因此必须重新磨辊。随着压光机的长时间操作,纸幅本身也会被磨损,且转移至包覆层上,特别是两端通常为高线压的区域(一个弓形的载荷分布)。在纸幅外侧的端部,包覆层不会被磨损。辊的端部能够接触到配对的热辊,会引起高线压且被加热。因此,在第一次磨辊使用后,相对短的时间内应该再次磨辊。在此之后,可以根据磨损情况而延长磨辊间隔。热辊同样也会被磨损,其辊面不正确的几何分布也会导致包覆层载荷的不均一。热辊的磨辊间隔为 6～12 个月，但是实际应用中会更长。将聚合物压辊安装在辊组中时，对检查热辊的辊面分布是有帮助的。

H. 包覆层端部环境的管理

热辊对软辊包覆层提出了一个问题。在压辊端部，包覆层没有纸幅的保护。来自热辊的热辐射和直接接触，将会导致包覆层有更高的温度和线压。由于聚合物的热膨胀系数高，相邻局域内最大的温度差就受到了限制。不管是手动的还是自动的温度监控系统，都能够提供温度差超出限制后的报警功能。在端部温度形成高峰的情况下，要考虑以下的改进：

为了缓和形成的温度高峰，将辊端设计成锥形，锥度必须从纸幅末端开始。对于纸幅宽度微小变化的情况，应用包含一个微小锥度的双锥度结构，纸幅通过小锥度时不会影响其厚度。图 1－93 是一个合适的双锥度设计的实例。

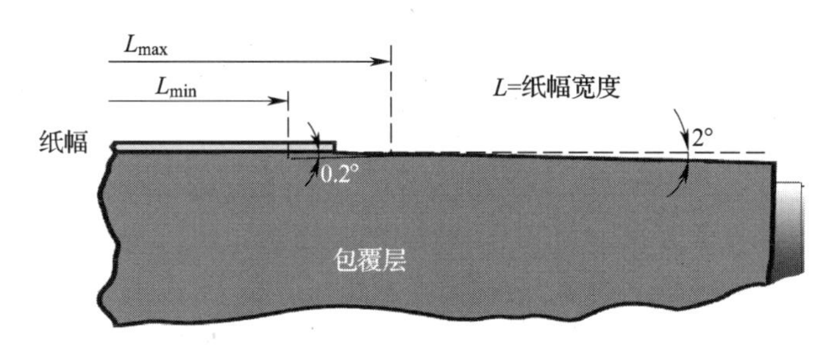

图 1－93　包覆层边缘锥度设计的实例（美卓版权）

采用空气或者喷雾形式的边缘冷却。这在软压光中使用最多，但现在也被应用于多压区压光中。

锥度与过宽的纸幅有重叠区域，致使纸幅在锥度上运行，没有受到压光从而影响其厚度。这些未经压光的纸幅边缘必须在卷取前切除。这对于温度非常高的热辊操作是十分必要。

一定宽度范围的纸幅热压光时，需要根据纸幅的实际宽度选择合适的锥度。当然，如果操作时纸幅宽度在短期内不断变化，上述的措施是不现实的。在这种情况下，必须采取十分有效的冷却。

保持有效的测量和定期的磨辊，以确保包覆层端部不被损坏。

I. 损坏

没有明显的迹象表明，聚合物包覆层会随着时间的推移而失去强度，或变得更加容易损坏。包覆层的损坏更多的是由冲击引起，并且这些影响是随机的。

损坏通常是在突然的情况下出现的。聚合物包覆层高的耐印痕能力对压光物体有平滑的作用。当包覆层在运行几周后都没有印痕时，我们会感觉工艺控制非常容易，而会认为关注包覆层和工艺条件并非那么重要。实际上，包覆层此时已经受到连续的冲击，只是直到严重损坏的时候才会显现出来。

如果尽管在包覆层具有很好的抗印痕能力的情况下，仍然出现了很多印痕，这时就应该去分析压光工艺：是不是断纸太频繁了？在哪里断的？为什么？是不是某些辊子经常会被纸幅缠绕？压区快速打开系统在工作吗？清洁系统在正常工作吗？有污渍或胶带黏在辊子上吗？从纸机或涂布机纸幅出来的情况怎样？纸幅成形工艺的所有操作都正常吗？

包覆层颜色的变化可能预示着载荷或加热的不均一，此时需要进行检查。包覆层边缘颜色变暗可能是由于油或油脂引起，也可能是不正确的锥度导致边缘过热。类似地，热的舒展辊轴承可以通过纸幅向包覆层传递热量。如果蒸汽箱工作不恰当，有一部分蒸汽区域可能施加过多的热。纸幅的局部载荷或过热有时可以从纸幅厚度或光泽度的不一致反映出来,但并非总是这样。一个压光机操作员能够找到这种热的区域,如果包覆层局部磨损,磨辊时也应该能够发现。

一些冲击是由纸幅(纸团、缠绕辊子、涂料块和条纹)引起的,其他是由压光环境引起的,如压光机的振动,零件松弛而通过压区。对于填充辊而言,这些都不是灾难性的,因为螺栓、螺钉、铁线等能够锲入填充物内。但是,对于聚合物包覆层的辊子,这种破坏将是损失惨重。在极端的条件下,这种冲击能够导致包覆层立即失效。在稍好一些的情况下,可能会导致诸如内部的损坏,且随着时间的推移而发展为失效。

聚合物包覆层可以经济地使用的厚度为5~10mm。如果一个深的印痕出现,可以利用的包覆层就变得非常薄。甚至,与填充辊相反,严重的冲击可以导致包覆层立即失效,包覆层裂开并破裂成碎片。小的孔洞可以通过填充包覆材料修复,但是大的损坏通常意味着要提前重新包胶。在某些情况下,缠绕的包覆层可以通过一种所谓的“绑带”修复的方式进行。

1.5.2　纸幅调质器

纸张质量主要受压光本身影响,但是一些辅助的设备也可以提升压光效果,如纸幅调质器。蒸汽箱是一种常用的纸幅调质器,最初用在超级压光机上,以求改善纸幅的光泽度。感应加热与热风喷头更普遍的用于硬压区和软压区压光机中,用于控制厚度的横幅方向分布。随着新的压光技术与加湿技术的发展,加湿变成了一种有效增加纸幅表面湿度的方法,能够在纸幅中形成一种有效的湿度梯度。

所有纸张聚合物均能够通过温度与水分含量来软化。在压光操作中,借助纸幅表面与中心形成的温度和湿度梯度,温度和湿度较高的表层纤维比中心纤维有更多的变形(梯度压光理论的讨论见1.2.3.2)。在纸幅中建立一种理想的温度和湿度梯度,这就是纸幅调质器的意义所在。通过对纸幅的调质,可以在不削弱纸幅的松厚度、紧度和挺度等性能的情况下,大大改善纸幅的平滑度、光泽度和印刷适性等表面性能。甚至连印刷油墨的吸收和消耗以及横向收缩也能减少。纸幅的表面温度与湿度越高,意味着获得同样的压光与平滑效果所需的机械功(线压力)越小。

压光机蒸汽箱能够明显增加纸幅温度,产生一个有效的温度梯度。同时,由于蒸汽的冷凝,纸幅表面的湿度也能够轻微增加。蒸汽箱能够改善纸幅质量,特别是在已经限定辊子温度范围的超级压光机中。随着具有更高热辊温度的多压区压光机和更高线压的辊组的发展,加湿器变成了蒸汽箱外的另一种选择,它能够产生更大的湿度梯度。尽管如此,为了获得更高的温度与湿度,在现代压光机中,两者会同时被使用。

蒸汽箱与加湿器均是改善未涂布纸质量的良好工具,但是不能用于涂布纸。对于涂布纸,通过使用感应加热器增加钢辊表面温度以形成温度梯度更为普遍。特别是在超级压光机中,感应加热的应用使减少纸幅光泽度的两面差成为可能。但是,感应加热器更多地用于纸幅厚度的控制。

纸幅厚度分布的均匀一致,是保证其在卷取和完成设备上良好运行的基础。大部分卷取与印刷机械的运行性能问题,是由不良的卷取和辊子结构横向的波动引起的。由于车速提高,母卷纸辊变大,填料含量增加(增加了的紧度)以及压光工艺的增加(增加了平滑度,降低了摩擦系数)等,使纸幅卷取变得越来越重要,越来越具有挑战性。卷取质量通常是许多参数的综合,其受横幅张力波动、纸幅层的空气,还有厚度分布的影响。所有影响卷取的参数可以通过纸辊硬度的测量来评价，而所有影响卷取的参数均是不可控的。但是在压光机操作中，可以通过对纸幅厚度分布的控制使卷取在一定程度上可控。

1.5.2.1 压光蒸汽箱

蒸汽箱在压光机中通常用于改善纸幅的平滑度和光泽度水平以及横幅方向的分布。为了控制横幅方向光泽度和平滑度分布，蒸汽箱配置有 60 ~ 300mm 的调质区域，调质区域越窄，调质的控制能力越好。每一个区域均有控制蒸汽流出调质区的阀门。这种阀门通过执行器控制，其控制点又通过质量控制系统来设定。最现代化的蒸汽箱配有带位置反馈的机电执行器，其控制精度是传统气动执行器的两倍以上。

通常，纸幅的平滑度和光泽度水平通过调节蒸汽箱的平均蒸汽流量来控制（图 1 – 94）。蒸汽箱供应的蒸汽压力为 20 ~ 60kPa，过热蒸汽温度差值为 5 ~ 20℃。蒸热的效率是纸幅蒸热前温度的一个函数，这是基于一个事实，即只有当温度低于 100℃时蒸汽才会在表面冷凝。实际上，当纸幅温度超过 70℃时，蒸汽的效果就急剧下降，为了给机内压光获得有效的蒸热效果，建议在蒸热前对纸幅进行冷却。

在压光机中蒸汽箱的位置对压光效果有重大的影响，在纸幅的底面或顶面喷蒸汽，或者两面均喷蒸汽，能够降低压光纸幅的两面差，增加质量水平。纸幅经过蒸汽箱调质后，喷了蒸汽的那一面光泽度增加，而纸幅平滑度的效果对蒸汽喷射点到压区之间的距离非常敏感。若蒸汽箱位于压光压区附近，其对厚度的影响非常小，但是对蒸汽加热面的平滑度有很大的改善。另一方面，当蒸汽箱位于压光压区前方较远时，纸幅两面的平滑度改善更加一致（图 1 – 95）。

图 1 – 94　对纸幅底面进行蒸热的压光机蒸汽箱（美卓供图）

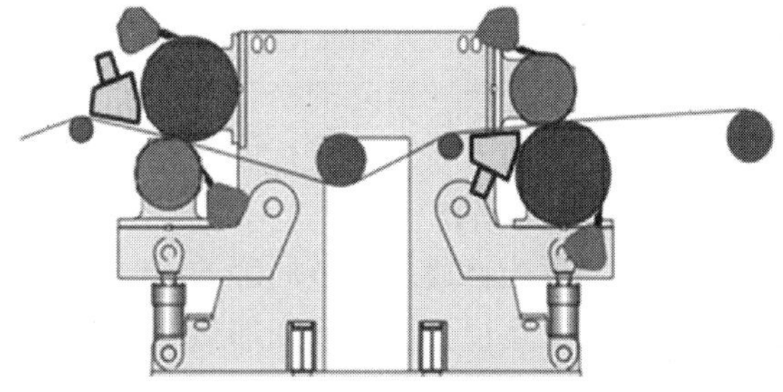

图 1 – 95　位于软压光机两个压区前的压光机蒸汽箱（美卓供图）

为了减少由于蒸汽喷溅和冷凝滴水导致的产量损失，蒸汽在纸机横幅方向均一的分布和有效的冷凝水去除非常关键。蒸汽分配梁必须是刚性结构，且始终能够对蒸汽加热。蒸汽分配梁一般配有退回系统，当引纸或伺服时，能够将分配梁从纸幅移开以便于操作。

1.5.2.2 纸幅加湿器

在纸和纸板机上，纸幅加湿器通常用于控制水分分布，增加纸幅湿度，它通过喷嘴将水雾喷到纸幅上（图 1 – 96）。水雾通常被有选择性的喷至横幅水分较低的区域，或者对整幅均匀喷淋。加湿装备通常包括安装在梁上的雾化喷嘴（每个喷嘴均有一个控制阀）、一个供水单元以及一个压缩空气单元。在某些应用中还有一套过量水雾去除系统。

最初，加湿器设计有将水液压雾化的喷嘴，这种技术在较为苛刻要求的应用中有如下缺点：即液滴颗粒大，可控制性弱。这一缺陷促进了新式喷嘴的研发，即利用空气对水进行雾化的喷嘴。该喷嘴通常沿喷射梁等间隔排布，根据供应商的不同，喷嘴间的间距为25～100mm。使用空气雾化喷嘴时，40%～75%的水雾被纸幅吸收。喷雾效率取决于喷嘴技术及其应用，因而各个供应商的产品效率各不相同。水流至喷嘴的流量由控制阀进行控制，这种控制集成几个小的开关阀在一个模块，限制了控制步骤的数量或线性阀技术以达到更高的控制精度。水量控制阀可以安装在一个外部独立的控制柜中或者直接安装在喷嘴横梁上使得结构更加紧凑。加湿器横梁通常配置有退回系统，当引纸或伺服时，能够将梁从工作位置移开便于操作。

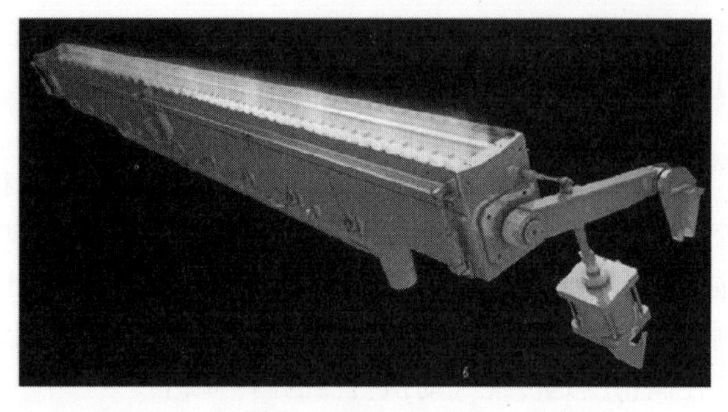

图1－96　带退回装置的加湿器梁（美卓供图）

加湿水最常用的是冷凝水，在供水系统中过滤后再泵送至控制阀。空气一般由鼓风机供给，通过同一管路输送至喷嘴梁。如果加湿器配置有水雾去除系统，则还需要一台独立的真空抽吸机将梁中的过量水雾除去。

由于加湿器能在纸机横向上分成较多的独立控制区域，故具有非常好的分布分辨率，这也是加湿器的主要优点。高分辨率不仅对纸幅调质十分必要，而且能够使纸幅宽度上的水分含量平缓地增加。尽管如此，它仍不足以保证平稳加湿，其均一性也受水滴大小、水雾的形状、喷嘴在横梁上的布局以及水雾去除系统的影响。

加湿器通常用在未涂布纸上。其应用的情况各不相同，最常用的是水分分布控制。最近，通过在干燥后纸幅表面喷水雾来减少纸幅的翘曲也越来越常见。对于压光纸，加湿首先被广泛应用在机外的超级压光纸上，压光前被过度干燥2%～10%的纸幅需要先回湿。最近，随着新型加湿技术与多压区压光的结合，在压光前单独给面层或底层喷水而不引起条纹和滴痕已成为可能。压光前紧靠压光进行加湿，能够有效地控制纸幅的湿度梯度。

1.5.2.3　感应加热器

纸幅的厚度能够通过调节局部的压区压力进行控制。对压光辊进行局部加热是控制压区压力分布的有效途径。压光辊在加热部位发生热膨胀，从而增大压区压力。由于辊体表面温度的升高，加热压光辊同样也会在一定程度上影响纸幅的光泽度分布。感应加热将直接影响纸幅厚度与光泽度，而厚度的改变也会间接影响卷取与纸卷的硬度分布。

在感应加热中，高频电流在压光辊表面产生频繁变化的磁场，磁场在辊体材料中产生涡流，最终涡流会加热辊面（图1－97）。其热量并非通过空气等媒介传递给辊子，而是直接在压光辊表面产生。感应加热比传统的热风加热压光辊具有更高的效率，感应加热效率可高达95%。感应加热可以用于所有类型的压光机和几乎所有纸种，其前提条件是压光辊材料必须能够导磁和耐热。

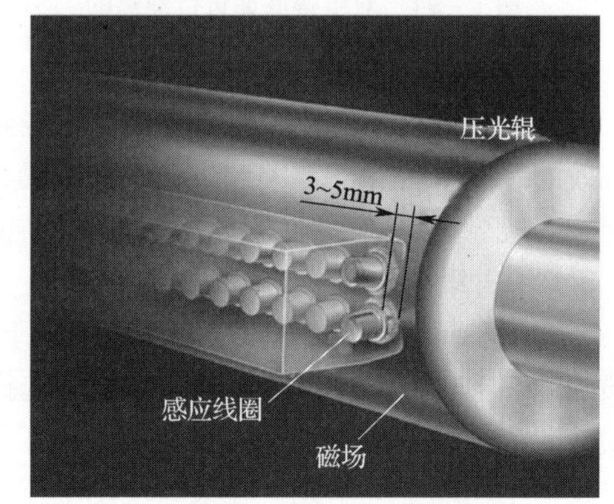

图1－97　感应加热的操作原理（美卓供图）

采用感应加热器的压光辊表面温度可局部提高几十度。温度的升高会引起辊径的增大，因而会影响纸幅的厚度。根据压光机的类型，纸幅的厚度可被减少10～30μm。受感应加热器的能力所限，最高辊面温度的上限为250℃。

一套感应加热系统由两个主要部件组成：一个感应线圈和一个频率转化器（见图1－98）。转换器会产生高频功率并引导至线圈，线圈和压光辊产生磁场回路，加热辊体表面。线圈通常安装在非常靠近压光辊的结构梁上，线圈面板与辊子的距离通常是3～5mm。梁上线圈之间的距离是60mm或75mm，这取决于供应商。线圈间距为60mm时，能够施加到辊子上的最大功率是4kW。为了控制分布，频率控制器可根据需要控制每个区域的功率在0～4kW之间变化。转化器可安装在压光机外的独立设备柜中，也可以安装在靠近线圈梁的一个结构梁上，后者可使设备更加紧凑。线圈梁通常配置有退回系统，能够将线圈梁从压光辊撤回至伺服位置。

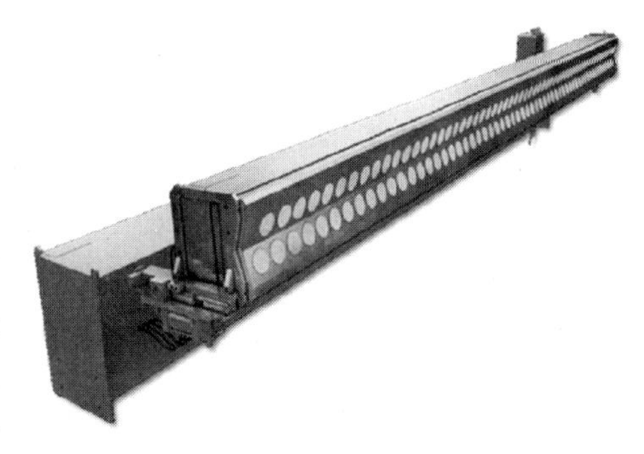

图1－98 带独立线圈梁与转化器梁的感应加热系统（美卓供图）

感应加热器的安装位置取决于压光机的类型及其加热需求。在多压区压光机中，辊子之间载荷相等，感应加热器安装在最早的最方便的热辊上最合适，因为此处纸幅水分较高，弹性较大。在超级压光机中控制厚度分布时，感应加热器安装在辊组的下方，因为此处线压更高。如果需要进行光泽度控制，感应加热器也能够安装在辊组的上方。感应加热器应用在硬辊与软辊配合压光机中控制厚度最为广泛，几乎适应于所有纸种。在软压光机中，对光泽度的影响更突出，因此，加热器安装在热辊上。

由于高的能量密度与环境温度，设备需要冷却，尤其是转换器和线圈，水冷与风冷均可，当满功率应用和热辊温度高时，通常需要使用水冷却。

1.5.3 机内压光的引纸

一般来说，完成工段的在线压光机引纸是从一台碎浆机开始并到下一台碎浆机结束。但也有引纸在一个压光机压区结束，然后直接进入碎浆机。引纸的一个基本特征是，在纸幅两端之间有一个牵引点，此时引纸边或纸幅可以张紧。

在大多数情况下，当纸边引至下一个牵引点稳定后，纸边拓宽至整幅。这需要一个整幅的牵引点，可以是卷纸机或一台硬压区压光机。

在某些情况下，一段引纸完成后并不立即将纸边拓宽，而是继续下一段引纸。即当上一段引纸稳定且纸边张紧后，下一段引纸才开始。在一系列顺序引纸的纸边均张紧后，才开始整幅的拓宽。这种方式的应用实例是，利用纸边引纸通过涂布机后，继续引纸到Valzone金属带压光机，引纸边再进入压光机压区后的碎浆机。还有另一个应用实例是通过OptiLoad TwinLine压光机的两段引纸，其第一段引纸在两列辊组之间的pull－stack结束，此时窄的pull－stack辊组是牵引点。

在常规纸机车速下，每次引纸都包含几个典型阶段（如切割纸尾），最初的步骤是从整幅纸幅上切割留下一个被称为“纸尾”的窄纸条，切割下的纸幅在引纸前进入碎浆机。这项工作由纸尾切割装置来完成，该装置也用来拓宽纸幅。下一步较为复杂，将运行至碎浆机的纸幅尾端切断，并立即导引纸尾向前，这项工作通过断纸装置完成。然后，纸尾通过一些装置连续地牵引直至引纸末端的下一个牵引点。这部分引纸可以分为引纸绳辅助引纸与无绳引纸，无绳引纸通常用于长路径的引纸。在引纸绳辅助引纸中,纸尾的端部被移送到引纸绳夹区中,夹区由两根或三根运行的绳索收敛于一个引纸绳滑轮而形成。在无绳引纸中,纸尾被吸附在一个接一个的运行的输送带上,直至到达下一个牵引点。

无绳引纸只能用在布局简单的引纸路径上,而引纸绳辅助引纸适应于更加复杂的布局,例如在多压区压光机中。另一个选择正确的引纸方式的分界线是在纸机和纸板机之间。在纸板机上,只有最直的和最短的布局才能设计成无绳引纸。纸板更高的抗弯刚度与抗张强度对纸尾切割装置和断纸装置的选择也有很大的影响。

现将典型的压光机引纸配置情况罗列如下:

① 从烘干部通过一个开式的多压区压光机到卷取部的引纸绳辅助引纸,见图 1-99;

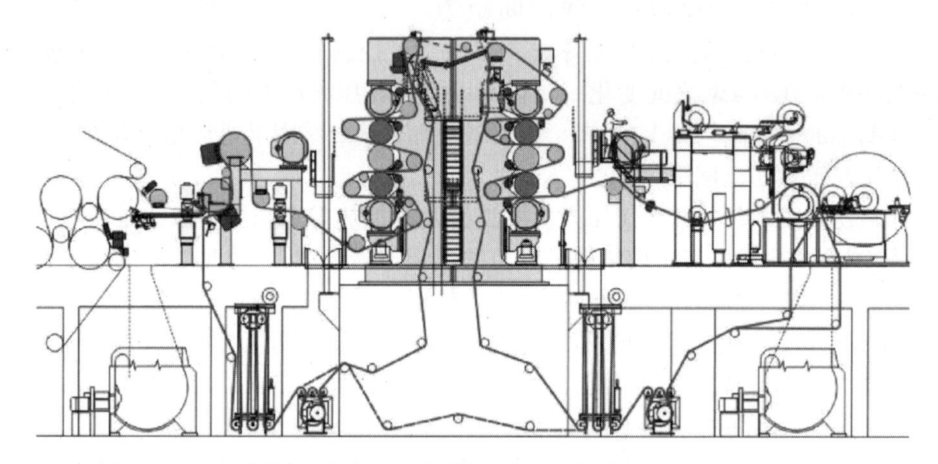

图 1-99　多压区压光机的引纸绳辅助引纸系统,在这个实例中,OptiLoad TwinLine 的引纸被分为两道独立的引纸,其间纸幅没有拓宽[63]

② 从烘干部通过一个开式的软压区压光机到卷取部的无绳引纸,见图 1-100;

③ 从烘干部到硬压区压光机或 ValZone 金属带压光机的无绳引纸,见图 1-101。

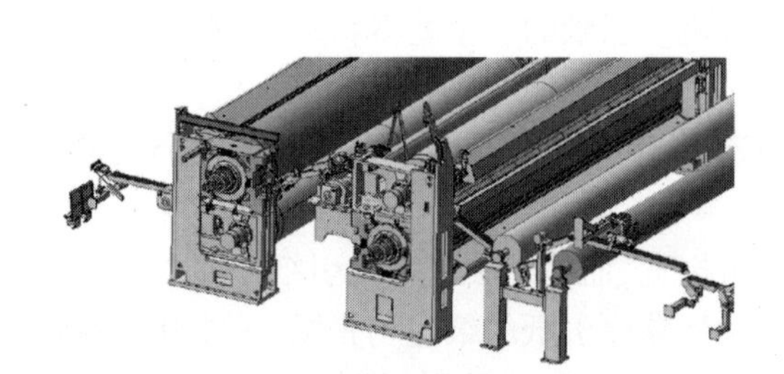

图 1-100　软压区压光机中的无绳引纸[64]

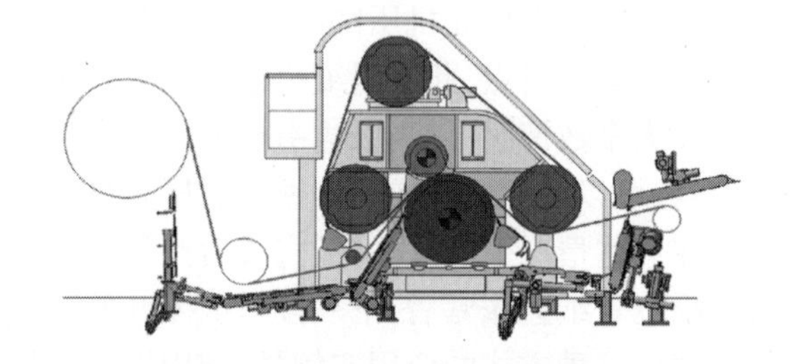

图 1-101　在 Valzone 金属带式压光机中的无绳引纸[65]

图 1-99 带引纸绳辅助引纸装置的多压区压光机。在这一示例中,Optiload Twinline 压光机的引纸分为两个分离的引纸系统[63]。

1.5.3.1　纸幅的切割

如前文所述,引纸首先使用纸尾切割装置从纸幅上分割出一条宽度为 150~200mm 的纸条或称为"纸尾",纸尾可以使用单刀从纸幅边缘切割(通常用于纸板)或者使用双刀从靠近纸幅的边缘切割(通常用于纸张,见图 1-102)。在下文中,纸尾旁边的窄纸幅称为切割边。

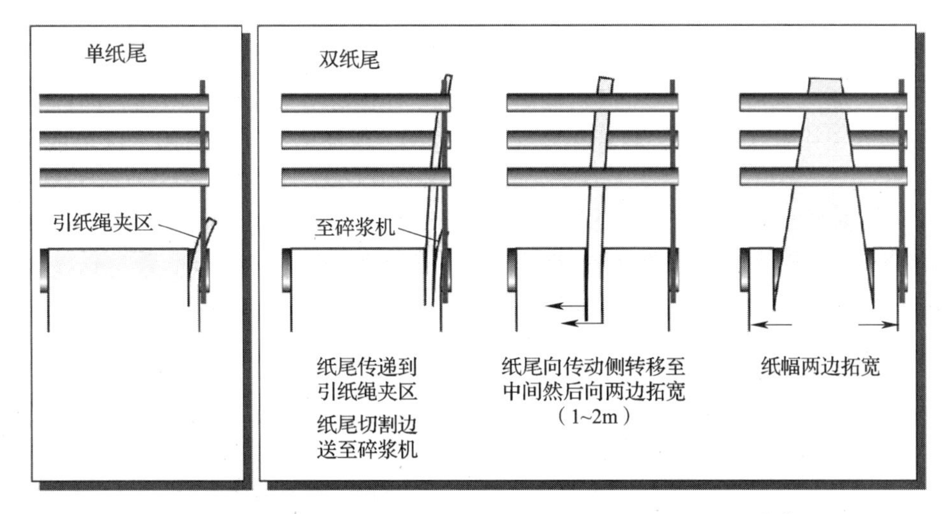

图 1－102 使用双刀切割的居中纸尾及其拓宽过程示意图[66]

纸张或薄纸板采用水射流切割刀，其水压高达 15～100MPa（见图 1－103）。为了避免纸幅破损，切割操作时对不同的部位采用不同的水压。当纸幅运行到干网支撑时，采用较低的水压；当纸幅在运行到进入碎浆机前的最后一只烘缸上时，可使用最高的水压。水切割的喷嘴尺寸为 0.1～0.5mm。水量太多将会润湿和削弱纸尾的边缘，因此，采用高压和小喷嘴尺寸是有利的，同时产生的切割碎末也较少。图 1－104 是使用刮刀式纸尾刀在烘干部的一个开放点对高定量纸板进行机械切割。

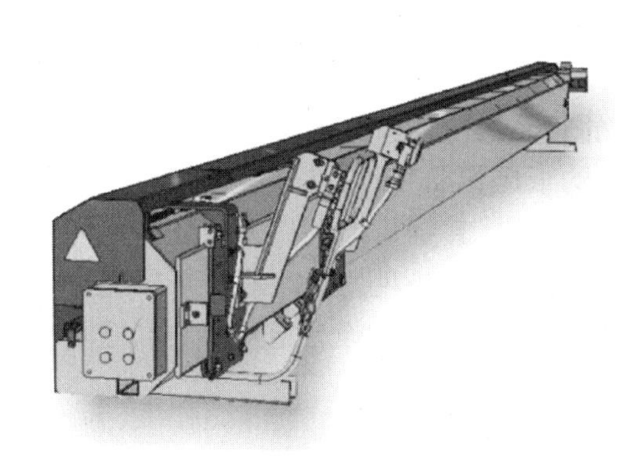

图 1－103 带两个切割头的用于双刀切割的水射流纸尾割刀[67]

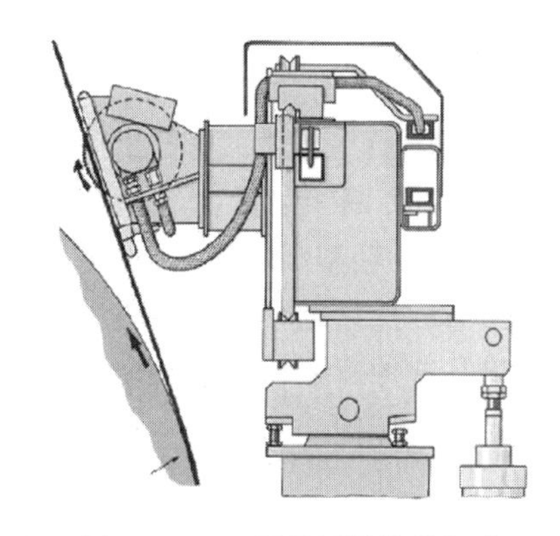

图 1－104 用于纸板的刮刀式纸尾割刀[68]

1.5.3.2 断纸装置

进入碎浆机的纸尾可以使用几种不同的断纸装置进行切割。当稳定的纸幅被吸移到与强烈的吹气气流接触时，纸幅就会被撕裂直到完全切断。如果运行的纸幅碰撞到锋利的刀上，纸幅也会被切断。另一方面，厚纸板必须使用锯齿形刀片或快速旋转的刀片进行机械切割。断纸装置的另一个基本组成部分是一些传输工具或设备，用于在断纸前后牵引纸尾，最常见的工具是空气流，它通过高速气流与纸尾之间产生的摩擦牵引纸尾。纸尾被切断后，皮带输送机也能够作为一种传输设备。

最常用的纸尾切断装置举例：

① 气流断纸装置（图 1－105）：首先，气流将纸尾从刮刀上方的烘缸表面剥离，然后，纸尾

旁边的两根气管向纸尾与烘缸之间吹气,使纸尾折叠到拾取板并对着板角上。在烘缸侧的角上,向下的气流试图向碎浆机拉动纸尾,但是在另一边的角上,纸尾被吸移至与断纸气流接触。在这种冲突下,断纸气流在1s内将纸尾撕裂成碎片,然后切割气流的作用变为向前输送纸尾至下一站,或者采用输送带移送,后者在今天更为普遍。气流断纸装置适用于低定量和高车速下的引纸。

② 带气流和锯齿形刀片的紧凑型输送带:首先,纸尾旁边的两根气管向纸尾与烘缸之间吹气,使纸尾折叠在输送带上并与锯齿形刀片碰撞。纸尾被切断并通过输送带移送。这种装置适应于低定量(30~100g/m²)与高车速下的引纸(见图1-106)。

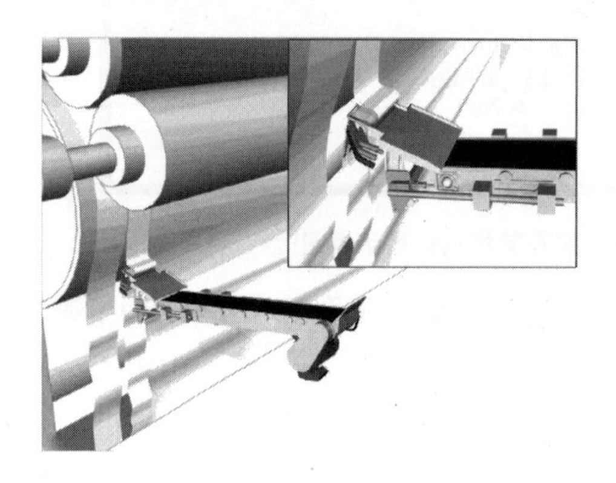

图1-105 气流断纸装置[69]

图1-106 带气流和锯齿形刀片的紧凑型输送带[70]

③ 适于高定量纸板的机械断纸装置:在烘缸刮刀梁下方安装有一个带齿的翻转托盘和带齿的底刀,齿的啮合非常精确。托盘上的气流张紧纸尾,然后托盘翻转,通过底刀将纸切断。纸尾由气流输送至输送带或直接输送到引纸绳夹区(见图1-107)。这种装置适应于所有的纸板机。

④ 旋转刀片断纸装置:像适用于低定量品种的纸尾切断装置一样,该装置是在烘缸刮刀下面安装有一个轻型翻转托盘,并使用一把旋转的刀片代替锯齿形的底刀。托盘的气流首先张紧纸尾,然后托盘翻转使纸尾通过旋转的刀片切断。翻转托盘的气流输送纸尾到一个真空输送带,它是这种断纸装置的一个固有部分(见图1-108)。这种设备适应于更高定量的纸种和所有的纸板机。

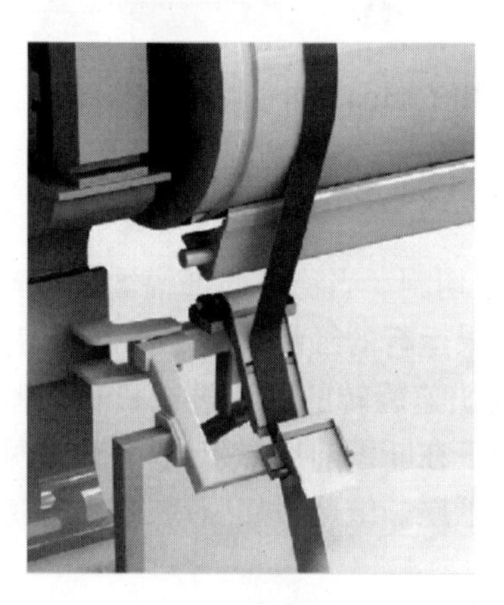

图1-107 适于高定量纸板的机械断纸装置[71]

图1-108 带旋转刀片的断纸装置[72]

1.5.3.3 带式输送机

带式输送机是最先进引纸系统的必要组成部分。输送带作为断纸装置的一部分,具体操作已如前文所述。输送带也可用于将纸尾输入引纸绳夹区,在这种情况下,在引纸绳夹区前通常配有 1 ~ 3 条输送带。在无绳引纸中,纸尾通过几条带式输送机移送至下一个牵引点。

带式输送机由两根辊子组成,其中一根辊子由一台交流电机驱动。两根辊子之间通过透气的输送带张紧(见图 1 - 109)。

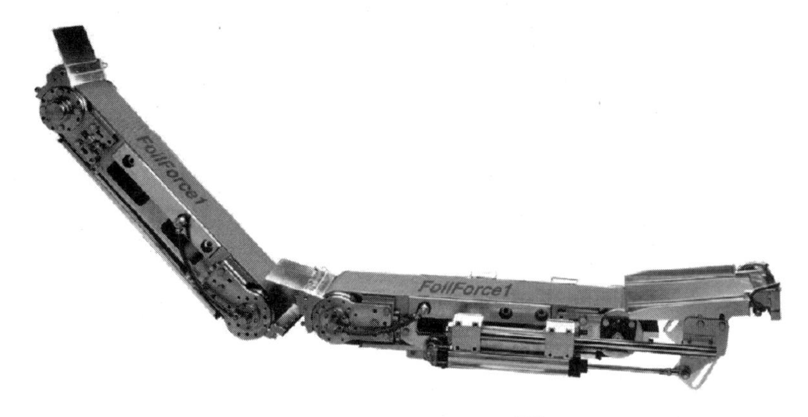

图 1 - 109 带式输送机[73]

在输送带织物与输送机框架之间的内部空间是负压的。实际上可由几种不同的方法实现,其主要的操作原理如下:

① 靠近织物的金属薄片对气流产生的抽吸作用,空气穿过织物进行补偿(图 1 - 110);

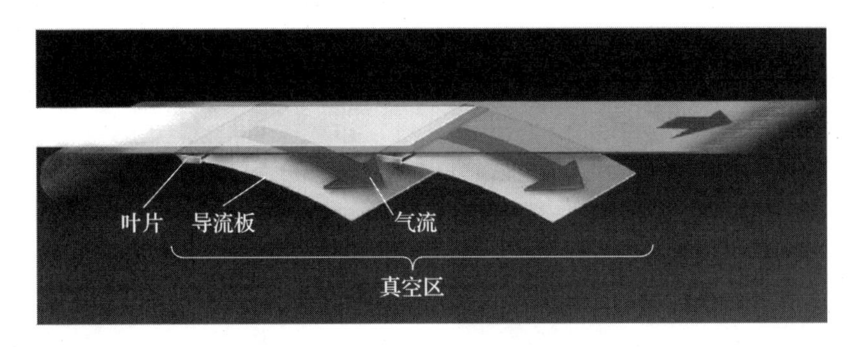

图 1 - 110 由金属薄片产生的负压[74]

② 压缩空气喷射器从输送带的负压空间抽吸补偿空气;

③ 空气马达鼓风机从织物的负压空间抽吸空气(图 1 - 111);

④ 外部电动鼓风机从织物的负压空间抽吸空气。

输送带的正常速度比纸机车速要稍微快一点,通常快 1% ~25% 。

1.5.3.4 引纸绳辅助引纸

在引纸绳引纸中,引纸绳与引纸绳夹区位于纸幅外侧(参见图 1 - 112)。因此,断纸装置和真空输送带引纸绳夹口在纸机纵向的同一直线上。几根引纸绳向一个引纸绳滑轮汇聚时,即可形成引纸绳夹区。对于纸张引纸,通常使用两到三根引纸绳;对于纸板,则需要三根引纸绳。在烘干部,引纸绳的速度与前一个牵引点的速度非常接近。

图 1 - 111 由空气马达鼓风机产生的负压[75]

图 1 - 112 引纸绳夹区的进给[76]

引纸绳的传输会形成一个回路,它在纸机楼层上的引纸区域运行后,则从卷取部返回到地下层的引纸绳夹区。在地下层,装有引纸绳的驱动器(见图 1 - 113)和控制引纸绳张力的张紧器。用于纸张的引纸绳直径通常为 7 ~ 8.5mm,纸板的引纸绳直径可达 13mm。回路中的引纸绳由带槽的引纸绳滑轮系导向,该滑轮系可以多个分开的小滑轮,或者也可以集成在一个导辊上。引纸绳滑轮有独立的轴承,因此可以单独地运行。当纸机正常工作(即不需要引纸)时,引纸绳则可在爬行车速下运行。

当纸尾到达卷取部后,移动纸尾切割装置至中间位置,然后将中心的纸尾拓宽至全幅。

如果引纸路径非常长(如在最大的 OptiLoad Twinline 多压区压光机中),引纸则由压光机中间的牵引辊组分为两部分(见图 1 - 114)。纸尾在未拓宽的情况下,引纸至第一段。然后类似第一段未拓宽的情况,纸尾被引入第二段。最后纸尾被引至卷取部,以正常的方式移至中间并拓宽至全幅。

图 1 - 113 引纸绳驱动系统[77]

图 1 - 114 碟辊型吸移辊组[78]

在一些纸厂,牵引辊组也会安装在一台 Janus 多压区压光机后,这样可提供两种选择:一是通过压光机的压区引纸至牵引辊组,二是旁路压光机压区直接引纸到牵引辊组。从牵引辊组至卷取部的连续引纸是采用真空输送机的无绳引纸方式。

1.5.3.5 自动化控制

空气风机、带式输送机的真空和气缸的运动系统需要同步的自动控制。如果需要的话,吹气量可以通过手动阀或者更加精确的流量控制阀来进行控制。

引纸系统通过一个靠近纸机的控制箱来操作，这一位置可以监视引纸的情况。同时，使用视频监控来检查纸尾到达卷取部和对中的情况。纸尾的对中操作包含一系列预备动作，如启动纸尾切割装置，将引纸绳从默认位置移至引纸位置，启动引纸绳驱动器，将输送带从默认位置移送至引纸位置并启动输送带。通过启动一个按钮，引纸操作就开始了。它将启动一系列已定时的吹风、抽真空和运动。这些预备动作也可以在一定程度上自动地组合在一起。

自动控制系统还包含连锁功能，它确保在控制序列启动前所有过程测量和系统安全没有问题。

1.5.3.6 驱动

输送带、引纸绳、压光机压区和卷取的速度差通过驱动控制面板进行设定，所有的速度都通过一个复合驱动器系统相连接。

正确的速度差能够确保纸尾在拓宽前的张紧力始终在纸张强度以下，这样纸幅的张力才能被测量与控制。当纸尾的张力无法测量时，在引纸过程中保持纸尾适当的松弛是有利的，这种松弛能够通过目测来检查。

1.5.3.7 纸张质量

成功引纸的三个关键要素是引纸设备、驱动装置和纸张质量。在多压区压光中，纸幅水分对引纸绳辅助引纸的成功与否有重大的影响。

1.5.3.8 无绳引纸

无绳引纸的启动与引纸绳辅助引纸具有相同的方式。启动时，断纸装置在纸机纵向，纸尾由输送带或引纸吹风板通过开放的压光机压区移送至卷取部。引纸吹风板宽度为 300 ~ 400mm，像断纸装置一样配置有送纸气流。

纸尾由辅助气流的方式输送通过开放的压区，这样可以防止其缠绕在压光机的辊子上。当压区开放后，引纸吹风板快速牵引纸幅通过压区（见图 1 - 115）。

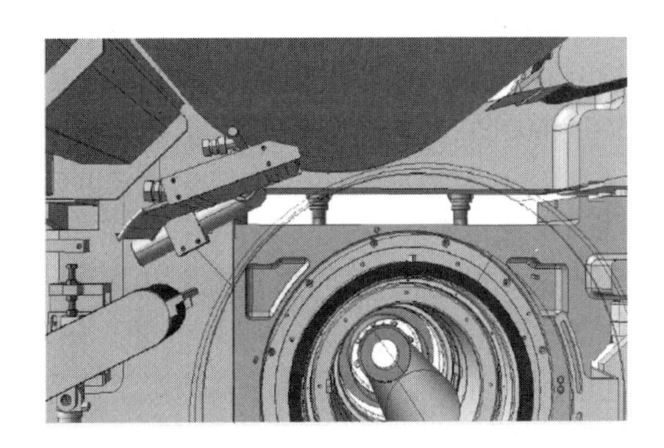

图 1 - 115 采用带式输送机和吹风板牵引纸尾通过压区[79]

输送带和引纸吹风板将纸尾射入卷纸缸与卷纸辊之间的压区。在高速引纸中，卷纸缸通常有一个 500 ~ 1000mm 宽的负压区域，辅助纸尾输送至卷取压区。

如果下一个牵引点是一台硬压区压光机或者一台 Valzone 金属带压光机，纸尾通过输送带直接引纸至压光机压区。

1.5.4 机外压光机中的引纸装备

机外多压区压光机在爬行车速下进行引纸，通常车速为 15m/min。压光机爬行时，压区处于打开状态。通过压光机操作侧爬行的引纸绳系统，纸幅从退纸架经过压光机辊组被牵引至卷取部。压光辊可以有自己的驱动系统，也可以通过辅助辊启动器，当压光辊组闭合时启动旋转。

引纸时首先稳定地打开纸卷，然后将纸幅连接到一块三角形布条上，这块布条被称为“龙”，“龙”的辅助绳被引导到纸尾引纸绳上（见图1－116）。

纸尾引纸绳构成一个封闭的回路，由引纸绳驱动器驱动运行，并通过张紧器进行张紧。引纸绳驱动器与张紧器均安装在纸机底层。

然后，纸尾引纸绳与纸幅退纸同时启动（正常启动）。退纸速度由一个电位计进行控制，保证纸幅在压光辊组末端拓宽前有一些肉眼可见的松弛。到这一位置后，纸幅与辊组之间通常已经存在足够的摩擦，此时可将“龙”从退纸部分离。引纸绳速度也可以由电位计控制，通常维持其速度稍低于压光机速度。

当纸尾到达收卷部后，引纸绳停止运动，并将“龙”移开。在人工辅助下，纸幅快速卷在卷纸辊上。这时，再通过一个电位计调节收卷速度，直到纸幅张紧到能够进行张力控制的程度。最后，压光机带纸升速到工作车速。

图1－116　将纸幅连接在引纸绳上[80]

1.5.5　加热与冷却系统

压光中的加热可以分为间接加热、直接感应加热或者热风加热。间接加热通过加热单元与热辊之间的热载体循环实现，其为压光机中最常用的方法。在实践中，只有内部感应加热能为大量的热辊提供足够的热能。

压光需要大量的热能。现代光泽压光机消耗的热能通常为50～120kW/m。当纸幅宽度达到8m时，单独一根热辊消耗的热能就达400～960kW。由于热辊中的流体体积可以相对较大（500～600L），且加热介质热容量受到限制，系统的流量必须足够多，以防止热辊上有过多的温度降。对于大的热辊，所需体积流量可能超过3000L/min.

1.5.5.1　热传递

热传递可分为热传导、热对流和热辐射。热传导发生在固体或者静止的液体与气体中。热对流通过运动的液体或气体进行传热。热辐射不需要任何媒介。

在热传导中，物质的导热系数决定了热传导的速率。在热对流中，液体或气体向固体物质的热传递受流体动力学、流动的湍流和运动物质边界层厚度的影响。如果流动型式是层流（雷诺系数 $Re<2300$），则边界层厚，对流传热系数小。在湍流流体中，热量通过一层相对薄的边界层传递（雷诺系数大）。边界层的厚度也取决于材料性能（用普朗特常数 Pr 描述）。

在感应加热中，线圈聚焦在辊体表面上形成磁场，并加热辊体表面。高频交流电流从供电单元输入线圈，交变的磁场在辊体表面产生涡流电流，然后转化为热。

1.5.5.2　热载体

水是使用最广泛和最知名的传热介质。在0～100℃温度范围内，水比其他热载体具有更加优良的性能，其比热容与导热系数均较高，分别达4.2kJ/(kg·℃)和0.6W/(m·℃)，另外，水价格便宜而且无毒。水系统的设计流速通常为1～1.5m/s，对应的传热系数为5000～10000W/(m^2·℃)。

在 100℃以上，使用水变得更加昂贵，因为其循环回路是带有压力的，如 150℃对应压力至少为 0.4MPa。使用水还会出现腐蚀、沉淀和结垢等问题。氧气和二氧化碳是腐蚀的主要原因，因此热水的 pH 应该明显在 7 以上。同样，氯离子或其他离子浓度在几十个 mg/kg 的情况下也会引起严重的腐蚀坑。因此，热水的电导率必须非常低。当水温超过 100℃时，结垢现象就会增加。加热单元表面的污垢会降低热传递，有鉴于此，加热水的硬度必须低，使用冷凝水是一个没有任何风险的选择。

水具有高的蒸发焓，在 100℃下其蒸发焓为 2257kJ/kg。因此，蒸汽冷凝是一种有效的传热方式。当目标温度高于 150℃时，相对于水加热，人们通常更喜欢蒸汽加热。通过仔细的设计，冷凝水层能够非常薄，其传热系数范围为 10000 ~ 30000W/(m^2 · ℃)。

蒸汽能够成功应用到高达 235℃。在此温度下，整个系统必须耐压 2.5MPa，包括旋转接头和热辊。这需要更宽泛和更昂贵的安全措施。使用蒸汽的另一个难点是，为了将冷凝水排出热辊，内外需要一个压差。对于高转速和大直径辊，冷凝水的排出较为困难。鉴于对冷凝水排出问题的考虑，140℃是合理使用蒸汽的最低温度目标。使用蒸汽的另外一个问题是其不能用于热辊的冷却。

使用有机热载体能够克服热水和蒸汽的缺点，其在大气压下沸点高，系统为常压系统，同时也没有腐蚀与结垢趋势。甚至当有机热载体结冰时也没有明显地体积膨胀，因此不会有破坏加热单元的危险。尽管如此，结冰仍然是应该避免的。

有机热载体可分为两大类：即天然有机热载体与人工合成有机热载体。天然有机热载体是从天然矿物油中提取的产品是不同碳水化合物的混合物。人工合成热载体是指人工合成的物质，主要是异构体的混合物。在实际工程中，也有可能使用的是上述两种热载体的混合物。通常，油基矿物导热油能够使用到 300℃，合成油的最高气化温度是 350℃。在室温下导热油的密度与水接近，但是在高温下其密度能够明显下降，最低可降到 0.7kg/m^3。一些合成油比水重，因此，在有水的环境下存在一定的危险。导热油比热容为 1.5 ~ 2.5kJ/(kg · ℃)，其导热系数明显比水低，为 0.1 ~ 0.15W/(m · ℃)。导热油的典型流速为 1 ~ 1.5m/s，对应的传热系数为 2000 ~ 4000W/(m^2 · ℃)。

导热油系统也并非毫无问题，其中一个需要考虑的问题是导热油的毒性，但是导热油的老化通常是该系统使用麻烦的主要原因。老化有两种类型：氧化与裂解。有机热载体在空气中能够与氧气发生强烈反应，当导热油温度超过 60℃时，氧化速率快速增加。因此一个设计原则是，当导热油温度超过 50℃时，其务必不能与空气接触。氧化将使碳水化合物分子量增加，导致其黏度的增加，从而引起流动性问题，也会在流道表面形成胶黏物。一些金属物质（如铜），对导热油老化有催化作用，因此不允许它们在导热油系统中存在。裂解时由于过热，碳水化合物分子链被切断，致使导热油的黏度降低，闪点下降。与导热油的氧化类似，短的分子链容易黏附到流道表面。因此，导热油的黏度和闪点一年至少必须测量一次。

1.5.5.3 流体回路

一根热辊的水加热系统包含一根热辊、一个旋转接头、现场管道和软管以及一套加热/冷却单元（见图 1 – 117）。加热/冷却单元本身包含一台循环泵、过滤器组、加热器、冷却器、膨胀器、控制阀、安全阀、温度计和压力表等。离心泵的流动速率取决于热辊的设计。每一根热辊均有一个理想的流量，由热辊制造商进行计算。

加热器是一个由蒸汽加热的管式热交换器，循环水在外部壳体的循环管路内流动，蒸汽在管路与壳体之间流动。冷却器是一个类似的管式热交换器，使用冷水进行冷却。隔膜式膨胀器有一个空气缓冲垫,能够允许水在系统中膨胀,也能够吸收压力脉冲。这一单元通常包含一个补水单元,以保证循环水有足够高的压力。为了避免汽蚀现象,循环泵前的压力比循环水温度对应的饱和蒸汽压高 0.1 ~ 0.2MPa。冷凝水管路必须额外进行关注,加热器后的蒸汽疏水阀必须保持一定的压差。在实践中,补水压力和泵的扬程不能使用水温在 160℃以上所对应的压力,旋转接头能够承受的最高压力大约 1MPa。

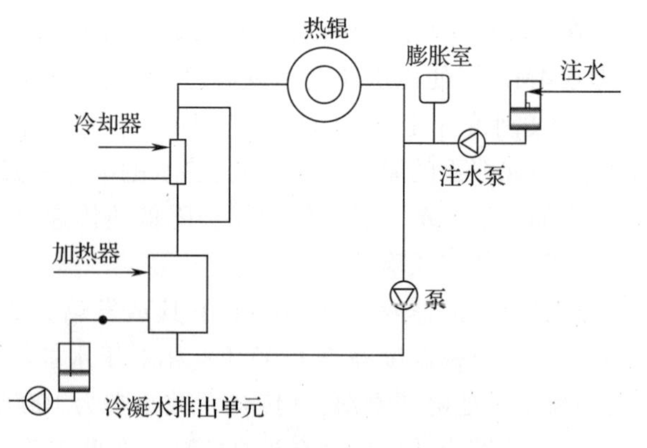

图 1 – 117　蒸汽加热水系统的示意图

直接使用蒸汽加热热辊的原理非常简单。通过一个自动蒸汽阀控制蒸汽压力,冷凝水通过蒸汽疏水阀除去。这种方式通常用于压光机始终运行在相同的参数下(如在相同车速、温度和线压下生产同一种纸)。在实践中,特别是在有几根热辊的多压区压光机中,冷凝水的去除是一个问题,因为最优的情形是热辊必须在不同温度下运行。当冷凝水去除不良时,通常会破坏蒸汽加热热辊压光机的机械平衡性质。

导热油系统主要分为两大类:单回路系统与双回路系统(分别参见图 1 – 118 与图 1 – 119)。在单回路系统中,热辊与加热器在同一导热油回路。导热油系统与水系统具有相同的组成单元,但是膨胀室是不带压力的,储油槽也可以作为安全装置。在紧急情况下,系统中的油可以排至储油槽中,因此储油槽位于整个系统的最低点。系统中的加热器采用管式蒸汽热交换器或电阻加热器。膨胀室为导热油的热膨胀提供空间,同时还能够维持泵的抽吸压力为正值,膨胀室安装位置至少比热辊高出 1m。为了使油冷却,膨胀室管路不需要隔热,除此之外,整个系统都是隔热的。

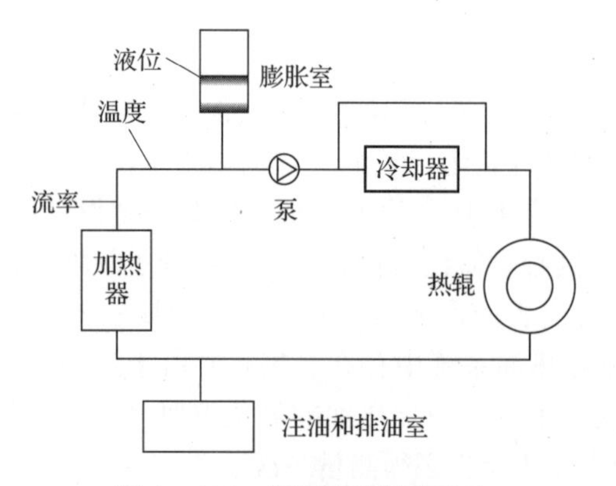

图 1 – 118　单回路的热油系统
(包括最重要的安全措施)

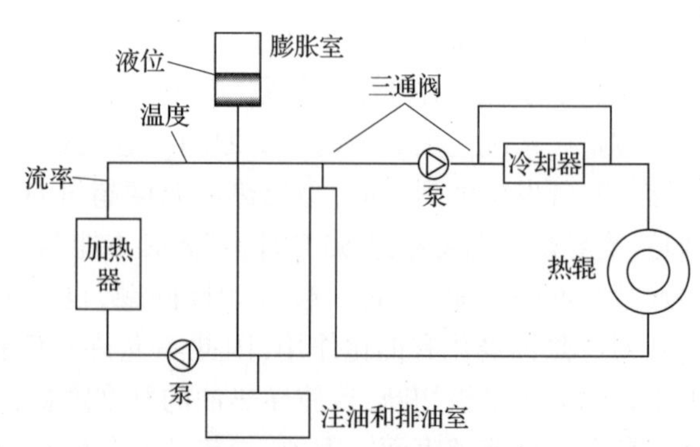

图 1 – 119　双回路的热油系统
(同样包括最重要的安全措施)

在双回路系统中,加热器与带有冷却器的热辊具有各自单独的油回路和泵,分别称为第一与第二回路。在第一回路中可以有几个热辊。热辊的温度通过第一与第二回路中的一个三通阀控制。为了防止热辊的温度波动,第一回路与第二回路之间的温度差必须在 30℃以上。

加热器的设计没有任何限制,但是在实践中,直接火焰加热被认为是最好的加热方式。直接火焰加热由一个燃烧室、一个燃烧器、一个热载体管组和废气管组成。天然气、液化气、沼气、重油和轻油均可以作为燃料使用。迄今为止，已安装的最大的压光机加热系统由天然气燃烧器加热。燃烧器总输入功率超过 15MW，同时为 6 根热辊加热。通常，燃烧器内火焰的温度取决于燃料与混合空气的比例，其温度可达到 2000℃以上。

由于燃烧反应非常复杂，传递到热载体的热通量很难进行计算。因此，燃烧器通过多种方式进行控制，其主要的控制参数是输出油温、废气温度以及加热器前后的温度差。通常三热油管环绕在燃烧炉上，其每根热油管的流量和温度均需要测量。一个总的趋势是，燃烧技术在不断发展，同时将会引入更新的、更实惠的燃料。

直接加热的热效率大约是 85%，通过利用废气对燃烧空气进行预热，燃烧效率可以提高到 90%。但是，仍然有 10% 的热量通过辊组流失。由于 CO、CO_2 和 NO_x 等废气的排放越来越受到限制，低 NO_x 的燃烧器和过滤器以及其他清洁系统正得到快速的发展。

1.5.6 液压、电动和气动(HEP)控制面板

在压光机中，模块化设计发展的主要驱动力是灵活的生产逻辑、较短的安装与调试周期，还有维护和操作简单等方面的人体工程学设计。

液压、电动及气动(hydraulic，electric and pneumatic，HEP)控制面板是现代压光机设计中模块化思想的一部分。集中在控制箱中的液压、电动与气动元件安装在压光机机架与执行器的附近区域。模块化设计的一个优势是在车间装配前能够完成更多的部件装配，因此，供给逻辑性强且效率更高。车间装配阶段的目标是组装成更大的部件装配体，使现场安装的工作大为减少。每个系统的泵、冷却器和过滤器集中在一些紧凑的压力单元中，安装在底部区域。

在压光机机架上的 HEP 面板和底部区域的压力单元集中布置元件，可以将压力单元与机架之间的管道和电缆最少化。HEP 面板及其周围的通道设计是工业设计的一个重要部分。对人体工程学因素的符合程度直接影响操作人员和维护人员工作，这一因素已经成为 HEP 面板及通道规划选址和设计的主要驱动力。将液压、电动和气动元件分组到其各自的部分，能够提高日常维护工作的可及性。清晰的通道布置，可以提高日常运行的安全性。

1.5.7 辅助设备

1.5.7.1 压纸辊

超级压光机和多压区压光机中压纸辊的主要作用，是将纸幅从辊面剥离以及避免过多的加热。压纸辊一直有两种不同的结构，提供舒展作用的分段压纸辊是超级压光机和早期多压区压光机一个通用方案。分离的卷轴安装在分段压纸辊的固定轴上，可以通过调节卷轴改变舒展效果。分段设计受到速度的限制，这将导致轴承维护工作随着生产速度的提高而不断增加。今天，用于多压区压光机压纸辊的最常见的设计是一个管状辊，辊体为钢材或合成材料(见图 1-120)。低分子量合成材料通常应用在高速、宽幅多压区压光机中。由于合成材料具有优秀的抗腐蚀性能，因此也用于机外压光机的高湿度纸种的压光中。例如，离型纸的压光则使用合成材料的压纸辊。从维护的角度来看，管状辊相对于分段

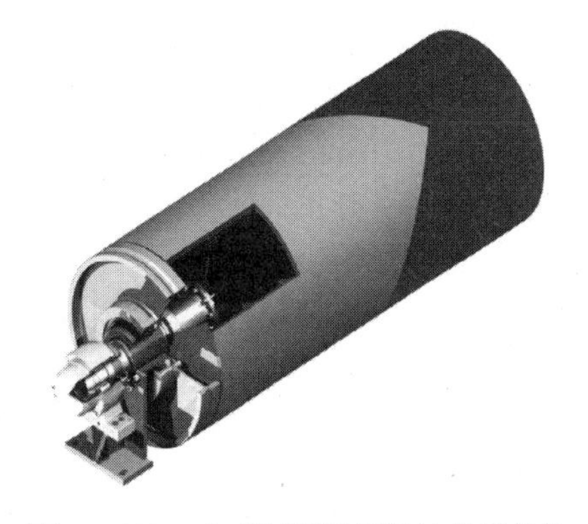

图 1-120 合成材料导纸辊的典型结构

压纸辊具有更少的磨损单元,如轴承等,因此所需维护工作更少。

1.5.7.2　舒展辊

舒展辊是一种曲线辊。它由一根曲线形状的、固定的支撑轴和一组短的、绕轴旋转的辊体组成。在分段辊体的端部有连接和密封,使这些辊体能够像一根轴一样旋转,且能够阻止轴承润滑脂污染纸幅。辊体表面可以是普通钢材、铝或橡胶。金属辊表面能够提供可供空气逃逸的沟槽,能够保证高速下的稳定操作。曲线弓高的大小取决于辊体的宽度、纸幅在辊上的包角、生产纸种以及辊的安装位置。也有一种能够调节弓高的辊子,在工艺条件改变时可以调节弓高。舒展辊通常使用在多压区压光机、超级压光机和软压光机的第一个压区前。在软压光机中,舒展辊通常使用在所有压区前。在一些超级压光机和多压区压光机中,为了保证舒展效果,通常在3~4个位置使用舒展辊。在机外压光机中,舒展辊也被使用在收卷前,以防止纸幅起皱。

1.5.7.3　导纸辊

导纸辊的作用是当纸幅在纸机中运行时支撑纸幅。导纸辊为管状结构,其辊体通常由合成材料或钢材制成。用于高速纸机和张力测量位置的导纸辊辊体,通常使用合成材料。钢辊通常在窄幅或低速情况下应用。轻型合成材料能够减少旋转中的不平衡力,可保证平稳地运行。在张力测量位置,辊子质量轻,不平衡量小能够使张力测量精度更高。导纸辊和压纸辊可采用各种不同的包覆材料,最常用的合成包覆材料是一种防静电的材料,能够防止静电的产生。

1.5.7.4　冷却辊

冷却辊通常刚好位于卷纸机前,冷缸作用是降低卷取前纸幅的温度,避免纸幅过热产生变色等负面影响。除了由水提供冷却外,冷缸的结构与烘缸相似。这种结构的缺点是冷却水与纸幅之间的传热效率低。现代冷缸设计成夹层机构,冷却水在两个夹层之间循环。由于这种结构具有更薄的外层辊体与湍流,冷却水与纸幅之间的热传递更好,因此效率更高。冷缸表面可以是开沟纹的,也可以是平的。在高车速应用中,冷缸表面开沟纹能够改善冷却效果。若没有沟纹,在纸幅与缸面之间会产生一层气膜,这将明显降低传热效率。冷却水能够通过一个双通道的旋转接头从进口的同一端流出。也可以使用单通道旋转结构从设备两端进出。

1.5.7.5　刮刀

刮刀能够保持压光辊辊面清洁,防止将导致纸张质量降低的脏物的累积。通常,刮刀在热辊表面应用更加普遍,而在聚合物包覆的软辊表面应用较少。根据压光工艺,聚合物包覆的软辊也可能需要配置刮刀。某些纸种的压光,如超级压光纸,通常在热辊和软辊上均配置刮刀。

在市场上,有几种刮刀梁的结构与刮刀片材质。刮刀梁具有封闭的、圆形、椭圆形或多边形的横截面,其最常用的材料是钢材,但是合成材料(如碳纤维)的应用已经变得越来越普遍了。根据应用情况,刮刀梁可以加热,以防止冷凝以及液滴的形成。其加热方式可以使用循环蒸汽、电或循环热风。

刮刀片材质的选择基于辊体表面材料、温度和压光工艺。在大多数情况下,碳纤维刮刀片能够提供足够的清洁效果。钢制刮刀片对于在软辊包覆层表面去除胶黏物和硬颗粒更为有效。目前已有多种不同的刮刀片材质和品牌。

1.5.7.6　切边器

切边器用于裁切压光和卷取前不平整的或厚的纸幅边缘。它包括机械刀片切边器和高压水射流切边器。机械刀片切边器的设计原理与卷取中的纸幅纵切类似,两个旋转的切割刀片置于彼此接触的位置,纸幅在刀刃的交叉点被切开。在高压水射流切边器中,有一束连续的水射流切割纸幅。在高车速的应用中,水射流切割对切边器制动的相关情况不太敏感,因为不存在机械接触。尽管对于高定量纸种,机械切边器能够提供更加可靠的切边结果。但随着压力单元服务寿命的增加与喷嘴技术的不断发展,高压水射流变的越来越普遍。机械切边器在切割高定量纸或纸板时,仍然具备优势,其投资成本也更低。

1.5.7.7 断纸光电传感器

断纸检测是现代压光辊保护系统的必要组成部分。聚合物包覆辊对热峰值和突发性的机械负荷非常敏感。纸幅断头的快速检测能够保住包覆层,阻止纸幅在辊子上的缠绕。断纸光电传感器通常成对安装在进出压光机的位置。现代多压区压光机在辊组区域装有 1 ~ 3 对光电传感器。断纸光电传感器最常见的工作原理是基于反射。光电传感器发射光线到纸幅,然后光线又被纸幅反射回光电传感器。如果没有检测到反射光线,纸幅制动信号就会被激活。为了将纸幅制动信号的可靠性最大化及确保响应快速,通常使用硬连接方式。基于纸幅制动信号,压区将打开,纸幅切断装置被激活,以确保没有纸幅进入压光机的辊组区域。

1.5.7.8 纸幅切断装置

纸幅切断装置的作用是,在接收到纸幅制动信号时,切断纸幅保护辊子包覆层和辊组,防止纸幅缠绕在旋转的辊子上。纸幅切断装置通常是带有整幅锯齿形刀片的机械切断器。切割刀片与气动执行器连接,气动执行器由一个全幅横梁所支撑。机械式纸幅切断装置的数量,取决于压光机的应用与机器的布置。除了机械刀片切断器,还有使用压缩空气的断纸器,压缩空气从压力容器通过喷嘴喷射来切断纸幅。

1.5.7.9 振动监测系统

振动监测系统用于收集压光辊组运行情况的信息。根据振动监测系统提供的信息,可以精确给出压区辊子的运行情况并作出决策(例如,有关辊子的更换)。振动监测系统能够发现压区振动和压辊的条纹状况,并相应地控制运行参数。目前已经开发出来了更尖端的振动监测系统,其与辊子偏移补偿装置等相连接,以避免压光辊组辊面出现振动和条纹等问题。Metso 推出了一种在线监测与控制系统,用于测量与控制 OptiLoad 压光机在压光过程中的振动情况。该自动系统能够控制辊子偏移补偿装置,当监测到振动水平过高时将调整移动压区辊的中心线。振动监测系统通常集成在运行控制系统中。

1.5.7.10 辊子偏移补偿装置

辊子偏移补偿装置是为了防止压光辊组压区振动而开发的。这种现象本身是从早期的硬压区压光机中发现的,当硬辊压区接触时开始振动,这种现象叫作"条纹振动",即由压辊条纹状表面引起的振动。在一些在线式多压区压光机中,也常发现有这种条纹振动的趋势。在在线压光工艺中,通常采用相同的压光参数(如车速、线压力等)运行较长的时间。生产实践表明,在某些情况下相同的操作参数将引起聚合物包覆软辊的缓慢变形,逐渐引起振动。辊子偏移补偿装置正是为了防止与降低压区振动而开发的,它能够减少或消除由变形聚合物包覆软辊的旋转而引起的振动。辊子偏移补偿装置将辊子从辊组中心线移开,通过这种方式改变辊子周向上压区负荷的接触点,从而消除振动的机制。

1.5.7.11 升降平台

升降平台主要用于超级压光机和多压区压光机中,为辊组的维护提供便利。它通常位于辊组的前后,用于超级压光机和机外多压区压光机第一组压光的手工引纸,纸尾通过辊组两边的平台引入压区。目前,随着采用引纸绳回路自动引纸,升降平台则主要用于辊组的局部清洁和换辊等工作。升降平台通常有两种升降机理,即液压式和机电式。目前采用最普遍的是机电式,其采用一个电机驱动的链条或钢丝回路。升降平台配置有安全设施,如检测平台正下方是否有障碍的安全按钮和员工的安全护栏等。

1.5.7.12　纸病检测系统

纸病检测系统(Web Inspection System,WIS)用于检测与跟踪运行或生产相关的问题。WIS系统通常基于数据库和装在纸机关键部位的高速摄像机。高速摄像机记录纸幅在一些具体位置的图像,可视数据被存储在大容量的数据记录器中,这些数据可供检索分析和故障排除。WIS系统通常集成有一套纸幅自动制动系统,以便更精确的分析与跟踪。WIS系统能够检测纸幅中的孔洞、污痕、皱褶和条纹等,并追踪引起问题的可能原因。

1.5.8　退纸与卷纸

机外压光是一种间歇式操作工艺,一次完成一卷纸的压光。退纸是将纸幅从母卷退出并送至压光机,卷纸是将压光后的纸幅重新卷到纸辊上,为后续工艺做准备。卷纸通常采用生产线上的复卷机。最简单的退纸与卷纸是手工操作。为了最大限度地通过提升换卷效率来提高生产能力,进一步减轻操作人员的工作强度,纸厂引入了越来越多的自动化设备,这些设备可以平稳和自动地处理大型母卷和重复更换卷纸轴。

1.5.8.1　退纸

机外压光机的退纸由一个退纸站组成(如图1-121所示),它包含带液压母卷锁紧机构的退纸架和空卷纸辊的移动装置。

退纸架通常装配有纸机横向摆动的执行装置,它可以用于纸幅的对中。在退纸架上配置有一个制动器,它通过减速驱动器和齿轮离合器与母卷连接,能够控制退卷纸幅的张力。

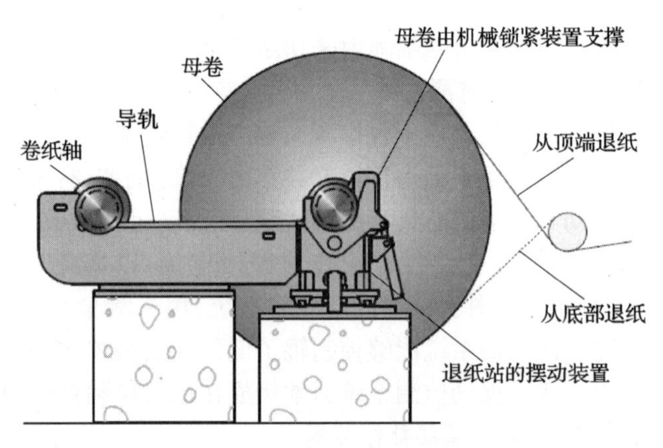

图1-121　退纸站

当退纸站准备更换下一个母卷时,空的卷纸辊与制动器脱开,退纸架的锁紧机构打开,并移至导轨上的吸移位置。然后,下一卷母卷通过行车吊至退纸架上,锁紧后齿轮离合器连接,纸幅可以从母卷的底部或顶部展开(这取决于纸幅哪一面先压光)。压光过程中,新母卷的吊装操作和空卷纸辊的转移可以用自动换卷装置来完成(见图1-122)。自动换卷装置包括液压起重臂,它可以将空纸辊从退卷架移至滑动位置,同时新的母卷沿着转移导轨被移至退纸站。

当操作人员在母卷表面边缘准备好楔形纸尾后,引纸过程就开始了。为了使压光操作的停机时间最小化,这一过程通常在母卷被吊到退纸站前就会完成。引纸为半自动引纸,将纸尾端部固定在引纸输送带或引纸绳上,在爬行车速(15~50m/min)下将纸尾带到卷取部,再引至一根空的卷纸辊上。纸尾可用手工切断,也可以使用工具(如断纸刀或空气喷射等)切断。通常在爬行车速下,将新母卷的全幅宽度粘至几乎退完的原母卷端部,这一方式可避免每次更换

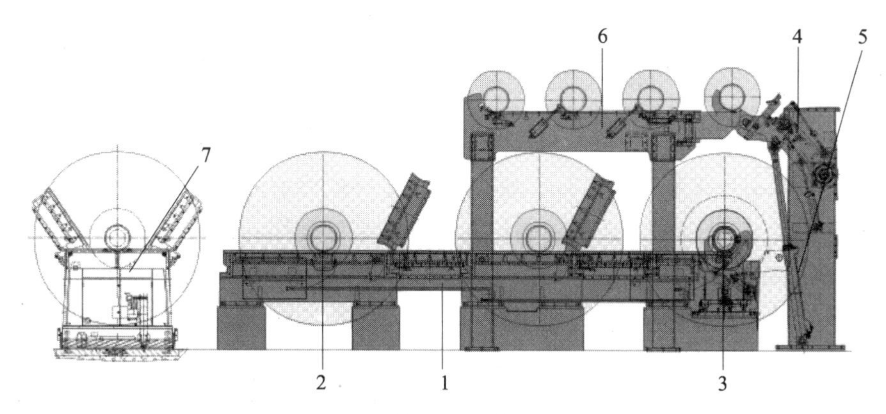

图 1 - 122 带有自动功能的退纸站

1—母卷传输导轨 2—黏接准备站 3—退纸站 4—胶黏接纸装置 5—升降装置 6—纸卷轴存放处 7—母卷车

母卷时的引纸(如图 1 - 123 所示)。在此过程中,使用两面胶带预先粘在原母卷纸幅表面,准备好拼接,一旦原母卷退至几乎空卷,压光机减速到爬行车速,自动接纸过程就会开始,制动器脱开,提升臂将几乎空的纸卷提升至粘接位置。同时,纸幅张力通过提升臂的一个机械制动来保持。

一卷新纸卷被移至退纸部并锁紧,制动器连接,新纸卷被加速到空纸卷的速度。为了完成黏接,退卷纸幅通过一个黏接刷或者辊子被压在一个新卷纸辊上。在某些情况下,如当纸卷直径分布为弯曲时,使用黏接刷会使黏接部位更加牢固。当黏接完成后,用一把锯齿形的刀片将来自原纸卷上的纸幅切断。纸幅继续从新纸卷上运行。在黏接过程中,压光机压区打开或者释放至线压几乎为零。一旦接缝通过辊组,压区马上关闭,压光机加速至运行车速。

1.5.8.2 卷纸

卷纸站的结构包括一个与退纸站的退卷架类似卷纸架,上面有一个空的卷纸辊和一个连接有齿轮离合器的电机。纸机横向摆动功能能够用于校正原纸卷上由纸幅条纹引起的结构偏差。在最简单的卷纸设计中,一个吊车将空的卷纸辊放置在卷纸机的移送轨道上,一旦卷满的纸卷被移走,卷纸辊马上沿着轨道滚至卷纸位置。

为了得到正确的纸卷分布,减少卷纸过程中纸卷夹带的空气,卷纸站也会配有一个压纸辊(见图 1 - 124)。在传统的卷纸站,为了配合卷纸过程中纸卷直径的增加,压纸辊会安装在液压加载的压臂或直线导轨的座上。来自压光辊组的纸幅通过一个舒展辊后被引至卷纸压区,舒展辊能够防止纸幅起皱褶。有关舒展辊的更多信息见本章的辅助设备部分。

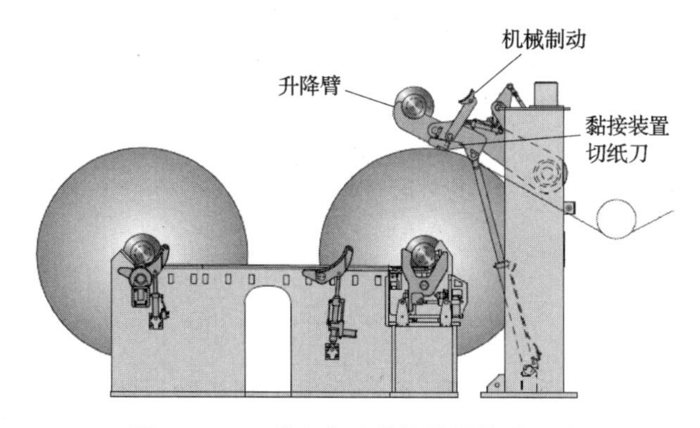

图 1 - 123 带有自动黏接装置的退纸站

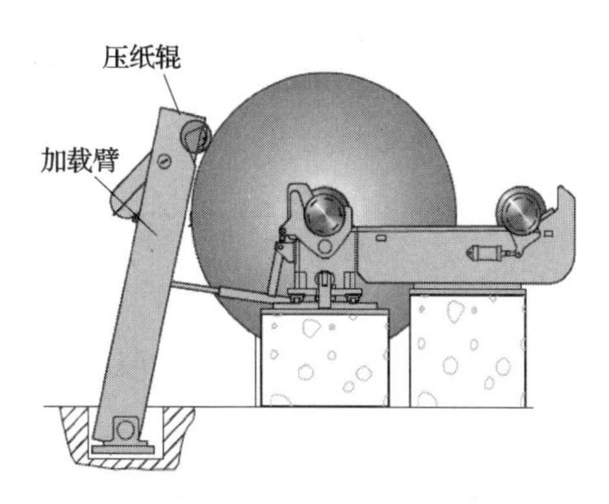

图 1 - 124 装备有压纸辊装置的卷纸站

在自动接纸过程中,压光机减速至接纸速度,满纸卷转移座上的辅助驱动连接到纸卷上,然后,纸幅张力控制也从主传动转移至辅助传动上,主传动脱开,转移座将满纸卷移至吊装位置,在此过程中,纸幅张力保持稳定。

与此同时,一个空的卷纸辊从卷纸辊储存位置被自动带到卷纸位置,锁紧卷纸辊并连接驱动,压纸辊装置被移至压区接触,然后,纸幅被断纸刀、气流喷射或者可横向移动的刀片切断,再引至新的卷纸辊上。这些工序与退纸站的母卷更换及黏接操作同时进行。通常,母卷黏接处运行至卷纸站的满纸卷表面,去除接头。在黏接与纸卷更换后,压光机加速至运行车速。在压光操作期间,同时执行母卷和卷纸辊的提升与转移等操作,以便为下一个母卷更换做好准备。

随着20世纪90年代压光辊包覆材料的发展,纸卷的直径快速增大,压光车速的提升和卷纸控制的重要性也不断增加。通常,通过控制纸幅张力、卷纸的中心驱动扭矩和压区压力即可得到理想的纸卷结构。卷纸的中心驱动扭矩和压区压力通常是纸卷直径的函数。通过调节液压即可调节压纸辊与纸卷之间的压区压力。在新的卷纸设计中,压纸辊驱动已经作为一个附加的卷取参数(如图1-125所示)。连接在压纸辊上的驱动能够提供制动动力,在进入的纸幅维持在低于周向力的张力水平时,也能够有效地张紧母卷。对于高车速与低透气性纸种,压纸辊配有双螺旋沟纹(一条深而窄的沟纹和一条浅而宽的沟纹)。因此,在压区入口携带的空气能够在压区通过沟纹逃脱。对于一些太大的气泡,此时会变得不稳定并开始进入压区,引起气泡皱纹。从母卷消除附带的空气也能够改善纸幅层间的摩擦,减少卷纸缺陷引起的层间滑移。另外一个卷纸特点就是要优化舒展辊的使用。因为舒展辊具有矩形的关节几何形状,能够保证纸幅在舒展辊上的包角恒定。自动化的优点主要体现在接纸过程中的退纸和卷纸的运动上,它们通过闭环位置控制来完成,不管母卷和卷纸辊的质量有多大,这种控制均允许短暂的接纸时间多次反复。

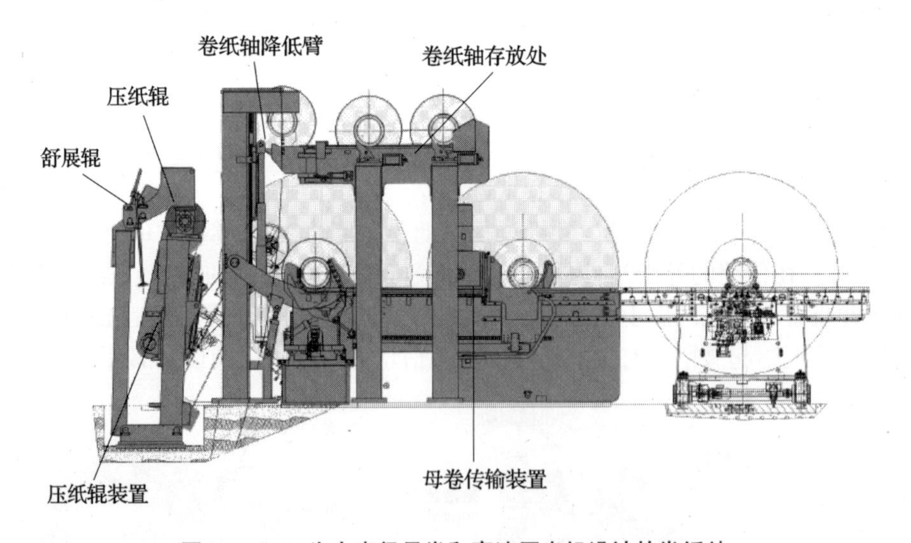

图1-125　为大直径母卷和高速压光机设计的卷纸站

1.6　过程控制与自动化

随着减少生命周期成本并提高运行性能的压力稳步上升,已经开发了相当数量的用于造纸机的新技术方案。几乎没有例外,这些新的解决方案包括更多和更加智能的自动化系统。

在制造压光设备和压光产品时,使用计算机系统已经被视为行业中既定的实践与技术现状。当然也会有例外,通常在重新改造时会采用较低制造成本的小规模 PLC 的应用。

在投资回收最大化的压力下,纸张制造商不得不寻找更新的方法以降低成本。这种努力的主要关注领域为纸机车速、原材料成本、最终产品湿度、能耗、断纸原因以及纸机的可靠性。同时,使纸机运行刚好满足当前订单库存要求,使固定资本最小化。在实际中,同时要优化10~20个参数,这在今天是相当普遍的,要求每天都对纸机运行参数进行优化,并以此制定全年的发展规划。这些要求都是对压光机控制系统的挑战。今天的控制系统除了提供一种非常有效的控制外,实际上也是一种综合的计算机系统。这些发展都将有助于迎接上述的挑战。

一个控制系统的设计,应以各种方法最大限度地减少计划外停机时间及其持续时间的可能性。控制系统能不间断地全面收集和分析纸机的运行数据,这些数据可以自动生成报告,为操作人员全面检测与分析时提供一种综合的工具。

工业设计的作用在当今不仅体现在机器本身,而且还在于有吸引力的和用户友好的界面设计。在用户界面使用当地语言,可使操作人员能够快速地作出正确决定,并有助于缓解工作压力。在所有主要的新生产线上,双语言控制室(操作员当地语言 + 英语)都能够在很短的时间内获得稳固的地位。以当地语言针对任何偏离的精确详细说明与报警,能够快速和安全的解决问题。此外,集成在控制系统内的大量功能能够为操作员提供重要的备份与指导,例如在开机情况下的指导。

现代纸机能够生产高级产品,但是市场上的产品价格是最终的决定因素。在考察生产压光的纸或纸板的盈利能力时,主要关注达到最严格产品指标的同时达到均一的、高质量水平。因为满足这种额外高的质量标准通常意味着额外高的资金投入。这些相同的准则也可以用于评估和调整质量参数的实用性。例如,如果产品横幅厚度分布的极限值设定在 $2\sigma < 1.0$,就没有必要去区分达到的是 0.5 还是 0.3。然而,当产品重新生产后,最重要的还是数值降至 1.0 以下的快捷程度。现代压光机的软件能够有效地达到质量水平、产品更换和开机断纸等时间的最小化。将考虑了压光机与压光工艺特性的软件集成在含有纸机控制的同一系统中,即可实现这一要求。

今天,环境与能源的相关问题是纸机日常运转工作的一部分。在压光中使用现代操作与质量控制算法也能够节约能源和水。另外有一点需要牢记,一些改变可能对产品最终质量有所影响。例如为了减少造纸机干燥部的能源成本,可能会削弱压光与涂布的最终结果。

关于压光自动控制系统的官方规则、机器安全法规和标准等的国际协调正在按程序进行。实际上,大部分是基于欧洲实践。对于压光机控制系统的供应商,需要扩大诊断系统的使用范围,如全面的输入/输出(I/O)诊断。考虑日常维护工作需要的诊断也已经在设计阶段。当我们像计划外停机一样进行有计划的例行检查时,应该牢记:控制系统本身也需要修理和维护。

如果控制系统相当复杂,包含使用不同编程语言和工具,不同硬件平台以及它们之间的数据连接,以一个可以接受响应时间安排每天 24h、每周 7d 的维护,这在实践中是非常昂贵以致难以承受。因此对于技术设备的日常操作与维护的要求,通常不应高于此类任务的基本水平之上。

换句话说,纸机不仅仅是一项主要投资,也是巨大期望的焦点。在其寿命期内,通常为了满足不同的要求进行大量的改造,从而改善其性能、有效性、产能利用率以及最终产品的质量。相应地,压光机的控制系统必须高度灵活,与生产线的其他部分完美无缺地组成一个功能体,同时表现出现代生命周期的成本。基于以上和其他的原因,供应商为定制提供的一贯设计的开放式结构控制系统和灵活的服务,以及将机器和设备完美地控制起来的知识,使之成为现代工业中受到高度赞赏的行业。全面的项目和工艺知识尤其被特别赞赏。

1.6.1　机械自动化

今天,大多数新的压光机与改造后的压光机都包含计算机控制系统。其中一些系统采用集中式硬件,其他采用分散的分布式的硬件。一些是基于不同的接口与直接过程连接,另一些则与过程控制系统集成为一体,并有效地利用了高速数据和本地网络的技术。但是,在造纸工业的一些过程控制中,使用开放式的集散控制系统(DCS 系统)是一种强大的发展趋势。该系统可以执行所有的控制和操作界面功能,而这些在传统上是由测量和控制系统独立专门提供的[57,81]。

这些技术发展趋势自然地影响到了压光机自动化及其硬件解决方案。对于较小的自动化系统,特别是单独改造的实施,通常通过 PLC 系统来实现。而对于大型压光机自动化系统,由于其带有全面质量测量和连接全厂范围信息的系统,因而通常会在 DCS 系统来实现。

一个现代化的 DCS 系统(如图 1－126),可通过采用过程特定的控制使用户获益。这包括采用集中操作,通过更高级的控制改善过程运行,如使用成本效益高的数字化信息系统改进工艺性能。采用更高的系统正常运行时间和更快速的维修,将风险分布成更小的模块。在所有这些获益中,最重要的是改善过程控制和工艺性能。

(1)压光机控制的要求与方法

通过压光操作希望能够实现一些产品最终的使用性能和质量要求。但是,如果没有合适的执行器、质量检测、工艺控制系统和控制策略,这些要求就不能达到。实际上,压光工艺是造纸工作者改善成纸横向与纵向厚度波动的最后机会。平滑的纸幅能够改善印刷质量,更均一的厚度与张力分布能够改善卷取工艺,减少印刷过程中的纸幅断头。对纸幅最主要的工艺要求是应具有良好的运行性能,即通过各段工序时断头最少。另外,纸幅在纸机横向必须具有良好的均一性,而不良卷取中产生的不均一通常与纸幅断头相关。因此,为了控制整体厚度,减少纸机横幅方向厚度的不均一,几乎所有纸和纸板都至少会轻微地使用硬压区压光。通过将纸幅在两根或更多的大铸铁辊或软的包胶辊之间施压,能够降低其厚度和粗糙度。在两个平滑的压辊间压区产生的高线压,能够压平粗糙纸幅表面的高点,即降低了纸幅的粗糙度,这是通过纸幅中植物纤维的永久变形来实现的[18]。

纸幅进入压光机后,其松厚度在纸机纵向和横向均会变化。纸幅厚度在纵向的变化可以通过改变压光辊的平均线压来减少,而横向厚度变化则可通过改变压辊局部半径分布、即改变局部线压的分布来减少。

通过有选择地改变辊子宽度方向(横向)的压区线压和表面温度,可调节和控制横向松厚度降低的均一性、平滑度和光泽度。压光机操作一般不会左右纸幅的水分含量,但是进入压光机纸幅的水分偏差和温度偏差,才是纸幅厚度分布扰动的主要来源[84]。

压辊的温度控制维持了辊体表面和纸幅宽度上在一个特定的操作温度。温度控制影响局部的控制,有助于形成良好纸卷。目前温度控制推荐采用流体循环的方式,通过改变辊与辊之间流体流动的方向,可以将温度差控制在 1.5℃以下。

在压光中,蒸汽喷淋是一种有效的辅助手段,其有助于降低纸幅厚度和改善表面性能,也能够用于调节纸幅的两面差性能。蒸汽喷淋的有效性取决于纸幅内部的温度。冷的纸幅比热的纸幅更能够吸收蒸汽。在硬压区压光操作的横幅控制中,一般通过在设定的横向位置选择加热或冷却一根或多根压光辊来实现。目前一种替代的方法是采用分区控制辊来实现横向控制,就像控制蒸汽横向喷淋一样。

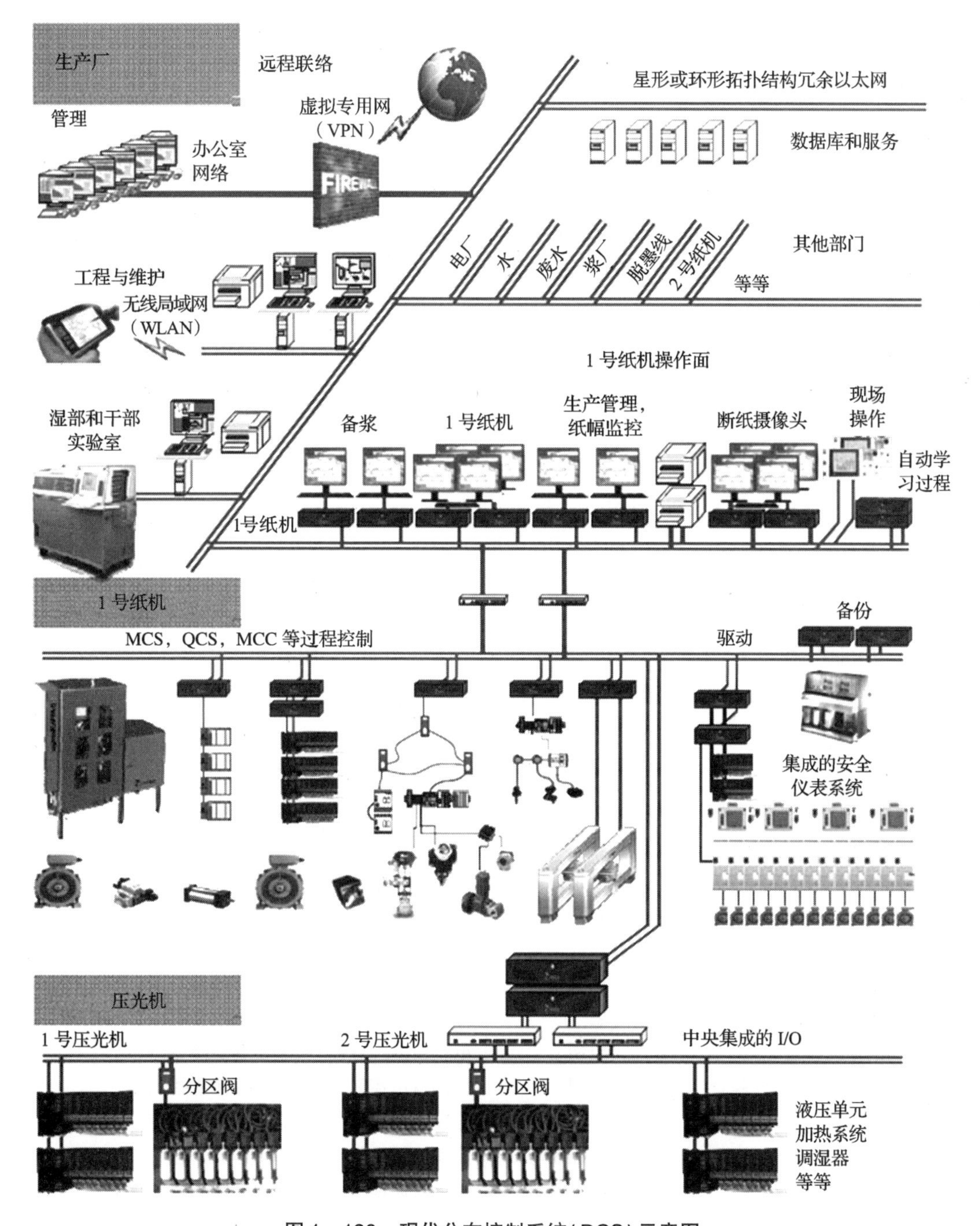

图 1－126　现代分布控制系统（DCS）示意图

MCS—模拟量控制系统　QCS—质量控制系统　MCC—由电动机控制中心

实际上，所有现代多压区压光机均配置有热辊。纸幅通过热辊时被加热，使其变得更加柔软，能够在更低的线压下进行压光。现代多压区压光机在底部和顶部使用可控中高辊。同样，现在许多多压区压光机也使用分区控制辊来完成纸机横向的控制。热风与感应加热通常不采用，然而蒸汽喷淋则在多压区压光机中被广泛应用，用于改善未涂布纸种的表面性能（两面差、平滑度和光泽度）[85]。

现代在线软压光是为了获得多压区压光的效益而设计，但其价格更为便宜。它通常为单压区设计。因此,它由一对串联的单压区压光机组成,但在第二压区中其辊子位置对换(指软辊的上下位置对换)。压光的温度受到软辊包覆层材料性能的限制。蒸汽喷淋用于改善整饰性能和纸幅两面差。在线软压光机对两面差的控制在一定程度上比机外多压区压光机更加容易,因为前者每个压区的线压和温度都能够独立调节。

今天,软压光技术正在朝着温度梯度软压光和湿度梯度压光的方向发展。温度梯度压光的主要理念是仅仅改变纸幅表面纤维的流变性能。表面纤维变热变柔软,同时,纸幅中间的纤维仍然是冷的,有弹性的。硬辊能够使用蒸汽内部加热到大约150℃,使用导热油或外部电加热器(辐射或感应)能够加热到250℃。另一方面,湿度梯度压光使用水喷雾或蒸汽喷淋和热压光辊操作。当水刚施加在压区前时,它仍然停留在纸幅表面,仅仅软化表层纤维。对于蒸汽喷淋,水和潜热施加在纸幅上,热量非常迅速地穿过纸幅,导致整体松厚度的下降,但是水分会停留在表层附近,仅仅软化表层纤维[86]。

(2)机器控制

压光机的机器控制是低级别的基础控制,它通常处理模拟量和开关的输入/输出(I/O)功能、泵与阀门的开关控制、连锁、报警和一些低级别的控制回路。

尽管如此,机器控制的合理设计和安装构成了整个压光机自动化系统的基础。机器控制管理所有实时测量与控制回路,是整个过程自动化系统的一部分。特别是在DCS环境下,机器控制的设计与更高级的控制策略相配合,从而提供一个完整的压光机自动化系统。

在压光机中,机器控制应用能够根据其主要功能分组,这与压光机的操作和装配有关。机器控制确保压光机在不同的过程和瞬态阶段的功能。控制应用的分类见表1-8。

表1-8　　控制应用的分类

工艺功能	维护功能	支持功能	特定和恢复功能
质量检测管理 横向/纵向的厚度控制 横向厚度的快速恢复 横向/纵向的光泽度控制 横向/纵向松厚度/平滑度控制 横向/纵向的水分控制 母卷直径的横向控制 母卷硬度的横向/纵向控制 多变量的纵向控制	线压控制 压区和压辊组控制 聚合物包覆辊控制 顶辊偏移补偿控制 底辊偏移补偿控制 热辊控制 蒸汽箱控制 调湿器控制 自动拼接控制 自动换卷控制 电气驱动控制 边缘裁切控制 连锁控制 安全装置控制	液压单元 润滑系统 加热和冷却单元 调湿器供水单元 调湿器供气单元 纸尾切刀供水单元 电机控制 压辊清洁控制 压辊保护 振动诊断 防止辊面起楞 自动卷轴进给 客户母语显示 英语显示 帮助和信息系统 报警系统 诊断应用 历史记录 运程服务	断纸检测 辊组压区的快速开启 制动系统控制 纸尾裁切 纸幅舒展 加速控制 换卷监控 升降装置控制 压辊偏移补偿调节器自动校正 调湿器的自动检验 其他: —纸机保护 —生产保护 —维护应用

维护功能包括确保质量、运行性和生产率需求得到满足的相关操作。连锁被作为操作安全的一个方面。支撑功能是维护功能的基础,例如,液压加载系统产生压力,压光机加载油缸需要流体,具体阐述见图 1－127。特殊和恢复功能的设计用于处理纸幅断头情形,并能够辅助服务与维护操作。

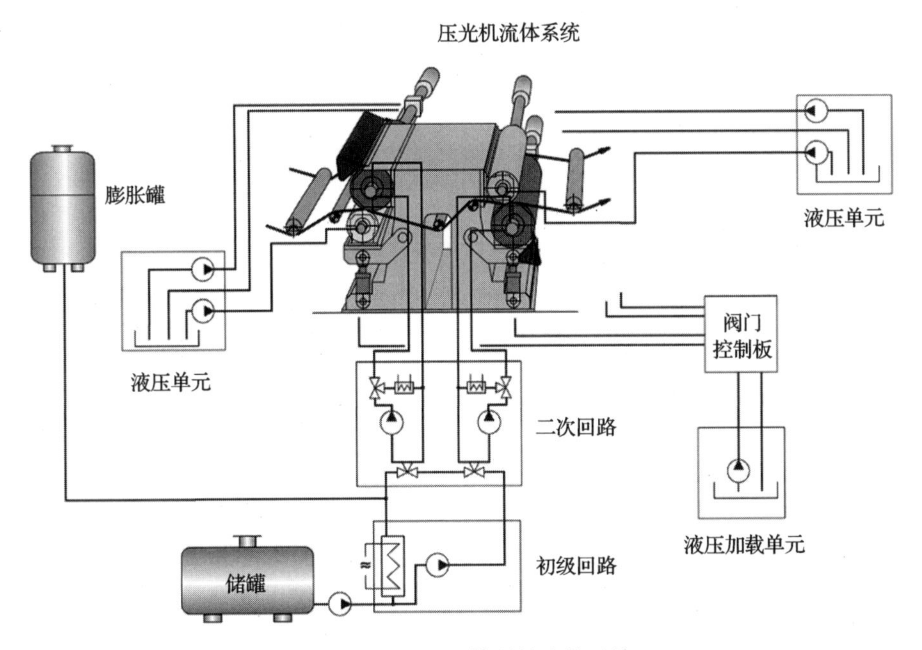

图 1－127　压区控制的流体系统

当然,这些操作对于机外和在线压光机并不完全相似。同样,硬压区、软压区和多压区压光的应用也有明显的差异。但是,机器控制应用包含一些直接影响生产率的重要性能[87]。

在机外压光中,自动化的接纸和卷纸辊更换已成为常规的应用,这些应用显著地增加了压光机的使用效率。拥有现代化的自动换卷系统,退纸和卷纸均配置相应的自动控制,保证了机器的全自动换卷操作。仅有的手工操作只是在退纸架上的黏接准备工作。多压区压光机在更换纸卷时不需要停机,系统在黏接是在低速下运行。在卷纸站,卷纸辊自动从待命位置转移至卷取位置。使用这种系统操作时,实际上卷纸辊的更换不需要行车。

1.6.2　在线测量

对于精确可靠的工艺控制,连续的在线测量必不可少。由于压光操作通常代表检查最终产品的最后机会,因此大量的监测纸幅质量的在线传感器被应用。通常,传感器测量和控制关键的产品参数,包括厚度、光泽度、水分、温度和辊子硬度。在线平滑度和孔隙率测量正在开发。

测量扫描架的发展带动了新的传感器设计不时地投入市场。除了激光技术以外,最重要的改善还是与测量本身的执行方式有关。传统的测量扫描架以一定的速度横贯整个纸幅,这限制了过程测量数据的获取。现代技术水平的测量扫描架为自适应操作而设计,其操作由操作员自行决定。由于扫描速度和待测区域可以自由地确定,因此测量探头可以在希望的纸幅测量点上停留一段预先设定的时间,以便在高分辨率下测量纸幅在纸机纵向的波动。这样将会根据需要在特定的问题区域(如纸幅的边缘)获得更多精确的信息。基于高质量测量数据的光谱分析可以揭示引起分布缺陷的干扰因素，帮助指导这一区域的改进工作（见图1－128）。

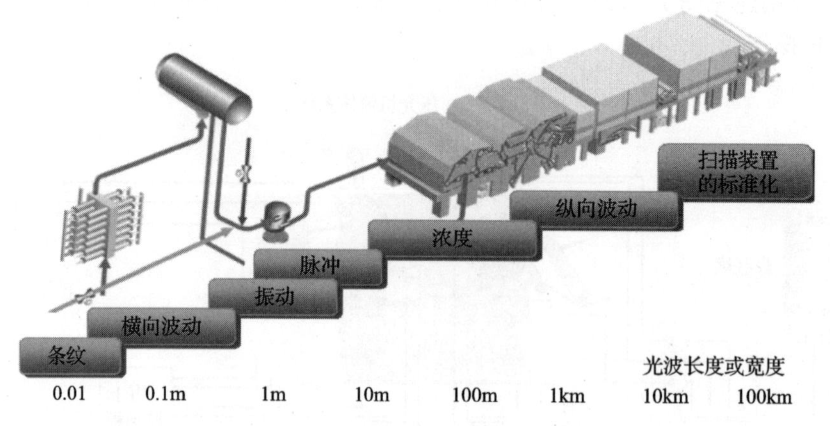

图1－128　光谱分析—典型的干扰因素

（1）厚度

厚度测量是压光操作的一种常见程序，但也具有技术挑战性。图1－129阐释了使用不同的测量方式产生的差异，它也影响到这些方法之间的内在关联。纸幅总是会带有偶然的颗粒和边界层的气流，这在高速情况下更加明显。加压式接触测量头必须在测量数据噪声（线压太低）和断纸的敏感性（线压太高）之间取得平衡，它主要用于最薄的纸种。

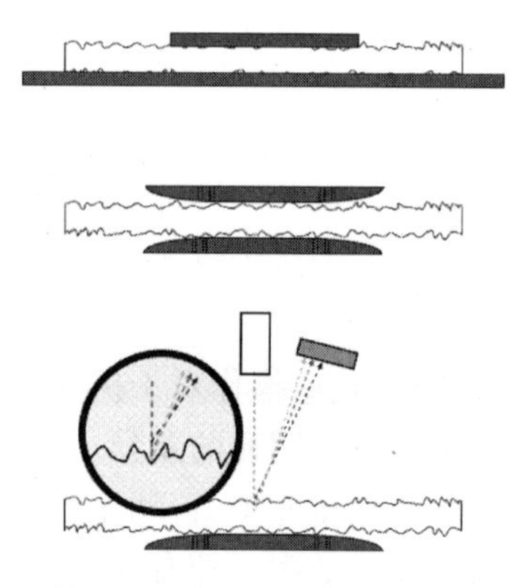

图1－129　纸张厚度传感器

传统实验室的厚度测量：a. 高压下压缩纸幅；b. 金属板骑在保留的峰上。

常规接触式在线厚度传感器：a. 压力低，压缩量非常小；b. 纽扣触点骑在峰上。

激光在线厚度传感器：a. 没有压缩；b. 测量纸幅表面位置的平均值。

一般来说，纸幅目标厚度的少量偏差几乎不会导致其因刮擦而断头。然而，拷贝纸是一种对厚度及其偏差有严格限制的实例。对纸幅厚度的严格要求源于后续操作对其偏差的敏感性。

实际上，只要工艺过程是稳定的，纸幅真实的厚度平均值就不会变化，在实验室测量的基础上，厚度也能比较容易地调节。在复印纸厚度测量时，在线接触式测量头可能会积累一些纸面的胶料。当测量探头每隔1～2h校准后，会发现纸幅平均厚度有一个分步式降低的趋势。而在两次校正之间，接触式测量头可能会错误地反映平均厚度在逐渐增加，这其实是纸面胶料积累的影响。测量头的污染当然是一件令人恼火的事，但是，有经验的用户会考虑到这一影响因素。

典型的厚度传感器无论是单面接触、双面接触还是非接触式，均是一种机电设备。在在线应用中，接触式测量仍然是最流行的选择。但是，新式光学方法的传感器是有力的竞争者。部分非接触式激光厚度传感器就是这种新方法的一个实例，它将两种已经被证明的技术结合在一起（见图1－129）：一种是基于磁阻原理的新系统，已经用在传统厚度传感器上几十年了；另一种是基于激光三角测量的新的非接触光学技术，给纸幅留下对运动完全自由的一面，因此能够消除所有的挤压力和涂布纸表面刮伤的可能性。

(2)平滑度

平滑度传感器是一种实验室仪器,它与一套在线扫描机构一起使用。使用平板上的小辊,纸幅被固定在与光学装置恒定的距离,平行光以一个小的入射角(15°)被投射在纸幅上,散射光光束由透镜收集并聚焦在一个线性阵列检测器上。散射光光束强度可以表征表面的粗糙程度。平滑度直接用 K. L. 单位来表达,传感器通常与实验室测量近似,至少在 2 个 K. L. 单位内。平滑度传感器的普及源于其与实验室中印刷适性的测试密切相关,如谢菲尔德(Sheffield)、派克(Parker)印刷和加德纳凹印(Gardner Gravure)。

(3)光泽度

光泽度传感器也是一种光学仪器,它反映了纸张的表面反射性能。在某些应用中,光泽度与表面及印刷质量的实验室测试密切相关,如油膜保持性。光泽度的测量通过以 15°的入射角投射一束高强度光到纸幅表面,反射光通过一个透镜收集并聚焦到一个光敏检测器上,反射光强度可以表征光泽程度。第二光束穿行在进入相同的检测器上的片材上,作为光泽度测量的参考标准。光泽度测量的单位为 0 ~ 100,在线传感器至少需要精确到 2 个单位内。

(4)水分

压光机的非接触式红外水分传感器与纸机或涂布工艺上所使用的那些相同。在空间受限的地方使用反射型或单面式传感器。传感器可以监测或提供光泽度、纸张温度或平滑度等不可测参数的间接值。

(5)温度

扫描和非接触式温度传感器使用辐射红外能来提供一个实际纸幅温度读数。绝对式测量可以对热点的发作进行预警。但是,纸幅温度更多的用于光泽度、平滑度或者厚度分布的间接测量。如果没有可利用的光泽度、平滑度或厚度传感器,蒸汽管、喷雾器或者分区可控辊可以直接与温度传感器连接。

(6)纸机辊子硬度测量(BTF)

辊子硬度传感器监控磨光辊的状况,而不是纸幅。硬度传感器是一个装在辊子内部的压电装置,这个辊子在测量时对着磨光辊。这种压辊硬度测量具有多种属性的先天优势,能够影响压辊的机械质量,如牵引力和张力分布以及纸幅厚度和水分的影响。目前的测量技术可提供在车速高达 2500m/min 下的精确卷筒直径分布。

(7)卷取的横向(CD)压区压力分布

卷取是纸幅一层一层彼此叠加的累积效应。因此纸幅分布的波动等缺陷可能会相互叠加,其结果会在卷纸辊上得以放大。合适的横向(CD)分布控制是成功卷取的基本要素,特别是厚度和张力分布。

在直接纸卷测量的基础上控制卷取比较敏感。手工测量慢而且麻烦,因此开发出了在线测量技术,即一种被称为“back tender' sfriend”的方法,它通过一个外部辊测量纸卷硬度和纸卷的直径分布。另一种方法是卷取压区的压力测量,叫做“iRoll”。压区压力取决于卷纸缸和卷纸辊之间的接触。因此,压力又取决于辊子硬度和辊子直径。由于没有其他外部设备,因此“iRoll”的使用非常简便。

“iRoll”的测量原理见图 1 - 130,指示压区压力的信号从一个压敏薄膜上获得。条带形薄膜传感器以螺旋形层叠在卷纸缸的包覆层结构中,以便获得纸机横向的局部压力。原始信号被放大、校正后送到一个无线连接的中心单元。

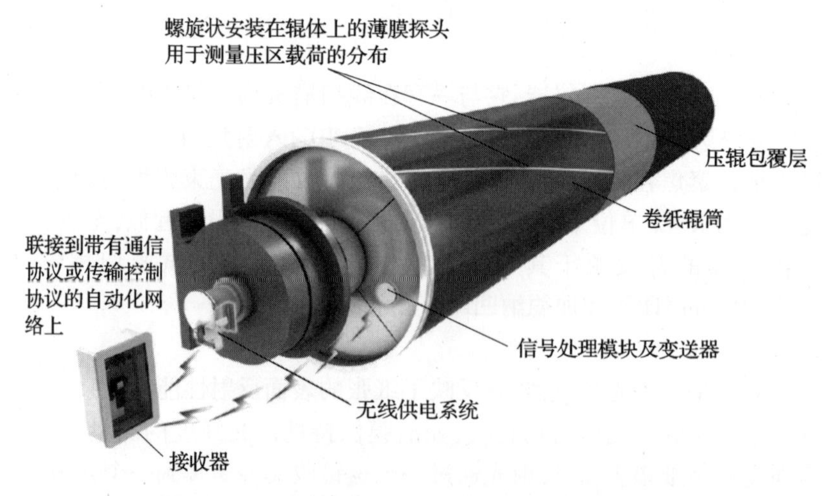

图1－130　智能辊(iRoll)测量装置的组成和原理

图1－131显示了一个“iRoll”压光机控制的方框图。卷纸缸端部的放大器将的原始信号输送到中央处理单元,然后转换成正确的压区压力值并进行过滤,过滤后的压力分布用于计算测量的与目标压区压力分布的差额分布。最终,控制器使用差额分布对压光辊的压力分布进行必要的改变。另一种可能的应用是压光辊组的感应分析,绝干量分析也能够被耦合到“iRoll”的反馈。

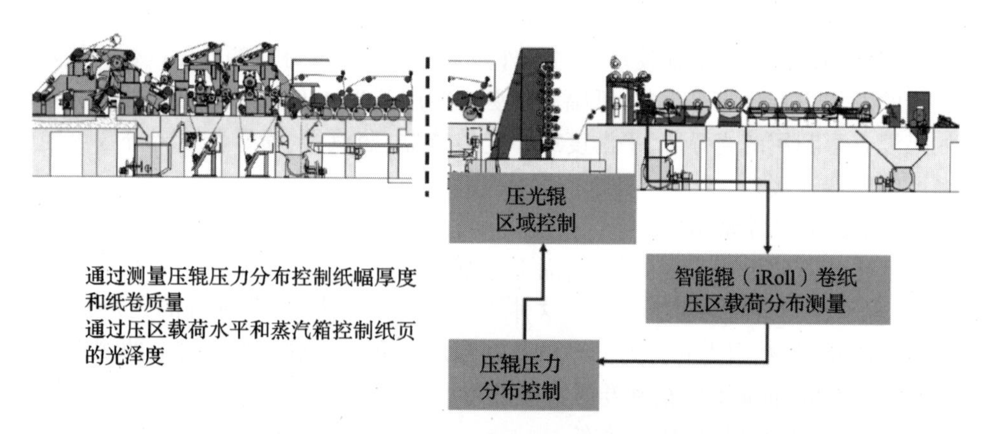

图1－131　智能辊(iRoll)测量装置的压光机控制方框图

在一些情况下,人们已经发现一个合适的“iRoll”压区压力分布,即压辊的压力在边缘平滑地减小。对于退纸的张力分布和卷纸辊的直径分布,在压辊边缘具有小的压力偏差是最优的(图1－132)。

1.6.3　质量控制与实施

厚度、平滑度和光泽度是压光工艺中的主要质量参数。可用于控制纸张横向厚度的主要技术有三种:即分区控制辊、感应加热系统和热风喷头(见表1－9)。感应加热和热风喷头通过对压辊外部加热,使其直径增大,从而增加压区线压。但是高温也会影响横向的光泽度分布(有产生光泽条纹的风险)。分区控制辊通过机械方式使辊子壳体变形,从而改变压区的线压。

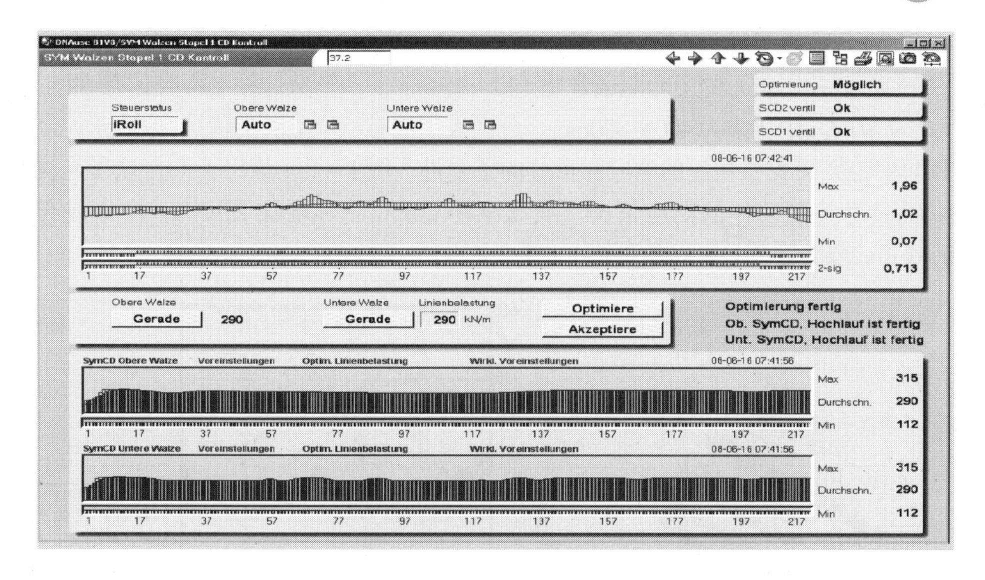

图 1－132 智能辊(iRoll)测量与控制操作界面

上—光滑曲线为 iRoll 目标分布值,而其周围的直线为测量的 iRoll 分布值

下—图中给出了与压光辊面分布相应的线压分布曲线

表 1－9 三种横向控制技术的比较

	分区控制压辊	分区控制的诱导加热	分区控制的空气喷头(加热或冷却)
投资费用	+	+ +	+ + +
能源效率	+ + +	+ +	+
控制范围	+ + +	+ +	+
响应时间	+ + +	+	+ +
恢复时间	+ + +	+	+ +
鲁棒性能	+ + +	+	+
全部费用(3 年)	+ + +	+ +	+

在控制平滑度和光泽度方面,蒸汽喷淋技术具有重要的地位。该技术通过加热纸幅和增加表面湿度来改善压光,然而目前还不完全清晰这两个作用哪一个是主要的。但无论如何,对于纸机横向控制来说,最重要的操作参数是能量效益、控制范围、响应和恢复时间以及响应的宽度和强度[89,90]。

(1)分区控制辊

分区控制辊在 20 世纪 90 年代发展迅速。浮游辊的结构方式使其能够在整个横幅方向产生均匀的压区压力分布,而与平均压区压力水平无关。这种辊子能够对辊子边缘和中间的压区压力进行校正。

另一方面,分区控制辊首次在 6～8 个分区内为纸幅横向分布校正提供了一种工具。但是,不管是浮游辊结构还是最初的分区控制辊,都没有可能提供局部的高频校正。这曾是 20 世纪 90 年代研发的出发点。而现在,所有主要的压辊供应商都有他们自己的横向分区控制辊的设计。

一种新型的带有独立控制单元的分区控制辊是适宜的厚度控制调节器(见图 1－133)。

平均厚度通过施加在辊子轴头上的推力进行调节。横向厚度形貌和光泽度分布通过分区控制进行调节。横向分区控制单元的中心距通常是150～250mm。由于分区控制辊壳体存在刚性，压区分布形状的调节的间距通常为400～800mm。分区控制辊有一个显著的优点，即液压控制的动作可以在几秒内完成，可提供快速的响应和良好的重复性。图1－134给出了一台软压光机在中等线压（30kN/m）下控制动作的响应情况。线压减小20kN/m和增加25kN/m将分别产生厚度+4μm与－6μm的改变[91]（参见相关章节1.5.2.1）。

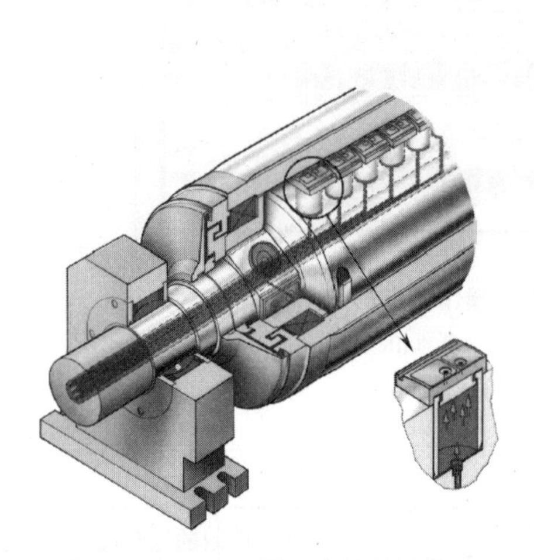

图1－133　分区控制辊的操作原理

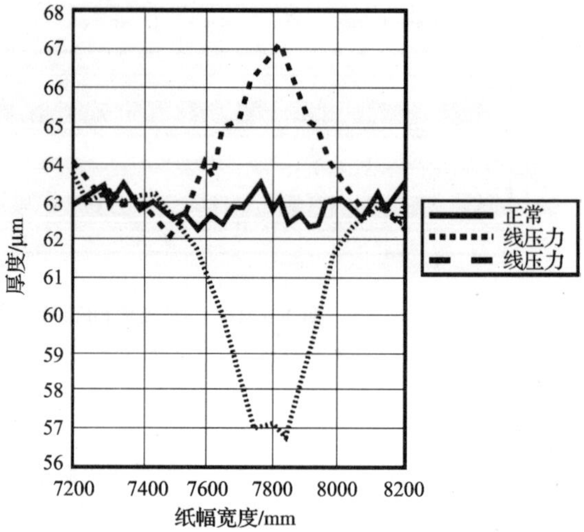

图1－134　软压光局部压区压力校正对新闻纸厚度的影响

（2）感应加热

图1－135给出了一个感应加热系统的操作原理。系统由大量磁感线圈组成，其形状与压光辊轮廓线紧密配合，间距为3.0～4.5mm。线圈被包覆在一种防火和绝缘的树脂聚合物中。高频交流电流从一个固定的动力单元输入线圈，一个动力单元对应一个线圈。变化的磁场在铸铁辊表面产生涡流电流，然后转变为热量。线圈中心距为76.2mm。据报道，每个线圈最大的动力消耗约为6kW，转换效率在90%以上[92]。

感应加热的一个主要优点是热量可以穿过纸幅来施加，这样使得执行设备的位置有更多选择。另一方面，感应加热的主要缺点是响应速率慢和能量消耗高（参见1.5.2.3部分）。

（3）热风喷淋系统

热风喷淋系统是基于热对流的技术，由电阻加热器加热空气并传输到辊子表面。该技术通过局部加热和冷却来改变压辊的直径，从而实现对横幅厚度的调整。老式的空气喷嘴系统的传热效率较低，因此其控制范围也受到限制。新型的热风喷淋使用高温空气，与老式空气系统相比，其效率会有很大的提高。当输入能量足够

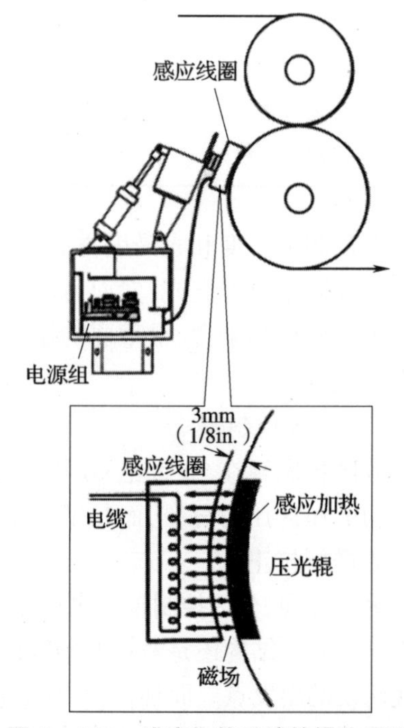

图1－135　感应加热系统的操作原理

时,热风喷淋系统可以提供一个合理的厚度调节范围。

图 1-136 是这种技术的一个实例。这种热风喷淋系统使用电加热单元,对喷向压光辊表面的空气喷嘴进行稳定加热。这种系统的执行装置能够提供低至 38mm 的分辨率,加热器满载功率 79kW/m,空气喷嘴温度可以高达 450℃。

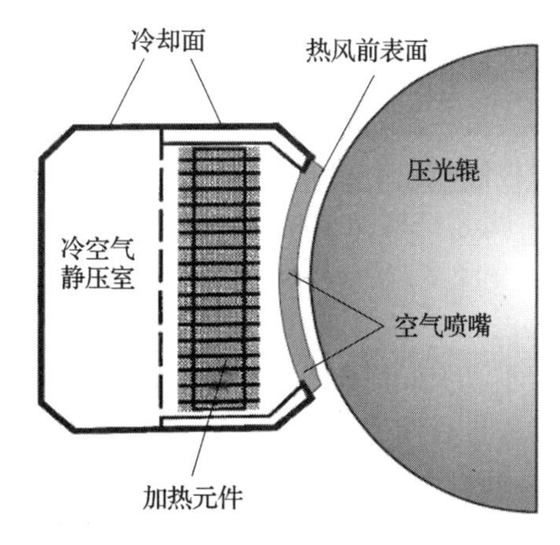

图 1-136 热风喷淋系统的操作原理

(4)分区控制加湿器

作为调节湿度横向分布的一种手段,带有喷嘴的加湿器可以用于纸张的回湿。喷嘴通常可以单独控制或者几只一起控制。用于纸幅调质的回湿量应当尽可能的少。如果没有其他的需要(如翘曲控制等),它实际上是对干燥能耗的浪费。加湿器的分区宽度范围通常为 50~150mm,一种典型的设计是由四排喷嘴组成。为了避免条纹,喷嘴对纸幅有一个预设的角度和距离。角度和距离的选择应保证喷雾范围有重叠。因此,通常一个喷嘴有 50% 的水会喷到临近控制区域,这就能够消除回湿工艺中的水分条纹。

水气加湿器可在一个较宽的范围内控制液滴的大小和速度。其液滴通常比纯水喷雾器的液滴更加细小,速度更加快。因此,一个喷嘴就可以施加更多的水。水气加湿器在一个横向控制区域内通常只有一个喷嘴。另外,喷嘴的横幅间距要小很多。在某些应用中,有超过 300 个喷嘴各自独立控制,其横向间距为 15mm。

水汽加湿器用于:

① 一些敏感场合应用,如太大的液滴会对纸张质量(如印刷性能)有负面影响;

② 纸张由于质量原因在干燥部受到过度干燥,而需要再回湿的场合中。例如为了:

③ 改善质量;

④ 增加水分梯度效应(保留松厚度);

⑤ 减少两面差;

⑥ 防止过度干燥;

⑦ 控制翘曲;

⑧ 改善纸幅横向张力分布;

⑨ 实现良好的横向水分分布(参见 1.5.2 有关部分)。

(5)分区控制蒸汽喷淋

蒸汽喷淋对许多纸种的表面整饰性能的改善均有良好的效果。除了光泽度和平滑度,通过合适的布置和应用蒸汽喷淋,对纸幅的两面差和最终水分也有所改善。为了控制横向光泽度和平滑度分布,蒸汽喷淋被分成许多区,每个区通常为 150~300mm 宽,每一个分区都能够独立控制。通过增加横向分区的数量,可提高质量分布的改善水平。为了防止蒸汽喷溅和滴水,均一的横向蒸汽分布和冷凝水去除是非常关键的。提供给蒸汽喷淋的蒸汽压通常低于 60kPa,温度为 115℃左右。

未涂布磨木浆纸种对增加湿度非常敏感,可以采用袋式喷淋。对于涂布纸,蒸汽喷淋不能布置在袋区,因为涂布层有可能被冲坏。因此,喷淋管应该装在纸幅运行的外侧。也有些涂布纸种不能进行任何蒸汽喷淋。涂布纸上蒸汽的使用与其涂料配方密切相关,请参见 1.5.2 有关部分。

(6)质量控制

质量控制完好运行的重要性可以通过审查来评估,这些审查针对“为什么纸幅在基本的质量控制程序中会破损甚至被撕成碎片”的原因。这些原因包括:a. 开机断头;b. 更换品种断头;c. 母卷结构;d. 差的纸幅张力分布;e. 厚度;f. 差的纸幅厚度分布;g. 总湿度;h. 差的湿度分布;i. 光泽度(平滑度);j. 差的光泽度/平滑度分布;k. 光泽度/平滑度的两面差;l. 亮度(压光变黑);m. 不透明度。

不管怎样简化,质量控制总是涉及至少一个或多个可测量的变量,并设计一个或者多个执行器来进行调节。

在这些过程中,测量本身通常就可能是最大的错误来源,虽然其质量整体会被接受。尽管测量噪声和其他与相关测量的不准确性能够用许多方式来过滤和处理,但是这些很少能够完全被消除。

每种应用选择的执行器类型,始终影响着其控制所能达到的性能水平。在过去 10 年中,控制温度波动的许多创新的控制算法、预测和助推器源源不断被公布,毫无疑问,它们是优于其前任的。但是,就是最好的算法也不能无视物理法则。这可以看到一个具体的方式,例如厚度分析执行器中断后检查并恢复使用所需的时间。相比较而言,装配有智能控制的轻型液压辊,在开机断头处理上能够带来每年 100 万欧元的节省。在评估生命期成本时,应该牢牢记住选择控制策略的重要性。即使是在定义非常简单的控制回路中,必须始终考虑控制对象的设定,至少是在质量与成本方面的优化。因此,在讨论质量控制时,总是需要考虑经济成分,这会使得讨论在一定程度上失真(例如,在销售话题中)。

相对于整个纸机的自动化体系,压光机自动控制系统的质量控制是完全独立的。压光机控制有纵向和横向、高和低层次的控制,以及在其上的主机的特殊应用。在总体上,现代压光机的质量控制可以描述为适应性强、运行稳定、免于维护以及对能量敏感。

读者也可参阅过程控制与自动化的有关章节和表 1 - 8(控制应用的分类)。

(7)结构

目前,纸机纵向和横向厚度控制代表着压光机标准质量控制的应用。有几种可能的执行机构和控制策略可以用于完成这一控制。毫无疑问,厚度控制是压光中最普遍控制的质量参数。

厚度控制系统的发展与合适执行机构的进步紧密相连。在过去 20 年中,简单、稳定和免维护的闭环控制回路已经成为压光机控制系统实际上的标准,参见 1.5.2.1 部分。

在一些温度剖面和含有多个执行器的多压区压光控制中,使用大量上位的基于模型的多变量控制也可能是合理的,多变量控制可以从造纸机控制系统中得到了解,其功能和执行通常取决于高级控制逻辑、过程与执行机构模型的精度以及使用者维持这种精度水平的意愿。

(8)质量测量管理与纸机横向剖面

纸机横向(CD)测量数据由测量扫描架提供,例如,横向(CD)剖面数据必须是无保留的、未过滤的原始数据,没有经过其他任何方式处理和延迟。如果与控制紧密联系的函数被分散,整体的控制也将丢失。

控制的剖面图输送至计算前会在控制回路中经过多种方式处理:

① 剖面数据经过检查,根据给定的标准来判断剖面接受还是被丢弃(如果这样,将有一半

的剖面数据会流失)；

② 剖面的惯用方式可能会改变；

③ 剖面的分辨率被缩放；

④ 剖面的边缘可能被修饰(例如,可能用其他数据代替丢失的数据)；

⑤ 明显偏离的测量数据被过滤(单独的峰值)；

⑥ 通过减少几个剖面数据的平均值来过滤噪声；

⑦ 统计数据产生—母辊平均剖面轮廓/每辊/每天/每周/每月。

此外,测量数据作为与执行机构相关基准的最小值。在这个基准中,压光机与纸机的其他部分有显著的差别。当讨论基准剖面执行机构的精度时(例如对于泵送试验可以达到的水平),厘米数量级的精度水平(如 1 ~ 5cm)通常就足够了。然而,与区域本身相比较,压光机分区执行机构的单区影响相当宽。由此导致控制有一个强烈的倾向,即使是非常小的对准误差,也会有累积的影响,这将会削弱剖面控制的结果。如果该控制系统包含有足够对趋势计算的工具,通过监视大多数边缘区域的相对稳定性,则可以比较容易地评估基准的正确性。实际上,为了完成对基准的定稿,操作员需要不断地尝试和具有耐心。

(9)厚度控制

不管何处的工艺受到影响,厚度不均一总是代表着利益受损。通常发现不均一的牵引在一些工序中:如卷取、复卷、印刷车间或加工纸机。在各种类型的操作中也会引起问题,如涂布和模切。纸张厚度的波动可引起断头,从而导致产量下降。厚度波动有许多来源,包括定量、水分和温度的不均一。

纸机纵向的厚度通过改变压辊横向载荷的平均值来控制,液压加载系统响应相对迅速。因此,长波长的纵向厚度(或松厚度)波动的实时控制是直接的。另一种厚度控制的方式是改变压光辊的表面温度。但是,由于温度变化相当缓慢,因此使用压辊表面温度来调节厚度的方法并不常用。此外,为了使压光过程中的强度损失最小,压光机操作的理想状态是在最高温度下工作,但是这也会对光泽度和平滑度有一定的影响。

纸机横向厚度控制可通过以下方式来实现:a. 使用带有独立控制单元的分区控制辊;b. 控制一个或多个压光辊的横向温度。辊子温度影响其直径,从而影响任何给定点的压区压力。因此,控制横向温度即是像分区控制辊一样控制横向的压力分布。

为保持压光机的稳定运行,有一点是非常重要的:相对于硬辊辊组压光,软压光要求原纸具有更好的定量和湿度分布。即使是最好的原纸,在高速下局部横向厚度控制也需要高效地操作。此外,将任何厚度调节器应用在软压光上,只能提供其应用于硬辊压区压光时响应范围的一部分。当然,精确的响应还取决于辊子包覆层硬度、纸页定量和压光载荷等。

(10)横向(CD)厚度的快速恢复

众所周知,当压区闭合后,压辊几何形状的改变会对纸机横向厚度分布产生干扰,其原因也是大家熟知的。每个压光辊从稳定开启状态到稳定加载状态的方式都是唯一的,从一个状态到另一个状态辊子内部的热量流(温度)平衡会发生改变。

今天,大多数厚度分布调节器的供应商都有其自己的方法来缩短故障中断后的恢复时间(见图 1 - 137)。

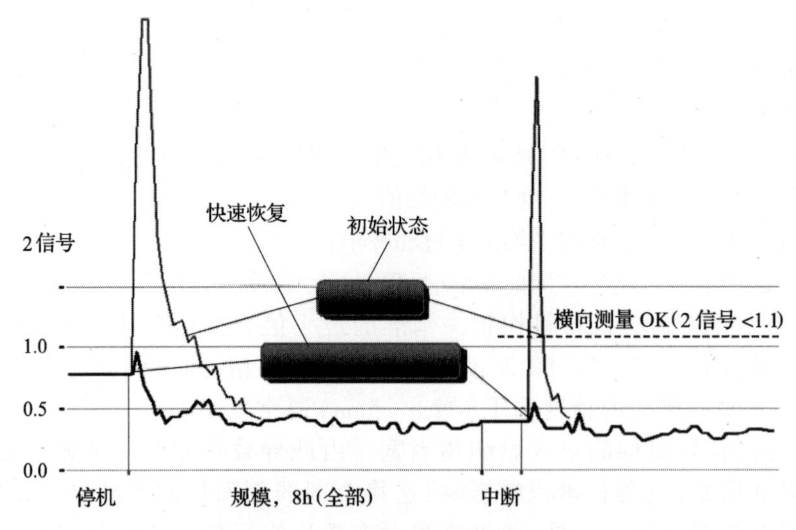

图1－137 故障中断后的恢复时间

当评估一次断头的恢复时,最重要的标准当然是可销售纸张的2－σ如何快速达到。在测量恢复时间时,必须检查断纸前的运行状况。例如,压区辊子和其他的工艺部分状态良好吗?有压区辊子超期运行吗?存在其他对纵向和横向的干扰吗?一般来说,断头前的工艺状态和横向厚度2－σ水平可能会有很大变化。因此,需要考虑的是断头前后的参数变化,而不是参数的绝对值。评价恢复时间实际可行的方法如下:

横向厚度的2－σ值低于断头前最后2－σ数值的1.5倍。

可参见下面的实例:

① 中断后(软辊更换)0.78×1.5＝1.17;

② 常规断纸0.40×1.5＝0.6;

③ 平滑度、光泽度和水分控制,张力、两面差和辊子结构控制。

在厚度控制中,液压执行器能够用于影响单一的质量参数。在低级别的横向控制中,传统的闭环控制回路通常使用这种连接。与其相反,水分、温度与压力结合总会影响两个或两个以上的质量参数。基于特定的标准和给定的极限范围内,纸机横向几个质量参数的优化,实际上需要更高级别的多参数控制以及良好的工艺与装备知识。

(11)蒸汽喷淋的一个实例(超级压光纸)

平滑度是成形、毛毯印痕、收缩和压光的函数。纸机横向平滑度的变化通常是在生产一个纸卷的过程中引起的。厚度大的区域就需要压平更多,导致平滑度也更高。由于纸幅温度和水分对纸幅的压光有强烈地影响,因此,温度和湿度大变化也会引起平滑度变化。

平滑度和光泽度的平均值通常通过调节蒸汽喷淋的横向平均工作压力来控制。在压光操作中,厚度和光泽度的设定点很少改变,它们的横向分布就可以通过横向的蒸汽应用来控制。此外,平滑度和光泽度还能够在不影响厚度的情况下得到控制。平滑度的效果对蒸汽喷淋点和最后压区之间的距离非常敏感,如果蒸汽喷淋位于最后一道压区附近,其对厚度的作用最小,平滑度作用只会产生在纸幅蒸汽喷淋的那一面。另一方面,如果蒸汽喷淋位于第一道压区的前方,平滑度的效果会在纸幅的两面得到平衡。因此,有可能像影响平滑度和光泽度分布一样影响纸幅的两面差。

(12)纸卷结构的控制

纸卷的结构对印刷和卷取的运行性能非常重要。随着引入测量高分辨率压区线压的新系统和在线测量横向和纵向纸幅张力的新方法,以 iRoll 技术形式的纸卷结构控制方法取得了长足的进步(见图 1-138)。

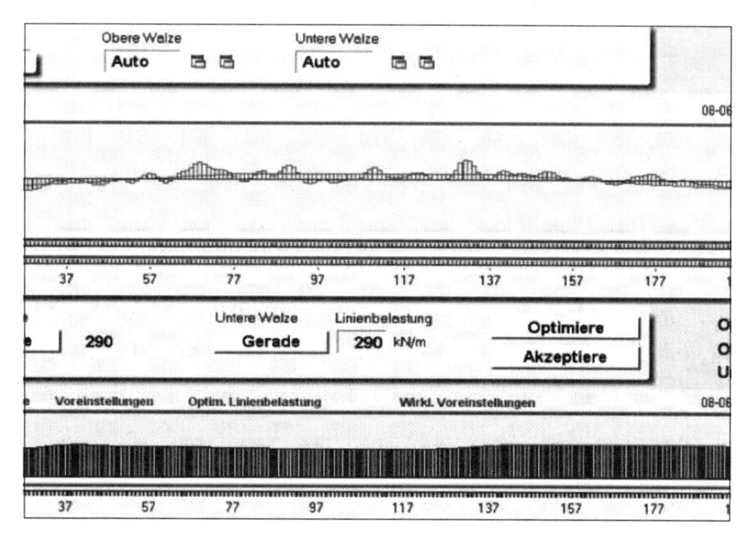

图 1-138 基于卷取压区负荷测量的母卷结构控制系统用户界面

除了经济性优势以外,这些简单测量实际上已被证明是可靠和免维护的,特别是对于光泽纸,这代表着对传统接触式厚度测量的一种挑战。厚度上甚至很小的一点波动,也会快速地累积到母卷上,因此测量的分辨率与母卷直径和硬度轮廓的相关性非常高。由于这种新的技术可以改善母卷的结构而不削弱厚度和光泽度分布,它在已交付的新设备中迅速取得了一定的地位。参见 1.6.3 有关部分。

例如,纸幅边缘的张力松弛会引起卷纸机上成品辊出现相应的张力分布,这将进一步导致成品卷有一个倾斜的张力分布。再如,纸幅高分辨率的横幅张力轮廓测量与压光机前的导纸辊相结合,可用于张力分布曲线的反馈控制。两种可选的实现这种控制的描述如下。

第一种选择是基于串联控制,其影响张力分布的执行器是压榨部的一个蒸汽箱。现存的水分分布测量和控制系统仍然保持不变。张力分布控制是和现存的控制串联的。因此,在一个允许的窗口极限范围内,张力分布控制有可能影响水分分布控制的目标值。通过这种方式,张力部分能够得到优化而水分分布仍然保持在极限范围内。

这种串联控制系统安装在新闻纸生产线上。首先,要测量压榨部蒸汽箱、压光机 SYM 辊分布系统和压光机感应加热系统对张力分布的响应。一旦得到最好的响应,压榨部蒸汽箱就被选为执行器来应用。在给定的控制窗口下,新的控制系统允许张力分布的重大修正。

第二种张力分布控制的选择,允许在没有任何水分误差的情况下控制张力。为此,卷取前必须应用一个单独的加湿单元。导纸辊集成有高分辨率的横向张力和水分分布测量仪,可在复卷前的同一位置进行相应的测量。张力分布对压榨部蒸汽箱有良好的响应,在压榨部蒸汽箱张力分布测量后,张力分布就得到了控制,而水分分布在干燥部和卷取前的加湿器处得到控制。因为即使是干燥的纸幅,其张力特征也会在加湿后稍有改变。所以,加湿系统对张力分布上也会有细微的影响。张力分布控制所引起的水分分布误差,可以在一种加湿装置下得到补偿。在采用多参数控制的场合下,两种执行器可被赋予一定的权重比例来实现张力和水分控制。

(13)纸种更换自动化

对于多压区压光机,可以使用专门的软件来加速纸种的更换。纸种更换自动化的目标,是尽可能快地实现从一种品种到另一种品种的压光机控制的转换,尽可能减少次品和因断纸引起的停机时间。当一个新的品种目标值被输入控制系统后,就可以更换品种。这些参数通常代表着定义一个纸种的质量参数。当然,这些参数也可能是影响压光纸性能的参数。所有纸种特定的参数都可以预先调整并储存在工艺配方数据库中。

(14)速度变化控制的协调

压光机速度变化时,通常也需要改变线压力、蒸汽压力和辊子温度。当需要调节这些参数时,由于延迟之间的差异,采用简单的前馈和反馈控制不能实现有效调节以适应速度的变化。协调速度变化的控制就是用于协调这些参数对速度改变的响应。

(15)压光机速度的优化控制

对于机外压光机来说,在保持质量性能的前提下,在最高车速下运行就能保证达到最大的产量。压光机速度优化控制的基本原理,是借助于监测几个约束压光机车速的变量来实现最大速度(参见图1-139)。压光机的车速可以逐渐提高,直到某个约束参数达到其极限值。一旦达到了某个约束的目标值,设备车速优化控制就会保持一个定值。当遇到下一个约束目标值时,如认为是有碍的,其速度就会下降,如认为是安全的,则进一步提高车速。

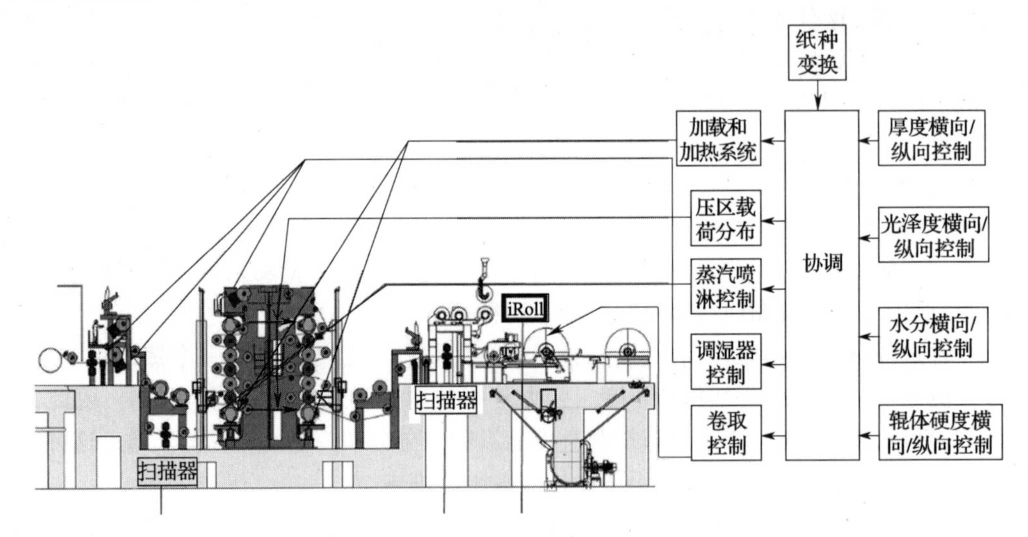

图1-139 用于超级压光纸的多压区压光机控制系统

(16)开机控制

开机控制的基本原理,是将机外压光机从停机或引纸车速提升到工作车速。开机控制可在补偿速度的改变的同时实现纵向质量控制。它能够同时控制速度、蒸汽压力和线压力,将速度对光泽度和水分的影响最小化。开机控制既可以使用速度跟踪,也可以自动启动控制。在速度跟踪控制中,系统跟随操作员手动的速度改变。而在自动启动控制中,系统自动分级为几个阶段实现速度变化。

1.7 压光机的运行性能

从广义上说,运行性能可被认为是任何影响整体生产效率的事情,而在特定情况下,运行性能就是指压光机的生产效率。通常,压光机运行性能的主要部分就是指压光机的利用率(时间效率),如计划或非计划的停机和断纸。还有少部分与材料和面宽利用率相关,如切边、销售产品质量和合适的卷取。

1.7.1 停机

使用的压光机越大越复杂,在各种维护工作中所需的时间就越长。合理的选择使用材料和技术方案,能够减少所需维护工作的数量。

在维护工作中,基本的逻辑是宁可计划停机也不要非计划停机。后者的出现不会有警告,因此,所有减少停机时间的准备工作和储备均不适应。

在压光区域,有几种小的东西(如填料、润滑、刮刀、气管、轴承、阀门、喷嘴等)需要在一定时间内检查、清洁或更换。但是,在大多数情况下,压光机中影响停机间隔的主要因素是软辊包覆层定期研磨的需要。在传统超级压光机中,由于填充辊的磨损和印痕,辊子可能需要每天更换。现代复合材料包覆辊每周甚至每月才需要更换,其需要更换的原因是压辊不均一的磨损或高频振动。

1.7.2 条纹振动

“条纹振动”(英文为 barring)一词来源于纸幅上窄的横向条纹,通常为 50 ~ 100mm 宽。纸幅上这些不同厚度的条纹是由压光辊的高频振动引起的。通常振动频率在 100Hz 到几百 Hz 范围内。

振动最有效的破坏模式是压区线压变化和自激。在这种情况下,振动被明显放大,将产生压光机的明显的抖动。振动的激发可能来源于连续压区之间的纸幅(见图 1 - 140)或压光辊的变形(见图 1 - 141)。

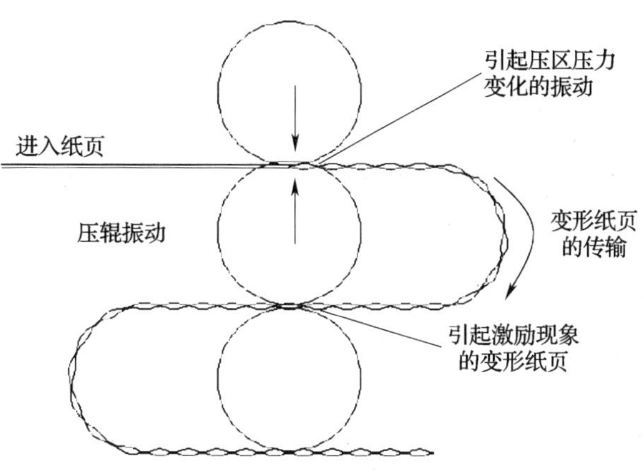

图 1 - 140　纸幅引起的条纹振动的恢复反馈

为了更好地预测并将停机间隔最大化,现代压光机配有压光辊的振动监测系统。一种增加的、但还在容忍范围内的条纹振动可能会在一次计划停机工作中发出信号。在有些情况下,通过暂时改变运行速度或线压力也能完全消除条纹振动。针对条纹振动不断增加的趋势,早期采取措施往往是最有效的。

现代技术也在寻找能够减轻压光辊条纹振动的各种控制系统。实际上,多压区辊组中最有效的方法是压辊偏移(见图 1 - 142),即压光辊移动几个毫米到另外一个位置。这种移动建立在条纹振动频率测量的基础上,其原理是基于压光辊之间的不同步振动模式。同样,也可以将压

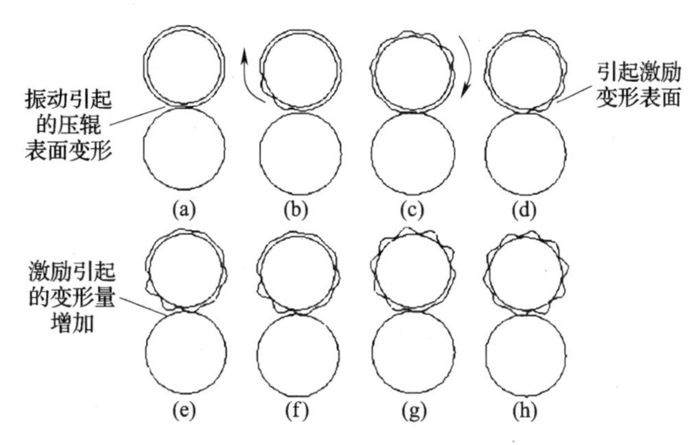

图 1 - 141　压辊变形引起的条纹振动的恢复反馈(a) ~ (h)

纸辊移动到诱发振动的不同步纸幅。

压光机中还有一些主动或被动抑制振动的可能性。思路是通过消能单元来吸收主要的振动能量或者改变压光机的共振频率,使共振频率远离现有的运行车速范围。由于压光机结构庞大,成功地抑制振动是一项具有挑战性的工作。

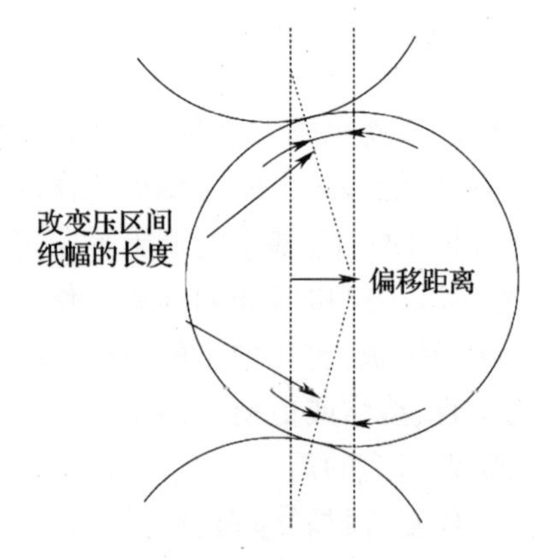

图 1-142 移动压辊抑制条纹振动的原理

1.7.3 纸幅断头

在压光中操作中,平均纸幅张力通常在纸幅的表观抗张强度的 20% 左右。而在压榨部,超过黏附力和空气压力合力所需的张力可能达到湿纸幅的抗张强度。在大多数情况下,仍有 70% ~90% 的断纸发生在压光区域附近。

1.7.3.1 断纸简述

在纸机湿部和干部之间存在两个主要差异,它们能够解释大量的发生在干部的断纸原因。一个是不同的材料性能,另一个是纸机不同的几何形状。

湿纸的弹性模量大约是干纸的 10% 。一方面,这意味着在压榨部需要大量的牵引,但是另一方面,这也表示纸幅中储存的弹性能量非常少。同样,相对于干纸,湿纸幅有较大的塑性变形,这意味着纸幅任何裂纹的萌生,在其周围都有一个大塑性变形区。因此,湿纸的断裂能与干纸在同一数量级,但其裂纹扩展的程度相对原始缺陷的大小是不敏感的。而在干纸幅中,一个很小的瑕疵也会导致临界强度的明显降低。

纸机湿部与干部断纸概率的差异如图 1-143 和图 1-144。Niskanen 等人提出用修正的断裂力学机理,针对纸幅中瑕疵的尺度来评估临界张力水平。如果超过纸幅的临界张力时,就会断纸。然而,如果纸幅中储存的弹性应力能低于纸幅的断裂能,则裂纹就不会扩展。纸幅有效弹性应变能的大小,取决于开式牵引的长度(图 1-144)。其原理与短距离纸样张力测试类似(参见本系列丛书《纸张物理性能》)。

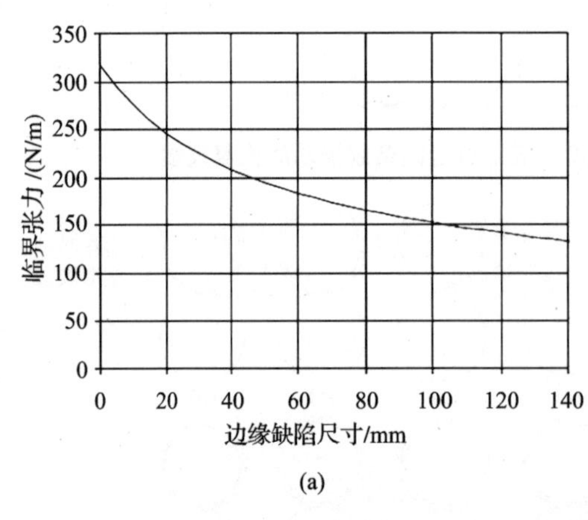

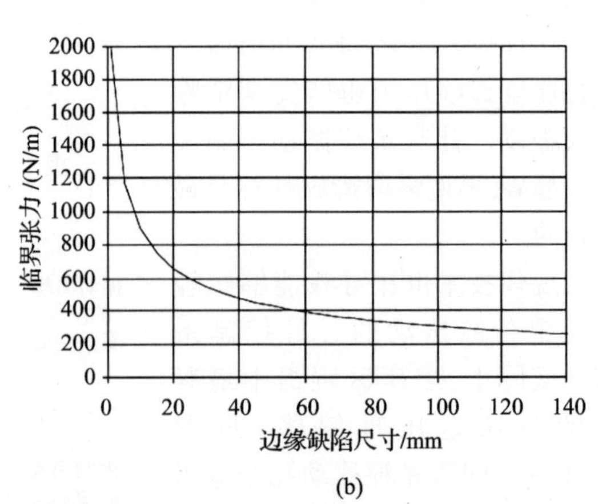

图 1-143 针对边缘断裂尺寸的纸幅临界张力(基于 Niskanen 等人的模型[99])

(a)湿纸幅,其干度为 55% ,绝干定量 $40g/m^2$,弹性模量 400Nm/g,断裂能 9.0Jm/kg,断裂过程区域尺寸为 30mm

(b)干纸幅,其上述各项对应值为 92% ,$40g/m^2$,4000Nm/g,断裂能 8.0Jm/kg 和 2.0mm

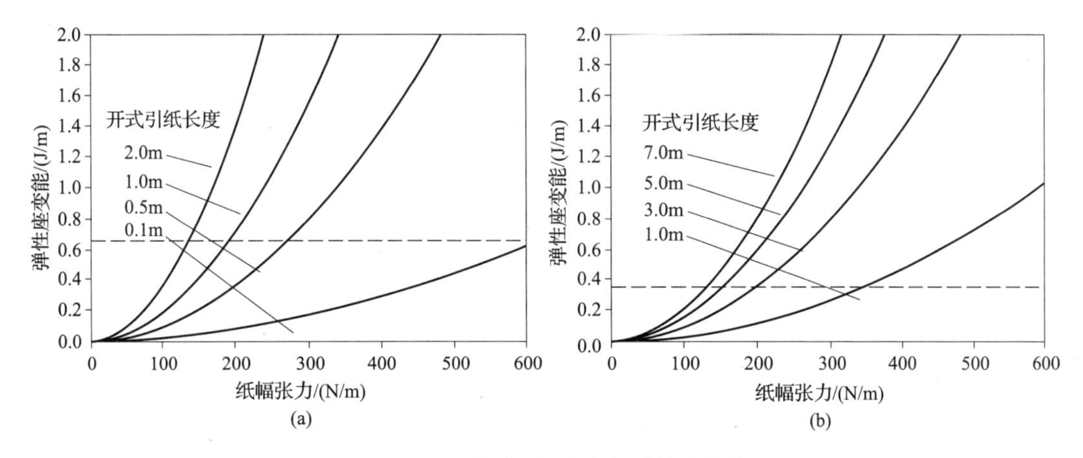

图 1－144 针对纸幅张力的弹性应变能

(a)湿纸幅,其干度为 55%,绝干定量 $40g/m^2$,弹性模量 400Nm/g。虚线给出断裂水平为 9.0Jm/kg

(b)干纸幅,其上述各项对应值为 92%,$40g/m^2$ 和 4000Nm/g。虚线给出了断裂能水平为 8.0Jm/kg

(没有考虑纸幅黏弹性的影响)

在纸机湿部典型的短距开式牵引的湿纸幅材料性能估计值如图 1－143 和图 1－144 所示。在纸机湿部纸幅的初始断头比较容易发生,但是其裂纹扩展非常小,就是因为实际可用的弹性能不足以克服裂纹扩展所需能量。例如,让我们考虑在 0.5m 开式牵引下 300N/m 的张力水平。如图 1－143(a)所示,湿纸幅中没有任何瑕疵的情况下,其张力水平也已经超过了临界张力水平。但是,在 9mm 附近裂纹扩散停止了,这相当于 9.0Jm/kg 的断裂能和 280N/m 的张力水平。如果没有其他连续开式牵引超过临界条件,断纸在湿部就不会发生。

在干纸幅中,如果没有初始的缺陷[见图 1－143(b)]或者没有一定的局部应力集中,初始断纸就不会发生。但是,由于长距开式牵引,可用的弹性应变能大多数情况下比裂纹扩散所需的能量大[见图 1－144(b)],因此,当裂纹开始扩散后就不容易停止。例如,在 300N/m 的张力下 3m 的开式牵引,裂纹扩散将超出图 1－144(b)水平轴范围。因此,初始的缺陷会比较容易的成长,直到最终断纸。

1.7.3.2 张力控制

如图 1－143(b)所证实的,在大多数情况下,压光区域的断纸是从小的纸幅缺陷开始的。这可能来自纸机起始部位或者局部应力集中。在压光区域,局部应力集中存在于压区周围,此处纸幅运行通过整个压区的宽度范围,保护软辊包覆层材料不受热辊热量的伤害。同时纸幅收缩和其他变性导致纸幅边缘产生额外的应力。

由于压光机中开式牵引区域通常比较长,因此保持纸幅张力尽可能小,从而使弹性应变能最小是非常重要的。另一方面,如果张力太小,也会导致纸幅抖动太大和其他问题。因此,纸幅张力的精确控制是非常重要的。

纸幅张力的控制回路包括一个牵引点(压区或张紧辊)和一个前置张力测量。控制器改变牵引点的速度来达到目标的张力水平。张力测量的读数频率非常高,原始的信号被过滤,并以秒为单位来调节纸幅张力。

在现代压光机中有几个连续的张力控制回路,分别置于压光机前、辊组之间和压光机后。由于纸幅水分在压光的不同阶段会变化,因此,设置多个张力控制是有必要的。同样,压光机压区纸幅的尺寸改变也会影响纸幅张力。

在机内压光机中的断纸或关机后，张力控制会恢复到一个特定的力矩。在引纸和纸尾移中的过程中，设备在速度控制下运行。例如，在通过开始牵引区时保持一定的速度差来获得合适的张力。然后，在舒展纸幅的某些点，张力控制回路启动工作。为了使压光机获得稳定的运行，需要设定一些多车速和张力目标的特定程序。

在机外压光机中，引纸和纸幅的拓宽在爬行车速下完成，因此采用更容易、更简单的张力控制程序就能实现：即在压光机加速和减速的过程中维持特定的力矩值。

1.7.3.3　断纸监测

在许多情况下，沿着压光机纵向装有多个光学探头来监测纸幅断头。断纸信号用于快速打开压光机压区，避免纸幅皱褶或断纸损坏包覆层。同时，为了简化清洁工作，采用断纸刀或气刀将断纸切成小纸片，以消除纸幅对压辊的缠绕和其他事故。

1.7.3.4　断纸摄像机与纸病探头

如果纸幅断纸量较大或者断纸现象随时间不断增加，则迅速找到断纸原因来确定产生的位置是非常重要的。在大型纸机上，仅仅凭借断纸监测器和肉眼观察作出结论是非常困难的，有时甚至是不可能的。因此，许多纸机装配有以纸幅断头为监控目标的高速摄像系统。在大型压光机上，要合理地分析各种类型的断纸需装备 20 个摄像头。

图 1－145 给出了断纸摄像系统记录的一个实例。在吸移区一个小的瑕疵随着纸机运行过程成长，最终在长距开式牵引的压光辊组发生断头。

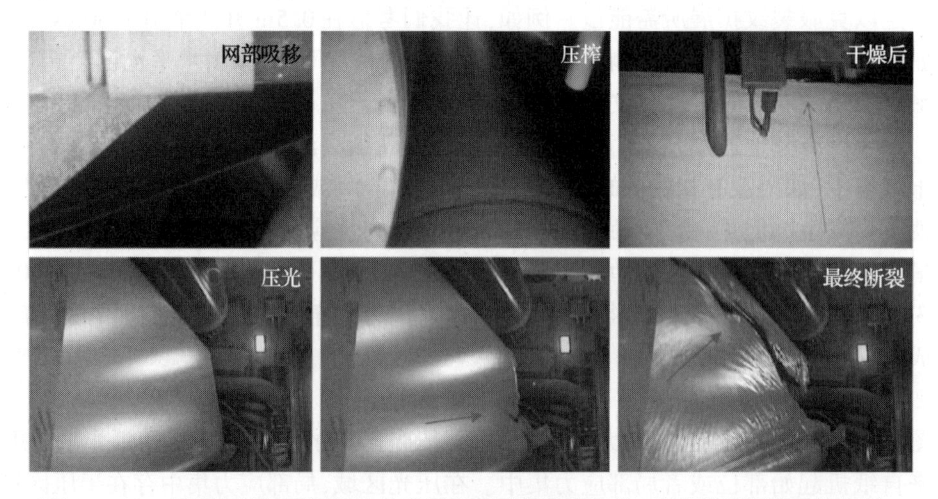

图 1－145　纸幅在纸机不同部位从开裂到断裂的过程监控（高速断纸摄像系统记录）

参考文献

[1] Holik, H. (Ed.). 2006. Handbook of Paper and Board. Weinheim. WILEY－VCH Verlag GMBH & Co. KgaA. 505. ISBN:3－527－30997－7.

[2] Herring, R., Paper & Paper making, Ancient and Modern. London. Longman, Green, Longman, Roberts and Green.

[3] R. W. Sindall, F. C. S. 1906. Paper technology, an elementary manual on the manufacture, physical qualities and chemical constituents of paper and paper making fibers. London. Charle Griffin

and Company Limited.

[4] Rodal, J. J. A., Tappi J. 72(5):177(1989).

[5] Jackson, M. and Ekström, L., Studies concerning the compressibility of paper, Svensk Papperstidning, #20, 1964, pp. 807 – 821.

[6] Popil, R. The Calendering Creep Equation – a Physical Model, In Fundamentals of Papermaking, vol. 2 (C. F. Baker and V. W. Punton, Eds) Mechanical Engineering Publications Ltd., London, 1989, pp. 1077 – 1101.

[7] Sperling, L. H., Introduction to Physical Polymer Science, Wiley-interscience, New York, 1985.

[8] Back, E. L. and Salmen, N. L. Tappi 65(7):107(1982).

[9] Salmen, N. Land. Back, E. L. Tappi 60(12):137(1977).

[10] Back, E. L., Das Papier 43(4):144(1989).

[11] Crotogino, R. H., Tappi 65(10):251(1982).

[12] Deshpande, N. V., Tappi J. 61(10):115(1978).

[13] Johnson, K. L., Contact Mechanics, Cambridge University Press, Cambridge, UK, 1985.

[14] Tervonen, M., Numerical Models for Plane Viscoelastic Rolling Contact of Covered Cylinders and Deforming Sheet, Ph. D. thesis, University of Oulu, Department of Mechanical Engineering, Oulu, Finland, 1997.

[15] Duckett, K. E. and Cain, J., Finite – element Methods Applied to Thermal Calendering, TAPPI 1991Nonwovens Conference Proceedings, TAPPI PRESS, Atlanta, p. 383.

[16] Rodal, J. J. A., Modelling the State of Stress and Strain in Soft Nip Calendering, In Fundamentals of Papermaking, vol. 2 (C. F. Baker and V. W. Punton, Eds).

[17] Van Haag, R., Über die Druckspannungvertailung und die Papiercompression in Walzenspalt eines Calenders, Ph. D. Thesis, Techische Hochschule Darmstadt, Darmstadt, 1993.

[18] Peel, D., Recent Developments in the Technology and Understanding of the Calendering Process, In Fundamentals of Papermaking: Trans. Ninth Fundamental Res. Symp., vol. 2 (C. F. Baker, Ed.) Mech. Eng's Pubs., London, 1989, pp. 979 – 1025.

[19] Osaki, S., Fujii, Y. and Kiichi, T., Z – direction Compressive properties of Paper, In Reports on Progress in Polymer Physics in Japan, vol. 12, 1982, pp. 413 – 416.

[20] Hertz, H., Über die Beruhrung fester elastische Körper and über die Harte (On the contact of rigid elastic solids and on hardness), Verhandlungen des Vereins zur Beförderung des Gewerbefleisses, Leipzig, Nov. 1882.

[21] Van Haag, R., Das Papier 48(11):686(1994).

[22] Wichström, M, Rigdahl, M. and Steffner, O., Finite element modelling of calendering – some aspects of temperature gradients and the structure inhomegenities, Journal of Materials Science 31, 3159(1996).

[23] Osaki, S., Fujii, Y. nad Kiichi, T., Z – direction Compressive Properties of Paper, In Reports on Progress in Polymer Physics in Japan, vol. 12, 1982, pp. 413 – 416.

[24] Ionides, G. N., Mitchell, J. G. and Curzon, F. L., A Theoretical Model of Paper Response to Compression, Transaction of the Technical Section CPPA 1981 Annual Meeting, CPPA, Montreal, p. 1.

[25] Schaffrath, H. - J. and Göttsching, L, The Behaviour of Paper Under Compression in Zdirection, 1991 International Paper Physics Conference Proceedings, TAPPI, p, 489.

[26] Ellis, E. R., Jewett, K. B., Cecler, W. H., Thompson, E. V., AIChE Symposium Series 80 (232): 1 (1984).

[27] Han, S. T., Pulp Paper Mag. Can. 70(9): 65 (1969).

[28] Chapman, D. L. T. and Peel, J. D., Paper Tech. 10(2): 116 (1969).

[29] Colley, J. and Peel, J. D., Paper Tech. 13(5): 350 (1972).

[30] Crotogino, R. H., Towards a Comprehensive Calendering Equation, Transactions of the Technical Section CPPA 1980 66th Annual Meeting, CPPA, Montreal, p. 89.

[31] Ellis, E. R., Jewett, K. B., Cecler W. H., Thompson, E. V., AIChE Symposium Series 80 (232): 1 (1984).

[32] Heikkilä, L. Paperi Puu 79(3): 186 (1997).

[33] Browne, T. C., Crotogino, R. H. and Douglas, W. J. M., J. Pulp Paper Sci. 22(5): 170 (1996).

[34] Nilsson, L., Modelling of intreweb heat and mass transfer - a literature review, Technical Report LUTKDH(TKKA - 7005)/1 - 35/(1991), Lund Institute of Technology, Dept. of Chem. Engineer, Lund, Sweden, 1991.

[35] Waananen, K. M., Litchfield, J. B., Okos, M. R., Drying Technology 11(1): 1 (1993).

[36] Kartovaara, l., Rajala, R., Luukkala, M. and Sipi, K., Conduction of Heat in Paper, In Papermaking Raw Materials, vol. 1, (V. Punton, Ed.) Mechanical Engineering Publications Ltd., London, 1985, pp. 381 - 412.

[37] Keller, S., J. Pulp Paper Sci. 20(1): 33 (1994).

[38] Kerekes, R. J., Heat Transfer in Calendering, Transactions of the Technical Section CPPA 1979ual Meeting, CPPA, Montreal, p. 66.

[39] Olsen, J. E. and Chi, H. L., Modelling of heat transfer during calendering, TAPPI 1998 Finishing and Converting Conference Proceedings, TAPPI PRESS, Atlanta, p. 53.

[40] Pietikäinen, R. and Tiihonen, T., Modelling of coupled heat and mass transfer, 1995 International Congress on Industrial Mathematics Proceedings, Special Issue of Zeitschrift für AngewandteMathematik und Mechanik (ZAMM), Issue 4: Applied Sciences, Especially Mechanics (Minisymposia), (E. Kreuzer and O. Mahrenholtz, Eds.), Akademie Verlag, Berlin, 1996, p. 74. ISBN 3 - 05 - 501747 - 1.

[41] Lampinen, M., Mechanics and Thermodynamics of Drying, Ph. D. thesis, Helsinki University of Technology, Helsinki, 1979.

[42] Vijanmaa, M. Calendering method and calendar that makes use of the method, Pat. EP 0973971 (Publ. 26 January 2000, App. 26 March 1998), WO 98/44159 (26 March 1998), FI 971343 (2 April 1997).

[43] Vijanmaa, M., Vaittinen H. and Halmari E., ValZone metal belt calendar starts a new era in calendering, Metso Paper Technology review 2007.

[44] Vattinen H., Renvall S. and Haavisto J., New Calendering and Coating Tools to Improve Coated Fine Paper Quality, 2008 TAPPI Coating Conference, Dallas TX, May 5, 2008.

[45] Peel, J. D., Breaker stack soft calendaring of mechanical pulp containing paper Newprint

Conf. ,Quebec,Sept. 26 –28,1998,CPPA,Montreal,1989,s. 39 –46.
[46] Sunnerberg,G. ,Bättre egenskaper med minskad glättning,Svensk Papperstid. ,4:22(1992).
[47] Thomson,G. ,Papermaker 12:18 (1997).
[48] Robertson,R. ,New Generation Multinip Calender for Increased Finishing Capability,TAPPI 1997 Finishing and Converting Conference Proceedings TAPPI PRESS,Atlanta,p. 23.
[49] Linnonmaa,P. and Hiirsalmi,l. ,Pulp Paper Europe,(July/;August):29(1997).
[50] Kuosa,H. ,Paper Age(9):40(1997).
[51] Zaoratek,M. ,Hot Rolls for Soft calendaring: Meeting the Operator' s Needs,TAPPI 1990 Finishing and Converting Conference Proceedings,TAPPI PRESS,Atlanta,p. 41.
[52] Brown,M. S. ,Paper Carton,Cellulose 1:6(1992).
[53] Hess,H. ,Pulp Paper Can,94(11):60(1993).
[54] Maniatty, G. S. , Roll Grinding Measurements and Their Effect on Paper Making, TAPPI 1993Finishing and Coating Proceedings,TAPPI PRESS,Atlanta,p. 311.
[55] Whyte, M. , Pfeiffer, D. J. , Yuong, A. and Lampman R. D. , Paper Quality Improvements Through Supercalendering With Rolls of High Surface Finish,TAPPI 1997 Finishing and Converting Conference Proceedings,TAPPI PRESS,Atlanta,p. 117.
[56] Irons,G. ,Poirier,D. and Roy,A. ,The Application of High Power,High Velocity Plasma Coatings on Rolls for the Paper and Printing Industries,ITSC 1995 Conference Proceedings,ITSC, p. 205.
[57] Krause,J. W. ,The Application of Total Integrated Process Control,TAPPI 1995 Polymers, Laminations and Coating Conference Proceedings,TAPPI PRESS,Atlanta,p. 287.
[58] Shank,G. L. ,Paper Age 12:14(1996).
[59] Zaoralek,M. ,Deutsche Papierwirtschaft 1:30(1991).
[60] Arnold,L. E. ,Berkhurst,I. R. ,and Schewettman,R. L. ,Paper Trade J. 10(15):24 (1983), and 10(30):40 (1983).
[61] Zaoralek,M. ,and Antoniazzi,D. ,Direct Advanced Steam Heating of Calender Rolls,CPPA 1995 81st Annual Meeting Notes,CPPA,Montreal,p. B143.
[62] Rothenbacher,P. and Vomhoff,E. ,Tappi 65(10):89(1982).
[63] Metso Paper internal material 2009.
[64] Metso Paper internal material 2009.
[65] Metso Paper internal material 2009.
[66] Metso Paper internal material 2009.
[67] Metso Paper internal material 2009.
[68] Metso Paper internal material 2009.
[69] Metso Paper internal material 2009.
[70] Voith Paper 2009.
[71] Metso Paper internal material 2009.
[72] Metso Paper internal material 2009.
[73] Metso Paper internal material 2009.
[74] Metso Paper internal material 2009.

[75] Voith Paper 2009.

[76] Metso Paper internal material 2009.

[77] Metso Paper internal material 2009.

[78] Metso Paper internal material 2009.

[79] Metso Paper internal material 2009.

[80] Metso Paper internal material 2009.

[81] Ranta, J., Ollus, M. and Leppänen, A., Computers in industry, 20(4): 255(1992).

[82] Wallace, B. W., Balakrishnan, R. and Rodman, M., Appita45(1): 74(1992).

[83] Wallace, B. W., Tappi 64(1): 79(1981).

[84] Cutshall, K., Tappi J. 73(6): 81(1990).

[85] Vyse, R. and Sawley, D., Pulp Paper Can. 91(9): 83(1990).

[86] Crotogino, R. H., and Gratton, M. F., Pulp Paper Can. 88(12): 208(1987).

[87] Tuomisto, M. V. and White, J., Tappi J. 74(2): 93(1991).

[88] Mälkiä, H. P., Tappi J. 71(5): 83(1988).

[89] Crotogino, R. H., Weiss, G. R., Visentin, J. and Dudas, L., State of the Art in CD Calender Control, EUCEPA 1982 Symp. Control Systems Pulp & Paper Ind. Proc., Eucepa, Paris, p. 220.

[90] Vyse, R., The Effect of CalCoil Induction Heading on Supercalendering, TAPPI 1987 Finishing and Converting Conference Proceedings, TAPPI PRESS, Atlanta, p. 61.

[91] Svenka, P. and Minkenberg, A., New Cross Profiling System for Hard and Soft Nip Calenders, TAPPI 1995 Finishing and Converting Conference Proceedings, TAPPI PRESS, Atlanta, p. 187.

[92] Burma, G., Heaven, R., Vyse, R., and Gorinevsky, G., CD Caliper Control Requirements for Soft Nip Calenders, SCPI 1996 5th International Conference on New Available Techniques Proceedings, SPCI, Stockholm, p. 329.

[93] Impact Systems Marketing Brochure, Impact Systems, San Jose, 1994.

[94] Crotogino, R. and Gendron, S., Pulp Paper Can. 88(11): 44(1987).

[95] Vyse, R., King, J. and Hiden, K., CD Caliper Control on Soft Nip Calenders, CPPA 1993 Annual Meeting Preprint, CPPA, Montreal.

[96] Thielbar, R. B., Pulp & Paper 59(6): 89(1985).

[97] Holik, H., Handbook of Paper and Board, ISBN: 978-3-527-30997-9, p. 415, Chapter 9.2.2.2.2, 2006.

[98] Pitkänen, T. and Nulund, M., Älyä telaan, uusi iRoll - mittaustekniikka, Promaint 2/2009, p. 18.

[99] FRS Symp.

[100] Tanaka A., Asikainen J. And Ketoja J. A., Wet web rheology on a paper machine, Transactions of the 14th Fundamental Research Symposium, September 2009, Oxford, UK.

第 2 章　卷取与复卷

2.1　概述

纸幅通常以纸卷的形式储存与输运,这就需要纸的卷取。在造纸工业中有两个基本的卷纸流程。卷取用来产生大直径的纸卷,被称为母卷。母卷被卷到卷取轴架上,例如在纸机、涂布机与机外压光上,然后为下一道工序做准备。用于这种工艺的设备被称为卷纸机。一般来说,造纸厂的最后一道卷纸流程被称为复卷,复卷的主要功能是从母卷上制作成品纸卷(customer roll)。用于复卷的设备被称为复卷机,成品纸卷则被卷到纸芯上(参见图 2-1)。

图 2-1　造纸厂卷取纸的基本流程

注:卷纸机(左)为后续加工生产母卷,复卷机(右)从母卷上分切和卷出商品纸卷。(美卓版权)

如图 2-2 所示[1],有三种基本的复卷机类型。最简单的是中心轴式复卷,纸卷完全由其纸芯支撑与驱动。驱动力由复卷辊的中心产生,故因此而得名。另一种常见的形式是表面复卷,复卷纸卷被一个驱动辊压住,从而依靠表面摩擦驱动复卷纸卷。第三种形式是复卷机的驱动同时贴近复卷纸卷和压辊,这种形式的复卷机被称为轴式—表面复卷机。

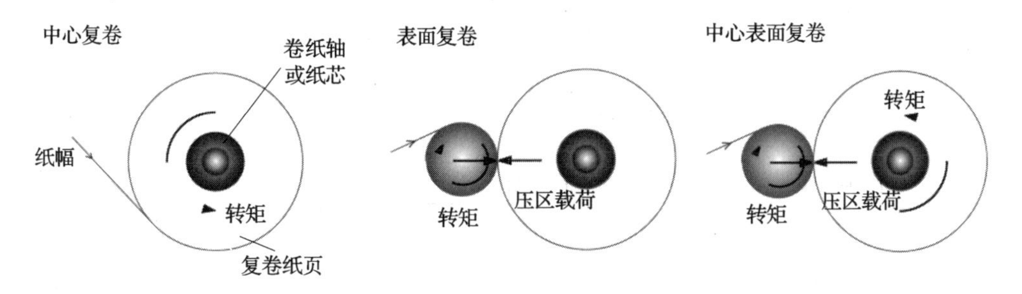

图 2-2　复卷工艺的三种基本类型

由于造纸厂有不断增长的生产效率要求,所以复卷的质量也越来越重要。为了达到高效产纸,复卷出优质纸卷非常重要。优质纸卷有良好的结构与规格,没有复卷缺陷。在实践中,成品纸卷的质量是由下游工序检测的。成功的复卷需要:a. 复卷参数控制准确与重现性好;

b. 复卷机运作无误；c. 纸幅性质均一。

对卷取与复卷的要求正在提高。纸机的车速不断地提高，母卷与商品卷直径也在增加，运行方式要求更加自动化，纸幅的性质正在更新。同时，需要更高的生产效率。例如，在今天为了减少或保持纸机下纸的次数，卷取母卷的直径就要增加。生产效率要保持在高水平上，就要尽量降低断纸、破损与非计划停机时间。

纸与纸板质量的发展目标，就是要达到更好的表面性质，即在保持挺度不受损害的情况下降低定量。将来更多的压光与涂布纸机是在纸机上进行的。这些技术进步同时要求卷取与复卷过程更加温和，使纸页表面性质不受损，需要大母卷与成品纸卷成形时对即时参数的控制与全新参数的使用要更好。

要降低纸幅在母卷与成品纸卷成形过程中波动带来的影响。从自动程序到带有适应性的调节控制都要推广自动化操作，免受人为干扰。复卷的技术发展运用在卷取上，反过来为卷取部制作优良结构的母卷提供更好的控制。

复卷作为造纸过程中的一部分，在本章的第二部分开头进行概述，本章第三部分考察了复卷的特性、基本类型、生产效率和母卷的处理方法。本章第四部分描述了复卷方法、复卷对不同纸种的要求、复卷机的类型与复卷自动化。第五部分陈述了复卷的理论背景，其中包括三个复卷主要参数与模型的阐述。这些要求与理论背景是纸机卷取与复卷通用的。第五部分还包括了纸幅的舒展。

2.2　造纸过程中的卷取与复卷

复卷要求

复卷可以被定义为一种功能，即将连续制作的或平纸幅弯曲成纸卷（有或没有分切）以便于进一步加工。这里要注意的是，纸卷不是给客户的最终产品，它们只是运输的一种手段。纸卷必须为以后的工序而舒展开来。舒展、转移和储存的转变过程，确定了纸卷的尺寸与质量要求。此外，复卷与分切工序自身必须有效。

所有纸卷的总体要求定义如下：

① 正确的纸卷尺寸，即纸卷宽度，纸卷直径，纸卷重量或纸幅长度。纸卷直径必须横向一致，避免隆起、起鼓、爆裂以及在接下来的退纸与复卷工序中出现硬度变化。

② 纸芯要在纸卷的中心。这就需要避免纸幅张力变化、波动，避免在退纸时断纸。

③ 纸卷边缘要齐整，没有端面不齐或纸芯凸出的现象。这就要保证纸幅纵向边缘齐整，使纸卷运输时能轴向堆叠起来。

④ 良好的纸卷结构，即最优的纸卷硬度或纸卷张力。这能防止纸卷变形，保持纸质持续稳定，没有轴向或径向变化。

⑤ 纸幅表面与边缘无尘，特别对于静电复印纸而言。

⑥ 纸卷没有任何缺陷。

运输与储存对纸卷硬度要求有着显著的影响。纸卷内张力、压力与复卷时的力可导致纸幅塑性变形。这些变形包括：

① 纵向塑性伸长会降低接下来的工序的运行性，这在靠近纸芯之处与纸卷外表会最为严重，因为在这些地方在纸卷储存时仍存在着正张力。

② 纵向塑性变形导致的横向变化，会引起后续工序中产生起鼓与起皱。

③ 塑性变形导致的 Z 向变化，会导致纸幅厚度与松厚度损失，可压缩性变小。纸卷内部比外表受到的负面影响更大，因为外表的径向压力是最小的。

随着纸卷硬度的提高，纸卷塑性变形的风险更大。因此，纸卷硬度必须降至最小。然而，为了阻止纸卷变形及复卷运输时变椭圆形，又要求纸卷硬度要高。

纸卷必须有足够的硬度才能承受运输时叉车的多次夹握。相比之下，母卷是通过吊车吊出卷取架的，因此母卷可以比成品纸卷要松一些，特别是卷到母卷的外层。当然，如果在纸厂内进行后续的加工，则送到切纸机的纸卷可以更松一些，因为此时的储存时间更短。

卷取与复卷时必须控制厂房内大气状态。如果纸卷周围的空气温度与湿度与其不一致的话，纸卷湿度会在加工和储存时变化。湿度的变化会导致纸幅尺寸变化，对纸卷应力有影响。这些影响在纸卷轴向上的变化比径向上的快。

2.3 纸页性质对复卷的影响

复卷时要求纸幅要平整。应力的变化与原纸幅起鼓需要最小的张力去拉平，以得到平整的纸幅。纸幅横幅的变化越大，则复卷时所需的张力也越大。

纸幅张力的量纲一般是用线性力表示（即 N/m 或 kN/m）。但是实际的应变变量是应力（即 N/m^2或 Pa）。为了得到平整的纸幅，纸卷的直径越大时需要的纸幅张力越大，在实践中，定量越大需要的纸幅张力越大。

当局部张力高于局部抗张强度时纸页就会断裂。实际生产中，纸页强度需要达到纸页张力的 5～10 倍，因为纸页张力与纸页强度总是变化的。正常的纸页张力在 200～1000N/m，印刷与书写用纸一般低于 500N/m，而纸板类则高于 500N/m。

纸页横向有一个长度轮廓线，即在实际生产中纸幅沿横幅的长度是不一致的。在应力作用下，长度较短（较紧）的区域受到的张力大于长度较长（较松）的区域。为了在长度较长的区域得到足够的张力，较紧的区域就会一直承受应力。在较紧区域的应力可以是弹性的也可以是塑性的。区域内纸页弹性越好，为了均衡纸页张力所受到的应力就越小。

纸页的可塑性取决于纤维的水分、温度以及其应变的历程。纤维湿度或温度越高，纸页的可塑性就越强。必须指出，基于纤维的含水量是一个比总含水量更真实的变量。全由纤维组成的新闻纸含 10% 的水分，与总含水量 5% 的由 50% 纤维和 50% 颜料加疏水性化学品组成的涂布纸是一样的。如果纸幅的应变达到某一点，那么其可塑性就会增加。

纸页密度是影响复卷过程的基本变量。对于那些传统的双底辊复卷机，即无弹性转鼓或皮带传动技术的，纸辊自身质量对底辊压区压力会有直接影响，即更高密度纸卷会产生更大的压区压力，使低克重纸无法复卷出大直径纸。在多站式复卷机或卷纸机中，问题多出在纸芯与辊底，即支撑纸卷的位置。

摩擦因数（coefficient of friction, COF）对纸卷张力的形成有影响，对复卷期间或复卷后的纸卷变形有影响。平滑度高的纸页每卷一圈时会损失一些张力，当在复卷时可在纸卷边缘看到直线的“I”形逐渐变成了“J”形。张力损失会造成起皱与起鼓。另一方面，摩擦因数太高会阻止纸页与纸页的层间移动，于是纸卷变形是塑性的。这会因纸卷变成椭圆或纸芯偏心而造成纸卷的跳动与振动。

由此可见,应该有一个适合高速无障碍运行的最佳摩擦因数范围。只要少许憎水性物质就能有效降低摩擦因数,如AKD施胶剂、油基消泡剂、涂布类颜料润滑剂,浮选脱墨化学品以及作为涂料或填料的滑石粉等。许多特殊的颜料,如硅酸盐、煅烧黏土、二氧化钛、高不透明度的PCC以及松香胶或一些合成树脂能增加摩擦因数。这些化学品的加入量要根据复卷的情况来优化,以保证最佳的摩擦因数水平。

纸页性质的变化对复卷过程有影响。如定量的变化能分为纵向组分、横向组分、残留或随机组分等。随机组分的变化对复卷中影响不大。

纵向组分的周期性波动(如厚度)会以辊子直径为重复周期。波动周期间隔与辊子直径相一致。例如,如果压光起楞的波长是2πcm(辊子半径),则每当辊径增加2cm后将会对应有厚度偏低或偏高的区域发生。再者,如果两个对应点之间的纸页长度是这个波长的整数倍,将会加剧辊子中心的严重性,即偏厚(薄)的纸页恰好卷在另一层偏厚(薄)的纸卷处。相应地,如果两个对应点间的纸页长度不是这个波长的整数倍,则问题的严重性就会减轻。

发生横向波动在复卷过程中是相当棘手的。需要控制的重要分布曲线有:

① 纸页长度分布曲线;

② 纸页应力分布曲线(纵向抗张强度);

③ 厚度分布曲线;

④ 可压缩性分布曲线;

⑤ 水分分布曲线;

⑥ 摩擦因数分布曲线。

需要指出的是,纸页 Z 向压缩性能可高至10%,而纵向最大拉伸率约为1%。纸卷的周长是π乘以辊子直径。即使纸幅厚度上有较大的差异,则纸辊直径似乎也不可能有1%差异。必须消除原纸厚度的横向波动才能复卷出完美无缺的纸卷。对于重压光的纸幅,消除其厚度波动比松厚度高的纸有困难得多。与松厚的纸幅相比,为了从高密度、低压缩性的纸幅中复卷出优质的纸卷,则要求更好的横向厚度与长度分布曲线。

理论上来讲,上面提到的分布曲线对于纸卷性能都很重要。但是,只有厚度能在线测量,有的机台也能在线测量张力。更普通的测量参数是定量与水分,它们影响纸幅长度和抗张挺度等最初过程输入参数。

2.4 复卷对纸页性质的影响

纸幅性质影响到复卷过程,而复卷过程反过来对复卷后的纸幅性质产生影响。在造纸过程中,同一纸幅一般有几个连续的卷曲与展开的过程,纸幅会有记忆,每个过程都会在纸幅上留下痕迹。这些痕迹是不同的,取决于纸卷的位置——底部、中部或表面。

在每次舒展与复卷的过程中,纸幅从大纸卷表面改变位置,转移到纸卷底部,然后又从纸卷底部转成纸卷表面。当大母卷被分切与卷成小一些的成品纸卷组时,成品纸卷最开始被卷的部分来自大纸卷外沿,最后部分来自挨着卷取轴的大纸卷轴底。这个顺序使成品纸卷因原纸位置不同而产生了性质差别,如由大纸卷表面纸幅与底部纸幅复卷的成品纸的性质是不同的。

纸种与造纸过程决定了纸幅经过了多少次被卷曲与舒展。浆板的生产通常没有卷取。造纸生产中最少的是卷取一次,即有些窄幅纸机只卷一次就直接由机外切纸机去处理了。被卷最多次的是双面涂布纸,可能有7~9次的卷取与舒展,即在原纸机卷纸后,经过复卷、机外涂布,另一台复卷机、机外涂布与复卷机,然后经涂布后超级压光机,复卷以及切纸机前的一道复卷。

在复卷时的纸页张力、压区压力与辊内张力会对纸页性质产生影响。表2-1显示了因压区压力与内压力造成的弹性压缩对纸页性质的影响。这些影响在纸辊外沿时最小,因这个位置的径向压力也是最小的。

表2-1 纸幅从轴底向外沿移动时弹性压缩对纸页性质的影响

纸页性质	结果
厚度	减少
挺度	减少
松厚度	减少
平滑度	增加
光泽度	增加
透气度	减少
吸收性	减少

纸幅在复卷与储存期间,因张力引起的纵向塑性伸长会增加纸页长度,导致纤维间的连接键断裂。通常在纸幅的横向上会有塑性应变,导致诸如起鼓、起皱、纸卷硬度变化等问题。应变一般在纸辊边与辊底时最大。这些区域在接下来的卷纸与复卷中都会产生问题。如果张力超过了纸幅的弹性极限,则更高的纸幅张力会增加纸幅的塑性变形。复卷张力一般比纸机上的更大。然而一般张力的严重性要在实际的水分与温度下进行对比才看得出。

2.4.1 纸卷性质的测量

2.4.1.1 纸卷的表面硬度

(1)Tapio公司的纸卷质量测量仪

Tapio公司纸卷质量测量仪(Roll Quality Profiler,RQP)是一个木棍外形的电脑化现代仪器,用来检测纸卷表面硬度。以往通过用木棍敲打纸卷来感觉纸卷横向软或硬的地方,硬的地方对应的纸页更厚,反之亦然。Tapio纸卷质量测量仪用来快速而准确地测量纸卷表面硬度,结果直接显示在手提电脑上。通过调整测量数据的筛选率,该仪器能测量硬度横幅分布与厚度变化的具体信息。手提式测量仪器包括硬度与距离测量单元。测量原理是通过对纸卷表面产生弹力,测量其反弹力——纸卷表面越硬,反弹力/反弹速度则越大。对比名为Parotester的另一种的纸卷表面硬度测量仪,Tapio纸卷质量测量仪的检测数据与纸页密度变化关联得更好。这种仪器也能用于测量径向硬度,现在已有自动在线版本。

(2)智能硬度测量

造纸生产线的要求在不断增加,即最大化产量与生产效率,但同时还要维持纸质性能,这就是当前工业的标准。这样增长的需求导引一个更具挑战性的造纸过程,同样对卷取与复卷过程也是一样。对于卷取和复卷来说,其中最重要的需求之一就是好的纸卷分布,这对纸厂下游流程的效率有重要贡献。

为了能形成好的母卷(没有卷取带来的缺陷,良好的硬度和直径的横向分布),只是测量与控制纸页厚度是不够的,以往只从单张纸幅上用在线测量横梁测量直径,现在已有设备能测量纸页厚度(与张力)分布的累积效果。这些设备能在线测量母卷的硬度与直径横幅分布曲线。

母卷的硬度与直径的测量,是能通过安装在不断增大的母卷下面的测量臂与传感器来进行的。导轮式的测量传感器会使用均一的力沿着母卷的表面滑动。测量导轮的压力传感器能读出母卷局部的硬度值。当母卷的直径增加时,测量臂的角度相应变化,能测量母卷的瞬时直径,如图2-3所示,将纸卷直径与硬度的变化值转换成分布曲线。测量臂与传感器固定在一个横梁上,这样可以做横向移动进行测量。

母卷的硬度与横向直径变化的在线测量能用于安装在造纸生产线上的各种不同横向执行机构的闭环控制。这为控制母卷结构提供了一个有效的工具,这将改善卷取的效率,特别是针对那些具有挑战性的卷取过程。

2.4.1.2 拉片测试(纸卷底部紧度测试)

纸卷的层间压力可以通过拉片方法测试(Pull-tab measurement)。测量对象是成品纸,而测量要求在卷纸之前要做好准备工作,在复卷之前,将薄的金属片夹在卷烟纸里,如果是双底辊复卷机类型,就贴在的纸芯边缘,如果是单底辊复卷机类型,就贴在纵切部的纸幅边缘,以便金属片从纸卷边伸出10mm。在纸卷完成后,使用测力计拉出金属片并记录所使用的力(参见图2-4)。为了消除连续性测量间的误差,金属片要预先清洁干净。使用此法可以分析出不同复卷参数对纸卷底部紧度的影响。

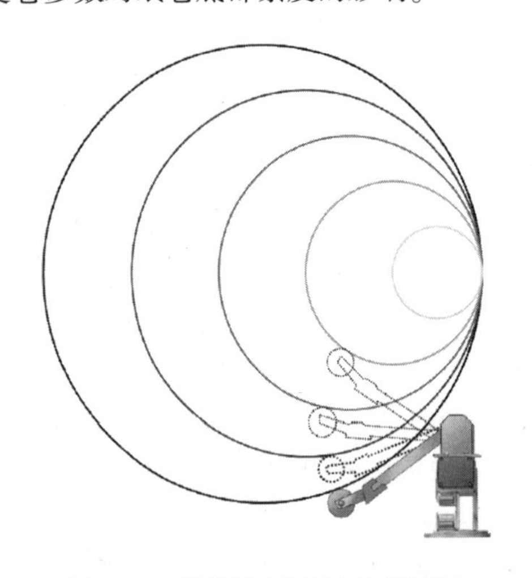

图2-3 智能硬度测量(美卓版权)

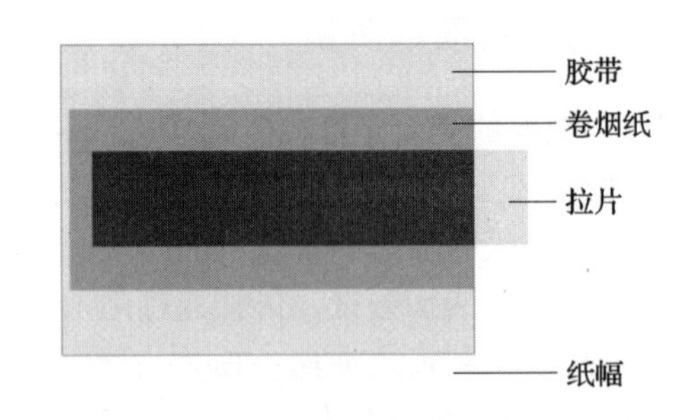

图2-4 拉片方法

2.4.1.3 纸卷紧度

(1)史密斯针测试仪

史密斯针测试仪(Smith Needle Tester)是一个手提式设备(图2-5),用于测量纸卷径向硬度。该仪器通过针插入纸卷纸层间,并测量受载弹簧针穿透力的大小,然后读出刻度值。按这种方法沿着纸卷边缘不断测量,就可以将结果做成图。除了纸页层间的压力之外,纸页的摩擦力也会影响测量结果。值得一提的是,这种测量会损坏纸幅。

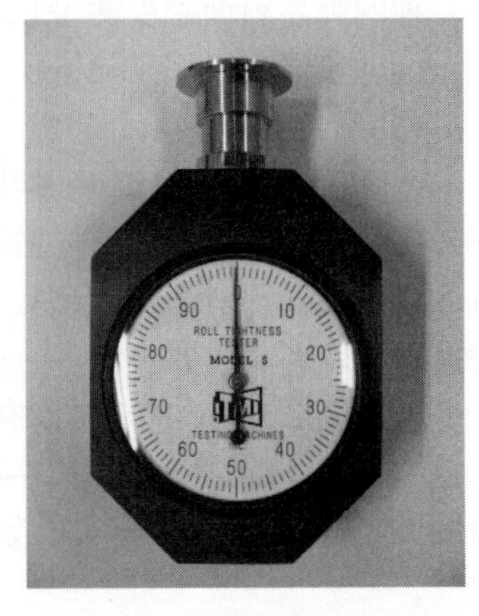

图2-5 史密斯针测试装置

(2)卡梅伦间隙测试

卡梅伦间隙测试(Cameron gap test)是一种测量纸卷结构非常有用的工具,但纸卷在测试时会被破坏。该测量方法很简单,但能得到可靠的结果。将成品纸置于楼面上,将纸卷外层表面沿横向切开。由于纸的张力,会形成一条间隙,然后用放大镜小心地测量。当间隙与纸卷外沿成比例,测量结果就会给出特定直径下的相对应力(即卡梅伦间隙指数,Cameron gap index)。在不断切割并移除更多的纸层后,可得到不同直径的纸卷,当然不断重复这个试验,最终会毁掉这个纸卷。通过呈现纸卷直径与相关应力的比例关系,这种测量就能给出良好的纸卷结构图。

2.4.1.4 弹性模量(*Z* 向)

当预测纸卷紧度与振动情况时,纸幅 *Z* 向弹性模量是一个重要因素。松厚的(*Z* 向弹性模量低)与高摩擦因数的纸容易在复卷中产生振动。在复卷循环中,复卷夹区内纸卷内部会发生变形,而因摩擦力大,变形不仅不消失,而且还会继续产生。一般地,当纸卷每转一周就出现一次或数次周期性变形,振动会达到顶峰。*Z* 向与纵向弹性模量决定了复卷成纸的紧度。*Z* 向弹性模量可以通过持续以 5mm/min 恒速,对一叠纸(尺寸 70mm × 70mm,高度 50mm)施压(压力可高达 1.6 ~ 3MPa)来测量。在压缩与释压的循环中,测量压力与压缩量的大小。在一定压力下的纸页弹性模量是压力—压缩量曲线的角系数。

2.4.1.5 摩擦因数

当研究不同的复卷现象时,纸页间的摩擦因数是一个重要因素。一些振动现象与其他纸卷缺陷与它相关性很大,而且纸页的最终用途也与摩擦性质相关性很大。纸种不同其摩擦因数值也差别很大,即使是同一纸种也可能因配浆不同而差别很大。纸页的摩擦因数应在实验室以标准的恒温恒湿条件去测量。为了确保结果准确,测量的样品不能被手触碰。推荐纸的摩擦因数应按纸机纵向测,因为这与实际滑动条件吻合得好,实际生产过程中纸卷就是这样运动的。现有几种实验室测量摩擦力的仪器,它们的原理基本相同。即将相对小的纸页置于相对大的纸页之上,然后用一个已知质量的类似雪橇的物品放在纸页样品上,然后以标准速度拉动这个“雪橇”通过指定的距离,测量所需的力,然后计算出纸页静态与动态的摩擦力。

2.4.2 智能辊技术

智能辊(intelligent roll, iRoll)技术创造了一个优化纸页运行性能的新的可能性。卷取的智能辊技术——“智能卷取辊”允许同时在线测量压区负载曲线与纸卷曲线。测量纸页性能的智能辊——智能张力辊——是一种在线测量纸页张力曲线的方法,将整个测量系统合为一体,没有分开的扫描装置。“智能卷取辊”与“智能张力辊”方便在线进行纸卷横幅控制与纸幅张力的控制。智能辊技术通过使用磁带嵌入式传感器,可对短暂过程和运行进行分析测量。这种所谓的“便携式智能辊”能进行纸卷横幅曲线、压区加载曲线与张力曲线的测量服务。“便携式智能辊”提供了一个通过提高效率来降低成本的方法,且帮助维修人员不需其他投资就能解决这些复杂问题。

智能辊系统包含了一个高精度的机械辊,辊体上带沟纹并安装传感器,表面嵌有螺旋形的力敏薄膜、测量电子器件、不受干扰的数字无线电传播器、无线能量传输器以及连接到纸机自动操作系统的接收装置(图 2 - 6)。“便携式智能辊”系统也使用同样的技术平台进行短时间的测量。

智能辊像其他流程上的辊子一样工作,使得观察纸幅张力或压区曲线如何真实地影响生产成为可能。与那些额外增加的装置不同,智能辊不会对在线参数的测量造成误差。此外,它还能安装在生产过程的不同位置,如那些张力曲线影响的关键位置或压区、纸卷横幅曲线需要测量的位置。“便携式智能辊”也能够安装在生产线上,同时提供高精度和高效率的多条测量曲线(图 2 - 7)。

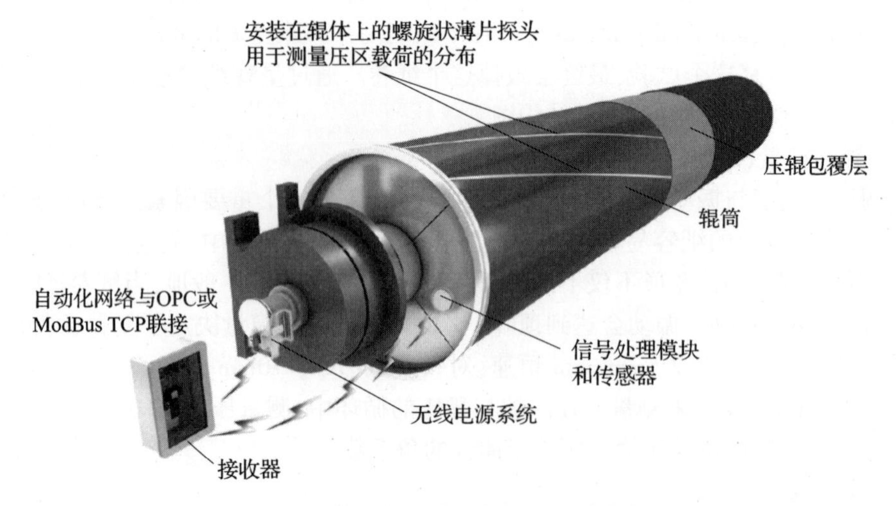

图2－6 智能辊及其组成部分(美卓版权)

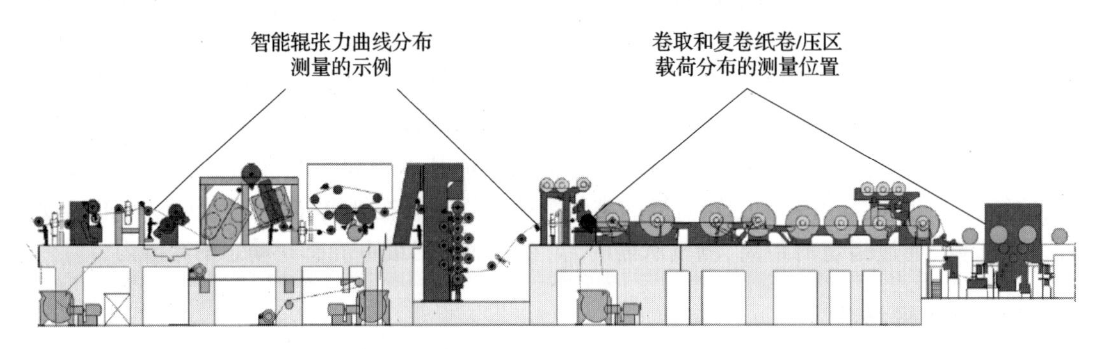

图2－7 智能辊技术应用于不同部位进行测量(美卓版权)

2.4.3 卷取与复卷的智能辊

将卷取鼓做智能辊,可以在线测量压区压力曲线,能提供如纸页性质这些有价值的信息(图2－8)。卷取测出的压力横幅曲线与纵向纸页直径和纸卷硬度直接相关。卷取压区负载曲线的凸起和凹陷,清晰地显示了源自纸幅厚度和张力曲线的波动。横幅曲线测量的高分辨度是基于纸卷的形成原理,因为上千张纸页相互重叠起来形成母卷,直径等横幅差异会在纸卷上累积与放大,造成纸卷上明显的变化。与间接测量方法相比(如操作侧加一个厚度测量装置),以智能辊为测量工具得到的纸质与纸辊硬度测量值则更加精确。因此,使用智能辊的目的之一就是取代旧的纸辊硬度测量方法。

智能辊不仅控制方便,而且减少了卷取过程的问题。这是由于智能辊可监测卷取压区的压力曲线,且能立刻显示压力波峰,使其在卷取上不要累积,尽快中断那种倾斜的压区横幅曲线与"胡萝卜形"纸卷的形成。对于纸机部件造成的摩擦与破损会造成压力控制等问题,智能辊也会显示出来,这样就会减少卷取过程相关的质量缺陷。

图2－8显示出源于纸卷厚度横幅曲线波动的波峰和波谷。

该图还给出了一个手动控制的多压区压光机SYM辊的分布曲线示例。

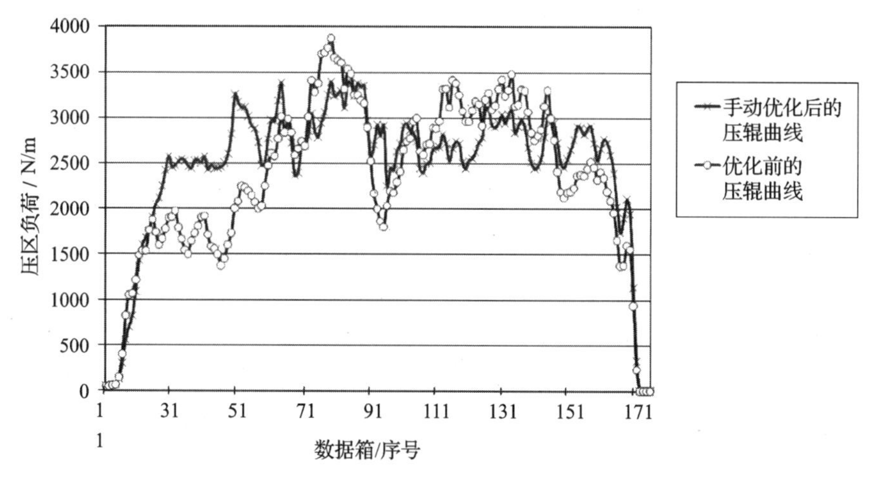

图2－8　卷取压区负荷横幅曲线示例(美卓版权)

使用智能辊作为卷取鼓,并将纸卷横幅曲线控制回路(包括压光分区控制、压光感应测量仪、定量分布控制仪或涂布量分布控制仪等)结合在一起,可实现对横幅相关的质量变化及运行问题的即时响应,减少断纸与定量变化造成后的恢复时间。

2.4.4　基于纸幅张力曲线测量与控制的智能辊

智能辊技术平台的另一个应用就是“智能辊张力仪”,它能连续在线监测全幅张力曲线,不需要任何额外的扫描设备。此外,与传统方法相比,这种方法测量张力曲线与张力大小的精确性得到提高。使用智能辊张力仪,张力可通过纸页与辊体之间测得。因此,辊子的静负荷或温度蠕变不会影响测量系统。

基于横幅张力测量的智能辊能与闭合回路控制相结合。这里可以给出两个张力横幅控制方法的例子。

第一种方法是基于传统水分曲线控制法,使用纸机压榨蒸汽箱为执行机构,使用通常的水分曲线测量与控制。横幅张力曲线优化方法与横幅水分进行串级控制。安装在合适位置的智能辊测量出横幅张力分布,然后计算出一个设定值进行横幅水分曲线控制。这种系统很简单,且易于调整。横幅张力控制有一个视窗进行操作,可限制水分曲线的波动幅度。因此张力曲线可得到优化,水分横幅曲线也能控制在允许范围内。

第二种方法是基于两个或更多分别影响张力与水分曲线的执行机构。第一个执行机构(压榨部的蒸汽箱或者是干燥部的第一组喷湿箱)用于控制张力横幅曲线,第二个执行机构(喷湿箱)用于校正最终产品的水分值。水分与张力横幅曲线用一个系统控制,这个系统能为每个执行机构对应每个测量值计算出最佳权重。

2.4.5　为过程分析和维护服务的便携式智能辊技术

便携式智能辊技术为纸与板纸制造者及维护专家们提供了一种新的在线压区压力与张力横幅分析工具。这个“智能辊便携式分析仪”能提供纵向与横向张力变化与压区压力分布变化的信息。“智能辊便携式分析仪”能快速得到智能辊技术带来的便利与精确度,并有效降低成本。

这种分析仪包括贴在智能辊表面的探头与信号处理模块(图2－9),后者有一个贴在辊端或轴上的传感器。每当智能辊旋转一圈,分析仪就可提供对应的完整横幅曲线。测量的曲线信息以无线连接的接收器传送到微型计算机。智能辊运行性能分析包括一定周期的测量与数据采集,而且还包括为了下一步过程发展的推荐措施。一般地,测量周期从两天到一星期不等,以确保相当广泛的数据收集。

图2－9 在辊子表面安装便携式智能辊测量探头(美卓版权)

2.4.6 横幅曲线在线控制

2.4.6.1 纸幅张力横幅曲线

以智能辊为基础的测量与控制为改善纸页张力横幅分布提供了一种有效的工具。例如,挂面纸板生产线在膜式施胶机处有运行性问题,表现为纸幅边缘松弛,导致施胶前的纸幅有反复出现起楞与皱褶现象。为了消除皱褶,纸幅张力需提高到300N/m以上,但更高的纸幅张力自然会造成更多的断纸和生产中的问题。为了消除这些问题,横幅张力测量设备就要安装在施胶机之前。

在纸机生产线,控制张力曲线越早越有效。在干燥部纸幅同时被拉伸与烘干,使张力曲线变成了固定的形状。这个形状可通过在干燥部前端安装回湿装置来改变。

如前面提到的一个例子,回湿箱安装在第一组烘缸来控制纸页张力曲线。另一个回湿箱则装在第二组烘缸来校正最终产品的水分曲线。因为第二个回湿箱安装在第二组烘缸,它对张力的影响要小一些,所以第一组回湿箱的影响还会保留。图2－10给出了这种控制概念。

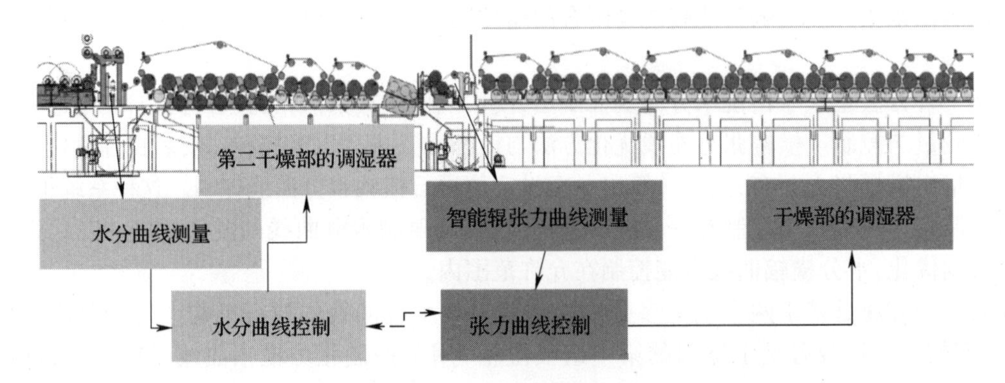

图2－10 优化张力与水分曲线的控制系统(美卓版权)

在线张力控制的效果是明显的,它改善了横幅曲线,尤其是起皱影响的纸幅边缘区域。测量值能显示横向张力曲线中的纸边偏松与倾斜。在安装控制系统之后,纸边松弛的情况显著下降,偏斜状况也消失了。控制系统明显改善了张力曲线,使产品水分横幅曲线控制在允许范围内。改善后的张力曲线降低了纸幅皱褶,能使纸幅的张力更低,从而减少了断纸。

2.4.6.2 纸卷的硬度和直径分布以及取代不精确的厚度测量

在过去对于表面光滑纸种的厚度曲线是很难控制的,如超级压光纸、低定量涂布纸或全化浆涂布纸等,原因是厚度横幅曲线的扫描测量存在困难。厚度横幅曲线不准会导致卷取问题,尤其是发生在纸卷的边缘以及在纸种转换的时候。当几千层纸被重叠卷在一起时,微小的厚度横幅变异就会累积成很大的直径与硬度变化。这会导致由纸卷晃动带来的卷取与复卷的运行问题,同时会招致印刷厂客户的投诉。

在卷取过程中,基于测量压区曲线的智能辊可精确地控制纸卷结构,同时保证纸卷在后续的复卷和印刷过程有良好的运行性能。

举例来说,一条使用在线多压区压光机的 A 级超级压光纸的生产线装备一个“智能卷纸鼓”和基于纸卷曲线测量的压光控制系统。图 2－11 给出了这种纸卷曲线控制的概念。纸卷的硬度和直径曲线通过智能压区曲线测量,控制系统为压光机的 SYM 辊的分区控制计算设定点并优化纸卷结构。图 2－12 给出了这一控制系统的用户界面。

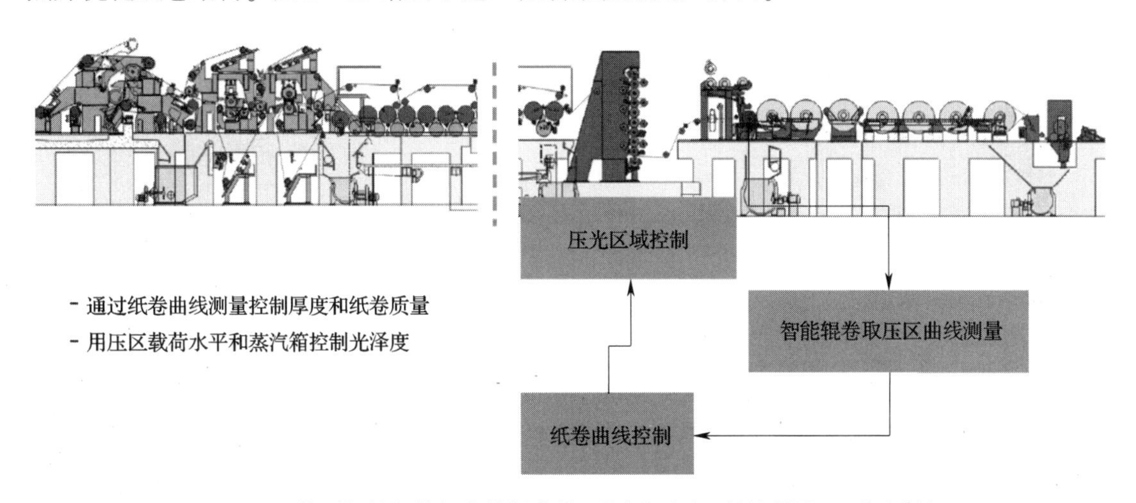

图 2－11 使用智能辊的纸卷横幅曲线(硬度与直径)的控制原理(美卓版权)

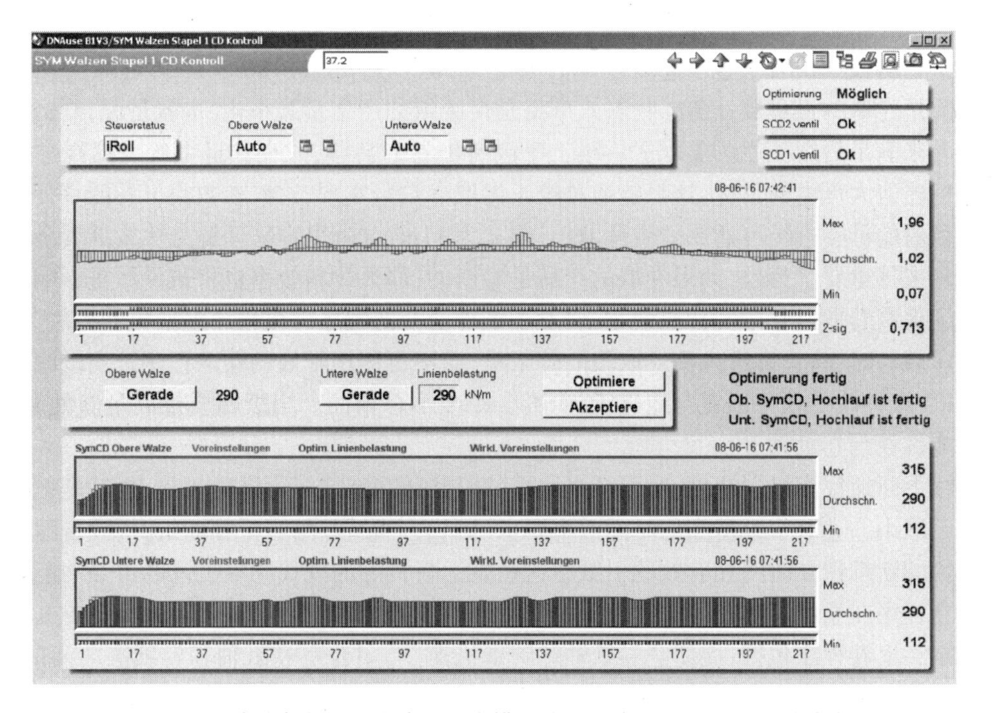

图 2－12 在线超级压光生产线纸卷横幅控制系统的操作界面(美卓版权)

超级压光纸生产线有了上述的纸卷曲线在线控制系统，就可以提升和改善复卷机的运行性能。基于控制系统的智能辊可以使运行性能更加稳定，并减少更换纸种后的恢复时间。

2.5　卷取

2.5.1　卷取过程

对卷取过程的要求来源于后续过程，但它自身的过程也要符合造纸工序的固有需求。而且，卷取的成功很大程度取决于它自身的功能，此外操作方式在整个卷取效率上也扮演着重大的作用（见图2－13）。

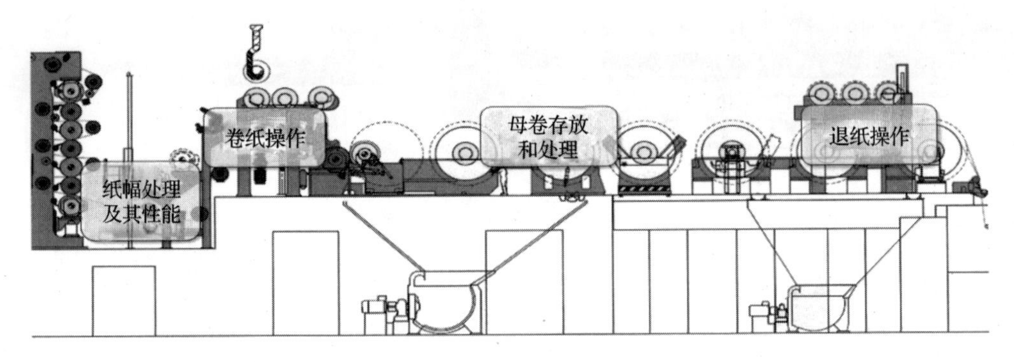

图2－13　卷取效率取决于纸幅特性、卷取设备以及卷取过程中和之后的操作（美卓版权）

每个造纸生产线都至少包括一道卷取过程，但最高可达到5道独立的卷取过程。对卷取的评估有多种方法，例如通过划分为两种效率来评估：即物料效率和时间效率。这在本章的2.5.3节将有更详细的讨论，但是这里应用的效率术语是为了阐明卷取过程的本质。

通常物料效率代表了整个卷取效率的大部分，即多达60%～80%。所以，最大化物料效率被认为是卷取的最重要任务。物料效率就是使废纸的产生量最小化，也就是说，制造出高品质的母卷来满足后续工序的要求。后续工序包括母卷的转移、贮存和退纸等。提高总效率的要求支持建造大母卷的目标，这只能通过校正卷取参数来实现，这些参数由母卷的直径精确地控制。目前的母卷直径可达5m，质量160t，幅宽为11m，这就很容易理解为什么纸页全幅性能和端面越来越重要。另外，如果卷取的产品是滞销的，那么物料效率也将遭受严重影响。

为了提高卷取过程中的物料效率，研发了纸种变换的程序。该程序包括机器控制，当纸种变换程序启动时，将允许进入到卷取段的碎浆机，而不再使用常规的卷取程序。当纸幅进入卷取碎浆机，纸种改变就可以完全地进行，而不会产生不合格品。当纸幅质量满足新的目标后，纸幅才能被卷到卷纸轴上。

连续不断地提高机器速度，对保持高水平的时间效率造成了额外的挑战，也就是把断纸和停机减至最小。卷取中维持高的时间效率要求可靠的上卷程序，当纸幅断纸时，设备程序提供一个短暂的断纸恢复时间和有效的引纸。这些是运行良好的现代卷取工艺的主要功能特征。

上卷程序在卷取过程是最关键性的操作，因为在非常高的纸机运行车速下需要执行许多机械控制。上卷程序包括：促使空卷纸轴达到纸机速度，闭合空卷纸轴和卷纸缸之间的压区，执行上卷装置的上卷程序，传输所有的卷取参数控制从一个卷好的母卷到一个新的母卷。此外，上卷程序还包括上卷后将满载的母卷转移到停止位置，减速和退出母卷以进行后续加工。

一旦纸幅发生断纸,卷取能在短时间内恢复是非常重要的。这要求快速的退出断纸的母卷以及从卷纸轴存放位置快速的提取新的卷纸轴,这些均包含在断纸程序中。卷取也必须为清洁工作提供最容易的操作方式。在断纸时,操作员的动作通常对时间效率起着最大的影响。

停机或断纸后,会进行引纸以重新开始造纸和卷取过程。通常使用自动程序以使卷取准备好引纸。一旦引纸准备就绪(卷纸轴和卷纸缸速度正确和压区闭合等),引纸就从纸机推进到卷取。引纸包括从全幅纸页上切取纸尾,转移纸尾通过卷取压区到卷取碎浆机,扩展纸尾到全幅的宽度,最后将纸幅卷到卷纸轴上。

2.5.1.1 卷取参数

良好的纸卷结构能够在卷取过程及后续退卷过程中抵御多重纸页围绕质量的负荷。为了卷出一个良好的母卷结构,需要采用先进的卷取工艺。实现最小化纸页浪费的最好方法就是精确控制卷取参数。在传统的没有芯轴卷纸能力的卷筒式卷纸机上,有效的卷取参数是压区负荷和纸幅张力。此外,第二代卷纸机提供了第三个卷取参数——圆周力,以实现高质量的卷取,见图 2-14。

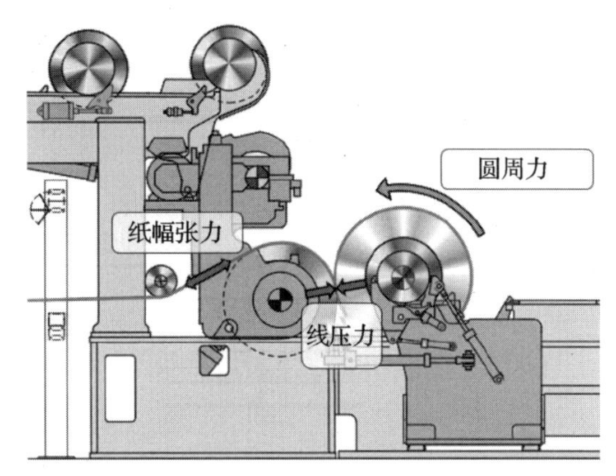

图 2-14 卷取操作的工艺参数(美卓版权)

第一个卷取参数——压区负荷,被认为是影响母卷紧度的最有效参数。当两个辊筒压在一起时,压区就发生在接触面。在卷取中,辊筒间的挤压压力通常通过液压缸实现,但也有较老的气压装置的应用存在。如果卷取是以一个角度而不是以固定轨道来执行,重力也有助于压区负荷。背压可以减轻卷纸轴和卷纸的部分质量以取得压区负荷的设定值,这在现代化的卷取上也要被考虑。

压区负荷习惯上由加载缸上压力除以纸幅的宽度来计算。因此,压区负荷不是在卷筒上的测量值而是计算值。如今,加在加载缸的实际压力由测压元件测量。一种控制系统的类型如图 2-15。对于压区负荷最现代的测量是智能卷纸缸,它包括在线获取横幅截面压区负荷的技术。更多细节在 2.4.2 节讨论。

对于没有芯轴卷纸性能的卷筒式卷取机,因为母卷是表面驱动,母卷的旋转力必须从卷纸缸驱动器传递到压区。此时,保持相对高的压区负荷仅仅是为了保证正确的母卷表面速度,以防止在卷取压区产生滑移。然而,由于第二摇臂的斜角几何结构,第二摇臂可以给大直径母卷提供充分压区负荷的能力是有限的。这就对母卷的最大直径造成制约,如果还期望增加母卷直径,就要投资第二代的卷纸机。第二代卷纸机通过两个途径加以改善:a. 中心传动使母卷旋转不再需要经由卷纸缸表面,b. 由于次级托架的线性几何结构使得压区负荷水平不再取决于母卷直径。

卷取工艺中不断增长的挑战促成了软卷取缸包覆层的应用。对于造纸过程,软卷取缸包覆层应用,使没有风险地用更高的压区负荷生产更紧的母卷成为可能。同样,柔性材料符合母卷的形貌,限制了空气进入母卷。此外,软卷取缸包覆层还降低了压区诱导振动。

卷取缸的硬包覆层和软包覆层使压区负荷对母卷收紧程度有所不同。由于母卷直径的变化,硬包覆层使母卷在过了卷取压区后变紧。而对于软包覆层,由于柔性包覆层直径的变化,软卷取缸的缩紧发生在卷取压区之前,如图 2-16 所示。这可以增加母卷总的紧度。

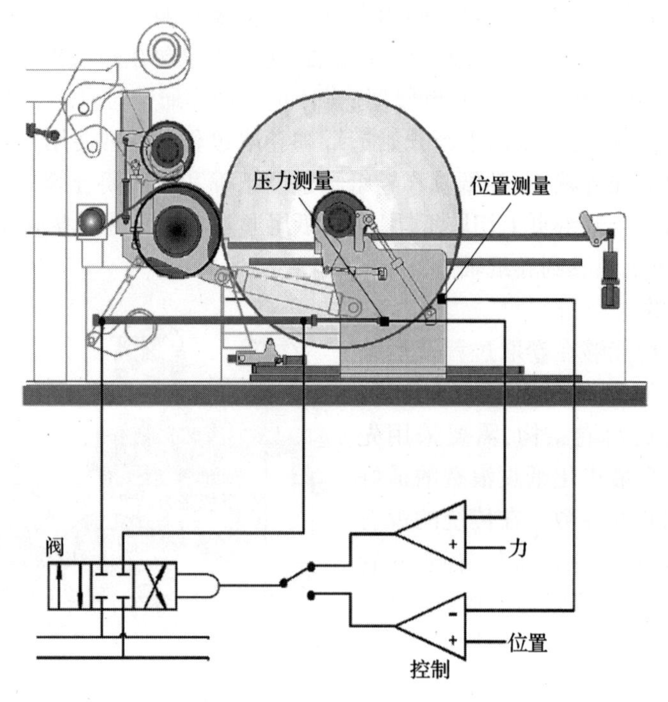

图2-15 线压控制原理

一些新一代的卷取通过在轨道上放有卷纸轴,从压区方程中除去了芯轴和卷纸质量,消除了在卷纸缸顶部上卷的需要。此时的卷取,从上卷开始至母卷卷至其最大直径的过程,芯轴全部经由轨道支撑。

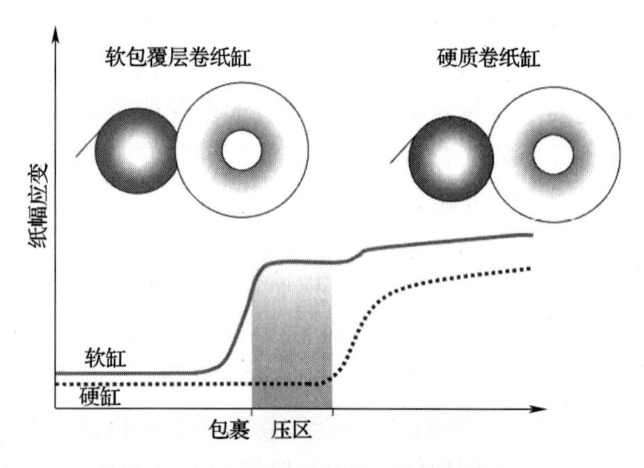

图2-16 硬质卷纸缸和软包覆卷纸缸对压区缩紧的影响(美卓版权)

最新的卷取技术包括一个成为"第二压区"的新概念。用两个压区同时构建的母卷,为提高贯穿母卷径向的紧度提供了巨大潜能。还有,第二压区的理念限制了空气进入母卷并改善了母卷的表面质量,因为第二压区能够保持闭合直至母卷在上卷后完全停止下来。

第二个卷取参数——纸幅张力,或多或少由运行性能和纸幅的弹性限制,但这也影响卷取的紧度。首先,张力水平应该低些以确保断纸数量最小化,这限制了纸幅抗张强度所对应纸幅张力水平。第二,当要维持卷取压区前的舒展辊的效果时,张力水平应该尽可能的高些以允许纸幅没有皱纹的进入卷取压区。第三,纸幅张力对卷纸缸表面和纸幅之间的牵引力产生重大影响。这就是为什么需要足够的纸幅张力的原因:更高的纸幅张力值能够提高卷取紧度。

在传统的卷筒式卷取中,纸幅张力很少是一个测量值,只是依照卷取缸传动扭矩或者卷取缸速度的固定值来调整。而事实上,没有测量纸幅张力会导致过程不稳定。速度或纸幅伸长率的波动会在母卷构建过程中引起不规则变化。目前,纸幅张力已作为一个闭环控制参数得到越来越多的应用,同时其也由安装在测力传感器上的张力测量辊来进行测量。张力测量遇到的挑战有温度、振动和机械应力的变化,这些均会干扰负荷测量。

为了避免以上提到的问题,研发了新的张力测量方法。其中一种应用是基于弯曲的测量横梁和纸幅间形成的气流层压力。该系统的一个缺点就是其测量取决于纸幅的孔隙率,这会造成在不同纸页性质和纸机运行速度时测量纸幅张力准确值的问题。最新的一项应用——智能辊,通过螺旋形围绕在校正辊周围的传感器来测量纸幅张力。施加在传感器上的力提供纸幅张力水平和横幅分布的信息。此外还有连同卷取压区负荷测量,这些应用在 2.4.2 节进行更为详细讨论。

通常纸幅张力的控制见图 2 - 17,其功能如下:

① 测量张力。

② 张力设定值与测量值的比较。

③ 增加或降低控制驱动的负荷或速度以满足张力的设定值。

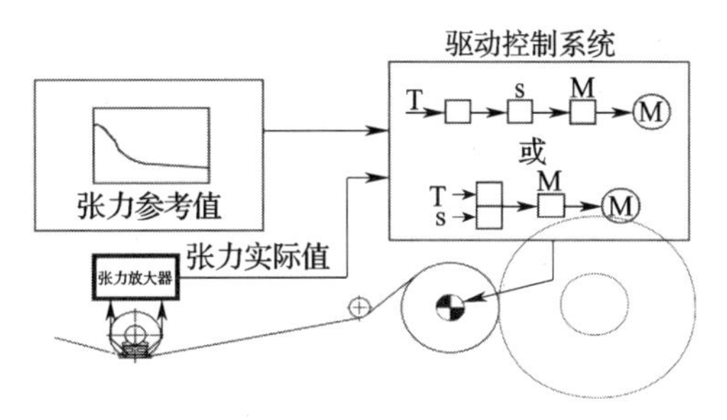

图 2 - 17 纸幅张力控制

自从"芯轴卷纸"或"辅助芯轴卷纸"将圆周力作为可用的特别卷取参数后,这种卷取方式就成了控制卷取过程的有效手段。圆周力由中心传动产生,定义为分布在母卷表面纸幅宽度的纸幅正切力,如图 2 - 18 所示。芯轴卷纸与表面卷纸的不同之处是,卷纸轴是由通过其的操作力来进行自我驱动的。而对于表面卷纸,则由卷纸缸接触母卷表面以传递力来驱动辊筒。

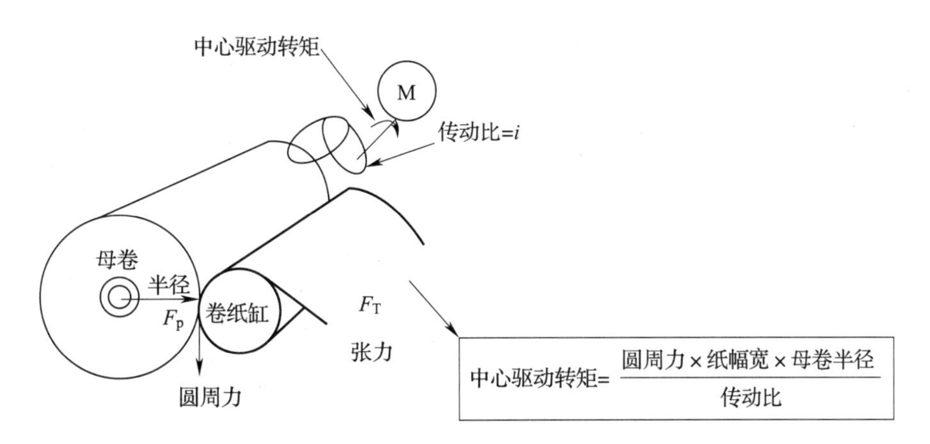

图 2 - 18 中心驱动扭矩和圆周力的关系(美卓版权)

中心驱动能够用于卷取过程不同的关键点。在一个新的卷取周期初期阶段,压区闭合之前,空的卷纸芯轴可由中心驱动进行加速,以达到精确地匹配卷纸缸的表面速度。这样,就少了一个能够引起张力扰动和断纸的因素。上卷后,中心驱动的扭矩能够用作对母卷结构有贡献的圆周力。

与其他卷取控制参数相比,圆周力可提供更大的控制能力。相对于纸幅张力控制,要达到相同的卷取紧度所需的低压区负荷,圆周力在运行性上负面作用更小,也不会对母卷正确的表面速度失控。众所周知,在卷取过程中,高压区负荷和低纸幅张力水平会引起卷取缺陷并对卷取过程造成其他负面影响。图 2 - 19 显示了芯轴卷纸的一个概念。

每个卷取参数对母卷紧度的影响还有争论。除了传统的卷筒质量测量外,卷取参数间的关系可用一个所谓的卷入张力(wound - on tension, WOT)测试来评估。在这个测试中,要测量进入卷取压区间的纸幅张力,每个卷取参数对于 WOT 的单独影响就能够被断定,见图 2 - 20。但是,必须牢记的一点就是,除了卷取方法之外,母卷紧度很大程度依赖于纸页性能和卷取设备,比如卷纸缸的包覆材料。

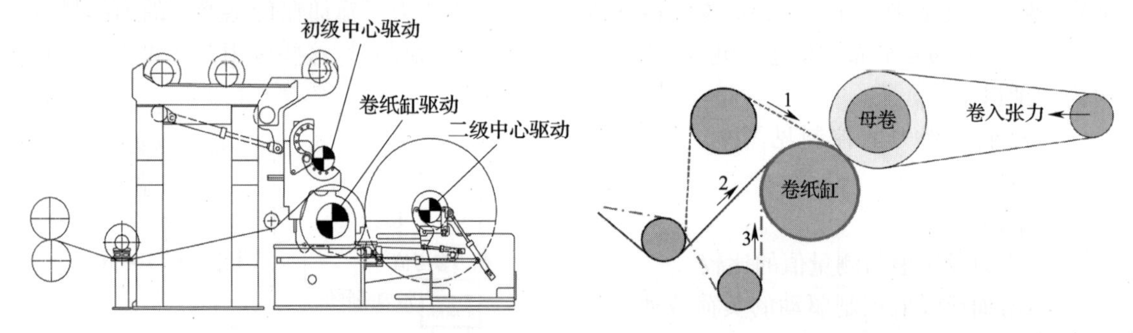

图 2 - 19 芯轴卷纸机中的可控驱动组

图 2 - 20 用于卷入张力测试的试验纸机布局示例,也允许用于不同的卷纸缸包角的测试(美卓版权)

2.5.1.2 母卷内的应力

母卷尺寸影响着辊筒内的应力。内部应力起源于纸卷的重量和卷纸轴的挠曲。缠绕在辊筒上的纸对抗着卷纸轴的挠曲,从而导致在母卷内产生不均匀应力。

母卷纸幅层间的应力可以分成两类[1]:即在卷纸轴以上产生的径向压缩应力和在母卷两边垂直面上发生的剪切力(图 2 - 21)。有效元法(Finite Element Method, FEM)分析被用于断定在众多变量中母卷应力所占的百分比[2,3,4]。同样地,卷纸轴直径和硬度,还有纸的密度、摩擦因数(COF)、纸幅模数(在所有轴线上)以及其他参数也已经由不同的方式进行评估。比如,FEM 分析显示,卷纸轴的尺寸和母卷直径对于辊筒内应力的影响是极其显著的。

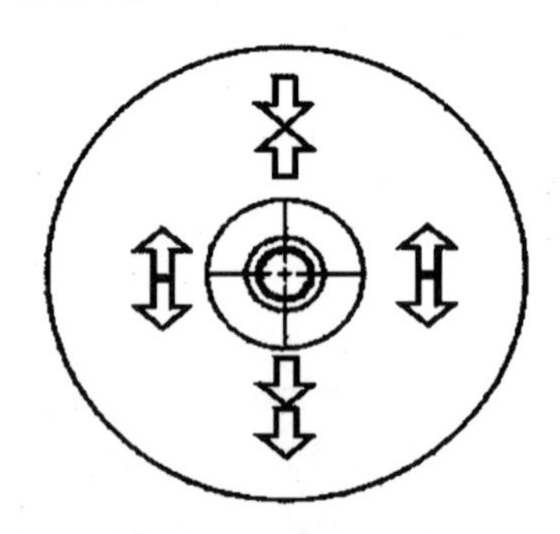

图 2 - 21 由于辊筒重量引起的母卷应力

卷纸轴附近发现的卷取缺陷通常由纸层间的滑移引起。引起层间滑移的力主要取决于纸的重量和母卷半径,反之抵抗滑移的力来自母卷层间的摩擦因数和径向压力。为了避免纸层间的滑移,引起滑移的力必须小于抵抗滑移的力,如图 2 - 22 所示。硬底母卷结构保持的摩擦力要高于遍及母卷结构上的滑移力水平。如果母卷底层结构太软,滑移力超过摩擦力,层间的滑移就会发生,如图 2 - 23。

在一个试验性的研究中,卷纸轴上安装了应变传感器以测量辊轴的挠曲和母卷的内部压力变化。图 2 - 24 为这个仪器的图示。

图 2 - 25 显示了用压力传感器测量的径向压力和产生应变所需的压区负荷计算值,应变用拉伸传感器测量。

当纸幅以固定的压区负荷和纸幅张力缠绕在卷纸轴上后,卷纸量的增加会引起传感器测得的径向压力增加。

$M_{加速}=m \cdot a \cdot R$

$F_{加速}<F_{摩擦力}=\mu \cdot F_{压力}$

图 2-22 母卷的内力分析(美卓版权)

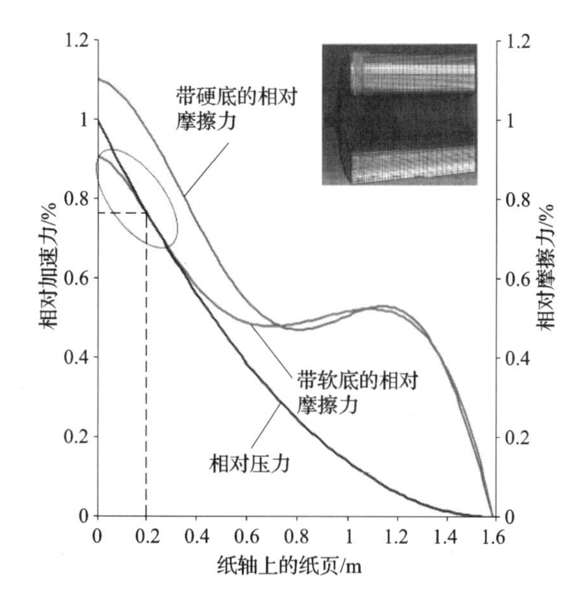

图 2-23 母卷的相对推力是纸卷半径的函数(美卓版权)

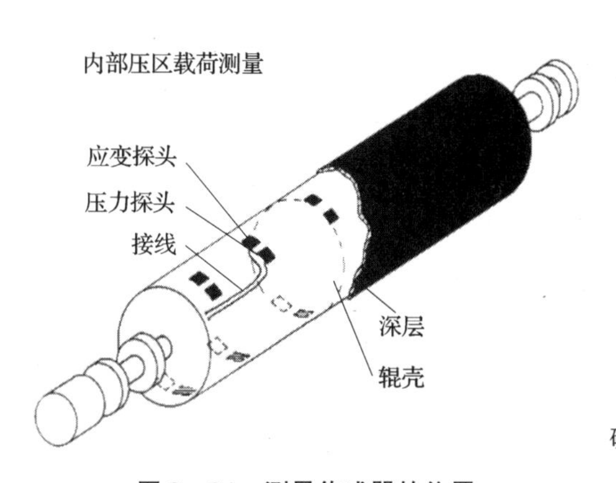

图 2-24 测量传感器的位置

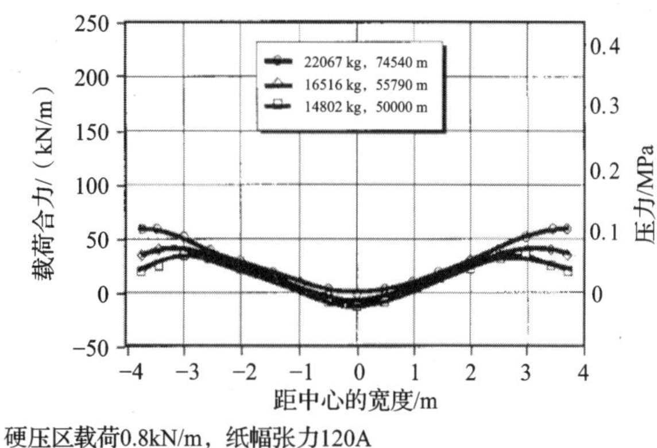

图 2-25 母卷内部压区的线压力

另一个发现的重大因素就是横向压力分布。高压力值由位于辊筒边附近的传感器测量。很显然,为了支撑辊筒在边缘附近是没有卷纸的,所以发生更大的挠曲。因此,这是卷纸和卷纸轴形成实体硬度最低的区域。当发生高挠曲时,就会引起高的内压力,暴露了纸幅提升了内部压区应力。这个现象有助于解释,常见的大多数卷取缺陷是在纸幅边缘附近发现的。在纸卷中间,内力达到负值,表明了卷纸支撑着辊轴。

卷纸轴和卷纸形成系统的硬度影响着横幅峰值和内部压力分布。如果在一个卷取周期中采用高恒定值的卷取参数,一个紧的、更硬的纸幅就会卷到卷纸轴上。在这种情况下,卷纸支撑着辊轴;这样卷取纸幅就会防止辊轴偏斜。然而,在辊轴的末端,由于没有纸幅的支撑而形成不连续的受力表面,即使轴端强度很大也会发生挠曲,如图2-26所示。

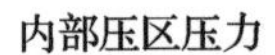

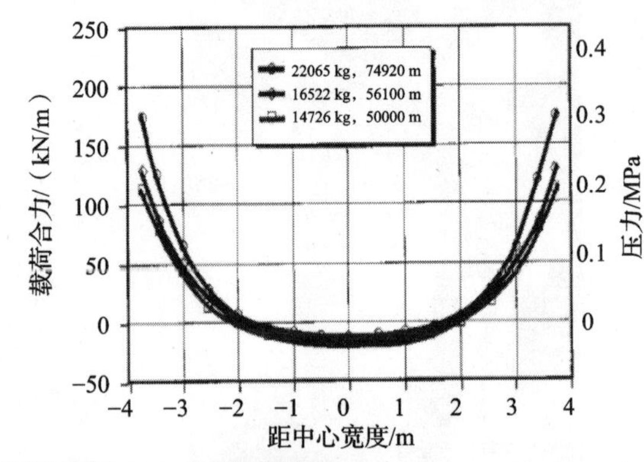

图2-26　母卷中压区压力的分布

2.5.1.3　母卷结构

如前所述,除了纸卷和芯轴尺寸外,母卷结构对内力的影响是毫无争议的。在构建母卷过程中,终极目标就是正确调整与芯轴相关的纸卷硬度或刚性(见图2-27)。这可以减小内部压力和纸幅暴露的应力。另一方面,母卷结构必须足够紧实以防止层间的移动。为了达到这个目的,母卷的硬度必须是可调整的。

通过控制卷取参数来获得恰当的刚性是很有意义的。如纸卷半径就与纸卷刚性有很好的函数关系。这样就可能更加密实地卷取母卷底层区,以对芯轴进行支撑并防止纸层间的移动。如果整个母卷卷得太密实了,纸卷结构就会变得非常硬,内部压区应力就会增加。有鉴于此,母卷结构应随着半径的增加逐渐变软。这种形式的卷取被冠以"硬的中心结构"(hard centre structure)或"紧的起点"(tight start)来描述(见图2-28)。

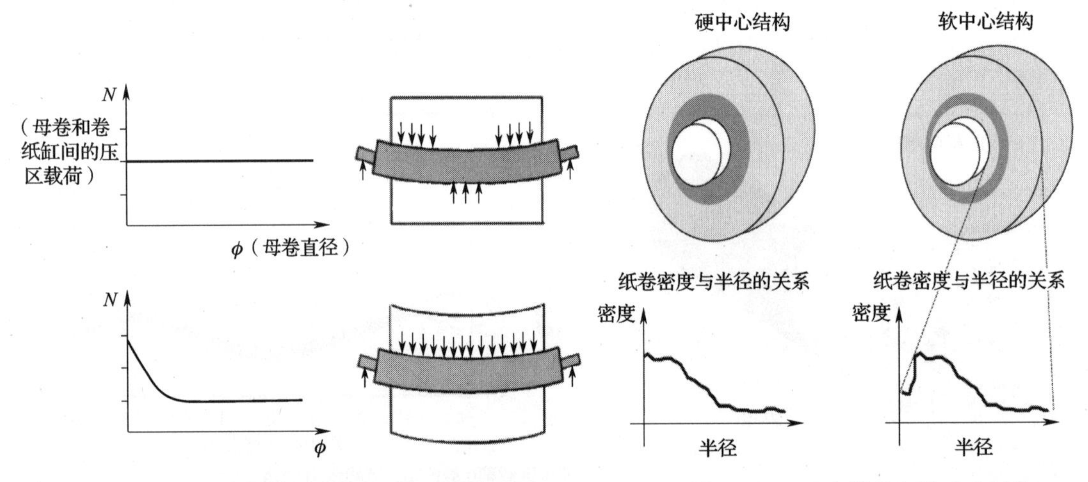

图2-27　母卷结构对内部压力负荷的影响　　图2-28　硬和软的纸卷中心结构

在一些情况下,卷取过程的某个固定生产要素可能被错误地设定。例如,卷纸轴的直径可能不适当。结果导致内部压区应力增加并产生缺陷。在这些情况下,卷取初始时母卷结构就不需要那么紧,这已被证明是有利的。在稍微松弛的基础卷上后,母卷剩余部分就要以中心硬的方法来构建了。基础不那么密实的目的就是形成一定的纸层,这个纸层不会抵抗内部应力和限制指定层的内部移动。这样,多数母卷就没有瑕疵了,然而在薄的不密实的母卷中心会发现不可避免的缺陷。这种形式的卷取被称为"软的中心结构"(soft centre structure)和"软的起点"(soft start)(见图2-28)。

辊筒半径除了作为一个函数来控制母卷硬度之外,其在调控纸卷的横向硬度分布方面也很重要。当全幅质量变化时,在压区的施压也相应地改变。为了控制母卷横向截面的硬度,测量自然是需要的。单张纸的厚度和克重的在线测量不足以评估整个母卷的硬度,因此通常在卷取之后要进行硬度测量。硬度测量设备已在2.4.1节详细讨论。对于纸卷硬度的径向和纸机横向分布,大多数的设备适于离线测量,见图2－29。对于横向面测量,为了能够与不同的硬度水平相比,用相对硬度值是很有意义的。

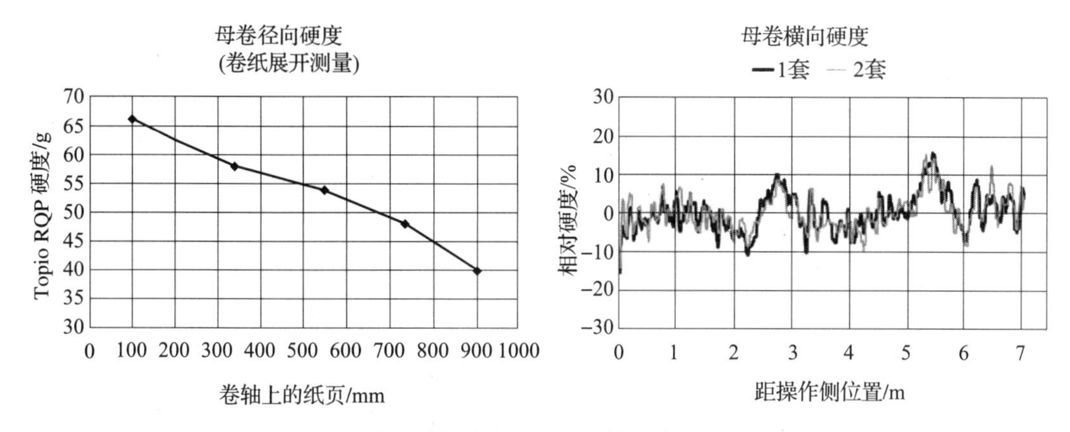

图2－29　母卷硬度值在径向和纸机横向的分布(美卓版权)

还有一些用于母卷硬度和卷取压区横向面在线测量的设备。这种现代工具采用闭环控制母卷结构来取代控制单张纸页的性能。这为解决卷取相关的问题提供了更短的响应时间。一种由在线测量压区横向分布设备提供的测量结果如图2－30所示。

除了上面提到的工具之外,母卷结构也能用卷入张力(WOT)试验来评估。然而,目前这种试验还限制在实验室规模,不过这种试验可以有效地判定在卷入张力水平下卷取参数的效果,即母卷结构(见图2－31)。

2.5.1.4　卷取过程的空气夹带

辊筒旋转和纸幅运转中产生的空气流可导致卷取过程的空气夹带问题。当空气聚集在高速纸机卷取压区前的一个袋区里就会产生气袋(见图2－32)。特别是在密实的、低孔隙率纸种的生产中就会发生,如在线涂布或在线压光的纸种。如果有太多的空气,气袋就开始移向边缘,并穿过压区压溃。如果气袋穿过了压区,就会产生褶子和随后的断纸。气袋的存在也能降低卷纸缸表面与纸幅间的牵引力,降低母卷的紧度。

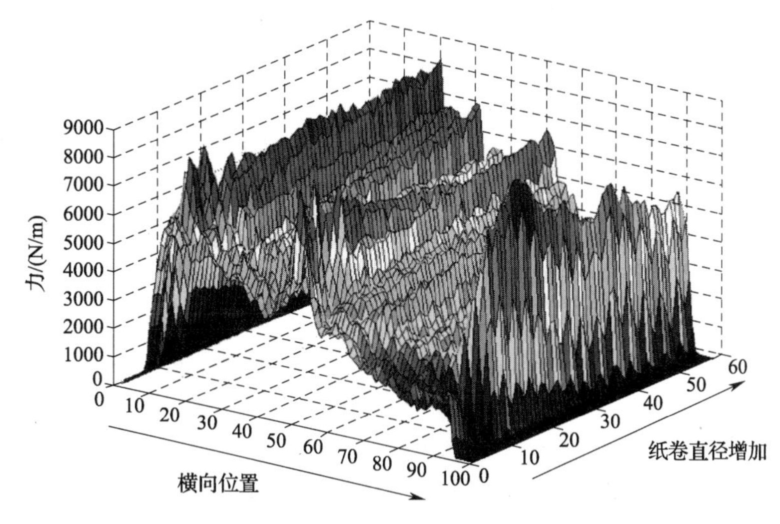

图2－30　在线测量的母卷压区横向分布的3D视图(美卓版权)

有两种基本情况会产生气袋(图2-33)。第一种情况,当空气被泵送到纸的顶层之间时,而气袋不允许沉积在纸层间,会从边缘逃逸,此时气袋会在母卷上形成。第二种情况,当卷取压区足够紧时会阻止空气流穿过压区,此时气袋会在来纸和卷纸缸间形成。

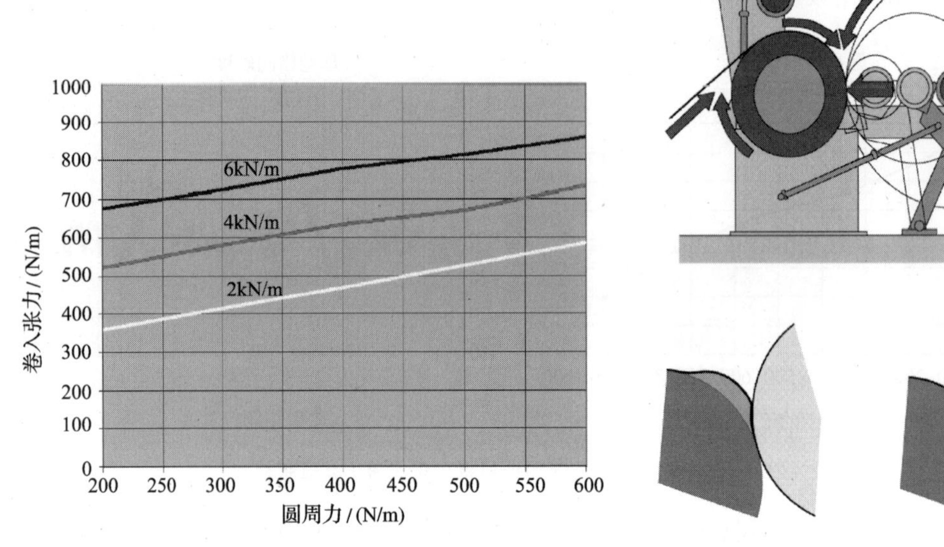

图2-31　对应于压区负荷和圆周力的卷入张力(WOT)测试结果(美卓版权)

图2-32　卷取中的空气夹带

气袋问题是多种变量作用的结果,其中最重要的是运行速度和纸幅透气度。纸幅和卷纸缸的表面性能也有很大程度的影响。欠佳的纸幅横向分布会大大地干扰空气的去除。

两种形式的气袋都可通过在卷纸缸表面适当的开孔或沟纹来减少。通常,不同形式的沟纹(图2-33)用来防止气袋的形成。窄沟纹能够使卷纸缸表面和纸幅间堆积的空气流穿过压区,提供一个气体流动的通道。开孔能够使卷纸缸表面和纸幅间堆积的空气穿过卷纸缸外壳,然后通过壳的开放区域排出。宽沟纹的功能除了是在母卷顶层间形成通道外,其他功能恰如窄沟纹。所以,空气流就均匀地分布在由于卷纸缸的轮廓而在母卷表面形成的通道内。

沟纹结构(图2-34)首先是基于纸幅的性能和操作速度。本质上沟纹是从卷纸缸的中间到边缘尾部的螺旋状。当选择宽沟纹模式时要特别注意,纸张可能会依照沟纹形状泵送过多的空气进入母卷内产生气袋、松动和窜边,所有这些会产生纸页缺陷。

除了卷纸缸开沟纹外,还有其他的工具用于最小化空气的夹带。使用柔性的卷纸缸包覆层可提供改良的压区密封效果。这降低了通过压区进入母卷的空气量。还有,采用母卷摆动来平整母卷形状,这样可让适量的空气在纸机横向去除。最后,优化卷取参数常常可以提高空气的去除。

2.5.1.5　卷取缺陷

纸幅上卷后的那一刻是尤为重要的,因为第一层纸需要承受最大的内部应力和周期力。卷取操作中的误差和扰动导致了卷取缺陷的产生,这些误差和扰动与压区闭合、压区负荷控制和移动机器部件控制等有关。卷取中有很多不同形式的缺陷,通常有皱褶和筋道褶子,这些会在纸幅退纸过程中引起纸断纸(见图2-35)。早前,这些缺陷主要是由不良的纸机控制系

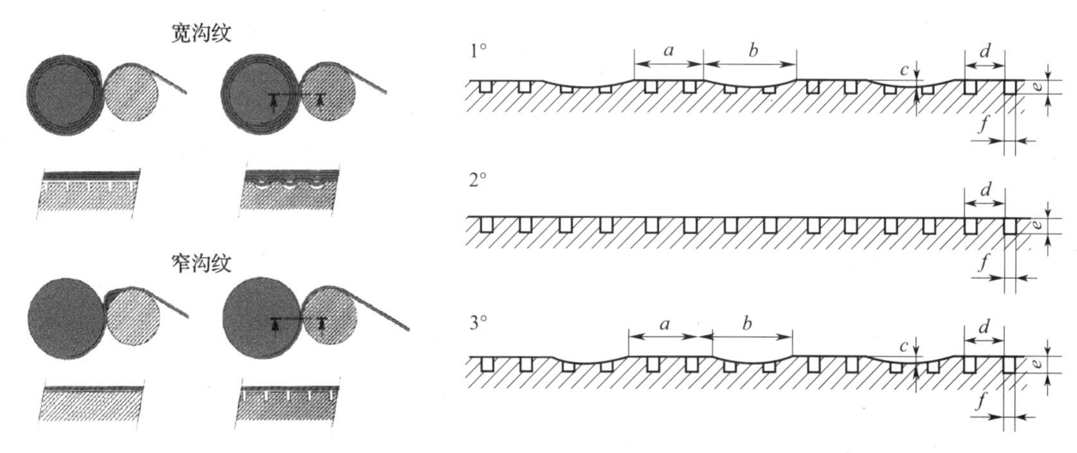

图2-33 母卷顶层之间和卷取缸表面的气袋问题以及对应的沟纹类型

图2-34 沟纹的几何结构

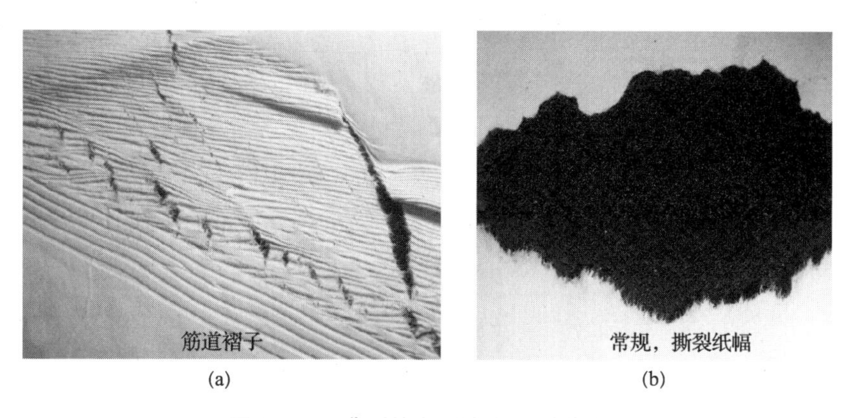

(a) (b)

图2-35 典型的卷取缺陷(美卓版权)

(a)皱褶,筋道褶子 (b)常规,撕裂纸幅

统和卷纸轴直径太小造成。所以,这些缺陷可以通过延迟主机动作直到母卷半径增至足够大的方法来解决,因为此时卷取过程已经越过了关键阶段。在高纸机车速和高质量纸幅的要求下,卷取缺陷通常由纸幅横向性能不良或卷取紧度不足造成。

自然,不良的运行机器控制系统也会引起卷取缺陷。典型例子就是当卷取从第一臂转到第二臂时。在这个阶段,会对压区负荷或圆周力(如果用了中心驱动)控制产生扰动。在退纸阶段,大多数的卷取缺陷会在母卷直径上某个特定点发现。可以假设卷取参数上的这种突然变化会引起母卷硬度的突然变化。卷取缺陷集中在卷取结构不均匀的点。在一些二代卷取中,已经淘汰了第一臂,从而避免了卷取过程中负荷的变化。

高纸机车速和不良的纸幅横向分布会让空气滞留,从而降低纸层之间的摩擦因数。这种情况下,如果设定的卷取参数不能构建足够紧的母卷结构,内部压区应力就开始向母卷内的纸层移动。当母卷关键区域不均匀时也会出现这种情况:在最低卷取紧度的部位发生纸层间的移动。如果在卷取周期持续发生内部移动,褶子遭受过度的机器磨损,会引起纸中的个别纤维被切断。这就是皱褶怎么发展成为筋道的机理(见图2-35)。

卷取期间纸层移动的一个迹象是:在卷纸轴附近母卷边缘上形成了一个梯级(见图2-36)。

此外,在卷取过程中如从母卷上听到一个折断的声音,则表明母卷内部应力的松弛导致了纸层间的移动和卷取缺陷的产生。

对于端面稳定来说,最重要的区域是纸幅的边缘,因为此处的压区负荷和内部应力都是最大的。比如,当纸幅边缘变厚并很快积累到一个端面峰值时,就会使这个较厚的区域的压力大为增加。高的压力容易超出纸幅的撕裂和耐破强度,于是就形成了缺陷(如图2－37)。根据纸种的情况,这种端面峰值通常会导致在卷取伊始就断纸,因为此时母卷处于高的压区负荷和低的可压缩性。

图2－36　母卷边缘的阶梯现象(美卓版权)

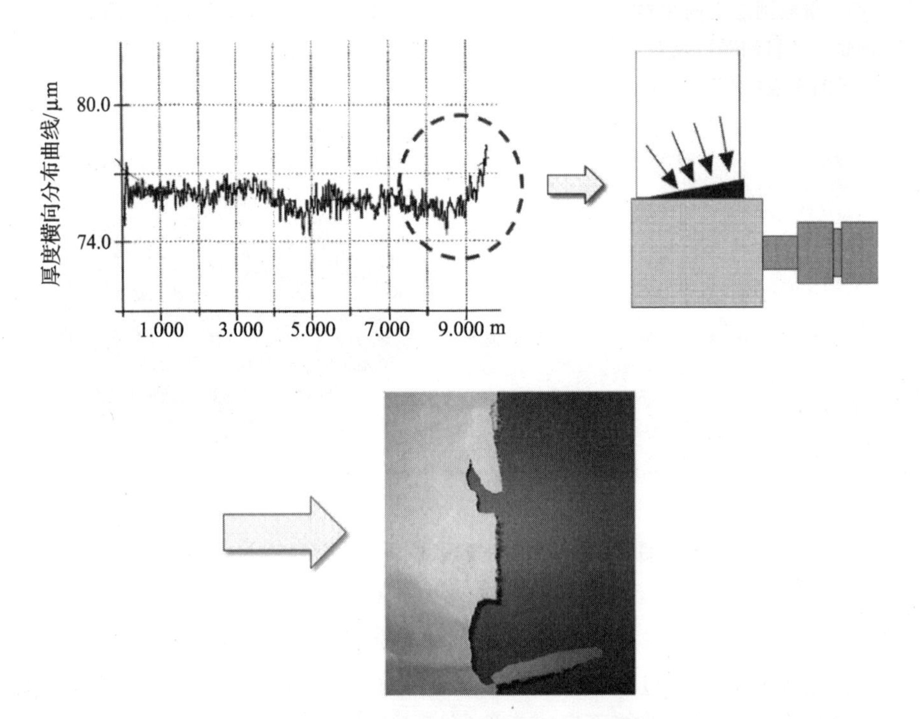

图2－37　纸幅边缘较厚的影响(美卓版权)

2.5.2　卷取类型和设计

卷取过程可以分成两个主要类别:初级卷取过程发生在像纸机一样的连续基本制造过程的终端;第二卷取过程是对纸张全幅在卷纸轴上退纸和再复卷。

初级卷取的设备是纸轴。纸轴用于将其周围的纸幅卷成纸卷,通常也称为母卷、大直径纸辊或母辊。在某些特殊情况下,比如薄页纸种,大直径纸芯可用于取代卷纸轴。这是连续式的纸页生产过程可以转化成间歇式过程的要点,间歇式过程使得后续的完成过程可独立于连续的纸页基本生产过程。这样就改善了生产率:如果在机外涂布时有断纸,纸机仍然可以运行一段时间,反之则亦然。

卷取有三种形式:传统的卷筒式(轴式)卷取,第二代卷取和压带辊卷取。

2.5.2.1 卷筒式卷取

基本的卷筒式卷纸机(图 2－38)由一个卷纸缸,第一和第二摇臂以及卷纸机轨道组成。连续的卷纸过程开始先将一个空轴放到位于卷纸缸和纸幅上面的第一摇臂处。线轴由线轴启动器加速到纸幅速度,然后启动器脱离并且压区闭合。各类上卷方式中的一种是纸幅从满载的母卷转移到下一个空线轴。那时第一臂旋转下到轨道处,此处第二臂提供所需的压区负荷直至达到期望的母卷长度或直径。转移后,第一臂缩回,回到初始位置,准备下一个卷取过程的重复。

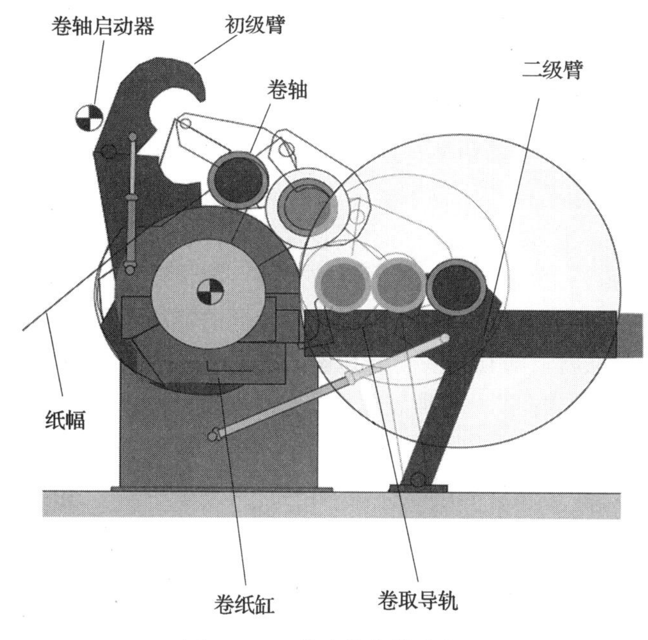

图 2－38 基本的卷筒式卷取

纸幅通过表面卷纸卷上,控制参数是压区负荷和纸幅张力,通常是由开回路控制计算,不是测量的。现代卷取操作越来越自动化,以减小操作员的介入。

2.5.2.2 第二代卷取

随着纸机宽度、运行速度、母卷结构标准以及尺寸的增加,卷取技术的新发展应运而生,图 2－39 显示了具有当代工艺水平卷取的两个实例。图 2－39 所示的卷取没有看出与卷筒式卷取的所有不同,但是改善了包括对控制和测量的一个更好的基础和一个更加强壮的结构。在一些卷取中,第一摇臂的框架由一个移动的卷纸缸替代[图 2－39(b)],这些案例中的卷取工艺的主要进步是基于更好的控制。产生发展的领域包括内部气泡的控制,卷纸缸开沟纹和摩擦涂层,张力控制,改良的压区负荷控制,新型上卷装置,中心驱动,大直径卷纸轴和完整的卷取控制系统,包括母卷横向面控制。

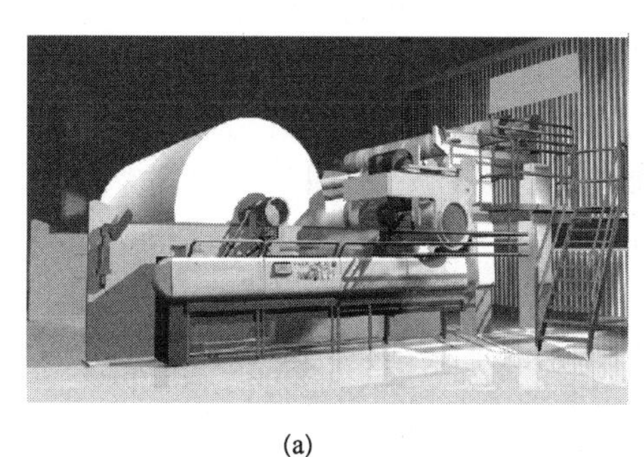

(a)

(b)

图 2－39 具有当代工艺水平的两个示例(a)(b)

所有这些发展的目的在于通过降低卷取过程中的废品和纸幅断纸的数量(表2-2)来提高生产线的效率。尽管母卷越来越大,在卷取和贮存过程中温柔、均匀的处理纸卷也已经在这些发展的驱动力中。

第二代卷取的操作程序

空的卷纸轴用吊车吊到卷纸轴存放位置并靠在导向板和闭锁装置上。当从闭锁装置释放后,空纸轴穿过中间闭锁装置滚到接收位置阻尼器处,在此等候卷取托架来接。如果贮存支架在卷取轨道之上,线轴是由较低的臂接收,那么就下降到第一卷取托架上。卷纸轴由锁紧夹锁住在第一卷取装置处。空线轴通过第一中心驱动加速到纸幅速度。第一种上卷方法就是第二托架退出压区接触(见图2-40),第一卷取装置转到上卷位置。第一压区闭合,纸幅切断,转向新的线轴。第二个更传统的上卷方法(喷水、鹅颈或者纸边上卷装置,见图2-41),上卷在退出托架之前进行。

上卷后,母卷由第二中心驱动停止。第二托架将母卷带到下游,然后推出母卷滚到稍微倾斜的轨道上,到一个阻挡器上靠住。推出母卷后,第二托架变成加载控制,移向卷取。随着托架监测新的逐渐变大的母卷,第二臂闭合,在托架上锁住母卷。加载控制由第一卷取装置切换到第二托架。转矩控制由第一中心驱动倾向第二中心驱动。第一托架缩回,第一卷取装置收回去接受空纸轴。卷取在第二托架上继续直至下一次上卷。

表2-2　过去40年卷取性能和技术的发展

规格	20世纪60年代的卷取	21世纪的卷取
纸幅宽度/m	7.5	10.5
速度/(m/min)	1000	2000
卷取直径/m	2.5	3.7+
线轴直径/m	0.7	1.3
卷取重量/t	20~30	60~160
卷取损耗/%	4	1
卷取断纸/次数	1/d	1/星期
技术		
卷纸缸开沟纹/摩擦涂层	没有	有
电子张力控制	没有	有
中心驱动	没有	有
自动操作	没有	有
纸张质量		
		更光滑 更有光泽 更高密度 更低定量

另一种卷取配置是空轴载入存放区,与复卷辊同一个高度。空轴前进到就绪位置,一套存放托架A和一个中心卷纸驱动A是被占用的。线轴被加速到纸幅速度,水平移动到上卷位置,此处压区由移动的卷纸缸组成。上卷完成后,由托架B和中心卷纸B卷取的母卷辊被中心卷取驱动或卷纸轴制动。托架A和中心卷纸A就位到新的卷纸母卷位置,以保持完成整个卷纸过程。托架B和中心卷纸驱动B回到就绪位置,并着手下一个空卷纸轴。为了下一次上卷,托架B和驱动B将把线轴移到上卷位置并加速到纸幅速度(见图2-42)。

2.5.2.3　卷取部件

(1)上卷装置

当上卷直径、长度或者重量达到要求后,就用上卷装置来切断和引导纸幅到一个新的卷纸轴上。一般地,上卷由侧向吹风、气泡吹风、鹅颈或者带式上卷装置进行。

在侧向吹风或者边缘喷嘴方法中,空气喷嘴就安装在卷纸缸圆周上部。喷嘴吹向由顶部第一臂空轴所形成压区和与母卷之间的边缘。这种方式在车速小于1200m/min的低定量窄

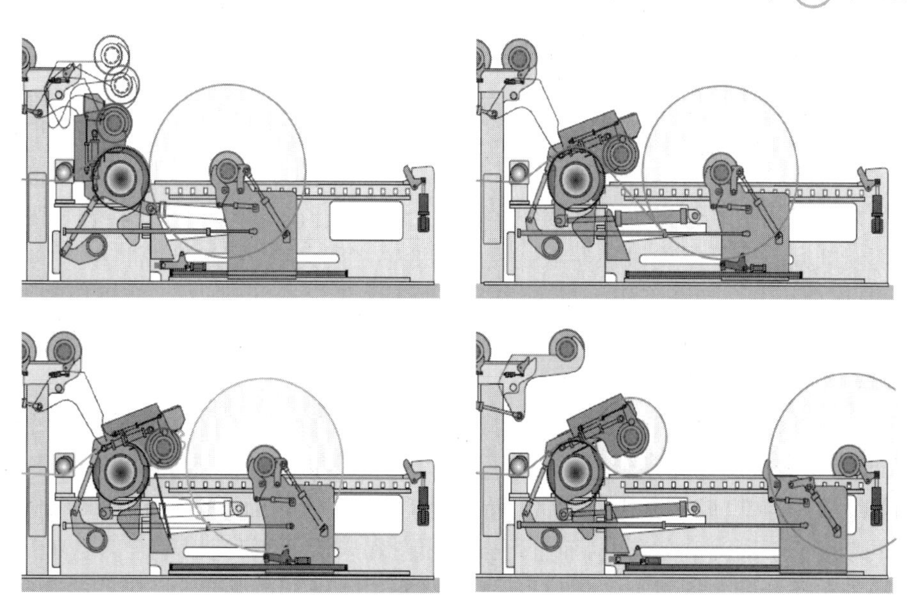

图2-40 第一种上卷方法：此处第二托架在上卷前脱离开压区接触（美卓版权）

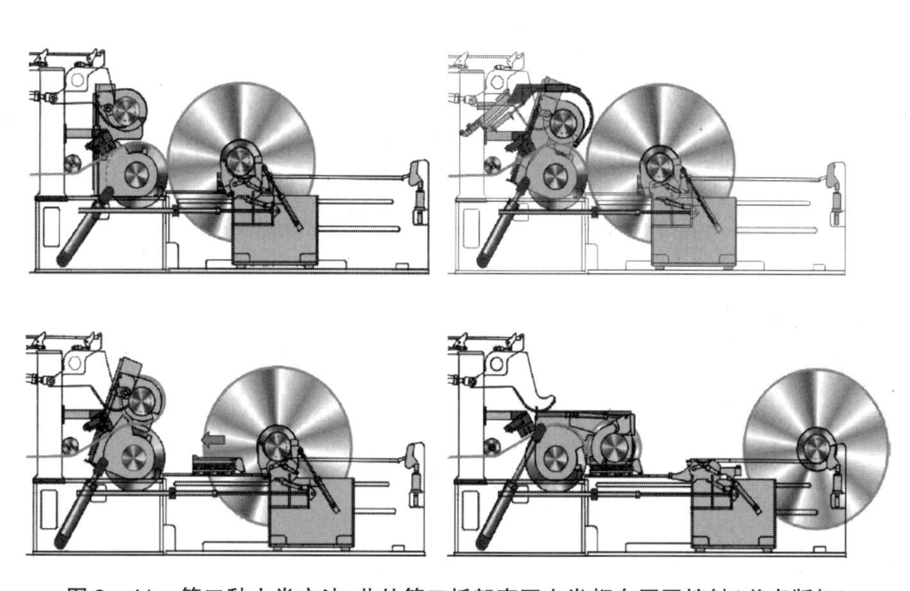

图2-41 第二种上卷方法：此处第二托架直至上卷都在压区接触（美卓版权）

幅（<7.5m）纸机上运行良好。在更宽和更高车速纸机上，吹风的精度和风力不足以切断和引导纸幅。

在气泡吹风方法中，满载的母卷在上卷之前，第一压区闭合后移开压区一小段距离。在没有任何驱动下，满载的母卷开始减速，松散的纸幅爬行到空纸轴上直至到达压区并撕裂开。纸幅爬上空纸轴可由空气吹风进行辅助，这样纸幅在进入压区前形成一个气泡——所以就叫做气泡

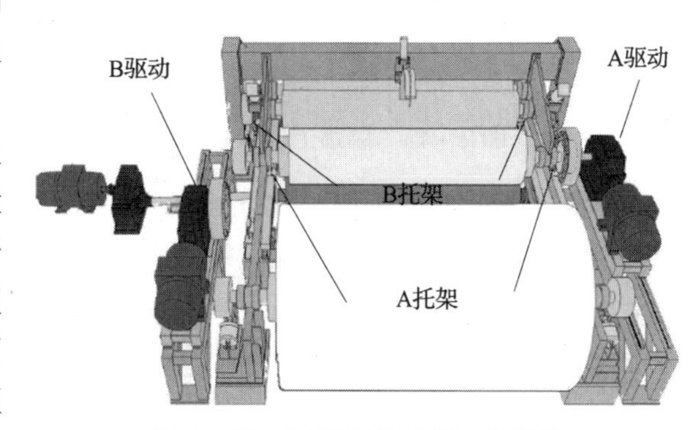

图2-42 带双托架的第二代卷取

吹风上卷。气泡方法很简单但是当运行速度增加时就没有可靠性。随着定量更高，切断纸幅的力量就要求越高，且随着时间的过去也需要维护。

鹅颈上卷装置(图2－43)是一个常用的设计。当定量达到120g/m^2以及纸机宽度达到8～9m时，可以很好地运行。这种装置的另一个好处，就是可用于纸幅引纸后的上卷以及自动化操作。通常单鹅颈吹风管安装在纸幅中间。与之相对应，在空纸轴压区前，装有切刀或者切割装置以切断纸幅。这可以确保在卷纸缸表面和纸幅之间，空气穿过纸幅将纸页向上吹到空纸轴上，同时在全幅方向切断纸幅。对于40g/m^2以下的低定量纸种，不必使用切割刀，就可以引起上卷断纸。此处，作为用空气吹风的其他方法，喷嘴的位置和类型，吹风时机和气压水平是主要的控制变量。

对于大定量纸种(通常超过120g/m^2)，则使用带式上卷装置。这些单元功能已经完全自动化，只需要操作员定期补充黏合剂和胶带(纸带)材料。带式上卷装置可用于许多纸种甚至最大定量的纸板。通常，胶带是由纸做的，所以可以被碎成纸浆而不会影响浆料系统。纸带以不同厚度供应用于不同强度的需要，而且可以是漂白和未漂的纸种，以适合多数纸厂的需要。为了尽量减少在母卷轴底纸页上留痕，且还要保持能切断纸幅的强度，尤其是在涂布纸上，纸带可由聚合物材料制作。这些材料不能被再碎成浆，而且成本相当贵。所以，保持这些材料不要进入浆料系统是非常重要的。从聚合物材料转换到纸带材料需要在进刀机构上做些小修改，所以纸带材料的瞬间更换不一定是可能的。

自动带式上卷装置在纸带的上部涂覆一种黏合剂。胶带在纸页下的一个通道穿过机器并设定适当的胶带宽度。在这个装置内装有制动装置，以保证在上卷中纸带是张紧的。上卷时，空卷纸轴被卷取缸压住，上卷装置将纸带送入压区。黏合剂将纸带黏在空纸轴上。当纸带卷绕在旋转纸轴上，就拉住纸带从进刀通道穿过纸页，纸页就被切断，胶纸带则跟随空线轴，见图2－44。

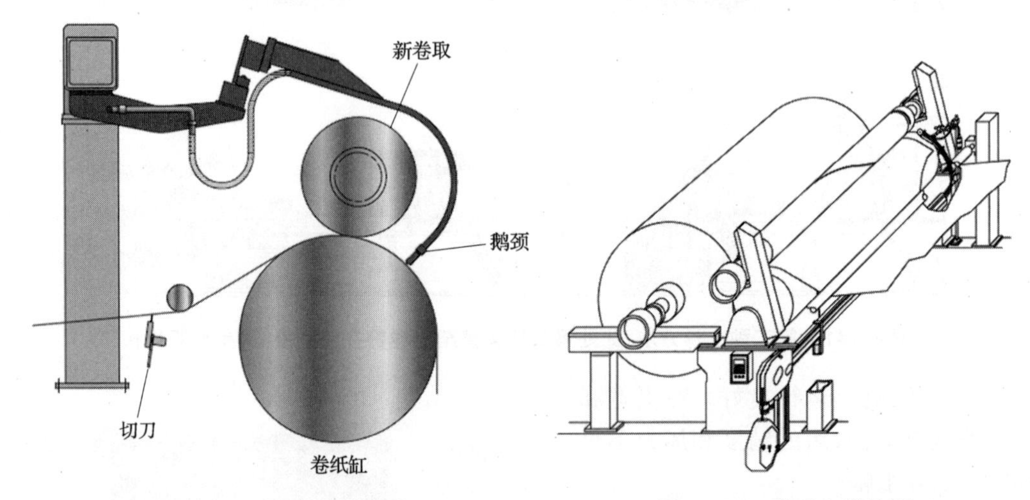

图2－43　鹅颈上卷装置　　图2－44　带式上卷装置

为了使上卷时的断纸最小化，已经发明了新型的上卷装置。一个案例是在满载母卷被拉出压区的地方(见图2－40)使用全幅切刀方法。纸幅张力由第二中心驱动控制。空线轴压区是闭合的，纸幅由下部空气吹风产生的自由牵引力切断。

为了更进一步提高纸机上卷的效率和可靠性，降低由于褶子和不良起点造成的废品，已经发展了喷水上卷装置。高压喷水沿着全幅宽度成功地切断纸页，不再依赖纸幅的撕裂度特性。上卷时，纸页在空线轴压区前被切断。切断纸幅的主要部分借助空气吹风、喷胶或者双面胶被紧紧地吸附和引导在空线轴上。喷水喷嘴以高达 10m/s 的速度横切纸幅,因而切断的纸幅平整地跟随至线轴表面,使废品最少。常规的水压在 100MPa 到 200MPa 之间,这样的水压范围适用于所有纸种、纸幅宽度和车速[见图 2-45(a)和图 2-45(b)]。

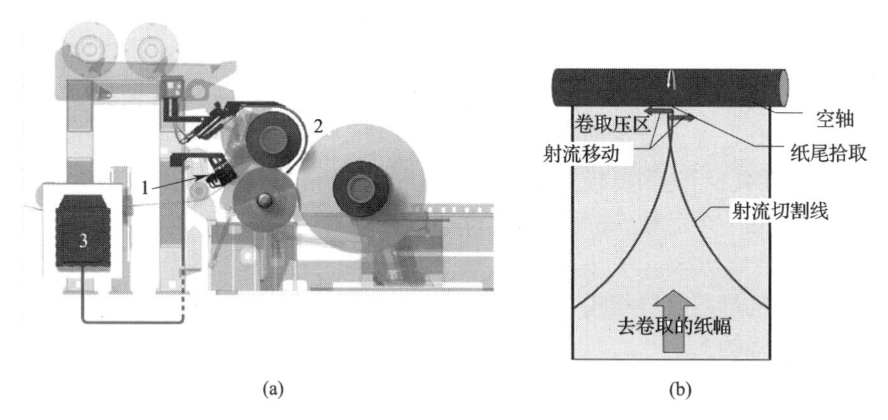

图 2-45 喷水上卷装置(a)和带喷水上卷装置的纸幅切断(b)(美卓版权)

1—切纸喷头 2—拾取装置(空气流,黏结剂) 3—高压水

(2)压紧装置

当在高速下卷取光滑的涂布或压光的纸种时,母卷表面可能在上卷后松弛,因而在退纸前可能需要剥掉大量的损纸。纸卷的松弛是因作用在母卷上部的径向压力不足导致的,因为纸卷表面再没有纸层提供压力。对于光滑的纸种,即使纸层间微量的空气也能极大地降低层间的摩擦,使纸页容易松弛。对于高车速下的高定量纸种,离心力也有影响。为了保持与卷纸缸没有压区接触时的纸层就位,避免空气在上卷过程中进入母卷层表面,压紧装置得到了应用。压紧装置只在上卷过程中或者在卷取循环中为了更加连续才投入使用。当连续操作时,该装置作为第二压区,提供更加紧致的效果以防止空气夹带(见图 2-46)。

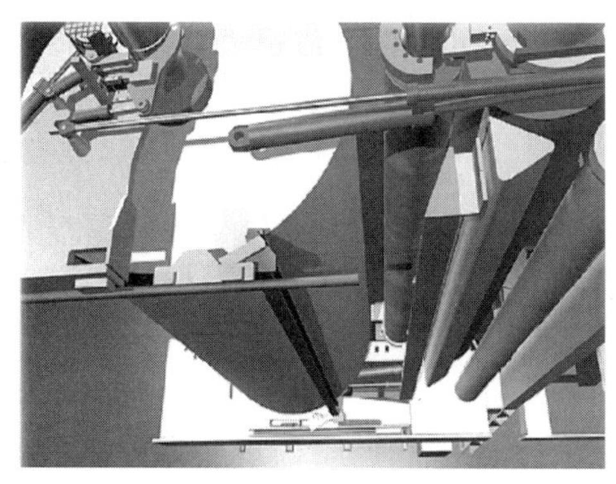

图 2-46 压紧装置

压紧装置可以是一个小直径的辊或者是一个静止的、低摩擦力的压住母卷表面的装置。通常是安装在卷取轨道之间。这个装置由气缸或液压缸带到母卷表面,同时也控制着压紧力。

对于静止的压紧系统,其缺点之一是可能会损害外部的包层,或者接触时可能会有尘埃产生。维持外层紧度的另一个方法是,使用水或黏结剂将卷取好的母卷外面的 2~3 层密封。

(3)引纸设备

卷取的引纸通常用引纸绳、鼓风板或者真空带来实施。在一些情况下,卷纸缸有一个吸入区以保证引纸头迅速地吸附到缸面,这样引纸头很容易地穿过压区,且引纸头的长度也最小化。卷取缸装有一个刮刀,引导引纸头从卷取缸表面到下部的碎浆机,以防止其缠绕到卷纸缸上。

当纸幅全幅伸展开并达到可接受的纸页质量后,最有效的方式是用上卷装置将纸幅上到卷纸轴上。这可以消除不必要的线轴缠绕量,这些缠绕的等外品需要在稍后退纸时返回到碎浆机中。当然,这取决于工厂设备的特性、布局以及工艺流程。有些纸厂可能在卷取处没有损纸处理系统或者没有处理大量纸的能力。在这种情况下,最有效的方式可以是将引纸头卷到线轴上,然后放宽纸页,当达到可接受的纸页质量时,将纸页上卷到一个新的线轴上。然后将用于引纸的线轴放到一个区域,在此区域损纸能够快速地回收到系统中,以避免工艺异常或者出现问题。

为了建立最好的母卷底层结构并将引纸中的浪费最小化,当纸页达到等级要求时,纸幅应该以全幅引纸到空线轴上。

(4)驱动系统

在卷筒式卷取机上有两种驱动:卷取缸驱动和卷纸轴启动驱动。卷取缸驱动影响卷取和纸卷构建。启动驱动用于在上卷前加速一个空纸轴达到纸幅的速度。

在第二代卷取中,除了卷取缸驱动之外,还有中心驱动,它穿过线轴给母卷提供扭矩。这些驱动通过一个可拆卸的联轴器连着线轴末端。通常有两个驱动装置,可以安装在卷取的任何一侧,通常与卷取托架一起。这样,扭矩在整个卷取过程中都可以施加。任何一个单一驱动可被用于贯穿卷取始末,或者这个驱动被指定用于第一或第二卷取。还有,驱动作为卷纸轴启动器会加速新的线轴,同时也会在上卷后以可控和重复的方式对满载的母卷进行降速。图2－47阐释了卷取的驱动系统。

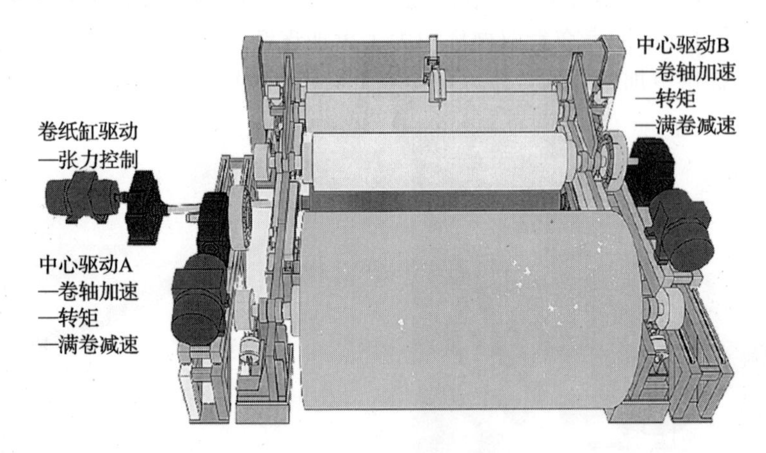

图2－47　卷取驱动系统

(5)卷纸轴的存放

卷取工艺要配有卷纸轴的存放点以保障流畅和自动的操作,同时避免线轴处理中的振动,这些振动会影响卷取过程。通常设置存放三条或四条线轴的空间,线轴从一个工位到另一个工位的移动是自动的。

(6)卷纸轴

随着母卷尺寸的增加,已经考虑到卷纸轴(线轴)尺寸的问题。线轴的直径要足够大以支撑卷好的满载母卷。线轴直径的增加有三个主要的优势。一是线轴的直径大一些,纸的质量则落在一个大的区域,可使影响底层纸张的压力大大降低。其二,随着直径增加也增加了线轴的硬度,降低了由于线轴弯曲带来的内部压力。第三,随着直径增加压区压力降低,压区效果变温和,尤其是在卷取初期更为明显。

线轴直径变大的一个缺点就是质量的增加。一个直径 1.3m 的线轴质量达 25t,这对线轴的轴承、轨道以及卷取设备的机械结构带来更高需求,同时也影响所需的吊车能力。

(7)框架和轨道

框架的主要目的是支撑卷取设备和卷取轨道。结构必须有足够的刚性以应对大质量和抑制振动。

大多数的卷取依靠线轴轴承套处的轨道支撑母卷。对于重的母卷,要仔细选择轨道表面材料和线轴轴承套,以使摩擦和磨损最小化。轨道的滚动表面是可置换的。轨道有一个小的倾斜,这样当满载的母卷从第二臂释放后,可以滚到轨道末端的闭锁装置处。闭锁装置吸收满载的母卷停止时的冲击。在闭锁装置处的降速要尽量小,这样母卷结构和线轴的轴承不会受损。卷取完成后就可以采样,母卷为下一个工序做准备。

(8)卷取缸刮刀

在包括全速窄幅引纸的纸机上,卷取缸装配有一个刮刀,以防止纸幅在窄幅引纸或上卷断纸中缠绕在缸面。当纸幅进入碎浆机时也要使用刮刀。使用刮刀的另一个目的,就是保持缸面清洁没有大纸团。

刮刀有两种类型:接触式和非接触式(即空气刮刀),见图 2-48。接触式刮刀安装在卷取缸下面靠近干燥末端那一侧。刮刀刀片通常由铜或者纤维材料组成,一般安装在横梁上。刮刀横梁可由诸如气缸的执行器来转动或者用螺丝扣安装。刀片的加载压力通常通过旋转执行器上的刮刀,或者以刮刀座上导管这个更高级形式来实现。

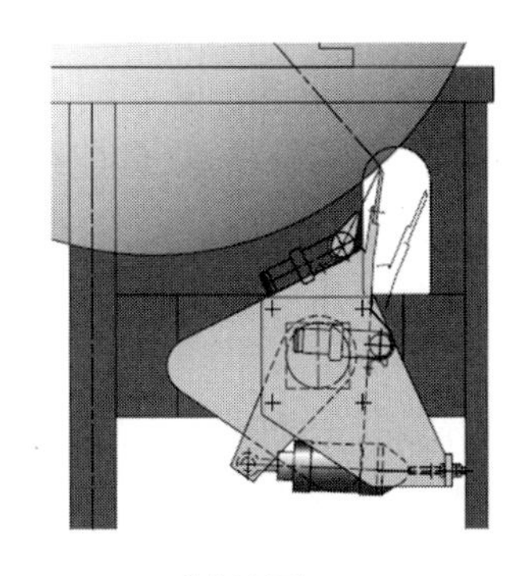

空气刮刀

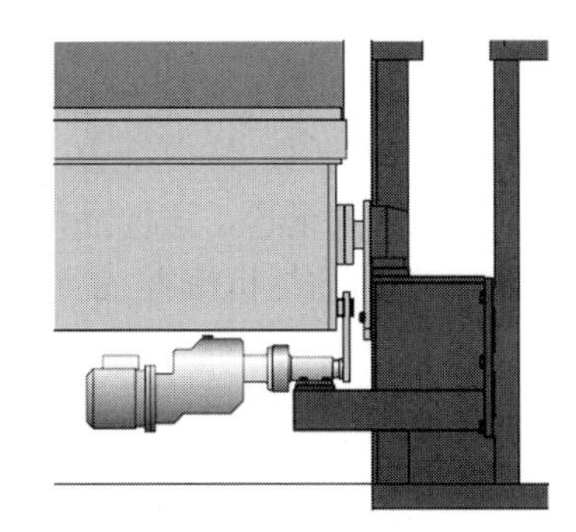

机械式刮刀摆动装置

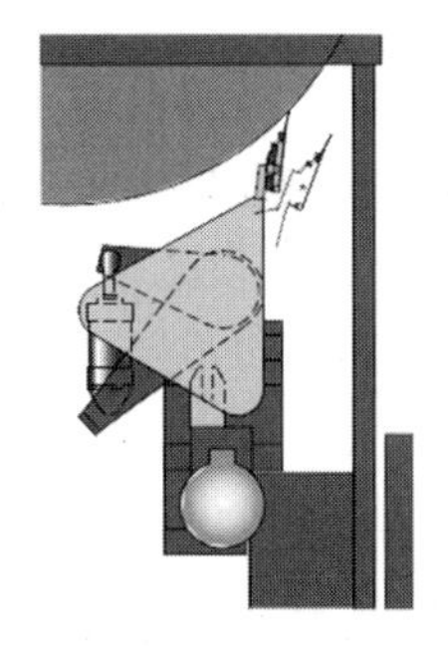

机械接触式刮刀

图 2-48 空气刮刀(左)、接触式刮刀(右)和刮刀摆动装置

接触式刮刀可以在纸机横幅方向上摆动,以防止碎纸屑卡在刀片上和磨损缸上的环向沟纹。但是对于某些形式的沟纹就不必摆动刮刀。带有锐利边缘的沟纹经过刮刀时会打乱刀片上的碎纸屑,因为刀片的接触区域不断地改变。在一些情况下,尤其当刮刀只是周期性使用时,如在引纸期间,刮刀就不需要摆动。

如果缸面有一个粗糙的摩擦涂层,就使用非接触式刮刀,因为接触式刮刀的刀片会很快磨损。非接触式刮刀也有一个类似的横梁,但在卷取缸和刮刀刀片间有几毫米的间隙。空气吹过这个间隙,以防止纸幅缠在缸面上,所以这也称为空气刮刀。空气刮刀的刀片相当厚,比接触式刮刀刀片更硬。

2.5.2.4　带有压辊的卷取

有些纸种对压区压力、标印和伸长率非常敏感,所以它们需要最小化压区负荷以防损坏。这些纸种包括夹膜、软压光或者超级压光以及非常光滑和/或高密度纸种。这些压辊使用中心转矩、低压区负荷或者只是扭矩(夹网复卷)构建。这些纸种过去主要在机外的超级压光机上制作,而现今更多的是在纸机内在线制作。

用于卷取这些纸种的设备包括卷筒式卷纸机、第二代卷纸机和压辊(lay - on roll)式卷纸机。卷筒式卷取和第二代卷取能够在纸机上在线操作,也可以像涂布机一样在机外高速连接应用。在卷纸机的设计中,联机和脱机应用的差异已经很小了,正如前面已经阐述的那样。本节将集中探讨压辊式卷取的设计(见图2 -49)。

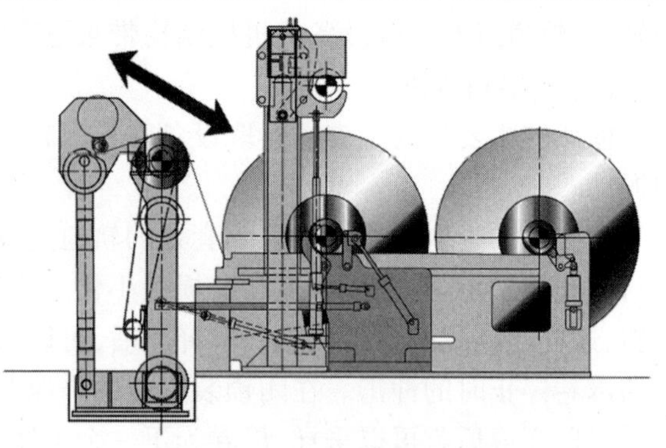

图2 -49　带有压辊的卷取

压辊的设计有两种基本的类型:即从动和非从动。从动设计在压辊上有一个驱动器,而非从动的设计则没有。从动辊可以对母卷表面施加扭矩,这样可以紧缩母卷结构和允许较低的进纸张力。在这些低压区负荷应用中,压辊的目的是帮助引导纸页,为母卷变化提供一种方式,挤压卷进母卷的空气,防止辊子过软和过度的可伸缩率。

压辊的设计可以是带有一个软包层的校正辊,与卷取缸相似(见2.5.1.1节)。为了在压辊卷取上以纸机速度上卷,需要类似转台的卷纸轴更换装置。为了转换使用的方便,转台设计限定了机器的宽度。在脱机压光机应用上的压辊卷取,可以以爬行速度来上卷。

2.5.2.5　复卷机

应用复卷机的目的,是为了给下一步工序准备一个良好和连续的母卷。复卷时对前面工序产生的断纸进行接头,修补孔洞,检查纸页,修剪纸边以消除可能的不合格品,创建统一的辊宽,将两个或更多的小母卷整合成一个大纸卷。这样操作的结果,就是复卷机可能在复卷母卷过程中有多次的开停。为了赶得上先前的纸机流程,复卷操作最高车速可达2500m/min,比纸机的车速快得多。

通常复卷机由退纸装置、切边机和卷纸机组成。图2 -50示出了一种设计的类型。由于复卷机是频繁开停的间歇式操作,不需要连续操作和上卷。为了提高循环次数,空轴推出器不但应用于退纸中,而且还应用于存贮架,以便将空轴从退纸到上卷过程进行循环。升降臂用于将线轴从退纸架上举起放到存放点,并从存放架上将线轴降低到卷纸处。

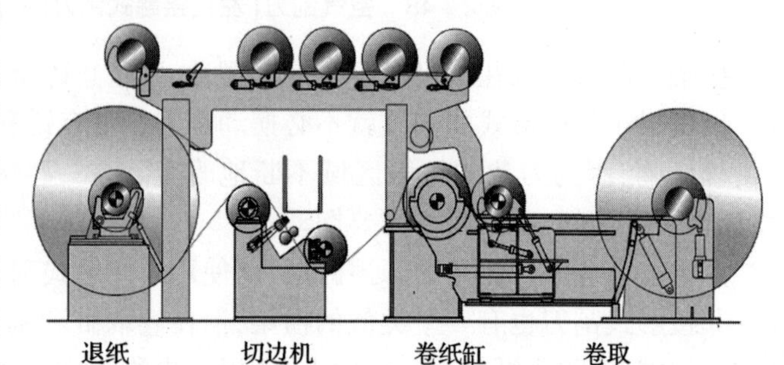

图2 -50　带线轴存储架的复卷机

鉴于复卷机在每个母卷上要加速和减速多次,因此在速度变化过程中控制母卷结构是非常重要的,这将避免将硬区卷到稍软的区域上。所以,当今很多复卷机装有芯轴卷纸辅助驱动。芯轴卷纸的设计可补偿母卷建造中的惯性变化,并帮助控制纸卷的结构。芯轴卷纸可以提供更快的加速,提高复卷能力和对卷取的母卷增加扭矩,并允许在较低的压区压力下卷取以减少由压区诱发的瑕疵。

与卷取一样,为了迎合在更高速下处理更大母卷的需求,复卷机的结构和功能也已经得到了改善。这种伴随着卷取技术的发展也对复卷机有所裨益。

2.5.3 生产效率

卷取的生产效率能够以不同的方式来提升。本节集中在怎样优化母卷的尺寸和质量以适应工艺的变化。为了降低损纸的产生,当增加母卷尺寸时,最大限度地减少母卷构建过程中的干扰越来越重要。这是非常必要的,在涉及多个卷纸操作的生产线上更是如此。

制作一个优质母卷的目的是增加生产效率。通过从底层到顶层构建一个最优的结构来实现[6]。另外,要培训操作人员以使生产线的产量最大化。

生产效率是几个变量的组合。影响卷取操作的变量可以分成三个不同种类:纸的性能、恒定的机器性能以及可变的机器性能。在纸的性能中,厚度、全幅张力和密度以及纸层间的摩擦对卷取结构的影响最大。

为了实现良好的卷取,有 7 个值得关注的重要因素:

① 恰当的张力;

② 恰当的压区压力;

③ 恰当的扭矩;

④ 恰当的横断面分布;

⑤ 适当的纸层间的摩擦;

⑥ 恰当的母卷尺寸;

⑦ 恰当的卷纸轴尺寸。

对于前三个因素——张力、压区压力和扭矩,操作员能够控制母卷结构和卷入张力,但仅仅是在一定范围内[2]。举例来说,如果纸幅卷取恶化,阻止越来越多的损纸产生的唯一方法,就是用更大的张力和扭矩来构建这个母卷。压区负荷具有引起卷取硬度变化的趋势,这可能会导致更多的瑕疵。

通常,卷取损耗可分为四个不同的种类:

① 表面损耗;

② 底层损耗;

③ 损纸损耗(等外品规格,开机母卷等);

④ 质量损耗(纸种更换、水分缺陷、卷纸缺陷以及工艺缺陷等)。

为了力求损耗最低,首先要进行的研究就是分析生产线产生的损耗数量。研究结果可以显示出生产线的问题以改善目前状况的方法。

图 2-51 给出了超级压光纸生产线的损纸产生量,分成了不同的种类。在这个纸厂中,最大的损失来自纸卷的底层损耗,紧接着就是不良引纸和纸质导致的损失。剩下的损失就主要是由于自动接头产生的底层废料,以及母卷的等外品规格和纸种变化的损失等。

目前,表面损耗可通过使用压紧装置、选择适当的纸层间摩擦组合和卷入张力使之最小化。纸卷的表面松散是操作者面临的一个挑战(见图 2-52),尤其是涂布纸纸种,表面损耗在高速纸机下很难减少。

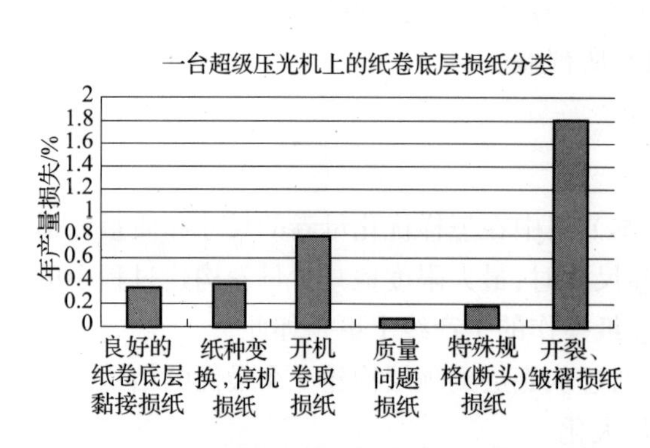

图2-51　在超级压光纸生产线产生的损纸量

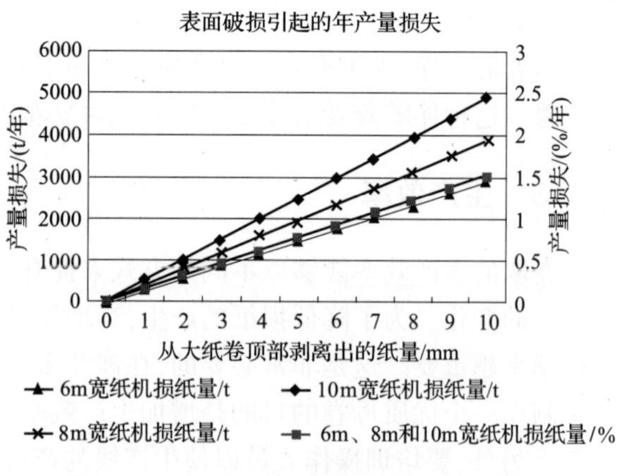

图2-52　45g/m²新闻纸高速纸机上由表面损耗造成的产量损失

底层损耗(图2-53)是不良母卷质量造成的结果之一。窄幅引纸的母卷底层由于水分、定量和厚度分布的波动会带来废品,这些均发生在品控数据重新调整到设定值之前。有时全幅测量的准确度欠佳,也能引起问题。这些波动加上引纸线轴太小和母卷太大,通常是导致底层产生大量损纸的最重要因素。

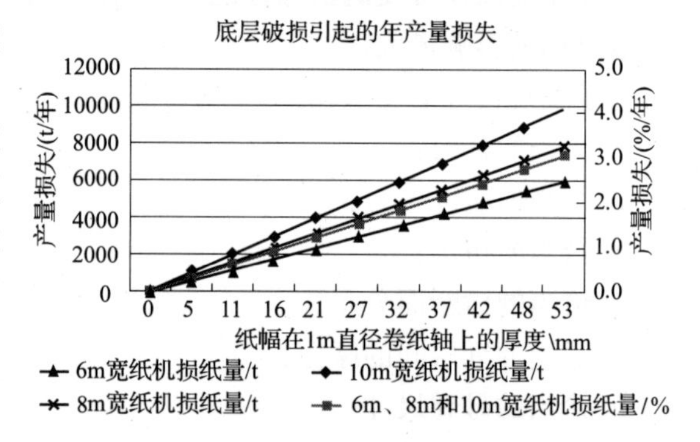

图2-53　45g/m²新闻纸高速纸机上由底层损耗造成的产量损失

降低纸机卷取损纸的方法之一,就是构建比较大的母卷。图2-54显示了3.7m直径的母卷,可以制作7套终端客户需求的纸卷,而2.8m直径的母卷只能做4套①。一套指的是在复卷机将母卷根据客户需求卷成小卷,通常直径是1016~1542mm(40-60in)。由于这一直径比母卷直径小很多,所以每个母卷可以做成多套。通过增加母卷的直径,同样产量就可以减少几个辊,底层和表面损耗就也会减少。同时,也减少了母卷的运输。

相应的,对于生产比较紧张以及缺乏存贮空间的纸厂来说,大一点的母卷直径也是有优势的。通过减少开停机的总数,纸厂在后期生产阶段可以提高5%~10%的产量。

上述分析假定了卷纸轴、压区负荷系统以及支撑结构能够处理增加的母卷尺寸和质量。当纸机的卷取部已经设计和建成后,再增加纸机母卷尺寸通常意味着需要重建卷取部,否则底层损耗就会增加。超出设计负荷规格甚至会陷入一定的风险。

就像早期提到的,横幅的变化会使操作更加不稳定,这可以解释偶然发生的底层断纸现象。图2-55显示了纸卷曲线分布的影响。当偏差增加,可操作的窗口就变得更小。在有些时候,消除这个问题的唯一方法就是降低母卷尺寸或者使用更大直径的卷纸轴。

① 原文与图1-54所做的套数显然不符,此处根据图1-54的实际情况进行了修改,特此说明。——译者注

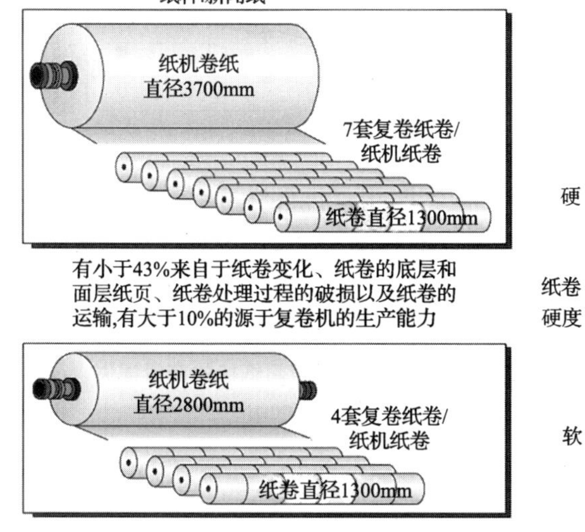

图 2-54　提高母卷直径的影响

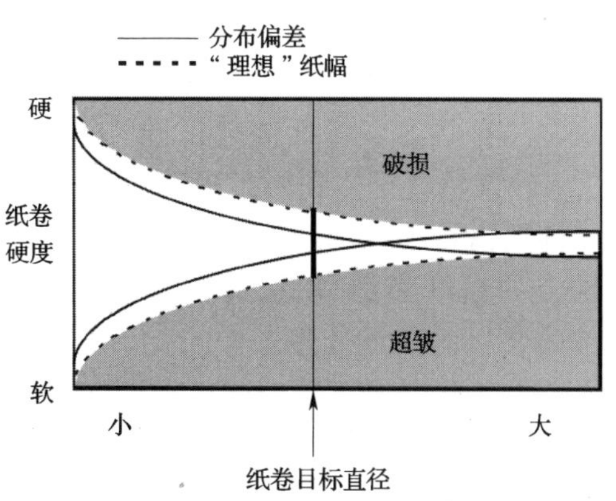

图 2-55　卷取分布对卷取缺陷和无缺陷母卷视窗的影响

提高生产效率不仅限于提高车速,也可以通过使设备运行更有效率来达成。显然,卷上更多的纸是重要的。但是,由于母卷尺寸没有得到优化,在卷取和复卷之间的损失量通常是非常大的。

另一个考虑生产线纸机纵向损耗影响的方法是计算比纸机值(specific paper machine values),如图 2-56 所示。

本例是对一个卷纸轴尺寸为 964mm 和表面损耗是 3 层的超级压光纸生产线的损耗计算。这个图从底部左侧开始读,以选择终端客户需求的纸卷尺寸和产生的套数。从这个点,一直走到你认为可接受的卷纸轴损耗纸量的那条线。在这个表中,由于压光中的厚度损失有一个密度校正。最后,年度底层损耗百分比就能从左边的 Y 轴读出来。举例,如果在线轴上的残余量为 5mm 而不是 15mm,年度纸机纵向的损耗量就能从 2.2% 降到 0.9% 。

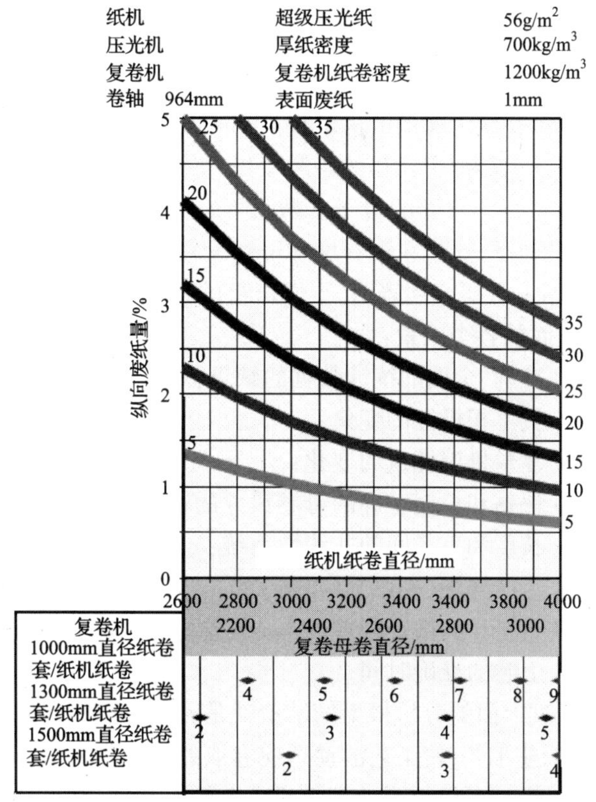

图 2-56　与卷取相关的纸机纵向损失量与母卷直径的关系

如果运行变坏,生产效率就会急剧下降。当纸机速度和宽度增加,单位时间损失的产量吨数就会随之增加。断纸的次数和持续时间也对生产数据有很大影响,见图 2-57。

窄幅引纸和断纸后重新卷取是降低断纸持续时间的最重要因素。

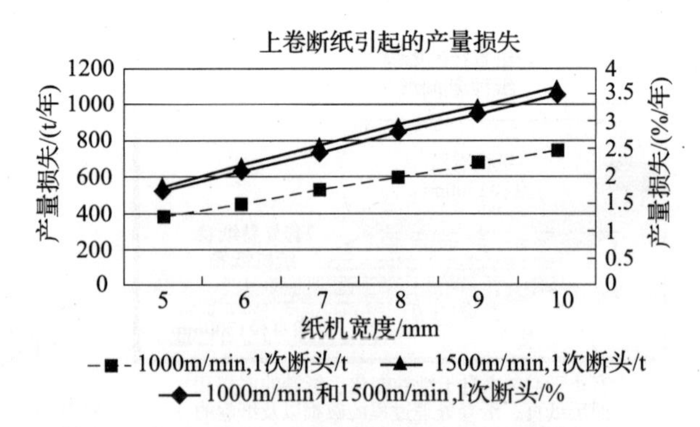

图2-57　由于上卷断纸(每次5min)造成的45g/m²高速新闻纸机的产量损失

这不仅仅需要最先进的装备,一个重要的因素是纸机班组在窄幅引纸时的积极和熟练程度。纵然断纸时间是当纸上卷后就认为结束了,这也不总是正确的。通常,造纸工艺在达到质量规范范围内,也需要一定的时间才能稳定。有些工厂将纸幅越过卷纸缸进入碎浆机直至达到质量规范,此时才将纸幅卷到线轴上。这可以把线轴上的损纸降到最低,并降低干燥部碎浆机的损纸处理工作。目前的经验表明,该技术降时间效率,但是可以提高物料效率,这可以克服时间效率上的额外损失。

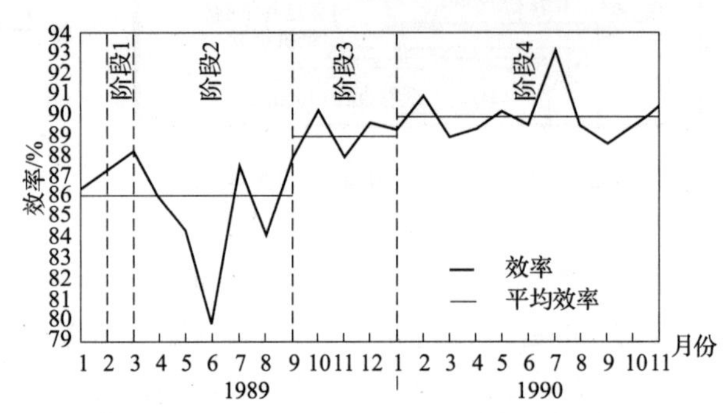

图2-58　卷取工艺调整对产量效率的影响

Laplante研究发现[10],生产效率可以通过激励班组成员来提高。图2-58显示了四个阶段研究的结果。这个研究从抽样调查留在卷纸轴上的纸量开始。在第二阶段,文件、复卷机自动停机和跟踪投诉提交给了纸机班组。在图表可以看出这个阶段在效率上有一个暂时的下降。在第三阶段,进行了一些母卷的手动优化和一些生产程序进行了改革。

单单这些工作的改进就提高了平均效率2.9%。最后阶段,优化母卷直径的计算机程序投入在线运行。主要目的是测量母卷体积,而不只是测量纸的长度,就像其他系统所做的。操作员指定每个母卷的辊子套数,系统考虑断纸损失,辊子产生等外品等。自动系统又增加了1.0%的效率,这样在没有增加母卷尺寸的情况下增加总效率就是3.9%。

Laplante研究还表明,干燥班组的绩效和激励也有助于提高效率。当开始调整效率时要考虑下面的各个因素:

① 准确、全面的统计数据的缺乏;

② 员工积极性的变化;

③ 复卷机消耗量的变化;

④ 评估和控制正确的母卷尺寸的难点;

⑤ 长度和直径间的非线性系统;

⑥ 生产问题(断纸、坏纸等);

⑦ 直径计算微小误差(2mm误差等于0.4%~0.5%的效率损纸);

⑧ 上卷的准确时间。

通过上面的分析得出的结论就是:工艺波动对卷取有强烈影响。有两种方法去校正这些波动:调整工艺,使工艺波动适应卷取的可操作窗口;或者在一个新的芯轴卷取的辅助纸轴上重建卷取,这可以提高处理纸机工艺较大波动的能力。在后一种情况下,可以通过提高母卷尺寸和降低上卷断纸来提高效率。

2.5.4　母卷处理

母卷处理的基本功能是将满载的母卷从纸机卷取部转移到退纸处(如卷纸机、复卷机等),将空纸轴送回到卷取部。母卷处理包括以下几步:在卷取处的母卷停止后,表面松掉的几层会被扒掉,对辊子横向采集样品。然后再封住纸幅末端以防松散开。下一步将母卷转移到存储位置等待进一步的动作。然后,转移到准备退纸的地方。某些情况下,母卷在退纸前会被转动180°。退纸后,留在卷纸轴上的底层废纸就送到碎浆机。最后,卷纸轴回到卷取部,通常是回到卷纸轴存放机架上。母卷处理的第二个功能就是存放母卷,进行废纸碎浆,例如底层废纸碎浆。

母卷处理阶段的数量取决于纸或纸板的品种。当复卷机是生产线上唯一的独立完成设备时,最少化的母卷处理是必要的。典型的例子就是带有机上压光的新闻纸生产线。当生产带有脱机涂布和压光的低定量涂布纸或者涂布文化纸种时,就需要更多的母卷处理。在那种生产线中,在纸幅成为商品卷前,有4~5个不同的工位需要对母卷进行处理。图2-59显示了在不同纸厂的工艺布置。

机外涂布线(典型的斯堪的纳维亚地区布置)

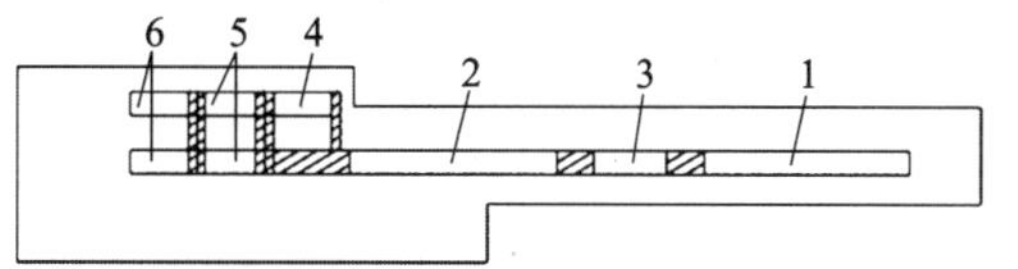

机外涂布线(典型的中欧地区布置)

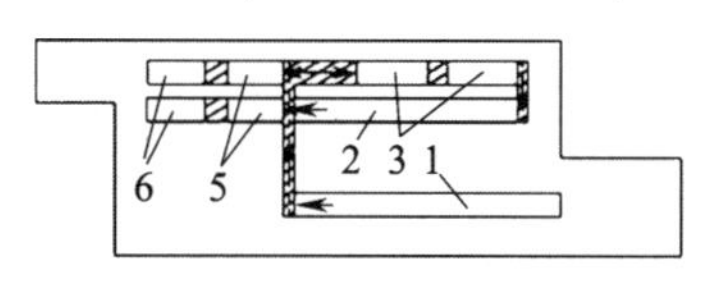

新闻纸生产线

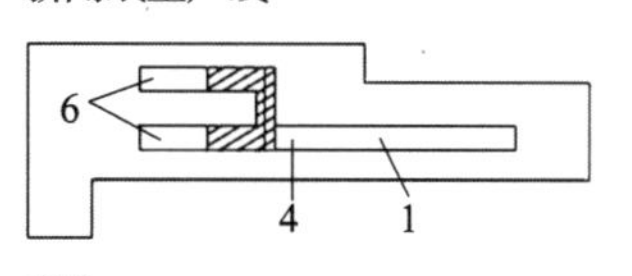

纸卷处理区域

图2-59　不同纸厂的工艺布置

1—造纸机　2—涂布机　3—卷纸机
4—软压光机　5—超级压光机　6—复卷机

卷纸轴的数量取决于母卷处理位置的数量和工厂布局及设备。对于新闻纸生产线有两个复卷机,最小安全数量是6条卷纸轴。在纸机上必须要有足够的线轴以确保工序的连续。不希望由于没有足够的卷纸轴而使纸机停下的情况发生。在新闻纸生产线,这意味着两个线轴用于卷取,两个线轴用于每台复卷机。卷取的推荐线轴就是8~10条。对于有脱机设备的涂布文化纸生产线,通常达到40条卷纸轴。

纸或纸板的品种也影响到怎样执行母卷的处理。如果只有一个母卷处理位置而不是5个位置,母卷处理的工作量是完全不同的。另一个影响因素是纸厂场地的规格或者形状。可以看到纸厂所在区域其布置也是不同的。通常,在北美和北欧国家纸机布置是笔直的。除了在有两个压光机或者复卷机的情况下,所有机器是排成一行。在西欧的其他地方,更通用的布置是将纸机和涂布机并排摆放,压光机和复卷机放在相对纸机横向方向上。这样的布置也影响到母卷处理如何执行。

母卷处理系统的一个重要特征,就是每个母卷的可追踪性。通常,纸厂生产的纸张是已经被订购的。追踪系统确保每个顾客收到已经下单的纸品。这就是母卷的纸质标签或者在每个卷纸轴上的电子标识符(RFID)以及计算机生产管理系统。

一般说来,母卷处理有三种主要方式。如果只有少量的处理位置,通常就是基于使用吊车。母卷用吊车从卷取部吊到存放站或者更进一步吊到退纸站。另外一个常用的母卷处理方法是用转移轨道。母卷沿着连续的轨道从卷取部移动到退纸站。第三个处理方法是使用自动运纸小车(AGVs)或者轨道车。在所有三种母卷处理方法中,空轴都是用吊车来处理的。在下面紧接的段落中将探讨这三种方法。

2.5.4.1　基于吊车的母卷处理

基于吊车的母卷处理方法简单易行。在纸机生产线有三种典型的桥式吊车。吊车代表了可靠和众所周知的技术。失效或者误动作的风险是最小的,所有需要的提升都由吊车实施,包括母卷和卷纸轴。存放满载母卷的存储站简易和便宜。

但是,基于吊车的母卷处理也有些弊端。大多数母卷接近160 000kg,母卷线轴部分大约30 000kg。整个130 000kg的纸重影响着线轴附近的纸层。如果不谨慎操作吊车可能使卷纸轴受损。卷纸轴轴承箱轨道上有一个槽,如果母卷不小心降落且有几厘米掉进了轴承箱的槽里(图2-60),就不可避免地损坏卷纸轴。如果母卷是从较高处坠落,后果则更加严重,基础板或者其他的结构也可能损坏。

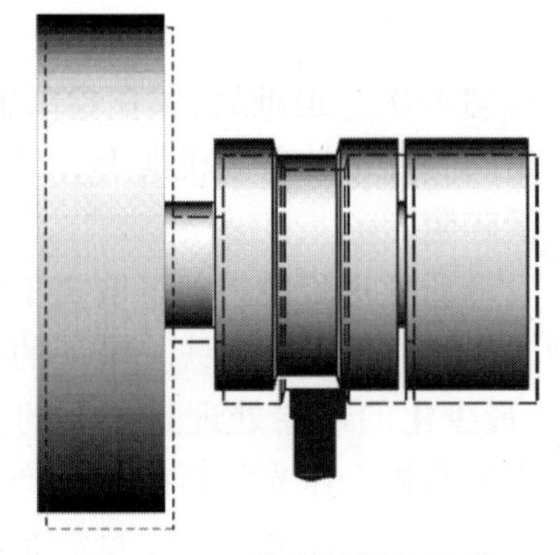

图2-60　卷纸轴的轴承箱在轨道上错位

为了降低由于粗心的负载处理而造成的损坏,为吊车操作工研制出了一些辅助工具或控制细则。通常这些手段会降低负载的非预期摆动。在纸机完成部,用吊车对母卷或者卷纸轴的运输也能实现自动化。通常处理系统是半自动化的,在此吊车独立自主的执行简单的运输任务,或者由吊车操作员启动顺序的工序。

对吊车的标准要求,就是必须能够吊起纸机上最重的部件。通常这最重的部件是纸机压榨部的中心辊。在一些情况下,随着母卷质量的迅速增加,已变成了最重的物体。这将意味着在某些场合下,桥吊必须能够吊起满载的母卷和分布梁。因此,吊车必须将最重的起吊部件设为标准。吊车还必须能连续使用,因为其需要连续地进行空线轴的运输工作。

另一个重要特性就是分布梁。一些纸厂在退纸前要将母卷转动180°。由于退纸站的结构原因,这个操作是必须的。另外在卷取中考虑到纸的网面方向,也是需要转动的原因之一。分布梁影响着主机框架的质量,在结构设计中必须予以考虑。主机框架的质量必须至少等于机器横幅的质量加上安全质量,再加上母卷、分布梁质量和桥吊的质量。

2.5.4.2　转移轨道上的母卷处理

转移轨道(图2-61)是自动或手动控制的母卷进料装置,提供从卷取到退纸站连续的运输路线。在这些机器中,通常有存贮站和闸。一些存贮站装有旋转装置,这可以将底层损纸送到碎浆机。存贮站需要的数量取决于后续过程的预期能力或者运行性能。生产应该尽可能的流畅,没有机器成为瓶颈。同时,母卷的等待数量要尽可能少。还有,也不期望后面工序等待前面工序的情况发生。

重力是让母卷沿着转移轨道移动的最常见的方式。轨道有轻微的倾斜。母卷通常从一个存贮站推出,然后自动滚到下一个存贮站。下一站的挑战是使滚动的母卷停下来。已经开发了几个不同的制动方法。一些制造商采用机械制动,另外一些使用液压衰减装置。这两种情况下,最重要目标就是避免高速率的减速。

为了允许其在纸机操作侧和传动侧之间的通行,转移轨道设有门。原则上有两种门:即人员门和货物门。它们的结构相似,只是尺寸不同。这些门的位置取决于它们的用处。如货物门的典型位置是在卷取后,而人员门应该位于退纸准备位置。其他的门位于所需的地方。

2.5.4.3　带轨道小车的母卷处理

吊车或者转移轨道不能用于不同机房的通道间运输。在这种情况下,标准的应用就是轨道小车,有时叫作母卷小车(图2-62)。它沿着横向的轨道驱动。母卷滚到小车上或者用吊车吊到小车上。小车通过栅极电流或者电池提供动力。有些情况下,这种小车也用于纵向的母卷运输,但这不是很普遍。

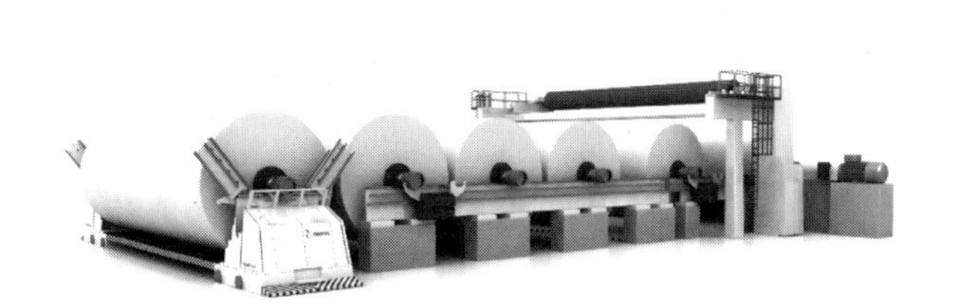

图2-61 转移轨道(美卓版权)

图2-62 轨道运纸(母卷)小车(美卓版权)

已经研制出了运纸小车的尖端版。它在橡胶轮上移动,由预编程的路径引导。这些自动引导小车(automatic guided vehicles, AGVs)是采用汽车制造工业的标准技术,但是对于高负载的输运(比如大型母卷)就不是很普遍。如果纸厂的布置较为复杂,这是一个可行的应用。这个系统需要一个平坦的硬质地面。地面结构的要求可能限制这个系统的生产能力。据有关资料,已经有35000kg母卷的应用。

2.5.4.4 母卷贮存和废纸碎浆

贮存会对母卷结构产生有害的影响。刚刚生产的母卷是圆形的。在卷纸轴以上的纸层在压缩,卷纸轴以下的纸层在拉伸。当停止旋转后,纸就开始蠕变。由此,母卷开始变形为一个椭圆截面。在退纸过程中,这种偏心的母卷会引起运行问题,因此纸幅张力一定要尽可能地保持均匀。偏心的母卷在退纸旋转频率中,会引起周期性的纸幅张力变化。蠕变也影响纸的质量,因为纸的残余应变是不均匀的。存储对母卷有负面影响,而结实的母卷结构可使之最小化,但最好的方法还是尽量缩短存储时间。

退纸后,在卷纸轴上通常还有一些底层损纸。这些废纸被送入到为此设计的碎浆机处。通常,这个位置是靠近碎浆机开口处的转移轨道存放站。存放站配有旋转纸轴的装置。如果纸的强度足够强且线轴又轻,则不需要旋转装置。碎浆机会拖着纸幅进入碎浆机。新设计的旋转装置使用电动马达驱动的齿轮箱联轴器。旋转速度要足够高,以防止损纸碎浆成为工艺上的瓶颈。由于造纸或者完成部工艺的问题,有时必须把整个母卷碎浆,这无疑需要几小时。碎浆机的能力也会影响废纸处理的时间。

2.6 复卷

为了复卷出最终的成品纸卷,大母卷要松开,在复卷前纸幅被纵向分切成成品纸卷的宽度(参见图2-63)。复卷机有两种基本的形式:即双鼓复卷机和多站式复卷机。

图2-63 纵切与复卷原理(美卓版权)

在双鼓复卷机中,纸卷重力压在两根复卷辊上,随着纸卷增大而质量提高,对复卷底辊的压力会增加。以正常的纸卷直径和纸页密度计,1m 宽的印刷纸质量在 200 ~ 2000kg 之间。由于质量由两条支撑底辊分担,那么底辊的负荷在 1 ~ 10kN/m。薄页纸最大可承受压区负荷是 3 ~ 5kN/m。改进型双鼓复卷机和多站式复卷机能最大限度地减少纸卷的起皱、破裂、鼓包、起楞和椭圆截面等问题。

改进型的双鼓复卷机可降低最大压区负荷,基本上有四种类型。第一种是前底辊使用支撑皮带以加大压区宽度。当复卷过程进行时,越来越多地纸卷质量由皮带去支撑,这能降低最大压区压力。

第二种是通过使用一个或两个柔性辊面来加宽压区。利用复合材料,加大压区宽度并降低最大压力。

第三种改进型双底辊复卷机利用几何变形的方式来降低最大压区负荷。其用回转地前底辊结合由卷纸辊与压纸辊形成的压区去加宽纸卷与底辊形成的间隙。

第四种类型是通过控制纸卷与底辊之间释放的气压来减少复卷压区压力。这种方法很适于多孔的低摩擦系数的纸种(如早期脱墨浆制的新闻纸),如果是从底辊间进纸,空气可通过进纸处带进来。

多站式复卷机用于要求更高的纸种,此时纸双底辊复卷机(图 2 -64)已不适宜。通常下列纸种和纸页性能尤其需要多站式复卷机:

① 低挺度、低摩擦因数和低抗张强度的薄页纸;

② 高密度和大辊径的涂布纸;

③ 低摩擦性、高密度与大辊径的高光泽度纸;

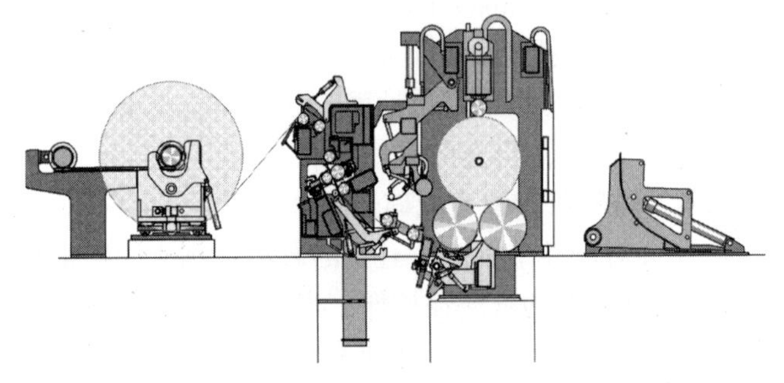

图 2 -64　双底辊(双鼓)复卷机

④ 轮转凹版涂布纸,这类纸具有高光泽和平滑度、低摩擦系数、低胶乳含量、低挺度和低抗张强度。

小结一下,表 2 -3 描述了不同种类的复卷机适用的纸种类型。

表 2 -3　不同类复卷机对不同纸种的适应性

纸种	双鼓复卷机	改进型双鼓复卷机	多站式复卷机
新闻纸		1(B,S)	2
超级压光纸,电话簿用纸		2(B,S)	1
机械浆涂布纸		2(B,S)	1
化学浆非涂布纸	1	2(B,S)	
化学浆涂布纸		2(B,S)	1
箱板纸	1		
盒用纸板	1	1(B,S)	

注:B = 皮带支撑式,S = 软辊式,1 = 较适合,2 = 也可以使用。

2.6.1 复卷的功能

一个基本的复卷机由满足其功能的部件和设备组成，其功能是从大纸卷上舒展开纸幅，将纸幅纵切为较窄的分纸幅，并将其卷成一组成品纸卷。同时也需要像复卷引纸一样的处理母卷更换的设备。

2.6.1.1 退纸装置

退纸装置（图 2－65）有一个制动启动装置或机械制动片，其在复卷机内引纸时使纸幅保持张力。大母卷通过抱夹被锁定在退纸架上。退纸架可以将纸轴灵巧地斜放或往复运动，使纸幅能对准位置，并将局部波动分摊到较宽的一个区域。通过纵向移动大母卷的一端使之倾斜，使纸卷的倾斜的张力曲线得以补偿。

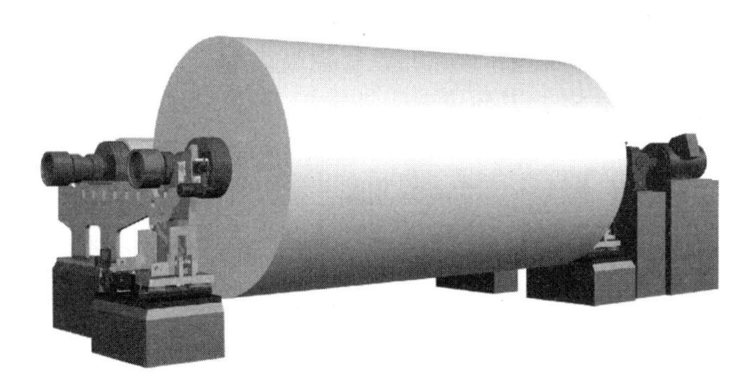

图 2－65 退纸架（美卓版权）

手动更换大母卷的动作是，空轴从导轨中弹出，新大母卷由吊车吊入。自动更换大纸卷的设备包括转移导轨、大母卷等待台和放置空轴的储存导轨。自动换卷装置可能包括一个自动拼接装置，甚至是具有商用印刷质量的对接胶接装置。

来自退纸架的新纸幅不是引过纵切部到卷纸部，就是在舒展区黏接（手动或自动）到先前被卷的纸幅上。纸幅引纸装置包括一组驱动辊或皮带/网、气管、纸页支撑和吹气板。

穿过复卷部定位纸幅需要一组导辊。全幅导辊需要经常保持相同的速度运行。部分导辊则是无驱动。使用弧形辊将纸幅张紧与压平，使纸在纵切时也保持张力。在纵切后纸幅必须分开，使其不要在复卷辊上一起运行，以防止分不开的情况发生（见“纸幅舒展”部分）。

2.6.1.2 纵切部

在纵切部，纸幅被一对旋转的刀片剪切。在造纸工业，切线方向的剪切方法被广泛应用。在这种剪切方法中，纸幅的轨迹与底刀的关系成切线方向或近似切线方向（图 2－66）。纵切刀的数量由客户决定，能切最多的纸卷个数，受最小的商品纸卷的宽度限制。纵切刀的定位可以完全自动化。

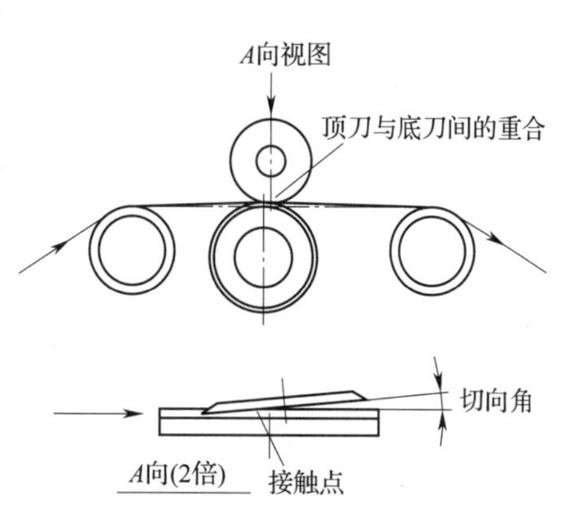

图 2－66 切向剪切法

有些特殊规格的货单需要非常窄的宽度，可以通过特殊排列来解决，即在剪切鼓安装的剪切环上排列窄面顶刀。其他切纸方法包括挤压切割、水针与激光，但这些方法在造纸工业应用并不广泛。切线剪切法要求切割点尽可能接近纸幅刚接与底刀的接触点(图2－66)。切割点是指顶刀与底刀接触的位置,为了得到可靠的切割质量,切割点必须在包覆区内,或在包覆区的起始点更好。包覆区是指纸幅接触底刀的全部区域。当刀口很新且切割点为最前点时,切纸质量最高。当刀磨损时,剪切区就会更大,切割点会往后移。因为纸一般会在切之前裂开,这样会降低切割质量。切割点越往后移,则切割质量就越差。依据纸种的不同,底刀将纸页穿透0.5～2.5mm,但通常为1.5mm。这一点穿透量将有助于切割点的纸页稳定。对于高涂布类的纸种,穿透量要尽量小,以便防止纵切边缘附近的纸页留下痕迹。

为了确保切割点在最优位置,需要适当的切刀几何形状和顶刀与底刀之间的倾角(剪切角)。顶刀与底刀的咬合深度取决于要卷的纸种,通常在0.5～2.5mm之间。对于纸种而言纵切结果并不重要,而咬合度更为重要。一般用较轻的顶刀负荷向底刀施压,通常压力一为20～45N,这取决于纸种与刀具间轴向摆动情况。原则上边缘负荷要尽量地轻,因为越轻越能提高刀片的寿命。如果存在刀具的轴向摆动,就要提高边缘负荷来提高切纸效果。

底刀的驱动速度很重要。底刀刀环负责驱动顶刀刀片。因为顶刀与底刀刀环重叠,所以它比底刀刀环转得稍慢一点。因此,底刀刀环比纸幅运行要稍快一点。这能确保顶刀比纸幅转得稍快一些,这可以降低纸幅跳动并造成切割断纸的几率。一般地,底刀刀环速度比纸幅速度快3%～5%。但是在实际生产中,定量大的纸种使用的顶刀与纸幅速度相同,在这种情况下,推荐降低刀环速度来减少顶刀与底刀的摩擦,以提高刀片的寿命。

2.6.1.3　纸幅展开装置

在纵切后纸幅通过舒展辊,如D型杆、弧形舒展辊或分段舒展辊来展开。双舒展辊的排布能使折叠的纸幅展开(见图2－67)。使用双舒展辊,运用合适的包角可以提高展开效果。在双舒展辊中,第一条使纸幅偏离中心外翻,第二条再次纵向拢起纸幅,使纸幅间在切纸后有一个间隙。简单的纸幅展开装置是单舒展辊、固定舒展杆或弧形管,这些装置主要用在窄幅复卷机,或一排纸中分切数量较少的纸卷。详见2.6.2.2节,双鼓复卷机舒展切开后纸幅的部分。

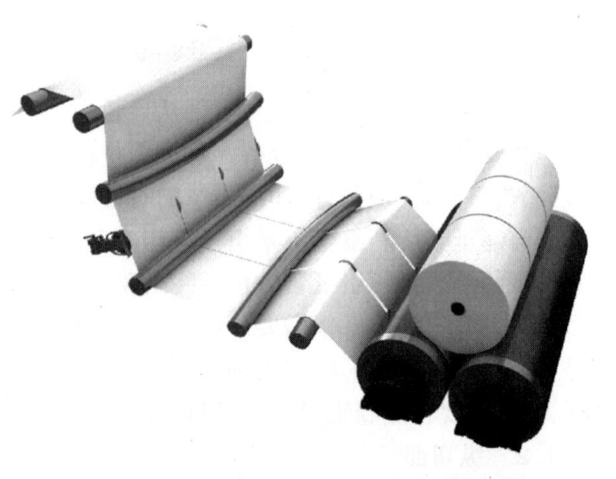

图2－67　采用双舒展辊展开纸幅(美卓版权)

2.6.1.4　卷纸部

卷纸部包括复卷底辊和加压装置。加压装置用于施加适当压力,特别是在刚开始卷取时,纸辊质量还不足以产生足够的压区压力。在运行时,纸卷通过纸芯固定住,在多站式复卷机中是互相倚靠着,在双底辊复卷机是靠每排的末端用顶针顶着。复卷压区是用来阻止空气夹带进入高速的纸辊,并控制纸卷硬度。第一个复卷底辊通常是由速度控制的,第二个则常常为扭矩控制,用来在复卷中形成紧密卷纸的效果。在一些多站式复卷机中,纸卷硬度要进一步提高,则要通过纸芯的中心驱动电机或皮带驱动辊单元的表面拖拽。退纸部与卷纸部之间形成的纸页张力对纸卷硬度也有贡献。

复卷底辊涂上碳化钨或其他涂层,可增加摩擦力,就可以提高拖拽力和抗磨损能力。底辊刻沟纹的作用是防止空气进入纸卷,及防止在复卷压区前形成气袋。当生产孔隙率低的薄纸时,过量的空气容易造成纸幅破裂。

双底辊复卷机的传统压纸辊是直硬结构,在纸卷厚度/直径大的时候加载力高于纸卷厚度小的,这会稍微起到平衡辊径波动的作用。在做压光类纸种时,合适的压纸辊辊壳可用于减少加速时的振动。

对于多站式复卷机,单独一个纸卷的压区由站臂加载与独立的压纸辊单元进行控制。

换卷装置由一个纸尾切纸设备与卸纸装置和/或下降装置组成。新的纸筒芯用手动或用纸芯换卷装置推入。进一步的自动化换卷程序包括自动的纸芯推入和用胶水或胶带自动黏接纸头。

2.6.1.5 复卷机的自动化功能

为了保持纸机的连续运行,复卷机需要高的车速与加速度,这是因为在间歇操作中,每套纸都要停一段时间。然而复卷机在全速运行时,其生产效率主要取决于停机时间,而自动化运行可将停机时间缩至最短。最常见的自动功能有:a. 切纸刀定位;b. 纸芯弹出和处理;c. 母卷就位;d. 母卷拼接;e. 纸芯涂胶或胶带黏接;f. 纸芯输送;g. 纸幅裁切;h. 卸出纸卷;i. 纸头涂胶水或胶带黏接。

上述功能可与自动的母卷更换程序结合在一起,使之完全自动化并成为一个连续性的复卷操作流程(见图 2-68)。正如其名,连续的复卷将间歇复卷转变为连续的过程,操作者只需要监视复卷机的运行。在这种情况下,所有的程序一直自动运行,直至没有母卷可卷时操作才会停止。

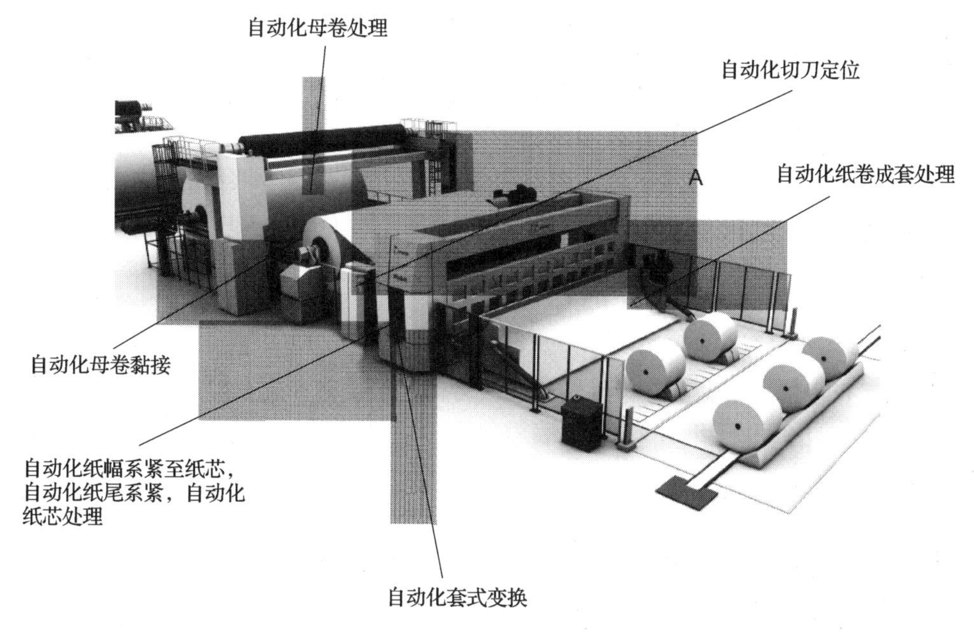

图 2-68 连续式复卷(美卓版权)

2.6.2 纸幅舒展

在讨论纸幅在卷取和复卷的舒展时,将纸幅的舒展分为两个阶段是必要的:

① 指大纸卷纸幅全幅舒展,不裁切纸幅;

② 指舒展纵切后的纸幅(特别是指双底辊型复卷机上的纸幅)。

2.6.2.1　纸幅的全幅舒展

在这里,术语“纸幅舒展”指的是控制纸幅横向(CD)的应变。当认识到横向压缩与剪切应力会导致纸幅的弯曲与起皱时,将纸幅跨在辊子间的做法是恰当的,这样就不会发生横向压缩。纸机横向的舒展会导致纸幅的横向拉伸应力和剪切应力。

在纸机卷取部,纸幅舒展的方法是在横向拉直纸幅,相应的,在卷取鼓前就装有舒展辊,如图2－69 所示。

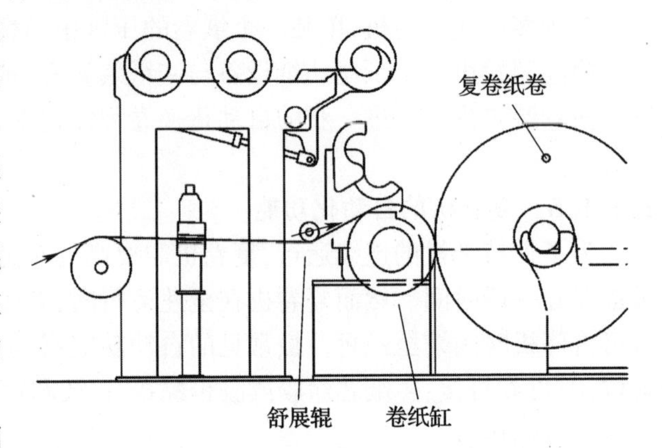

图 2－69　舒展辊在卷取部的位置

在接近卷取鼓的导辊处安装舒展辊更为有效。这是因为舒展作用是在舒展辊附近,只能起局部的效果,但在舒展辊后的纸幅常有恢复起皱的现象。因此在舒展辊后设置一条直辊可以减少纸幅的重新起皱。

在复卷机中,纸机全幅宽的舒展作用是为了将纸页横向展平,以确保纵切纸页的质量。这在单、双底辊复卷机都适用。在复卷机中可以有一个或多个舒展辊,其在母卷(未复卷)和纵切部之间导引纸页,如图 2－70 所示。

对于单底辊复卷机,母卷与纵切设备间的纸幅很长,因此舒展辊还有一个重要作用,就像确保纸幅在辊子间保持平直一样,保证纸幅的运行平稳。

纵切前的舒展对纸幅的分离和纵切后纸卷间的空隙也有一定的影响,这将在下一节“纵切后纸幅的舒展”中详细讨论。

舒展纸幅的方法有很多种。在这里不讨论不旋转的舒展棒方法,因为该法会造成积尘,在如今的设备中也使用的越来越少。卷取与复卷中最常用的就是舒展辊,是带弧形的旋转辊子,这种舒展辊由多节窄辊镶嵌而成,它们形成一组弓形的辊子(图 2－71)。

舒展辊的方向是向着纸幅运行方向(图 2－69 与图 2－70)。舒展效果由纸幅运行方向与辊子运行面产生的小角度来决定,图 2－72 绘出此原理,此为图 2－69 的俯视效果。

辊子通过摩擦力按切线方向引导纸幅,这就是所谓的“纸幅常规进入法”,即只要没有损失牵引力,纸幅正常情况下是从辊子旋转的切线方向开始接触和离开辊子。

辊子最佳弯曲量取决于纸种、辊子的表面、纸页张力与包角,一般为纸幅宽度的 0.05% ~ 0.5%。如果辊子旋转平面与纸幅纵向(MD)方向的角度太大(如图 2－73 所示),则会导致辊子末端纸幅牵引力的损失。在纸机的中心线,纸幅纵向与旋转平面形成的β角是0度。随着中心线向辊子的末端走,β角会随着摩擦舒展力而增大,当β角超过一定值,舒展力就会下降很快(图 2－73 所示)。舒展力下降点取决于上述的因素(即纸种、辊子的表面、纸页张力与包角)。如果在辊子的末端达不到要求的舒展力,则

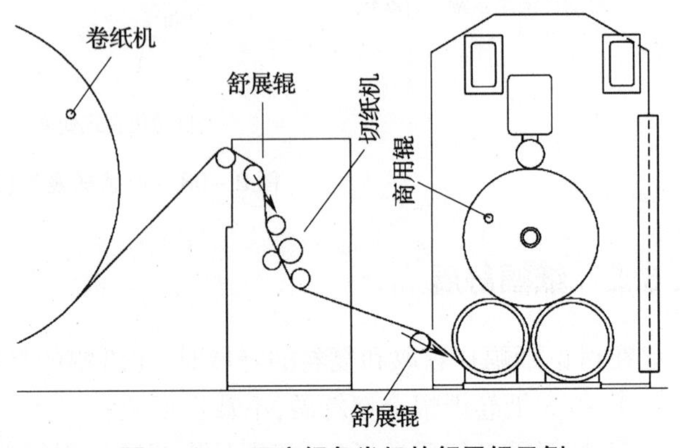

图 2－70　双底辊复卷机的舒展辊示例

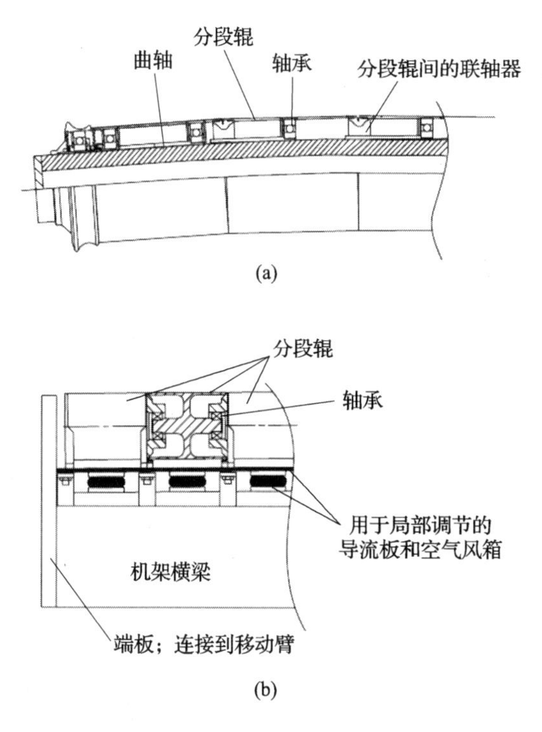

图 2-71　两种常见的弧形辊设计

(a)弧形舒展辊　(b)分段弧形辊

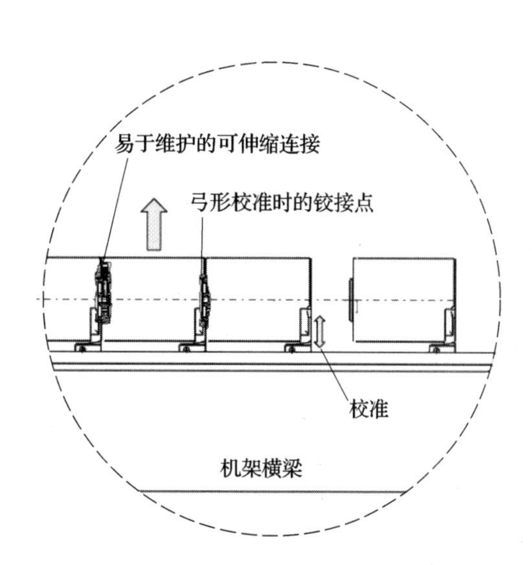

图 2-72　分段弧形辊的结构

辊子的弯曲量一定要减小。

无论多大弧度的曲线，β 角会从纸幅中部的 0 度开始增加，这样总会形成良好的舒展效果。

舒展辊有两个基本结构：见图 2-71(a)辊内有一根弯曲轴(弧形辊)；图 2-71(b)辊上装有套管(分段辊)。

弧形辊表面材质可以是橡胶或者铸铁，为防止磨损有一层硬镀铬或碳化钨涂层。每段辊子一般有涂铝的碳化钨。每根辊子表面带沟纹，让空气在纸幅与辊子之间同时带过，不会损失摩擦力。

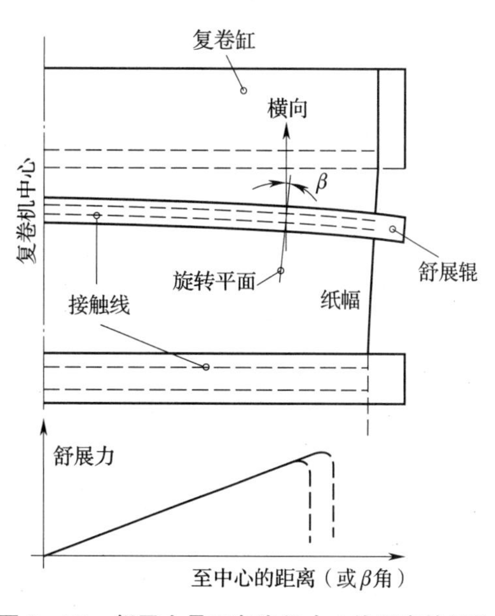

图 2-73　舒展力是至复卷机中心线距离的函数

弧形辊因为其高摩擦力与高惯性经常需要电机驱动，以确保辊子即使在很小包角的情况下也能随着纸幅速度运转。若使用分段辊，则不需要驱动力。因为采用较小的轴承和铝结构，这些辊的旋转阻力都很小，以至于很小的包角(大于5°)就足够使分段辊转动。这些辊子另一个不同之处就是硬度。弧形辊内轴空隙有限，而分段辊是外装套管，就有更大的硬度。纸页张力与重力常改变弯曲程度，而影响纸幅舒展。因此，弧形辊一般设计在操作区域内使用，即弯曲方向与纸幅进纸与离开时的角度。

分段辊在纸幅舒展时的缺陷是，当每段的长度很短时想校直就很难（调整每节的末端会影响另一节）。分段舒展辊的改进版本应该是这样的设计，即每段之间是机械式的相互连接，这样的设计会使曲线更为精确（见图2-73）。

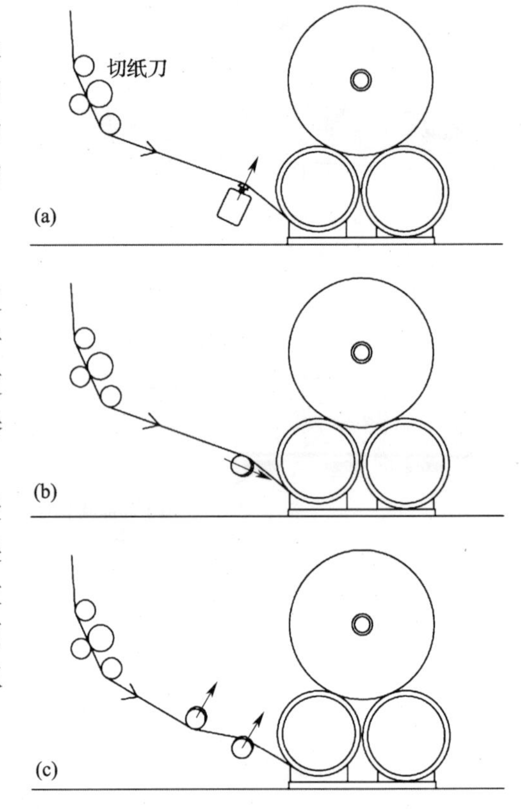

图2-74　三种纸页分离的装置

（a）D形舒展杆　（b）单辊舒展器　（c）双辊舒展器

2.6.2.2　双底辊复卷机的纸幅展开

在纵切后纸幅需要用舒展辊横向展开。复卷纸幅在纵向张力的作用下运行，纸幅会趋向于变窄。在复卷时，张力变成纸辊内的压缩力，使纸卷横幅伸展。如果没有空间伸展，就会使复卷纸卷间贴在一起，或使每套纸两端变成凹形。

如前所述，如果纵切时纸幅在此位置仍受到横向张力的作用，那么在纵切前的纸页舒展会影响纸幅分开。在这个情况下，纵切会释放纸幅的张力，使两条纸片之间产生间隙。纸页舒展装置的位置非常重要。这里我们集中讲双底辊复卷机上三种最熟知的纸页分离装置：

① D形舒展杆［图2-74（a）］；

② 单辊舒展器［图2-74（b）］；

③ 带弧形棒的双辊舒展器［图2-74（c）］。

这些装置以不同方式使纸页分离，它们没有任何共同的特点，其处理原理也完全不同。如果说它们有什么共同点，则仅有的共同点就是在复卷中所处的位置相同（图2-75）。

（1）D形舒展器

D形舒展器是一个不旋转的带弧度的单条杆［见图2-74（a）］，与纸幅垂直或近似垂直。D形杆在安装的位置上能增加纸幅向中心运行，但不能增加纸幅的张力。关于这一点，在造纸工业中通常都被误解。在舒展器后复卷压区的运行纸幅会减缓由于运行时的张力增加现象，以便纸幅的张力累积的曲线稳定。另一方面，D形杆导致纵切后纸页局部张力的重新分布，使纸页间找到了新的平衡，于是形成了纸页分开的现象。

D形舒展器最适合窄幅复卷机，只需要切很少的纸幅，适用于那些即使舒展器不旋转，也不会造成严重的积尘的纸种。D形舒展器必须有棒形曲率的局部调整手段，在复卷时可以分开纸辊。

D形舒展器影响纸页分开的参数有：a. D形舒展器前导辊与其之后的复卷底辊的位置；b. 弯曲量；c. 包角；d. 弯曲方向（只要其方向与纸页运行方向相近，就不是最重要的参数）。

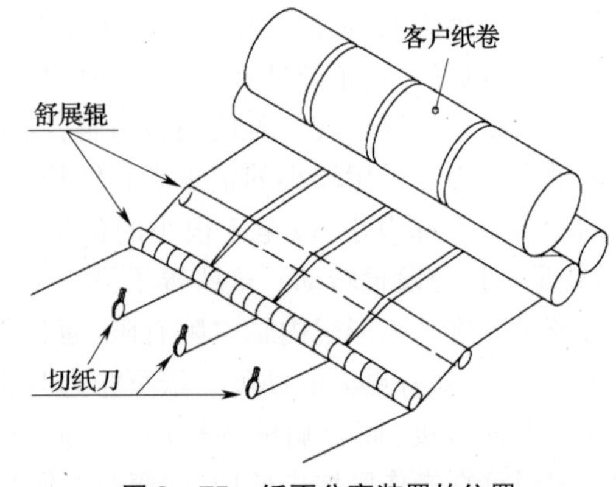

图2-75　纸页分离装置的位置

关于 a. 参数,重要的一点是要将 D 形舒展器安装在比其之前的导辊更接近卷取底辊近处[图 2 - 74(a)]。当这些辊之间的总距离越短,纸页分离的效果越好。

至于 b. 与 c. 参数,最佳弯曲量与包角取决于纸种与导辊位置,没有固定的规律可循。提高这些参数中的任一个使分离效果达到某一程度时,就不会再改变了。这种现象限制了 D 形舒展器在窄幅复卷机中的应用。增加包角也会造成更多积尘,一般角度要小于 20°。

D 形舒展器在现代纸机上已不再使用,其主要原因是积尘影响和限制了复卷纸卷,但现在仍有大量复卷机运行是基于 D 形杆做纸页分离作用的。

(2)单辊舒展器

在单辊舒展器中,弯曲方向是朝着纸幅运行方向的[图 2 - 74(b)]。纸幅分开的现象与前面提到的舒展纸幅的原理是相同的(参见“未切的全幅宽纸幅的舒展”一节和图 2 - 72)。

前述的纸页分开方法也同样适用单辊舒展器的舒展方法。单辊放置点也是比前置辊更近卷取底辊,如图 2 - 71 所示。前文所提到的辊子弯曲量(见图 2 - 72)在这里也很重要,如果辊子末端失去了舒展摩擦力,这个区域的纸幅就不能分开了。

跟 D 形杆一样,这种纸页分开方法的应用也被限制在较少分切的窄幅复卷机上。

单辊舒展器的另一个缺陷是舒展作用是基于牵引力,当纸页横幅张力曲线不均一时,就会影响纸幅分开的效果。

(3)双辊舒展器

双辊舒展器与单辊舒展器有很大的差别。它不是靠摩擦力来增大纸幅间的间隙。相反,被切开的纸幅有一点往外翻,然后又往内翻后保持平行,所以双舒展器的名字也因此而生。在这种展开的方法中,需要两个阶段,因此也使用双纸幅分开的名字。

图 2 - 76 显示了双舒展辊的侧视图(视角 A),即纸幅进入与离开舒展器的方向。视图仅显示了半个舒展器。为了便于说明,图 2 - 74(c)对布局与视角都进行了转换。

当辊子弯曲时,沿着每个旋转单元的平面都会彼此分开[见图 2 - 74(c)]。在图 2 - 76 里,这些平面在画中被切的纸幅中间,用点画线画出来了。

为了得到所有被切纸幅与在双舒展辊的第一辊上对应部分的旋转平面相接触(标准进入法,参见“未切的大纸卷全幅的舒展”一节),纸幅必须与弯曲方向垂直(图 2 - 76,接触线 A)。与第二辊和离开的纸幅一样,垂直线对于纸幅的均匀分离很重要,只要改变了弯曲方向,被切的纸幅就会寻求新的位置以遵循“常规进入法”,这就造成被切纸幅的间隙不均匀。

在接触第一辊时,纸幅沿着它弯折,然后以接触线 B 离开辊子,如图 2 - 76 所示。纸幅以第一辊每个部分独立的平面方向离开辊子,每个的方向不同,所以结果是它们开始相互分开。

第二辊与第一辊的方向相反。它与第一辊弯曲量相近,置于可使纸幅以垂直于其弯曲方向离开的位置(D 线)。进入的

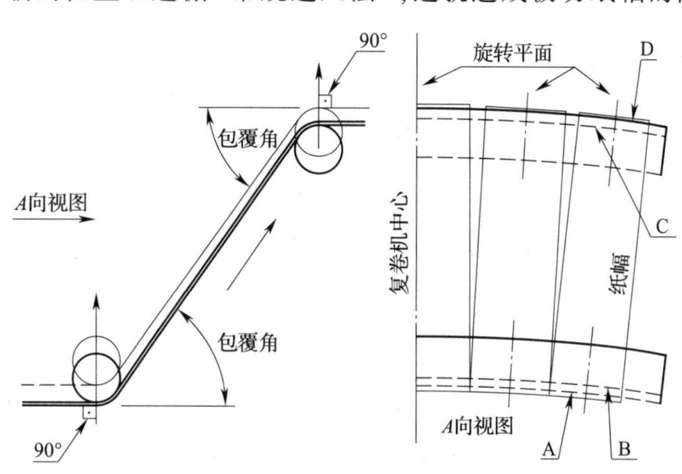

图 2 - 76 用双舒展辊分开纸页

纸幅接触线C是这样设置的，以便使两个舒展辊的包角是一样的。这样对第二辊定位的结果，是要使进入与离开的接触线C和D满足“常规进入法”。在第二辊后，所有被切纸幅按复卷机运行方向进行，即以垂直方向进入复卷底辊，当每张被切纸幅通过第二舒展辊去往复卷底辊时，它会从舒展辊的局部角度方向分开。这个角度名义上是跟纸幅接触第一辊时的角度是一样的。

如果任意四条接触线中的一条有误差，或双舒展辊前或后挨着的辊子接触线有误差，没有在被切纸幅的“包覆轨迹”上，纸幅展开效果就会受到干扰。纸幅会寻找符合“标准进入法”的新位置，使纸幅之间产生不均匀的间隙。

对于用双舒展器分开纸幅，尽管改变了复卷宽度或增加了分切纸的数量，但摩擦法则、纸幅轨迹长度等并没有改变，因此双舒展器适用于所有复卷机。随着纸机的幅宽增加，双辊舒展器的舒展作用对其制造与安装误差很敏感，因此对于宽幅复卷机来说，将良好的纸幅分开更加困难。

(4) 双舒展器的技术参数

在设计双舒展器时，基本的信息是复卷机的宽度与纵向分切纸的数量。纵切数量最大与最小值都要考虑在内，因为舒展器必须能根据纵切的数量进行调整。影响纸幅分开效果的参数如下：

① 两条舒展辊之间的距离。距离越大舒展效果越好；

② 辊子的弯曲量或弯曲半径。弯曲量越大(弯曲半径越小)舒展效果越好；

③ 辊子的包角。包角越大舒展效果越好。

2.6.3　复卷机的自动控制方式

现代复卷机的自动化程度很高，将手动工作降到最低程度。可以根据产量需求与人力情况来选择自动化最合适的程度。自动化也能提高复卷机的运行性与产品质量。自动定刀、自动停机与自动复卷程序能更精确地控制成纸直径、宽度和紧度。即使减少熟练工，纸卷质量也会更均一。在自动响应所测复卷振动水平的帮助下，由于复卷振动引发的纸卷缺陷也会减少。

复卷控制系统包含一个或多个可编程序控制器与使用者交互界面用的电脑或控制面板。复卷驱动控制也融入同样的可编程序控制器中，控制系统提供自动程序来处理诸如产品规格变换、切边变换、纸卷变换、引纸或送纸芯程序，甚至复卷作为所谓的连续复卷的概念，一整套的动作都可以自动化，直至需要新的大纸卷为止。

2.6.3.1　自动化程序

一台独立的双底辊自动化复卷机能保持足够的产量来匹配一台高速纸机。即使同一条生产线有两台复卷机，自动化操作也能帮助节省很多人力工作。

一般程序耗时30～60s进行切边更改，15～45s进行换卷，3～6min进行大纸卷更换。换卷包括纸幅切割、纸尾上胶水或黏胶带、辊芯弹射、插入新的纸芯和涂胶或胶带黏到新的纸芯上等。大纸卷的处理也可通过伺服控制大纸卷和线轴在导轨上的定位完全实现自动化。纸机与复卷机之间的纸卷运输的另一种方式是自动吊车。

2.6.3.2　安全事项

一个启动后就不会被操作者干扰的自动化复卷机，对在其附近作业的任何人都是一个潜在的威胁。这个威胁可通过特别的安全设备与控制系统来降低或基本消除掉。但是，为确保复卷机的安全操作,对其正确流程的培训与监视仍是非常必要的。当复卷机运行或自动程序在工作时,复卷机被安全栏围绕着,以防止有人进入这些危险区域。

2.6.3.3 纵切刀与复卷站的定位

纵切刀的定位始于纵切刀选择运算法则,即根据工厂电脑系统从通信线路送来纸卷宽度的信息,选择纵切刀来切纸。运算法则根据纸卷与商品纸卷宽度,为纵切刀与其他设备计算目标位置。这包括在双底辊复卷机中的纸芯锁定、单底辊复卷机的复卷站与牵引压纸辊。送纸芯与胶水或胶带系统、成品纸卷纸尾涂胶水或胶带设备也接受了定位信息。在复卷机前的挡纸器也基于切边形式进行了选择。

纵切刀定位机理中设置了面刀与底刀对于目标的偏差不大于 ±0.1mm。系统测量纵切刀位置并计算实际排列的纸卷宽度。在多站式复卷机中,复卷站臂与牵引压纸辊也是自动定位的,通过液压或电气伺服电机来完成定位动作,由线性或旋转编码器来测量位置。

2.6.3.4 纸幅引纸和黏接

无论是楔形引纸还是全幅牵引引纸,纸幅引纸都能实现全自动化。从大纸卷上松开与取出纸尾,切成楔形或整幅切断都可以做到自动化。在多站式复卷机中对纸幅双面涂胶,且用胶带或胶水将纸幅黏在纸芯上,这些都是自动程序中的一部分。使用索尾连接作为对接接头,对于纸幅通过印刷机的运行非常有利。

2.6.3.5 纸芯的顶针锁定控制

双底辊复卷机顶针锁住纸芯进行升降动作,并根据纸芯的直径降到定位目标值。在复卷过程中,它受到压力控制,消除锁定纸芯的总质量,否则会造成边缘纸卷受到过量的压区负荷。

当换套完成纸芯被锁时,根据纸芯设定长度的水平位置就确定了。在复卷期间也是受力控制,否则也会增加水平向的力,这种力会由纸芯在复卷期间随着纸辊底部变宽而增长。在多站式复卷机中,每个复卷站臂定位在纸卷边缘,这便于纸芯顶针以正确的水平力度去闭合。在这种复卷形式下复卷压区压力主要由顶针垂直力去控制。

2.6.3.6 复卷压区压力控制

复卷压区压力控制是控制纸卷紧度的主要手段。复卷压区是指纸幅进入前底辊的压区。在双底辊复卷机中,复卷压区负荷通过改变前底辊控制来确定。前底辊参考曲线能由手动控制,或由可编程逻辑控制器从想要的复卷压区压力设定值中计算出来。纸卷直径超过 1m 以上质量会太大,会造成前底辊产生压区负压,所以双底辊复卷机复卷压区控制受到限制。在多站式复卷机就没有这个限制,在大纸卷直径的情况下也能形成合适的压区压力。但是,太重的纸卷会使纸芯卡盘加载力变得非常大,造成纸芯边缘的质量缺陷。为了缓解这个困境,有些复卷机前底辊的形式是辊组,这样能通过多个辊子支撑纸卷质量。前底辊组的另一功能是,当纸芯卡盘的压区负荷和纸幅张力可能使纸芯弯曲时,可以在复卷开始时支撑更宽的纸卷。前底辊组还可以装备电机,以产生更多的压紧效果。

2.6.3.7 纸幅张力和复卷力控制

纸幅张力由退纸电机的扭矩进行控制。由于退纸电机在恒定复卷车速下被制动,所以它也被称为制动发生器。它以发电机的形式工作,产生电能反馈给驱动系统,并形成复卷扭矩。当复卷机降速时,所有电机启动发电,电能反馈给动力供应线。

纸幅张力只是部分地根据加载单元测量值由反馈控制器控制,大部分的退纸扭矩则由前置控制器从纸页张力设定值、退纸直径与惯性计算出来。反馈控制器输出值一般在总扭矩的

10% 以下。为了达到所有位置的精确张力控制，纸卷直径和质量必须准确地设定与测量。惯性计算需要质量数据。如果一台普通复卷机与驱动系统的所有控制与计算完成，可以消除通讯延迟与程序瓶颈，就能得到好的复卷效果。一般的控制能准确处理张力控制，同时以最快的下降速率将复卷精确停止，也能在换套与纸幅定位中处理好纸幅张力。

复卷力是控制纸卷紧度的第二个手段。复卷力由前底辊扭矩产生，或由多站式复卷机牵引压纸辊的扭矩产生。正向的复卷力导致复卷压区的张紧，即此时纸卷拉着前底辊跑。为了防止纸卷紧度受复卷加速或减速的影响，纸卷惯性会在复卷升速时降低张紧效果，惯性扭矩则由前底辊提供。

2.6.3.8　复卷车速控制

复卷机自动化系统提供了一种灵活的方法去处理复卷速度参照。有关参数包括加速和减速、转动次数与车速设定值。若有两台并行的复卷机，操作者可以更自由地选择合适的升速率与速度，使复卷机运行平稳。而对于单台的高负荷复卷机生产线，则需要最快的速度与加速度。通过控制加速度的步长，或提速或降速控制，来减少复卷机的振动。通过小心的车速参照控制，可避免辊子旋转周期引起的共振。每改变一次车速都是一种干扰，可能会导致纸卷紧度或横向纸幅排列的变化。如果使用同一可编程逻辑控制器的话，速度参照和张力控制要匹配好。车速与扭矩控制器则由交流驱动变频器来实现。

根据纸卷直径或张力设置，自动制动方式可控制复卷降速。降速率维持接近最大值，以实现最精准的停车。停车的准确性最好是在 10m 的纸页长度范围内。在停车期间，精准的张力控制平滑的车速参照和正确的惯性补偿。此外，如果这两者在同一个复卷机可编程逻辑控制器内，可以得到最好的复卷效果。

为了在复卷停车或降速时消除纸卷缺陷，也可以使用自动化的方法。通过纸病检测系统可以准确地停车。

还有一个最大化复卷机产能的手段是优化复卷提速。复卷控制系统能一直监视实际驱动扭矩、电能与可以达到的最快加速率与降速率。一般而言，阻碍因素是在第一与第二套纸的退纸扭矩，例如打印纸生产线的一台以 2500m/min 运行的复卷机，换套时间为 60s，能满足 1223m/min 的纸机车速，如果换套时间因自动化程序而缩到 20s，纸机车速可以提到 1337m/min，如果优化加速率，纸机车速可以提高到 1445m/min。

2.6.3.9　纸卷质量控制与监测方式

纸卷密度控制是全自动化的。操作者只需要根据纸种选择合适的复卷菜单。菜单含有牵引压纸辊负荷或复卷压区负荷，复卷力与纸幅张力的参考值。菜单编辑者需要知道这些参考值如何影响纸卷结构，通过检查试验纸卷和相应地校正菜单，可以完成调整到合适的参考值的任务。一些纸卷还需要再松开并在复卷机上再次检查。

大部分的复卷机带有融合复卷控制系统的纸卷密度在线检测。纸辊密度检测是基于纸卷长度、纸卷直径测量值与纸页厚度的大致测量值，它由给定定量除以被测密度得到。在纸卷中纸页由受压而被压缩。纸卷压力是纸卷紧度的直接反映。新闻纸一般的压力是 0.5MPa，低定量涂布纸是 1MPa，超级压光纸是 1.5MPa。在压力下纸页厚度一般会压缩 2% ~6%。密度测量要保证精确度，厚度测量误差就要在 0.1μm 以内。否则在复卷时就不会检测出纸卷紧度的变化。纸卷紧度的变化能导致所测密度变化最大达 $30 \sim 50kg/m^2$。复卷机密度测量不能用于控制纸卷紧度，因为单纯靠它不能测量纸卷紧度或压力。纸页在零压力影响下的厚度需要满足这个要求。退纸密度测量不能代替厚度测量，复卷与退纸的密度差距仅仅告诉我们复卷机从卷取母卷到复卷纸卷的密度改变有多大。

2.6.3.10 诊断功能

复卷过程的诊断包括加载单元、驱动扭矩、速度与直径等完整的一套对应的测量值,这还包含了一段较长时间的数据储存。数据能通过卷取与设定数去获取和显现,来寻找复卷过程中任何问题,即使在纸辊已被卷完很长时间内也能做到。

复卷机产量最大化的一个重要因素是简便和全面的故障诊断辅助方法,尤其是当复卷机高度自动化,有大量的输入、输出与控制回路时。诊断功能帮助操作者与维护人员快速确定故障起因。快速通信网络可能实现全球性远程诊断,当结合复卷诊断与数据收集系统,远程诊断是一个强有力的工具。

2.6.3.11 其他相关系统

复卷自动化系统能与纸厂的计算机系统、纸芯切割和纸机的 DCS 系统实现通信连接。复卷机从纸厂计算机中接收产品规格,并回馈生产信息。复卷机也能连接到纸病检测系统,用于准确在原纸缺陷处之前停下复卷机(小于 1m),以便操作者去处理纸病(图 2-77)。

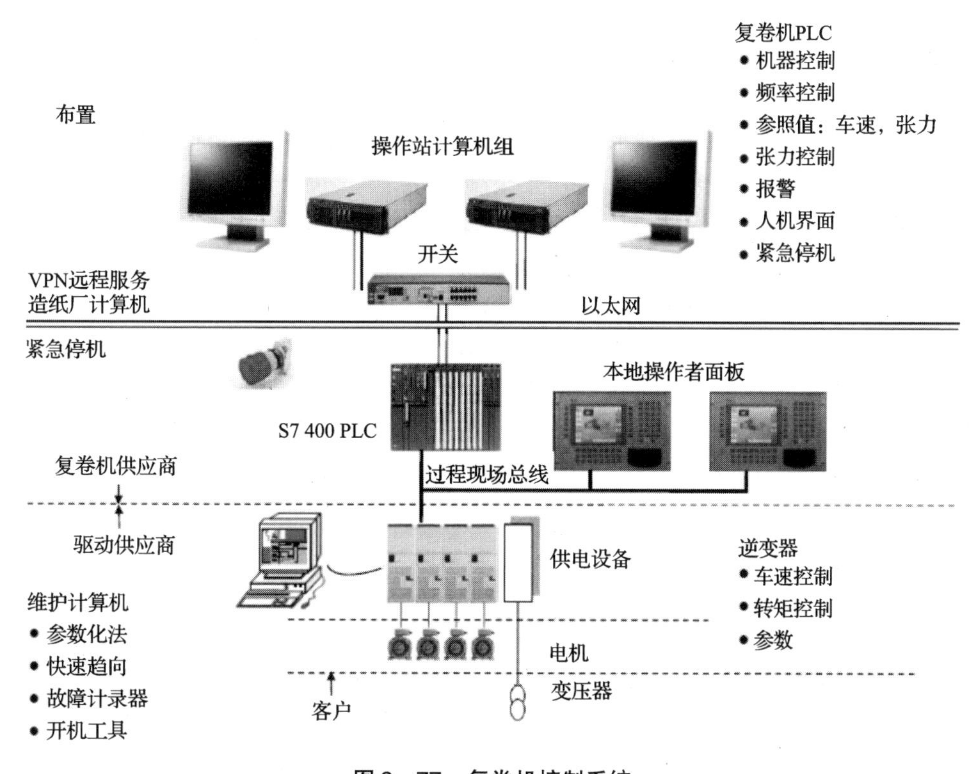

图 2-77 复卷机控制系统

2.7 复卷机种类

2.7.1 双底辊复卷机

双底辊复卷机主要用于非涂布板纸与文化用纸,一系列纸卷在两个平行的复卷底辊之间进行复卷。传统双底辊复卷机的底辊是同等直径与几何尺寸的(图 2-78)。

两个底辊同样地支撑着纸卷质量，每套纸最大的复卷压区负荷由纸卷来决定。现在已研发出直径与外形不同的双底辊复卷机，两个底辊对纸卷质量的分配也不同，但基本原理是一致的。为了解决有些纸种对额外压区压力的压区负荷敏感的问题，已开发了新型的双底辊复卷机。这包括气垫减压式、带状支撑式、可变几何式与软包胶式。双底辊复卷机的优点是操作与维护简单，产能高。

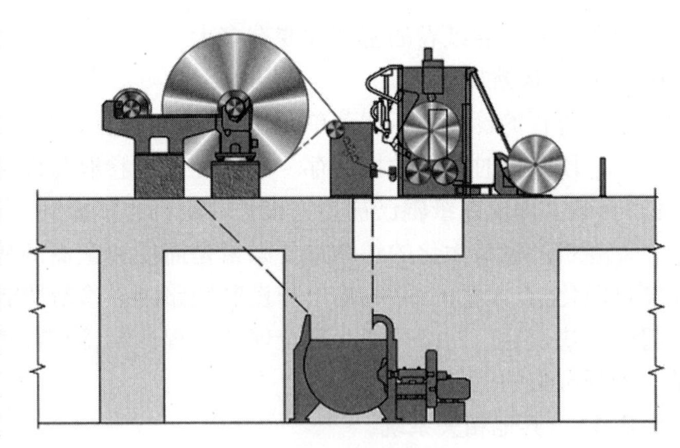

图 2 –78　双底辊复卷机

当每套纸在复卷的最开始时，复卷纸卷没有对复卷压区产生足够压力，由刚性液压控制的压纸辊施加必要的压力。在复卷机运行时，复卷纸卷两端都由顶针顶住，在复卷期间，前复卷底辊由速度控制，后底辊经常由扭矩控制来施加纸卷变紧的效果。

复卷底辊由带摩擦力的碳化钨或其他涂层包覆，用于增加牵引力并减少磨损。底辊沟纹用于防止空气在复卷压区前滞留或形成气袋。当复卷的是透气度低的薄页纸时，纸卷里多余空气容易形成气爆而造成纸页破裂。

传统的压纸辊是直硬结构，此时纸卷上的高厚度（大直径）区域内的载荷大于低厚度的区域，某种程度上能相对平衡纸卷直径带来的波动。

换卷设备包括一个切纸尾装置、一个推纸器与一个卸纸斗。新纸芯由手动或自动推纸芯装置送入。换卷程序其他自动化动作包括自动用胶水或胶带涂（黏）在纸芯上。

手动进行大母卷的更换动作是将空纸轴退出到退纸架上，用吊车吊入一条新大母卷。自动换母卷设备包括传送轨道、大母卷准备站与空轴储存轨道。自动换卷的流程包括一个自动黏接装置，甚至还有能力进行商品印刷质量的对接接头黏接。

2.7.1.1　双底辊复卷机的运行参数

双底辊复卷机的主要参数有：纸页张力、复卷压区压力、扭矩和复卷力，其中复卷力是最重要的（见图 2 –79）。

复卷力这个术语较为通用，因为它比扭矩或扭矩差更容易被众人理解。当将复卷机的各种几何尺寸、复卷底辊直径或惯性进行对比时，用扭矩这一术语是不合适的。复卷力的概念是指由第二底辊产生的切线负荷，复卷力的概念与复卷机类型无关。

纸页张力通常是由退纸制动启动器或带有反馈的机械制动来控制，其中提供反馈的测压元件通常安装在一个导辊或分段辊下面。在张力作用下，纸幅在切纸案辊上舒展和拉平以便于纵切。张力也为复卷的进纸提供了基本应力。

复卷压区阻止了纸卷中的空气夹带，并控制纸卷紧度。复卷底辊的压区负荷是每套纸的质量与压纸辊负荷之和。在每套纸开始复卷的时候，纸卷的质量不足以形成指定的压力，此时压纸辊的压力即为复卷压区负荷，当复卷纸卷质量增加时，压纸辊压力就大幅下降。在每套纸快卷完之前，该套纸的直径与密度就决定了复卷压区压力。在这个阶段，压纸辊只需要为安全考虑压住纸卷即可。因此，加载负荷曲线开始时基本等于复卷压区负荷，到最后基本等于纸卷质量，形成一个平滑的过渡（见图 2 –80）。

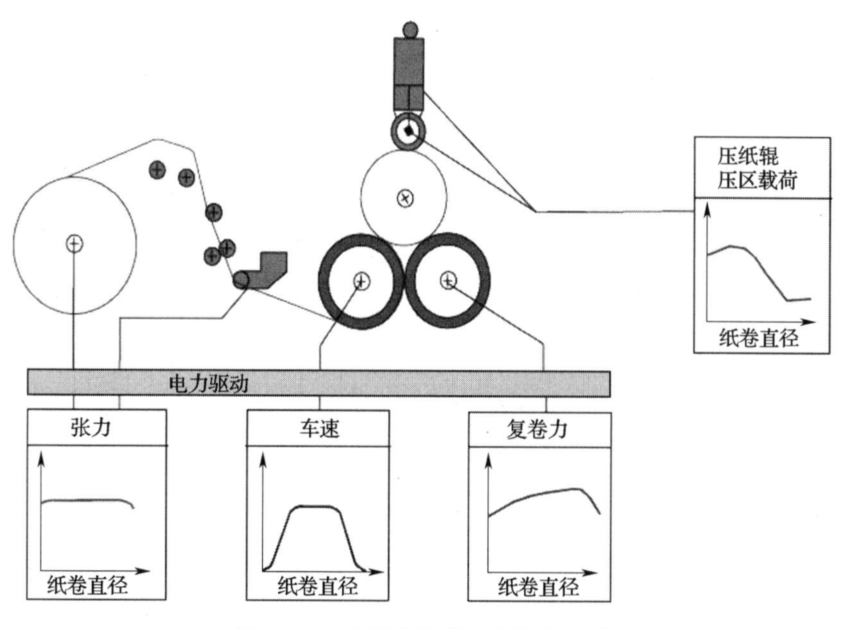

图 2-79 双底辊复卷机参数的控制

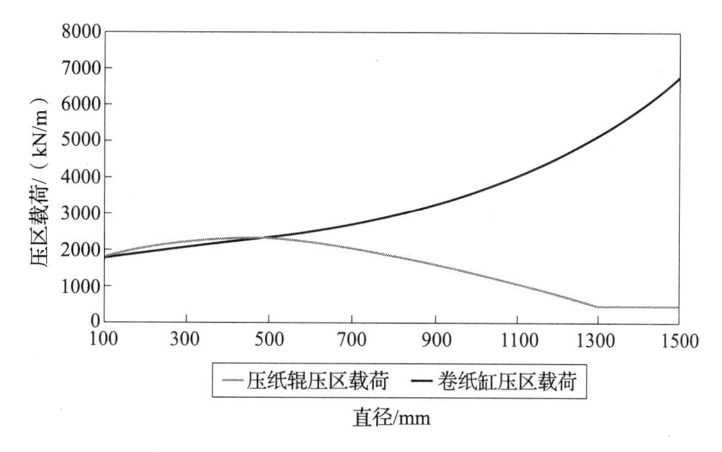

图 2-80 双底辊复卷机的压区负荷

在传统双底辊复卷机中，当复卷纸卷直径增加时，压区负荷不受控制地增加。压纸辊只能增加负荷，不能降低，当纸卷直径很大时复卷压区负荷就会很高。在横幅厚度与定量差异逐渐积累起来时，印刷类纸种就会产生诸如折子、爆裂、起鼓与波纹等纸病。因此，传统的双底辊复卷机不适合用于新闻纸、超级压光纸和低定量涂布纸，以及其他类似的薄页纸或对复卷压区负荷敏感的涂布类纸种。

双底辊复卷机第三个参数是复卷力，这是一个在前底辊之后的力，由前底辊扭矩控制。复卷力也可以被解释为第一复卷压区后的张力，增加复卷力能张紧被卷纸幅。在双底辊复卷机中，增加张力和复卷力会降低复卷压区效果，所以通过增加这两个逐步建立的复卷参数，复卷纸病产生的可能性会由于高压区负荷而下降。

带柔性涂层的双底辊复卷机

底辊涂层可用于解决与双底辊复卷机高压区负荷相关的难题。根据纸种不同，将一或两个复卷底辊涂上一些柔性涂层（聚合物），使压区变宽，可降低复卷底辊对纸卷的峰值压力与穿透力。为了弹性与持久性，柔性材料的性质必须精心选择。

2.7.1.2 气垫减压式双底辊复卷机

一些双底辊复卷机配有复卷底辊之间的过压保护装置（图 2-81）。

当复卷直径增加时，纸卷支撑区域面积也增加，这样只用少许气压压力，就可产生减压效果（图2－82）。气压小于10kPa（0.1bar）时，新闻纸卷的复卷压区就能保持在安全范围内（4kN/m以下）。

气垫减压系统对多孔性纸种最合适，因空气夹带不会在复卷底辊处形成气袋。因为如今脱墨浆新闻纸的摩擦系数很高，所以这技术不会在新闻纸上应用。

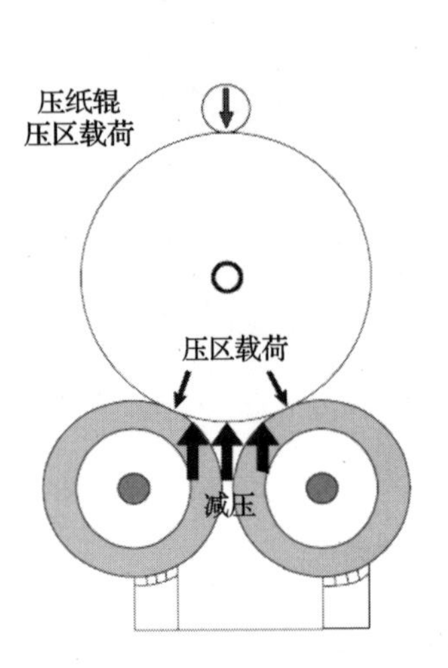

图2－81　带有气垫减压装置的双底辊复卷机

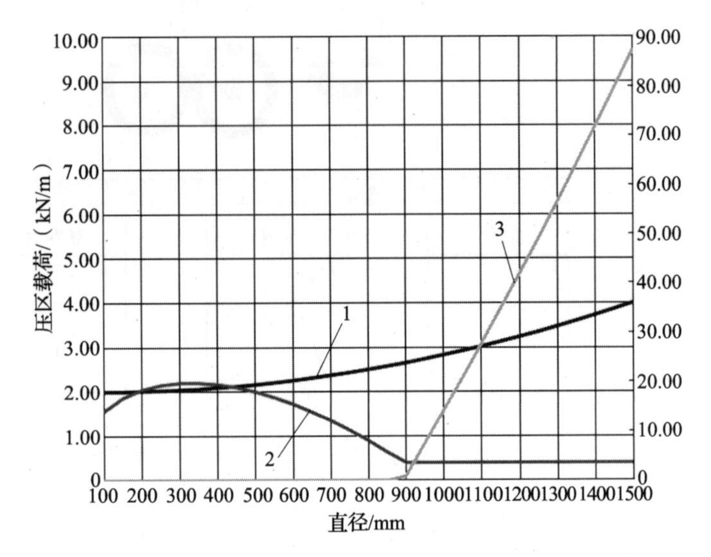

图2－82　带气垫减压复卷机的压区负荷

注：原文右侧纵坐标未给出物理量。

1—卷纸缸压区载荷　2—压纸辊压区载荷　3—减压

2.7.1.3　辊带式复卷机

辊带式复卷机基于一种新型的复卷几何学——即由传送带取代复卷前底辊的原理（见图2－83）。随着复卷纸卷直径的增加，纸卷质量部分地被转移到传送带上。

图2－83　辊带式复卷机

这种复卷机的布置降低了复卷后底辊的压区负荷，避免了由压区引起的纸病，同时也防止了空气夹带现象。皮带支撑的复卷压区负荷可以根据不同的纸卷密度而自动调整，其方法是改变皮带张力。因此，辊带式复卷机可以适应纸种的复卷操作。在辊带式复卷机中，复卷压区负荷不是主要的纸卷建立工具，低复卷负荷与高复卷力的结合，允许更有效地使用复卷底辊的牵引力。复卷力对所有纸页的影响相同，使整个纸幅宽度上保持相同的纸卷硬度。集合高复卷力与低复卷压区负荷的优势，可以复卷更大的纸卷直径，同时可以将复卷压区造成的纸病降到最小化。

2.7.1.4 可变几何复卷机

可变几何复卷机（variable - geometry winder）是双底辊复卷机的改进形式，有一根铰接式压纸辊，可将适用范围扩展至新闻纸、超级压光机以及低定量涂布纸等大纸卷。这种复卷机配备了底辊与柔性压纸辊，可以适用于所有尺寸的纸卷。当纸卷变大时，可回转的前底辊可以远离后底辊，这就形成了可变的几何尺寸。两底辊直径不同的不对称设计可降低复卷机共振的几率（见图 2 - 84）。

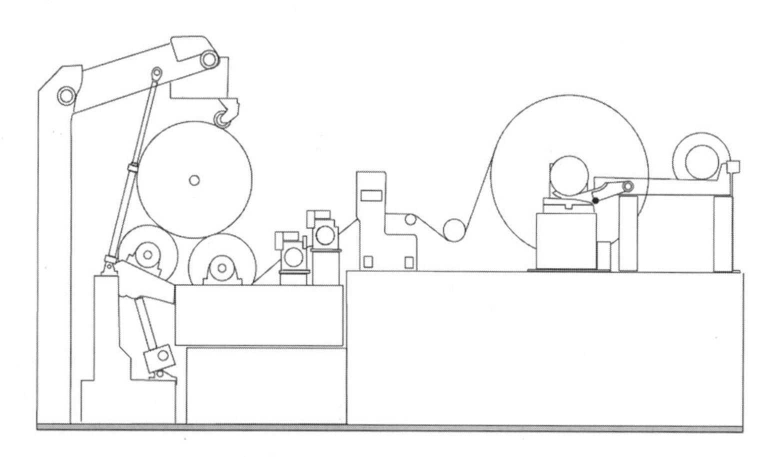

图 2 - 84 可变几何复卷机（variable - geometry winder）

2.7.1.5 双底辊复卷机的常见纸病

双底辊复卷机最常发生的纸病是皱褶（图 2 - 85）或爆裂，这与厚度/定量曲线变化和复卷高压区负荷是相关的。

皱褶是由于纸卷直径较大时传统双底辊复卷不可控的压区负荷造成的。局部的高复卷压区压力与低张力导致纸卷表面纸页的滑动，皱褶就会形成。低摩擦因数的纸种会增加皱褶发生的可能性。唯一被证实有效的补救措施就是改进双底辊的设计，或用多站式复卷机取代。从统计学的角度讲，通过增加纸页张力和复卷力，或使用增加纸页表面摩擦性的药剂可以改善局面。

皱纹（见图 2 - 86）也是压区导致的一种纸病，这是由于较差的厚度横幅曲线引起的。

纸卷是以局部厚度峰值建立起来的。这会导致纸卷沿纸幅宽度的直径变化，在纸卷表面产生不同的牵引力和剪切应力。解决皱纹的方法是将复卷从压区压力控制改变为张力和复卷力的控制，这将会使纸幅拉伸的更平整一些。

碟形的纸卷端面（见图 2 - 87）是由于双底辊复卷机的纸页舒展不足造成的。

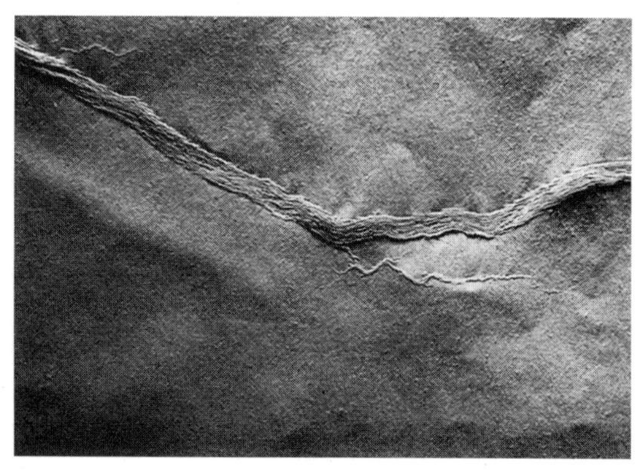

图 2 - 85 纸页皱褶

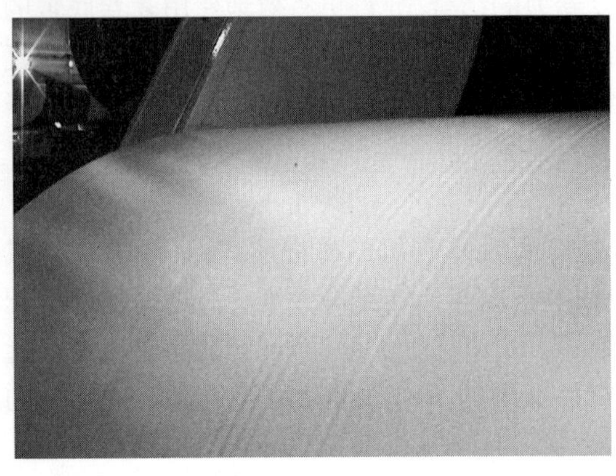

图2-86 皱纹纸病

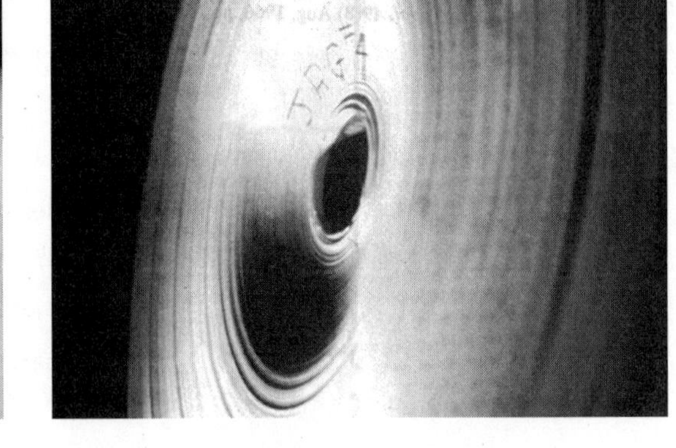

图2-87 碟形端面纸卷

纸幅在张力作用下在卷取部与退纸部之间产生收缩。当纸幅再次被卷时,卷取部的每部分纸都会变宽,张力下降。如果纸幅分离不够,当每层纸被复卷时,每套纸在中间的纸卷就会彼此往外推。这导致纸卷虽然中间是直的,但却会出现端面不齐的碟形现象。

当复卷松厚度高和摩擦力大的纸种时,纸芯偏心和纸卷抖动是双底辊复卷机常见的纸病。当横幅厚度变化时,每套纸的纸卷直径会有所不同。纸卷以不同的角速度旋转,导致纸卷边缘之间产生摩擦力。这种力导致纸卷抖动,或不是以同轴方式旋转,导致纸卷偏心变形,纸卷抖动甚至弹出(纸卷不受控制地跳动)。这种现象可以通过将纸芯切得平直与均匀来降低摩擦力,或者在纸芯间加油或低摩阻垫片。轴向力可以通过适当的纸芯定位系统和使用正确的纸芯长度来进行控制。纸芯质量与纸卷硬度相关联,因此纸芯在复卷操作期间不能伸长。防止纸芯偏心和纸卷抖动的最后补救方法是在纸芯上刻沟纹。每套纸使用的沟纹形式是可以相互嵌合以形成刚性轴,使同套纸卷以相同的直径建立(图2-88)。

图2-88 纸芯刻沟纹以防止纸卷跳动与纸芯失圆

双底辊复卷机的振动与系统的共振频率有关,能引起共振部件的包括复卷底辊、每套纸卷与压纸辊系统。振动可能是由复卷底辊的不平衡引起,可以通过制作高精度的硬底辊降低。共振频率是复卷旋转速度的倍数。在复卷加速时,很快跨过了这些共振区,因而很少共振现象产生。在复卷机全速运行时,纸卷角速度随着直径增加而下降,振动就会发生。高级控制系统可控制复卷机车速,使得纸卷角速度避开共振区,即通过这些区域时自动降速(图2-89)。

然而,这种控制方法会因降低复卷速度而损失一些产量。复卷振动主要出现在高松厚度高摩擦性纸种运行的时候。在一些情况下,复卷底辊振动可以通过安装减振轴承座来降低。改变底辊的动态灵活性或频率响应系数(FRV)就可以移除明显的共振峰(图2-90)[11]。

2.7.2 多站式复卷机

由于传统的双底辊复卷机将高密度薄页纸复卷成大直径纸卷非常困难,因而导致了双底辊复卷机向单底辊复卷机的过渡。纸卷质量形成的压区压力变成最主要的限制因素之一。此外对于幅宽较大的复卷机上,压纸辊仅仅作用于每套纸中很少的一些纸卷上,这也是一个重要的限制因素。由于常见的纸卷横幅曲线变异,使压纸辊的作用效果被集中化,从而产生了起楞(绳状痕迹)、褶子、纸卷边缘和其他部位的爆裂。

低定量涂布纸、超级压光纸与涂布文化纸种通常在单底辊复卷机或多站式复卷机上复卷。使用多站式复卷机取代双底辊复卷机的这种变革,产生于30年以前,因为双底辊复卷机不适宜大量的轮转印刷类纸种的复卷,会造成纸病和操作问题。新闻纸种也属于这个类别,因为新闻纸的定量持续下降,而纸卷直径却在增大。所有对复卷压区敏感的纸种都属于这个类别,例如涂布文化纸种。

2.7.2.1 纸卷质量与复卷参数

传统上纸卷硬度必须保持不变,或是从纸芯到纸卷外缘略有下降,这对于大部分纸卷与纸种来讲很重要。对于小尺度与中等大小的纸卷,重要的是纸卷硬度要足够但又不能过高,因为对于许多纸种来说,复卷时纸卷太紧会加速纸病的产生。因此,对于既定纸种与纸卷尺寸(质量、直径、宽度),复卷操作者需要知道不同直径对应的合适的纸卷硬度。操作者还需要知道怎样利用复卷设备(参数)来达到想要的

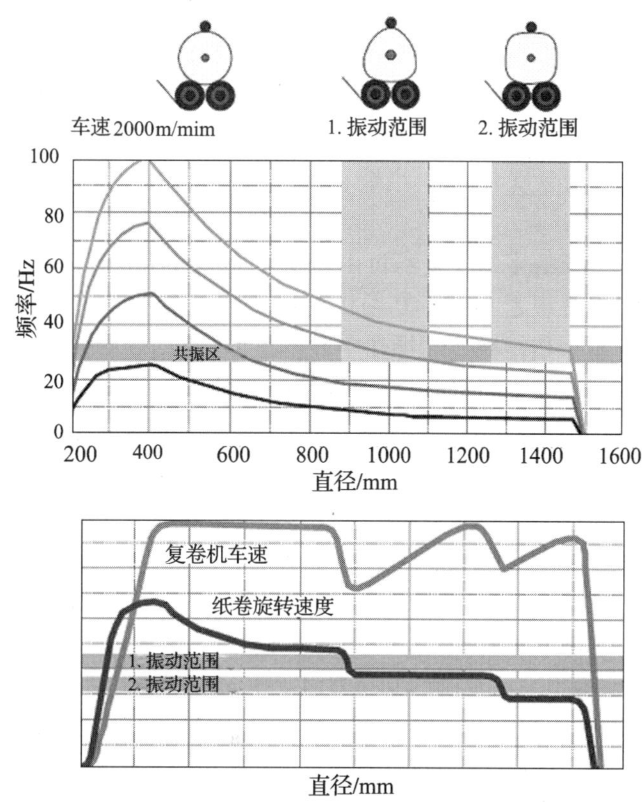

图2-89 用车速控制来避开共振区

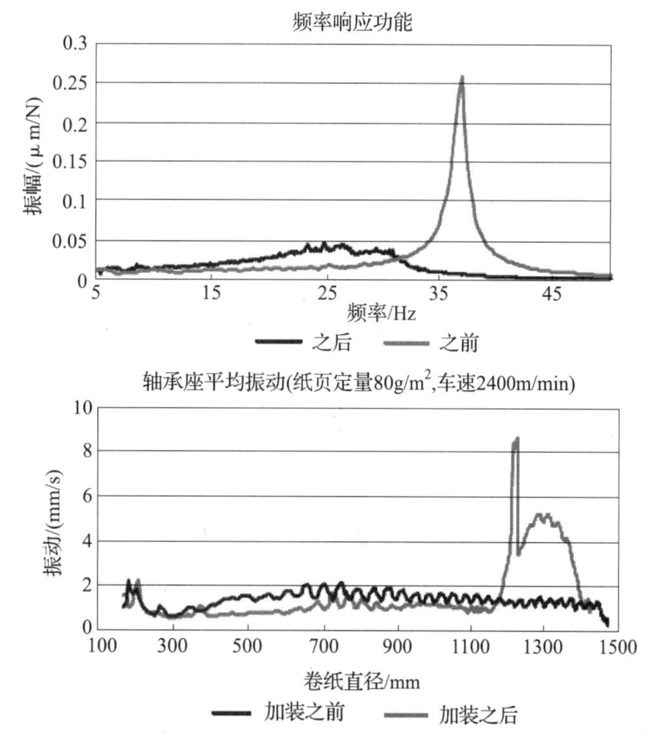

图2-90 加装减振轴承座对振动频率相应的效果

硬度。如果纸厂制造超重的“巨型纸卷”(如低定量涂布纸与超级压光凹印纸种),想要达到“合适硬度”的要求太高,复卷参数的调节能力就不足够了,因而在印刷机上出现严重纸芯爆裂是不可避免的。这种纸病取决于不同的纸页性质:如纵向与横向强度,纵横强度力比,纵、横、Z 向弹性,纸层间摩擦力,填料与涂料等。一般地,制造非常大的纸卷的最好方法就是一开始复卷时紧度非常高,当纸卷直径达到 300～400mm 之后,再使用适当硬度水平的正常复卷技术。

传统的多站式复卷机由于中心扭矩不足,或没有中心扭矩,无法在开始复卷时将纸芯附近包得很紧。由于复卷机的运行问题使张力水平受限,因而在复卷开始时张力水平很低。鉴于扭矩在实际操作中并不重要,使纸卷底部变紧的唯一有效工具就是调整复卷压区负荷。在印刷过程中,一个底部疏松的纸卷常常带来印刷问题。这就是为什么复卷机制造者不得不在复卷臂与顶针方面设法产生更强的中心驱动力,就可以给纸卷上传递更高的扭矩。

如今使用的多站式复卷机的复卷参数范围与以往差别很大,中心扭矩相对较小甚至不存在了。支撑复卷纸卷且将从驱动端将中心扭矩传递到辊心的中心夹头可以是平头或可伸展的。这意味着其传递更高扭矩值的能力与以往有很大的差别。足够高的中心扭矩对制造大紧度纸卷的起始端是一个非常有效的工具,但是其复卷力要非常高,即在复卷的开始段要达到 600～1000N/m 范围的复卷力(以中心扭矩为基础,在复卷压区后张力会增加)。对于大直径纸卷,中心扭矩的效果不是非常明显,但是此时也不太需要了。因为对于大部分纸种,自然已有足够压区压力(通过纸卷质量)为纸卷提供足够的硬度。如果所有直径的纸卷都要达到很高紧度,则需要其他复卷工具。其他可能的例子有:对所有纸卷直径都加载的压纸辊、皮带式压纸辊、压纸辊上的皮带驱动或辊带式复卷底辊,这些都可以在所有纸卷直径的情况下保持很高复卷力。

对于多站式复卷机来说,压纸辊也是一个非常重要的复卷工具。压纸辊负荷与其有效性的变化也很大。对于窄幅纸卷,根据纸种和性质的不同,纸辊宽度在 1000～1200mm 以下的,压纸辊的应用并不广泛。如果纸卷紧度开始段很重要,则推荐压纸辊要加载。

在多站式复卷中压纸辊传统上是由较轻的金属制成,可以有或没有弹性涂层包覆。如果有合适弹性的涂层,压纸辊就可以产生较高的压纸辊载荷,对于带式压纸辊也是一样,此时也允许使用较高的压纸辊载荷。对于普通的硬压纸辊组,可能有自对准旋转机制来校正由纸卷厚度横幅变异产生的误差。当纸芯上没有纸或很少纸时,在开始端保持纸芯的绝对平直是非常重要的。

对于特定纸种的生产,纸页性质与纸卷尺寸就决定了复卷参数范围。这些参数是纸幅张力、复卷压区负荷、压纸辊负荷、中心扭矩(对应中心夹头)与“表面扭矩”(对应辅助辊或压纸辊皮带驱动)。纸页表面粗糙度与透气性决定了压区负荷、压纸辊负荷(对应纸卷直径范围)的大小,同时决定了在各种工况下使用底辊涂层的材料种类。

2.7.2.2　现代多站式复卷机

如今有许多多站式复卷机在运行,有些是比较老式的,但仍在一般的复卷场合中用到。在下面的章节中,我们会简短和选择性地回顾其发展历史。为适应造纸工业的要求,多站式复卷机一直在不断发展,如今最新式的复卷机已经相当尖端。本文没有包含在过去的 30 年间出现的所有多站式复卷机,这里主要强调现代造纸工业中多站式复卷机的重要性,要点是一些复卷机类型如何发展和生存。用复卷物理学的术语来说,即如何经受由印刷行业带来的纸卷质量与尺寸要求日益增长的挑战。

多站式复卷机的特点是复卷站，站中每个纸卷是被分别复卷的（因此“多站式复卷机”的称谓就是这么来的）。纸卷在纵切后自动分离，而不再需要舒展，只是纵切和复卷时产生合适的横向张力。多站式复卷机可以按时间顺序划为三个组别，从而显示出复卷几何学的变革，以及如何使用复卷设备去构建期望的纸卷结构。三个组别如下：

① 纸芯支撑式复卷机；

② 纸芯与纸卷周边支撑式复卷机；

③ 纸芯、纸卷周边与压纸辊支撑式复卷机。

2.7.2.2.1　纸芯支撑式多站式复卷机

这类复卷机的制造商及其主要产品罗列如下：

① Voith 公司（Jagenberg 和 VariPlus）；

② Valmet/Wärtsilä/Mesto 公司（Twin 复卷机）；

③ Beloit 公司（HTC Bi—复卷机）；

④ Goebel 公司（EW4）；

⑤ Cameron 公司（MIR）。

这些复卷机的特点是 100% 靠纸芯支撑：纸卷质量与压区所需的负荷仅由纸芯末端支撑，这对纸芯的耐久性要求很高。如果纸卷很重，纸卷底部（即靠近纸芯的纸层）会在复卷时或在印刷及其他后加工设备中展开时经受很大的负荷波动。这类复卷机的几何构造可以很好地控制压区产生的问题，但它会造成顶针上部区域的其他问题：如纸芯爆裂和纸芯在复卷或展开时可能分层。对于小纸卷来讲，纸芯负荷会更合理，故这类复卷机在生产小纸卷时还是成功的。

复卷、展开、纸幅控制与纵切这些基本操作对于所有复卷机类型来讲都类似，所以在本章节就不重复了（参见“双底辊复卷机”章节）。与其他类型复卷机相比，多站式复卷机独特的能力就是复卷几何学的结果以及用于构建纸卷结构的复卷工具（参数）。换句话说，就是复卷机的结构因素。事实上，纸卷由两侧的顶针支撑，使中心底辊在任一侧交替复卷纸卷成为必要。

纸芯支撑式复卷机最简单的形式当然是没有任何压区的纯中心复卷机，目前仍有一些特定应用。这种复卷机的驱动力来自纸卷中心（即纸芯），而不是纸卷表面。但是纯中心复卷（无压区）不适合高速复卷，这是因为纸卷纸页之间空气滑动问题。众所周知，一定量的压区负荷是防止空气进入纸页之间的方法，从而使高速复卷成为可能。

现在还有一种纸芯支撑式复卷机的改进形式，即使用两个垂直底辊的扭矩差的形式。底辊垂直安装，一个挨着另一个，纸卷交替在中心底辊的任一侧复卷，就像双底辊复卷机旋转了 90°。目前这种复卷机较为少见，这种类别还是存在纸芯负荷问题。纸卷结构（开始时偏紧）在不同底辊侧会有所不同，因为一个底辊间隙会将纸芯与纸卷拉近，而另一底辊间隙将纸芯与纸卷推出。一些纸芯支撑式复卷机如图 2－91 与图 2－92 所示。

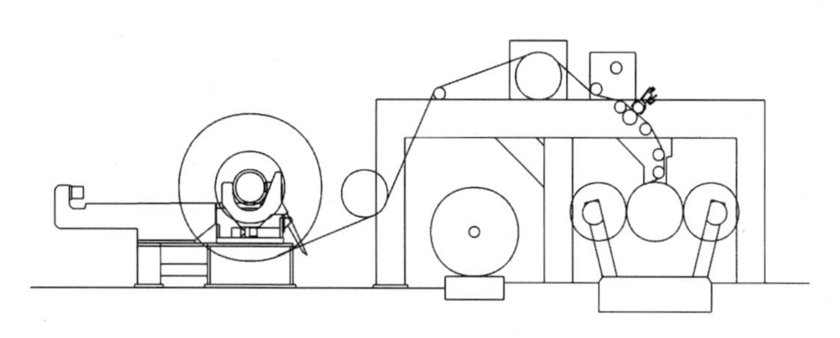

图 2－91　Wärtsilä 公司的 twin 式复卷机

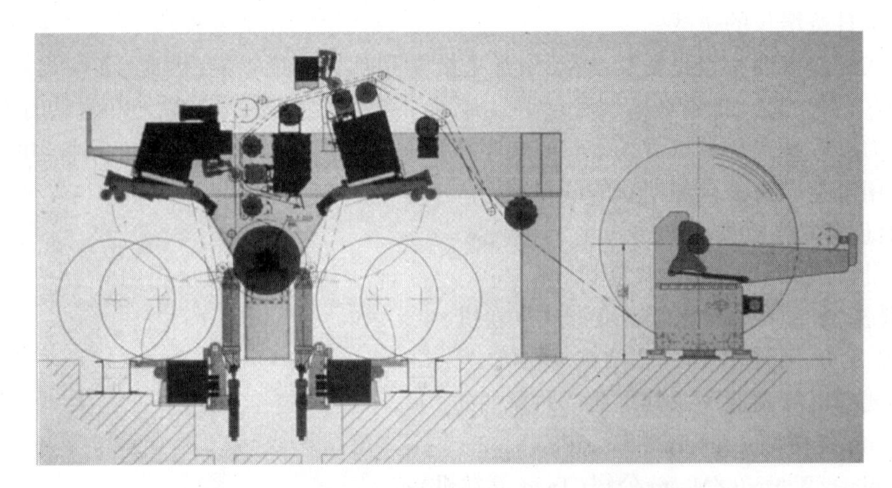

图 2－92　Beloit 公司的 HTC Biwind 式复卷机

这些复卷机的基本特点是：

① 使用一个中心底辊。

② 纸卷由液压或气动控制的复卷臂垂直压于底辊，作线性或环形运动。

③ 由制动发生器控制纸幅的张力。

④ 压纸辊安装在纸卷上，由机架悬挂，当纸卷卷到 300～400mm 直径时与压纸辊接触。

⑤ 中心驱动力对复卷纸卷施加扭矩，使纸卷开始时保持更紧。开始时，只使用一个复卷臂里的平顶针施加相对低的扭矩。后来，使用了更有力的驱动电机，如果需要可使用两个复卷臂。为了传递更高的扭矩，需要用延伸顶针，其扭矩可达 150～300N·m。

⑥ 纸卷与底辊之间所需的压区载荷由复卷臂进行控制。

多站式复卷机的复卷参数（纸幅张力、压区负荷、压纸辊负荷）范围与双底辊复卷机是一样的。对比典型的双底辊复卷机产生的底辊扭矩，旧式的多站式复卷机驱动电机产生的扭矩值较小。通过使用两个复卷臂上更强的中心驱动电机与高质量的延伸顶针，就可以形成更高的中心扭矩。这个扭矩的实质是“复卷力”，即由中心扭矩控制的第一压区后的力，相当于普通双底辊复卷机开始卷纸时能达到的底辊扭矩差。因为中心扭矩与纸卷直径成反比，所以中心扭矩的效果会快速下降。在很多纸种中（如低定量涂布纸与超级压光凹版轮转印刷纸卷），在复卷开始阶段（直径 100～500mm）的复卷力是足够高的。另一方面，对双底辊复卷机而言，可以使用高复卷力来避免压区造成的纸病，换句话说，就是增加第一压区后纸页张力或所谓的“卷入张力”（wound－in－tension，WIT）。

2.7.2.2.2　带有纸芯与纸卷表面支撑的多站式复卷机

这类复卷机的特点是采用纸芯与纸卷表面来支撑纸卷，因而提供了更加温和的纸芯端部的处理。新一代多站式复卷机在时钟的 10 点与 2 点或 11 点与 1 点位置支撑纸卷。这样布置将纸卷质量分配给底辊与顶针：通过压区负荷曲线作为纸卷的函数编程来自由分配比例。在底辊与顶针两处自由分配纸卷质量，在不发生压区形成的表面纸病、在顶针区域的纸芯爆裂与分层问题的情况下，让复卷更大的纸卷（直径与宽度）成为可能。在下面段落中会回顾一下这类复卷机的特点。这类复卷机的制造商是：

① Voith 公司（Jagenberg 和 VariTop）；

② Valme/Mesto 公司（JR1000 与 JR1000E）；

③ Beloit 公司(HTC - S Biwind);

④ Voith 公司(Duoroller 二代)。

图 2 - 93 与图 2 - 94 给出了一些纸芯与纸卷表面支撑式复卷机。

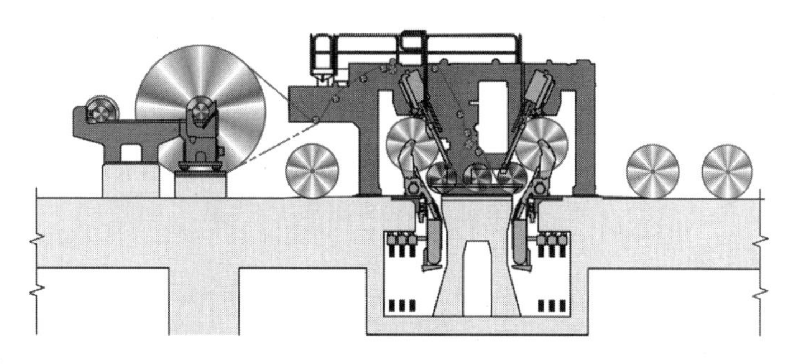

图 2 - 93 Valme/Mesto 公司的 JR 1000 E 型复卷机

2.7.2.2.3 纸芯、纸卷表面以及压纸辊支撑式多站复卷机

除了纸芯与纸卷表面支撑式复卷机,多站式复卷机中还配有支撑(皮带式)压纸辊。如果需要更紧的复卷效果,压纸辊组还配有电机驱动来提供辅助扭矩。图 2 - 95 显示了这类复卷机的特点。

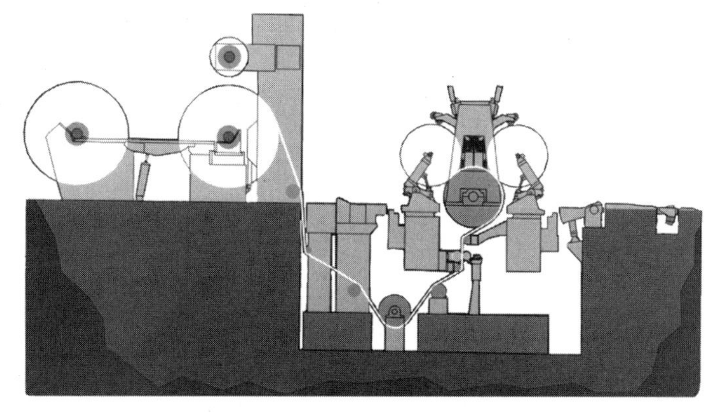

图 2 - 94 Beloit 公司的 HTC - S Biwind 型复卷机

日益增大的凹版印刷纸卷以及纸种与纸机运行方式的变化对复卷挑战很大。即使现代的纸芯与纸卷表面支撑式复卷机,也被这挑战逼到应用极限的境地。

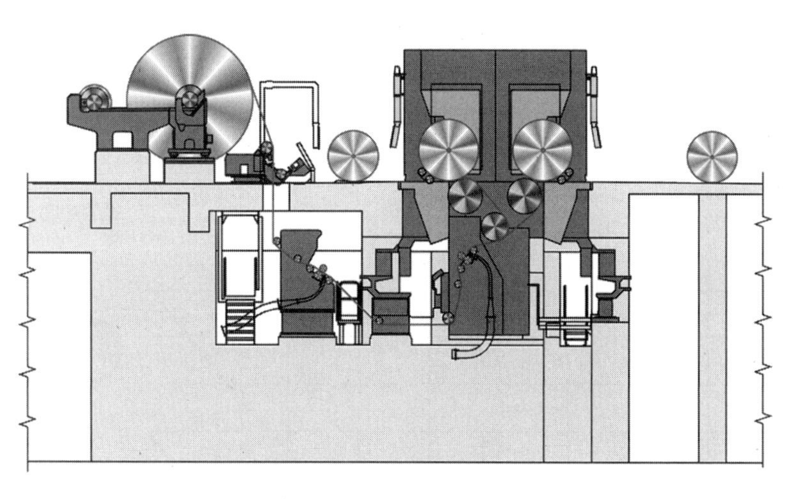

图 2 - 95 WinRoll 复卷机

这类复卷机的问题主要是缺乏可用的复卷工具(参数),容易引起操作问题,如大纸卷的低定量涂布纸和超级压光纸展开时纸芯的爆裂。纸芯爆裂的原因是由于纸卷太重、纸芯的弯曲与顶针高提升力的共同作用。纸卷直径大时顶针释放力会相对较大,因为复卷压区负荷一般不允许超过 3500 ~ 4000N/m。这个效果使纸卷旋转时纸芯附近的纸同时受到环形张力与顶针附近的压缩力。波动的负荷对纸起到类似"机械疲劳"的破坏作用,并且只要纸芯附近的力超过纸的抗张强度,纸页就会被撕开,并从纸卷端部伸出(如图 2 - 96)。

这种撕裂作用经常发生在距纸芯 10～30mm 处。纸芯爆裂问题一般出现在印刷机。现代印刷机的一个变革，就是在纸卷下铺上加速皮带，可以部分减缓纸卷质量，这意味着在将来，纸卷底部最大的应力将发生在纸厂的复卷机上。这可能会刺激新的复卷方式的发展，来保证在印刷机展开纸页之前使纸卷处理方式更温和。

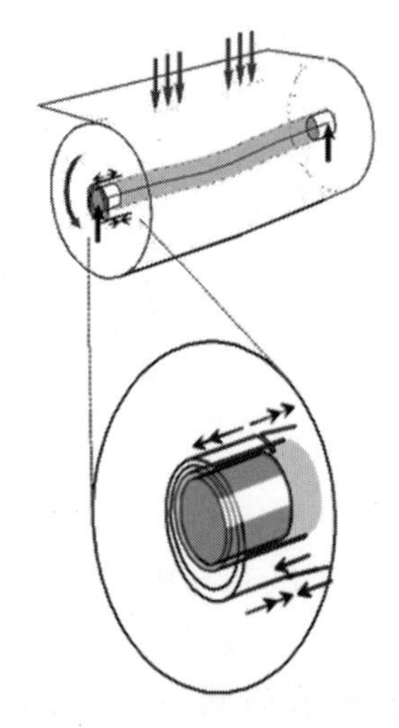

图 2－96 不同多站式复卷机或印刷机上的纸芯挠曲与应力

通过在复卷开始时将纸卷得非常紧的方法，可消除纸芯爆裂的问题。纸芯附近的硬度要求，仅仅通过压区/压纸辊负荷很难达到，这是因为压区的效果想要奏效，需要压区下有一定的弹性。在复卷开始时，足够高的中心扭矩对构建初始紧度的纸卷更为有效，但随着纸卷直径的增加，高中心扭矩因为纸芯的耐久性问题而不可能维持。近年来为了适应超大凹版印刷纸卷复卷的增长性要求，纸芯强度特性已经得到改进，但在非常高的中心扭矩下，普通纤维纸芯持久性仍然是个问题。对有些纸种（如新闻纸），需要比传统多站式复卷机卷的硬度更高的纸卷。软的纸卷会导致运输过程中的承受能力低以及与印刷厂的运行性问题。新一代多站式复卷机能在超过 3000m/min 车速下制造最大为 1800mm、最大宽度为 4000mm 以及最大质量达 10000kg 的高质量纸卷。

此外，多站式复卷机卸纸与换母卷的时间与双底辊复卷机一样短。压纸辊配有皮带或包覆表面，以便在复卷开始时产生更高压纸辊负荷，同时不造成压痕问题。这意味着压纸辊可以在纸卷形成初期发挥更有效的作用。在复卷开始时，压纸辊支撑纸芯并产生想要的压力，直到 600mm 的纸卷直径，通常此时只需要纸卷质量就可以维持希望的压区负荷水平。同样的压纸辊组可用于复卷的末期（即纸卷直径超过 600mm），以减缓从纸卷底辊形成的压力：减缓压力可能是 10kN/m，这意味着 30kN 的缓释力作用在 3m 宽的纸卷上。这样降低了复卷期间的机械应力，使纸芯弯曲最小化，而纸芯弯曲正是复卷时纸芯爆裂形成的主要成因。纸芯、纸卷表面与压纸辊支撑式复卷机的顶针负荷比传统的多站式复卷机要低得多（图 2－97）。

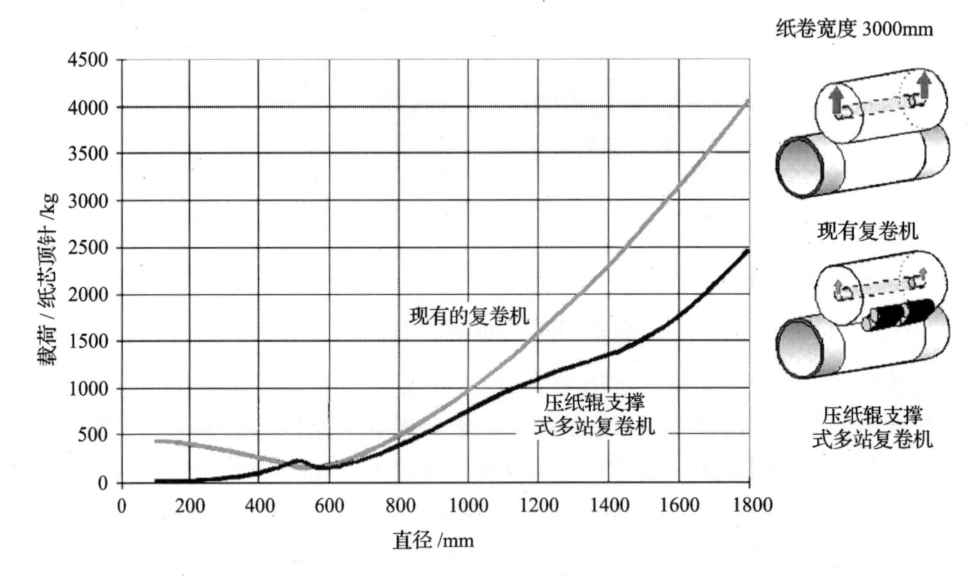

图 2－97 纸芯－纸卷表面支撑型复卷机的纸芯顶针负荷

使用压纸辊皮带的表面驱动取代使用顶针进行的中心驱动(图 2－98),这种效果可提供很好的紧度(复卷力),且可持续到纸卷达到最大直径。当纸卷直径增加时,即使最强的中心驱动也会损失紧度,由中心驱动电机产生的复卷力会随着直径增长而迅速下降。

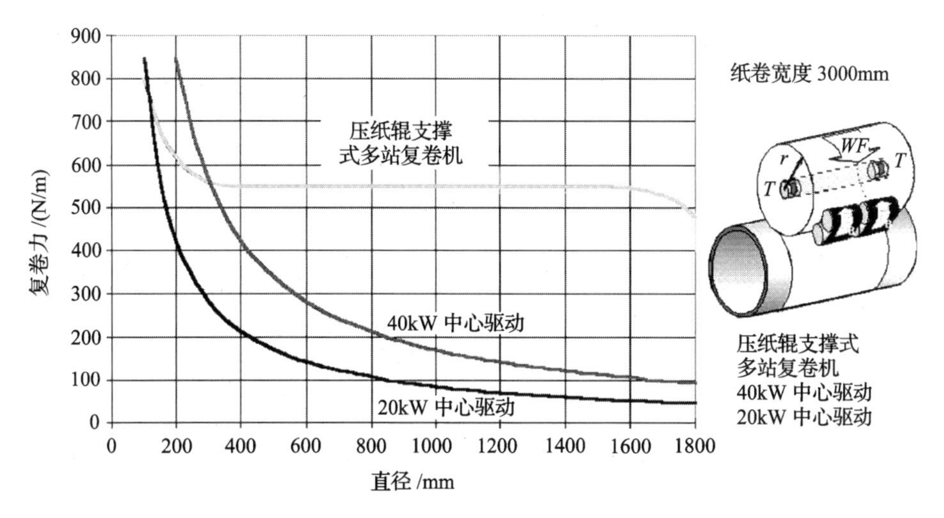

图 2－98 由中心或表面驱动产生的复卷力

对于特定纸种而言,开始卷纸时(直径小于 600mm)保持足够的紧度是非常重要的。因此皮带式压纸辊驱动是一个非常有效的工具。通常在纸卷直径大于 600mm 之后,就不需要很强的驱动力了。

对于大的中心驱动力来说,如何将高扭矩通过延伸顶针传递到纸芯和纸卷而不产生耐久性也是一个问题。这一问题可通过采用皮带式压纸辊来避免。

在这类复卷机中,纸幅在楼面以下的运行(见图 2－95)。这种布置特性易于控制纸页的水分,从而可减少卸纸阶段纸幅的收缩。同样,一些复卷机的噪声源(纵切刀、驱动电机、切边槽)位于地平面以下,可以降低复卷机整体的噪音水平。

2.7.2.3 多站式复卷机的工艺要求

2.7.2.3.1 纸卷尺寸

关键纸种(如低定量涂布和超级压光凹印轮转印刷纸卷)巨型纸卷的临界直径可达 1300mm,宽度可达 4000mm,质量可超过 6000kg。因此在印刷机展开纸页时,纸芯顶针区域产生的应力很大。如果纸卷开始(距纸芯厚度小于 50mm)时卷入张力(WIT)不够,这种展开应力会导致纸芯附近的纸页出现皱褶和爆裂。对于涂布文化纸种,纸卷直径可达 1600mm。这么大的纸卷直径,对多站式复卷机是一个高速复卷的挑战。由于高复卷车速、低的纸页透气度、低粗糙度以及不均匀的横幅分布等会造成的纸卷端面不齐的问题,许多多站式复卷机配有软包覆层的复卷底辊。软包覆辊封闭了复卷压区,阻止了空气进入纸卷,同时减缓端面不齐(碟形)问题在大直径纸卷的产生。

许多纸机既生产宽幅的凹版印刷纸也生产胶版印刷窄幅纸卷。胶版印刷纸卷一般宽幅为 300～1600mm,在多站式复卷机上会导致切边方面的问题。用于大纸卷复卷的配有高中心扭矩电机的复卷机,会在窄幅纸卷复卷时受到限制。这经常会导致两个窄纸卷要在一个复卷站中复卷。最新式的多站式复卷机配有皮带式压纸辊驱动,可以处理站内所有宽度低至 400mm 的纸卷,因而优于其他多站式复卷机。

2.7.2.3.2　纸页性质

有些特定的纸页性质对复卷不利。如纸芯爆裂与强度、摩擦性与横幅分布等纸页性质有很大相关性。横向抗张强度不足(实质上是纵横向抗张强度比)会导致印刷厂展开纸页时产生严重的问题。抗张强度越高,巨形纸卷在展开纸页时产生纸芯爆裂的趋势越明显。纸页间的纵向摩擦系数(包括静态与动态)也是一个重要因素。复卷时摩擦系数范围在0.3~0.5之间时纸芯爆裂的可能性最高。

多站式复卷机对纸页横幅曲线的敏感性不如双底辊复卷。因此,每个站的纸卷可以在直径上有一些差异,也不会产生纸卷晃动与振动问题。但在一个复卷站中同时卷两个纸卷是例外。纸页厚度与定量的横向变异的上限,是由导辊上是否出现皱褶以及复卷站是否出现碟形端面来决定。碟形端面与复卷车速关系很大,降低车速可以解决这个问题,但会影响复卷的产量。

2.7.2.3.3　印刷机的纸页展开

印刷机上展开纸页的关键因素是纸卷质量。纸芯爆裂往往始于印刷机顶针负荷的波动。一台传统的凹版印刷机经常有两个加速皮带组,在展开纸页期间皮带组会在纸卷上施加载荷,这增加了退纸台上的顶针临界负荷。通常印刷机由加速皮带施加额外负荷可高达30kN。这意味着纸卷负荷增加一倍,而纸芯要同时支撑整个纸卷质量与加速皮带负荷。一些新一代的印刷机正是用于超重的大型纸卷展开的,它们的加速皮带有降低纸卷压力功能,这是消除纸芯爆裂问题的最根本的方法,并且与纸卷质量无关。

2.7.2.3.4　复卷产量

多站式复卷一般比双底辊式复卷机产量要低一些。这意味着大多数现代纸机需要配备两台多站式复卷机。较低产量的原因是需要更长的工序时间,且在一些情况下需要更低的运行车速。

多站式复卷机也具有一个更复杂的卷取部结构。这就限制了其卸纸和换卷的时间。大部分现代多站式复卷机的卸纸时间为40s,而最快的双底辊式复卷机只需要15s。

为了降低手动工作,已经开发了自动纸尾接头装置来优化复卷效率,最新开发的接纸器为提高复卷产能提供了潜力。当巨形纸卷自动换卷在1~2min内,其尺寸就不会对复卷产量造成大的影响。这使得纸和纸板厂可以又回到一条生产线上只配一台复卷机的情况。

2.7.3　纸种对复卷造成的挑战

2.7.3.1　新闻纸与目录纸

新闻纸的定量从48.8~52g/m^2 降到了36~45g/m^2,这意味着纸张挺度与强度的巨大变化。与此同时,如今的纸卷直径在增加,且脱墨浆成为主要的原料。日益增长的密度、填料含量以及摩擦因数的改变,使得纸张复卷时易产生纸病和复卷操作问题,因而推荐使用多站式复卷机与改进型的双底辊复卷机。传统型双底辊复卷机容易产生皱褶、爆裂、纸卷晃动与纸卷结构问题。皱褶与爆裂的一大原因,是源于脱墨流程及其化学品使得摩擦因数太低。现代ONP浆与浆料洗涤技术使得摩擦因数太高,结果导致纸卷跳动与失圆。新闻纸一般采用胶版印刷,需要做到无尘,故复卷机对纵切系统和除尘要求很高。多站式复卷机与更高车速的双底辊复卷机可以为新闻纸制造更软的纸卷。由于纸幅张力必须保持较低才能达到良好的复卷运行,然而高的压区负荷会产生相关的纸病,所以唯一的办法就是采用切向力来制造硬度高的纸卷。

2.7.3.2 高光泽度纸种

涂布与非涂布高光泽度纸种的密度经常超过 1000kg/m^3，因为紧度高与压区负荷高会普遍产生折子、爆裂、起鼓、皱纹，使得复卷操作出现瓶颈。因为支撑力的主要部分来自纸芯与纸卷底部，所以多站式复卷机也会在纸芯与纸卷边缘区域产生折子与爆裂。

高光泽度纸种一般都经过纸机高温软压光或超级压光。如果大母卷在高温压光后没有冷却，在复卷前和复卷中就会有干燥问题，即大母卷的表层容易变干，尤其在北方国家冬天干燥的空气环境下。在大母卷复卷开始时，因为干燥会使纸页收缩，中心与边缘的纸页长度产生差异，导致卸纸与黏结纸尾的过程很耗时。在无纸页冷却与空调温度控制的情况下，横向纵切位置的变化与纸幅边缘变松是个普遍问题。这种问题也会发生在其他纸种上，但在高温纸幅上问题更为严重。

2.7.3.3 非涂布的化学浆类纸种

非涂布化学浆类纸种的主要问题，是因为高摩擦因数与纸卷偏心造成的复卷振动。不断增加的使用碳酸钙取代瓷土填料（甚至是表面施胶），以及用 ASA 型憎水性施胶剂取代 AKD，都增加了纸页的摩擦因数，从而导致纸卷振动。因为纸机车速的增加，双底辊复卷机车速要维持得比较高。通过优化不同化学品来得到最好的摩擦因数水平，可以得到好的复卷质量。

非涂布化学浆类纸种的纸机车速已经得到相当大的提高，但还是略低于含磨木浆纸种的纸机车速。为一台新纸机只配一台双底辊复卷机的话，其产能会受到限制，故需要配备第二台复卷机。然而，虽然纸机车速在提高，但很多生产线还只是配一台复卷机。如果存在振动问题，降低车速或特定车速控制程序是需要的，但这将会降低复卷机的产能。同样，窄幅与小直径的纸卷在同一台复卷机上被分切，对复卷产量也有负面影响。对于非涂布化学浆类纸种的复卷机，高车速和高自动化程度是复卷成功的关键因素。

2.7.3.4 涂布类化学浆纸种

涂布类化学浆纸种对复卷机产生的问题与涂布类机械浆纸种类似。其主要的差异如下：

① 更高的定量，强度与硬度更好（爆裂与折子会不常出现）；

② 可生产从哑光到丝光等纸种，导致光泽痕、高摩擦因数与振动；

③ 大部分产品需要包装，因此要求软的大直径纸卷；

④ 透气度低，空气会进入纸卷之中，纸幅稳定性不好，这会降低潜在的最快运行速度；

⑤ 纸页的矿物质含量可达 50%，这会增加切刀的磨损。

因为涂布类化学浆纸种定量范围很大，纸页张力范围也很大，最高的纸幅张力要求接近纸板的张力。

2.7.3.5 箱纸板

箱纸板，如瓦楞芯纸和挂面纸板，一般是由传统双底辊复卷机复卷。挂面纸板是松厚的，一个纸卷的纸页长度较短，且纸板机的产量很高。通常一台板纸机只配一台复卷机。如果是现代的纸板机，则需要一台高产的复卷机。由于纸板的强度高，可以使用高车速和高加速度。一般来说，箱纸板的复卷所面对的不是纸卷质量的问题，而是噪声、粉尘以及与复卷机产能相关的自动化水平和有效性的问题。此外，纸边的输送系统也很关键。为了分开窄条与宽条的复卷切边，良好的复卷系统在复卷机下配备两个独立的损纸池。

2.7.3.6 盒用纸板

盒用纸板通常被涂层整饰为光泽或亚光的产品。对于盒用纸板，松厚度与挺度是很重要的,且要求在复卷与储存后能得以保持。亚光的纸种对印痕与松厚度的降低更为关注。盒用纸板的芯层使用脱墨浆,由于切刀的磨损与粉尘等问题,含脱墨浆与涂料类纸板的要求更高。由于纸卷底部的卷曲问题,必须使用大直径的纸芯。

2.7.4 发展趋势

2.7.4.1 原材料

① 更多的再生纤维生产线采用更先进的脱墨工艺。由此增加了纸卷的密度和填料的含量,影响到了纸页的摩擦因数(与原生纤维相比,通常是摩擦因数更高,平滑度下降)。

② 涂布类纸种的涂布量更高,但定量普遍更低。即浆料中纤维含量降低而涂料与化学品含量增加,从而导致纸页密度、切刀磨损量、纸卷质量以及纸页摩擦因数的波动量增加。

③ 几种短纤维(非木浆纤维、桉木浆、相思木浆等)的化学浆使用量大大增加。

④ 因为水系统的封闭循环,细小组分、填料、胶料与诸如助留剂、消泡剂等过程助剂进入纸页中,它们对纸页摩擦因数产生影响,从而进一步影响复卷操作。

⑤ 碳酸钙与特殊填料使用增加。由此造成纸页的摩擦因数比传统填料(高岭土、二氧化钛)更大。

2.7.4.2 纸机与复卷机

纸机的平均宽度每年增加100mm,1952年时最大宽度是5200mm,在1972年是7200mm,到1992年约为9200mm。如今,最大宽度约11000mm。但是预计宽度会停止增长了。为了产量的增加,车速更是史无前例的增加。

车速每年增加约50m/min或3%。静电复印纸机设计车速超过2000m/min。涂布机与压光机发展方向越来越趋于与纸机合并。结果是一台纸机只需要一台涂布机与压光机。当然对于非常高速纸机的来讲需要两台复卷机。这将需要增加投资。

纸机发展的另一个趋势是,采用幅宽更窄和投资更低的纸机生产线,这在亚洲市场尤为突出。

与电子媒体的竞争需要降低复卷的费用,这意味着更低的操作费用,更少断纸,更少纸卷破损、更少复卷降级。复卷机必须高度自动化,配备人数最少(一台复卷机一个人)。故需要万能的复卷机,即要求自动化水平高、产能高、出产纸卷质量好。无论什么纸种,产能要比传统的双底辊复卷机高,质量比传统多站式复卷机好。

2.7.4.3 纸卷尺寸

凹版印刷的纸卷宽度不断增加。最宽的印刷机大于4300mm。胶版印刷与凹版印刷最实用的印刷纸卷直径是1300mm。超级压光纸与低定量涂布纸最大的密度达1300kg/m^3,这种纸卷质量超过8t。如果纸卷直径超过1500mm,则最大的纸卷重量会达10t。

胶版印刷纸主要还是在1000mm宽左右。但是,越来越多印刷机将达到1440mm宽。

印刷机的车速以纸机车速的相同速率增加,但它们的速度是纸机最快速度的一半。凹版与胶版印刷机车速为900m/min。为了降低黏结纸尾的次数,纸卷直径要相应增加。

在一些场合中,复卷机必须同时适合凹版与胶版印刷纸。这可能需要不同的纸芯尺寸。如果这些纸卷被切成同样的规格,就使用多站式复卷机。但是,发展方向看来是集中在一个纸种,即凹版或胶版印刷的一种。减少纸卷宽度、质量与纸芯尺寸的变化,对现代复卷机的产能与纸卷质量更为有利。

2.8 复卷理论背景与原理

复卷模型用来预测被复卷纸卷在众所周知的外力作用下的内应力。外力被称为复卷参数。当复卷设备在没有受到压区压力的作用下,只受到的外力称为纸幅张力。现有的复卷压辊或压辊组带来的压区负荷是附加的复卷参数。多功能的复卷机包括了至少两个压区底辊间或纸卷与压区辊间的扭矩控制。控制两个扭矩极差的可能性引入了第三个复卷参数(总扭矩之和由纸页张力、加速度与旋转阻力决定)。

复卷模型的最终目的是用来解决或预测复卷故障的。与复卷相关的降级经常是由于纸幅的不完美造成。因此,为了实践应用,应该关注纸幅的瑕疵和缺陷。例如纸页的横向厚度差异、纸页纵向长度变化、纸页横向与纵向的张力变化、纸页横向与纵向弹性模量与黏弹性模量变化等。诚然,这些大量的参数都难以精确地测量,且大部分的瑕疵缺陷也很难包含在复卷模型中。因此,目前的复卷模型还仅限于作为解决问题的附加观察和指导工具。举例来说,无论使用什么样的复卷参数,即使最简单的复卷模型也能解释为什么一定的厚度方向与纵向模量比会导致形成非常松的纸卷结构。

从数学理论上讲,复卷模型属于连续介质力学的边界值问题。其基本的方程包括:a. 运动方程;b. 相容性方程(位移坐标之间的几何关系);c. 本构方程(描述被卷物质的应力与应变之间关系的实验定律)。

为了解析这些方程,一般会做一些简化:a. 纸卷假设处于平面应力的状态下(二维模型);b. 纸卷的螺旋形状被近似认为是互相头顶头的性质;c. 运动方程是静态的(或类静态);d. 本构方程符合非恒定系数的胡克定律(Hooke's Law);e. 纸页张力是唯一施加力。

在上述假设的限定下,已经出现了一些复卷模型。严格的复卷理论发展奠基石当属 1968 年 Altmann 的线性回归方程模型[12]与 1986 年 Hakiel 的非线性回归方程模型[13]。进一步发展的理论包括黏弹性本构方程[14],这被认为是考虑了离心力[15]以及空气夹带[16]的因素。此外,还有一些讲述纸页横向影响的复卷模型。所以这些模型都是在一维模型基础上的二维延伸。这些模型中的一部分在 Lee 与 Wickert[17-18],Ärölä 与 von Hertzen[19],Hoffecker 与 Good[20]与 Zabaras 与 Liu[21]的论文发表上。二维模型的优点自然是能更深入地开启分析纸卷边缘效果的视角。

为了在纸厂复卷机上应用这些复卷模型,需要一个压区诱发的纸幅应力理论。这些问题已经在很多论文中讨论过。这些发表的论文先驱是 Pfeiffer[22]与 Roisum[23],他们的工作虽然是实验性的,但其基本的理念,如相邻纸页表层的相对滑动,是具有发现性的成果。Pfeiffer 研发了一些能测量压区诱导张力的设备[24]。近来,严格的旋转接触法已被用于 Jorkama[25],Jorkama 和 von Hertzen[26],Ärölä 和 von Hertzen[27],Simbierowicz 和 Vanninen[28]以及 Kandadai 和 Good 等人[29]公开发表的论文。Paanasalo 在他的博士论文中提出了一个建立实验性的复卷压区模型的方法[30]。

本章节在开头部分快速浏览了现代复卷设备使用的实用复卷工具,然后继续进行复卷模型理论的简介。本章节不介绍复卷实验室测量方面的内容,但在参考文献中可以找到。

2.8.1 实用复卷工具

纸卷内部应力分布受到三种复卷参数控制:纸幅张力、复卷压区负荷与复卷扭矩。更具体地说,纸幅张力由退纸电机控制,复卷压区负荷的一部分由压纸辊和纸芯夹头控制,复卷扭矩则由纸卷与复卷底辊间的扭矩差控制。图2-99显示了两个基本复卷形式——中心复卷和中心/表面复卷。在中心复卷形式里,复卷的结果只取决于张力。一般对于现代造纸行业来讲,并没有一个合适的方法去改变这个现状,这主要是因为复卷期间没法控制空气夹带。同样,张力的可用范围受限于纸页强度,这也限制了纸卷能达到的硬度。

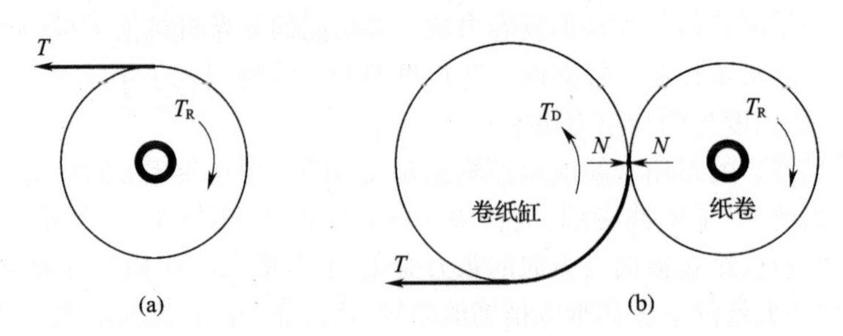

图2-99　中心复卷

(a)与中心/表面复卷　(b)结构

图2-99显示了第二种复卷形式,即中心/表面复卷,它在复卷压区负荷 N 与扭矩差 $\Delta T = T_R - T_D$ 的控制手段上改善了中心复卷。此外在复卷压区阻止了空气夹带。现在底辊前的纸幅张力 T 不等于复卷压区后进入纸卷的卷入张力(*WIT*)。在中心复卷形式里,*WIT* 决定了纸卷硬度。复卷参数 N 与 ΔT 均影响 *WIT*。

J. K. Good 与他的团队在俄克拉荷马州立大学(Oklahoma State University)的纸幅处理研究中心(Web Handling Research Center,WHRC)已能建立中心复卷($T_D=0$)与表面复卷($T_R=0$)在低压区负荷范围内的纸卷卷入张力(*WIT*)方程,表述如下:

$$WIT = \mu_k N \quad \text{表面复卷} \tag{2-1}$$

$$WIT = T + \mu_k N \quad \text{中心复卷} \tag{2-2}$$

式中 μ_k 是纸页间的动态摩擦因数。利用 WHRC 的复卷设备,这个方程在小于2kN/m下的小直径纸卷复卷时已被证实。对于更高的压区负荷,实验数据比上述的 *WIT* 方程计算预计的小。值得一提的是,在这个研究中,只有纸幅张力与压区负荷被认为是可用的复卷参数,而扭矩差(中心复卷是 T_D,表面复卷是 T_R)是由希望的速度曲线决定的。

从方程式(2-1)和式(2-2)可预见,*WIT* 的关键机理取决于纸页层间的摩擦力($\mu_k N$ 是全动态摩擦因数)。这些 *WIT* 方程的前提是假设了全动态摩擦因数,因此,这也决定了 *WIT* 方程的可适用范围。如果 $\mu_k N$ 比实际摩擦力大,则方程式(2-1)和式(2-2)就不能用,这在 $\mu_k N$ 中任何一个数值足够高时就会发生,实验数据证实了这个结论。WHRC 对高 μ_k 值纸幅的实验表明,方程式(2-1)和式(2-2)的适用领域是缩小了。

接下来,会呈现基于参考文献的理论工作形成的压区接触机理的主要成果。模型假设了线性正交纸页与纸卷模型和各向同性的线性压区纸卷模型。图2-100显示了基本的结构与字母代号意义。

旋转接触问题的复卷本质是对纸幅施加牵引力,使纸卷以同样的切向速度在远离压区的位置运行。这其中最有趣的问题,可能是最开始的那层纸页张力怎么从内张力值 T 发展成 *WIT*。大量模拟实验显示,当复卷底辊是硬的(如钢铁),且纸页间的摩擦因数小于纸页与底辊之间时,黏滑模式(stick-slip pattern)就发生了。图2-101给出了硬复卷底辊时这个解的基本特性。

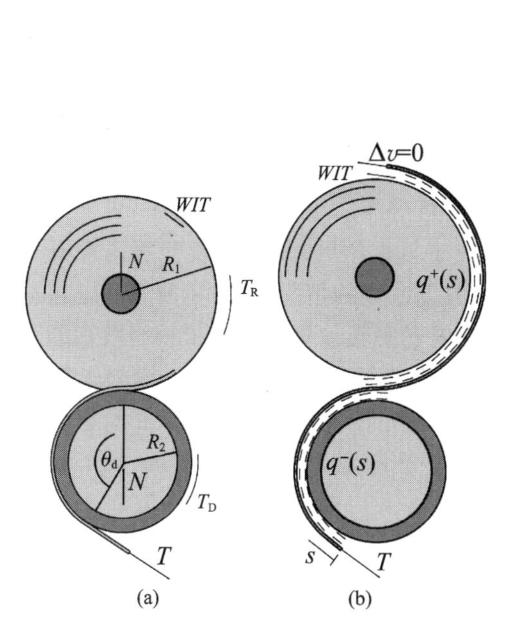

图 2-100 复卷结构(a)及其模型(b)

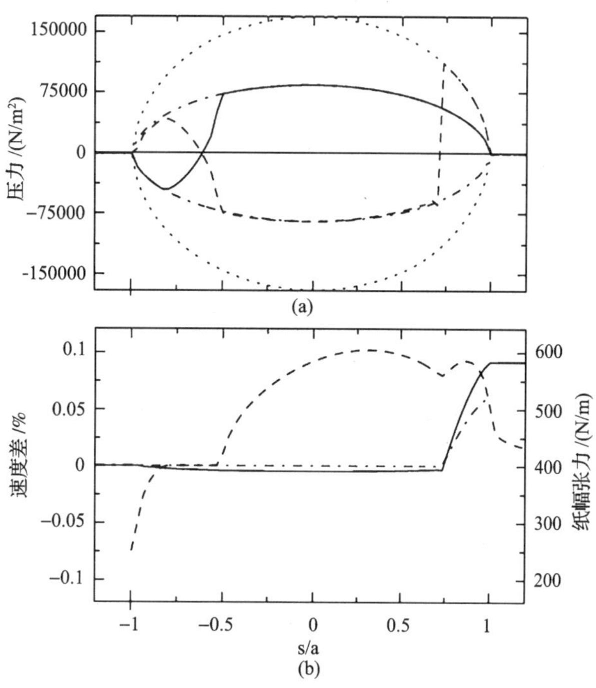

图 2-101 硬复卷底辊

(a)被卷纸卷的切线拖力(实线)、卷取底辊接触的切向拖力(虚线)、摩擦极限 μ_p^-(点线)与 μ_p^+(点画线)

(b)纸页与纸卷接触的相对切线速度差(虚线)、纸页与底辊接触的相对切线速度差(点画线)以及纸页张力(实线)

虽然各类复卷形式的动作都是一样的,复卷力可以在所有值中被应用,但是选择复卷力 $F(=T_R/R_1)$ 只是适用于表面复卷。表 2-4 显示了计算中使用的参数值。

表 2-4 用于计算的参数值

参数	符号	参数值
纸页对纸卷摩擦因数	μ^+	0.2
纸页对复卷底辊摩擦因数	μ^-	0.4
纸卷半径	R_1	0.3m
复卷底辊半径	R_2	0.5m
径向弹性常数	A_{rr}	20MPa
切线弹性常数	$A_{\theta\theta}$	3GPa
横向弹性常数	$A_{r\theta}$	5MPa
剪切模量	$G_{r\theta}$	10MPa
径向复卷压区负荷	N	4kN/m
复卷力	F	0N/m

根据大量的模拟实验,当 μ^-(复卷底辊表面与最开始的纸层之间的摩擦因数)比 μ^+(纸页之间的摩擦因数)大时,纸幅在复卷底辊的包裹中不会滑动。因此,当纸页进入压区时,纸幅与底辊之间的滑动速度为 0[图 2-101(b)中的点画线]。底辊与纸页接触面在压区进入位滑动,因而纸幅的移动慢于纸卷[图 2-101(b)中的虚线]。这是由于纸卷在 *WIT* 机理之前的诱导下有更大的切线应力。因此,表面剪切应力 q^+[图 2-101(a)中的实线]在压区进口处为负值。在压区中间,复卷纸卷的切线应力进一步降低,纸幅与纸卷之间的滑动速度最终为 0(实际上约为 -0.8)。由于纸幅与底辊接触位依然不动,复卷纸卷的切线应力是恒定的。然而,由于压区的压力,复卷纸卷的切线应力还有下降的趋势。为了将这两个

效果融合起来,表面剪切应力 q^+ 开始增加(从 -0.8 到 -0.5)。当 q^+ 达到摩擦极限,则纸卷的切线应力不再保持不变,从而纸页与纸卷的接触面开始以 -0.5 的速度滑移。在纸幅与底辊接触区域内,由于纸幅的切线应力不能增加,则必有 $q^+ = -q^-$(不考虑纸幅的弯曲效果)。在压区的末端,纸幅与复卷底辊接触面开始滑动,以至于纸幅移动比复卷底辊更快。从这个 0.75 点直至压区末端,纸幅两端以快于复卷纸卷和复卷底辊的速度移动。在这个区域 *WIT* 基本是上升的。在压区之后,纸幅与复卷纸卷仍会有一小段(约为 1 ~3 倍的压区宽度)的滑移。

数值计算的结果表明,数学理论上的复卷条件已足够精确地反映复卷的本质问题。在压区后的纸幅张力进一步增加得很小,仅为总张力值的几个百分点。

现已证明,在硬复卷底辊的情况下,*WIT* 大部分形成于复卷压区,复卷底辊包裹区没有出现,而只有小部分出现在复卷纸卷的包裹区。而在柔性复卷底辊的情况下,对于复卷底辊包裹行为是不同的。数值计算显示,在进入压区之前,纸幅在复卷底辊包裹区滑移了相当可观的距离。大部分的 *WIT* 形成于复卷底辊的包裹区,其比例与包角相关。图 2 - 102 给出了带有 8mm 厚橡胶包覆层(E =5.37MPa,v =0.43)的钢芯复卷底辊所形成的纸幅张力。复卷包角是 56°。在复卷底辊包角区,纸幅在压区之前滑动 35°,因此根据绞盘方程(the capstan equation)的计算,张力在该滑动区域增加到到 512N/m[25]。在压区的入口边缘,纸幅黏在复卷底辊外壳。随着柔性外壳的切线应力下降至压区的中心,纸幅张力下降到 450N/m。从压区中心到后沿,底辊外壳的切线应力增加,因此纸幅张力增加到 715N/m。随着纸幅进入纸卷包裹区内,*WIT* 保持恒定在 600N/m。比较硬的底辊与橡胶包覆底辊的 *WIT* 形成,其变化顺序是大致相同的。橡胶包覆的复卷底辊的好处是降低表面应力(延长了压区宽度)。因此,内部的、压区诱导的以及复卷纸卷的应力会更小,J 线会更短。

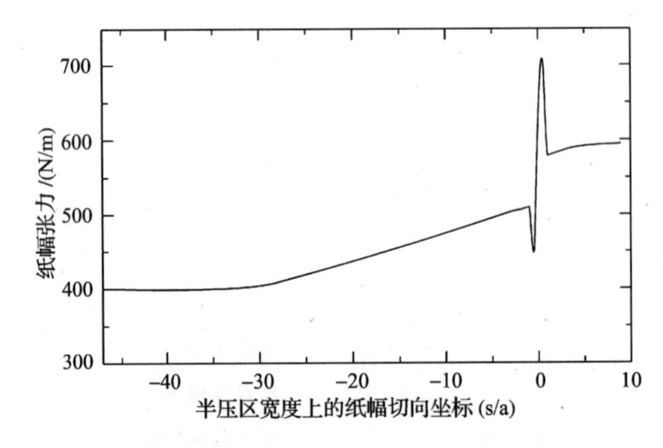

图 2 -102　柔性复卷底辊:纸幅张力的发展变化

(-47, -1)复卷底辊包裹区,(-1,1)复卷压区以及(1,10)复卷纸卷包裹区

这里展现的可以视为 *WIT* 的行为状态。在现代计算机的计算能力下,借助商业 FEM 软件,可以提高方程的预测能力,即能够实现将非线性物质的行为形态和曲率效应对纸页表面张力的影响也考虑在内。

2.8.2　复卷模型

当纸幅卷入张力(*WIT*)被知晓后,纸卷内部的应力分布是可以计算的。如上面提到的中心复卷,这部分信息马上就可以获得了,而对于中心/表面复卷,我们还要采用一个 *WIT* 模型。

Hakiel[13]与 Olsen[15]给出了最新的模型。Olsen 的模型实际上与 Hakiel 包括离心力效应的方程一样。Olsen 模型的基本运动方程其实是离心力场中轴对称平面应力的凯西弹性方程(Caychy Elasticity Equation):

$$r\frac{\partial\sigma_{\mathrm{r}}}{\partial r}+\sigma_{\mathrm{r}}-\sigma_{\mathrm{t}}=-\rho\omega^{2}r^{2} \tag{2-3}$$

式中 r——纸卷中某一点到半径的距离

σ_{r}——径向方向的应力

σ_{t}——切线方向的应力

ρ——纸卷局部密度

ω——纸卷瞬间角速度

对这些模型中使用线性和正交异性的本构方程(胡克定律),则有:

$$\varepsilon_{\mathrm{r}}=(1/E_{\mathrm{r}})\sigma_{\mathrm{r}}-(v_{\mathrm{rt}}/E_{\mathrm{t}})\sigma_{\mathrm{t}} \tag{2-4}$$

$$\varepsilon_{\mathrm{t}}=(1/E_{\mathrm{t}})\sigma_{\mathrm{t}}-(v_{\mathrm{tr}}/E_{\mathrm{r}})\sigma_{\mathrm{r}} \tag{2-5}$$

式中 ε_{r}——径向应力

ε_{t}——切线应力

E_{r}——径向模量

E_{t}——切线模量

v——纸幅的泊松比(v_{rt}为径向泊松比,v_{tr}为切向泊松比)

在式(2-4)和式(2-5)中,切线模量和泊松比被认为是常数,径向模量 E_{r} 被设为与径向应力 σ_{r} 有关,公式 $E_{\mathrm{r}}=E_{\mathrm{r}}(\sigma_{\mathrm{r}})$ 通常从基桩实验中测量出来,测试方法就是将一垛纸页在已知压力的情况下测量其位移量。从曲线 $\sigma=\sigma(\varepsilon)$ 的斜率得到 E_{r},这些实验数据通常进行曲线拟合并以多项式的形式来表示:

$$E_{\mathrm{r}}=C_{0}+C_{1}\sigma_{\mathrm{r}}+C_{2}\sigma_{\mathrm{r}}^{2}+C_{3}\sigma_{\mathrm{r}}^{3} \tag{2-6}$$

式中 $C_i(i=0,\cdots,3)$ 为取决于纸幅材料的常数。

利用相容性方程和麦克斯韦尔关系式,则有

$$r\frac{\partial\varepsilon_{\mathrm{t}}}{\partial r}+\varepsilon_{\mathrm{t}}-\varepsilon_{\mathrm{r}}=0 \tag{2-7}$$

$$\frac{v_{\mathrm{tr}}}{E_{\mathrm{r}}}=\frac{v_{\mathrm{rt}}}{E_{\mathrm{t}}} \tag{2-8}$$

综合式(2-3)至式(2-5)和式(2-7),得到一个对于 $\sigma_{\mathrm{r}}=\sigma_{\mathrm{r}}(r)$ 普通的二阶微分方程:

$$r^{2}\frac{\mathrm{d}^{2}\sigma_{\mathrm{r}}}{\mathrm{d}r^{2}}+3r\frac{\mathrm{d}\sigma_{\mathrm{r}}}{\mathrm{d}r}+\left[1-\frac{E_{\mathrm{t}}}{E_{\mathrm{r}}(\sigma_{\mathrm{r}})}\right]\sigma_{\mathrm{r}}=-(3+v_{\mathrm{rt}})\rho\omega^{2}r^{2},R_{0}<r<R \tag{2-9}$$

因为有 $1-E_{\mathrm{t}}/E_{\mathrm{r}}(\sigma_{\mathrm{r}})$ 这一项,该方程是非线性的且没分析解。因此不得不应用数值解的方法。

在进行数值方法的描述之前,为了得到一系列完整的解,要引入两个边界条件。首先让我们考虑纸芯的边界条件,纸芯硬度 E_{c} 一般定义为

$$\varepsilon_{t}(R_{0})=\frac{\sigma_{\mathrm{r}}(R_{0})}{E_{\mathrm{c}}} \tag{2-10}$$

式中 R_0 是纸芯外半径。在这个定义下,纸芯硬度可以实验性地通过在纸芯外周边上施加已知的压力并测量其顶部压力来确定[33]。利用式(2-3)、式(2-5)和式(2-10),可以得到如下的方程式

$$R_0 \frac{d\sigma_r}{dr}(R_0) = \sigma_r(R_0)\left(\frac{E_t}{E_c} + v_{rt} - 1\right) - \rho\omega^2 R_0^2 \tag{2-11}$$

这是纸芯的边界条件。从纸卷的外表面到纸页内层的厚度为 h,最厚处 $r=R$,则边界条件可以直接从式(2-3)得到

$$\sigma_r(R) = \rho\omega^2 Rh - \frac{WOT}{R} \tag{2-12}$$

上述最外层纸页的边界条件为 $\sigma_r(R+h)=0$。

现在让我们考虑在给定的径向应力 $\sigma_r(r)(R_0<r<R)$ 的作用下半径为 R 的纸卷情况。让我们在纸幅张力 $WIT(R)$ 的条件下增加一层厚度为 h 的纸在纸卷上,这就给纸卷引入了附加的径向应力 $\Delta\sigma_r(r)$。通过等式(2-9)进行微分,得到径向应力增量方程:

$$r^2 \frac{d^2\Delta\sigma_r}{dr^2} + 3r\frac{d\Delta\sigma_r}{dr} + \left[1 - \frac{E_t}{E_r(\sigma_r)}\right]\Delta\sigma_r = -(3+v_{rt})\rho\Delta\omega^2 r^2, \quad R_0 < r < R+h \tag{2-13}$$

这里在复卷每一层纸时 E_t/E_r 的商值可以认为是常数[13,15]。与式(2-11)和式(2-12)边界条件相对应的增量形式是

$$R_0 \frac{d\Delta\sigma_r}{dr}(R_0) = \Delta\sigma_r(R_0)\left(\frac{E_t}{E_c} + v_{rt} - 1\right) - \rho\Delta\omega^2 R_0^2 \tag{2-14}$$

以及

$$\Delta\sigma_r(R) = \rho\omega^2 Rh - \frac{WOT}{R} \tag{2-15}$$

一旦知道径向应力的增量,则对应的切向应力增量 $\Delta\sigma_t$ 就能从式(2-3)中计算出来:

$$\Delta\sigma_r = r\frac{d\Delta\sigma_r}{dr} + \Delta\sigma_r + \rho\Delta\omega^2 r^2, \quad R_0 < r < R+h \tag{2-16}$$

由于式(2-13)至式(2-15)没有分析解,则必须采用数值计算程序,根据给出的参考文献[13,15]可找到有限微分公式。假设纸卷含有 $j-1$ 层,每层的厚度是 h,则内部第 i 层的半径为 r_i,则有

$$r_i = R_0 + (i-1)h, 1 \leqslant i \leqslant j-1 \tag{2-17}$$

让我们将半径为 r_i 且在复卷 j 层处的径向应力用 $\sigma_{r,ij}$ 表示,将半径为 r_i 且由第 j 层纸页产生的径向应力增量用 $\Delta\sigma_{r,ij}$ 表示,当近似用中心差分对式(2-13)求导时,我们得到:

$$A_{ij}\Delta\sigma_{r,j+1j} + B_{ij}\Delta\sigma_{r,ij} + C_{ij}\Delta\sigma_{r,i-1j} = D_{ij}, \quad 2 \leqslant i \leqslant j-1, \quad j \geqslant 3 \tag{2-18}$$

$$A_{ij} = \frac{r_i^2}{h^2} + \frac{3r_i}{2h} \tag{2-19}$$

$$B_{ij} = (1 - E_t/E_r)_i - \frac{2r_i^2}{h^2} \tag{2-20}$$

$$C_{ij} = \frac{r_i^2}{h^2} - \frac{3r_i}{2h} \tag{2-21}$$

$$D_{ij} = -(3+v_{rt})\rho(\omega_j^2 - \omega_{j-1}^2)r_i^2 \tag{2-22}$$

式(2-18)建立了一系列关于未知 $\Delta\sigma_{r,ij}(i=1,\cdots,j)$ 的 $j-2$ 线性方程。结合式(2-14)和式(2-15)边界条件的微分近似值得到另外两个方程:

纸芯边界条件的微分近似值是

$$\frac{R_0}{h}\Delta\sigma_{r,2j} + \left(1 - v_{rt} - \frac{E_t}{E_c} - \frac{R_0}{h}\right)\Delta\sigma_{r,1j} = -\rho R_0^2(\omega_j^2 - \omega_{j-1}^2) \tag{2-23}$$

纸卷外表面的边界条件是

$$\Delta\sigma_{r,jj} = \rho\omega_j^2 r_j h - \frac{WOT_j}{r_j} \tag{2-24}$$

当第一层纸被卷时（$j=1$），这个过程就开始了，于是

$$\Delta\sigma_{r,11} = \rho\omega_1^2 r_1 h - \frac{WOT_1}{r_1} \tag{2-25}$$

这也是在 r_1 时的总径向应力，即 $\sigma_{r,11}=\Delta\sigma_{r,11}$，当第二层纸被卷时，式（2－23）和式（2－24）边界条件足够解出应力增量 $\Delta\sigma_{r,12}$ 和 $\Delta\sigma_{r,22}$。此时在 r_1 和 r_2 处的径向应力就能算出：

$$\sigma_{r,12} = \sigma_{r,11} + \Delta\sigma_{r,12}$$

$$\sigma_{r,22} = \Delta\sigma_{r,22} \tag{2-26}$$

在第三层纸被卷后，对于正中那一层式（2－18）需要加入边界条件。当从式（2－20）计算 B_{23} 时，E_r 的计算要使用 $\sigma_{r,22}$，这样一直到最后第 N 层纸被卷。在增加第 j 层（$j=3,\cdots,N$）后，增量应力 $\Delta\sigma_{r,ij}(i=1,...,j)$ 可由式（2－18）、式（2－23）和式（2－24）进行计算。此时应力升级为：

$$\sigma_{r,ij} = \sigma_{r,i(j-1)} + \Delta\sigma_{r,ij}(i=1,...,j) \tag{2-27}$$

当总的径向应力知道后，总的切向应力 $\sigma_{t,ij}$ 能从式（2－3）微分近似值中算得：

$$\sigma_{t,ij} = \sigma_{r,ij} + r_i\frac{\sigma_{r,(i+1)j} - \sigma_{r,(i-1)j}}{2h} + \rho\omega_j^2 r_i^2 \tag{2-28}$$

作为一个示例，给出了新闻纸在 5000kPa 张力下复卷时应用这套程序得到的结果，如图 2－103 和图 2－104 所示。表 2－5 给出了新闻纸的纸页性质参数值。需要指出的是，图 2－103 标绘出了实际的径向压力为 $p=-\sigma_r$。

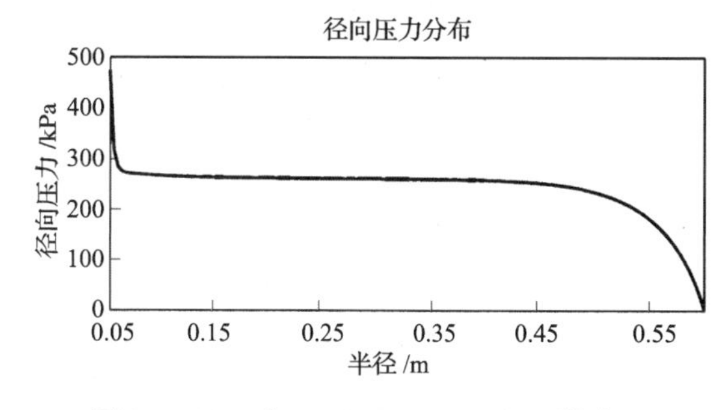

图 2－103　在 5000kPa（355N/m）张力下新闻纸复卷纸卷的径向压力分布

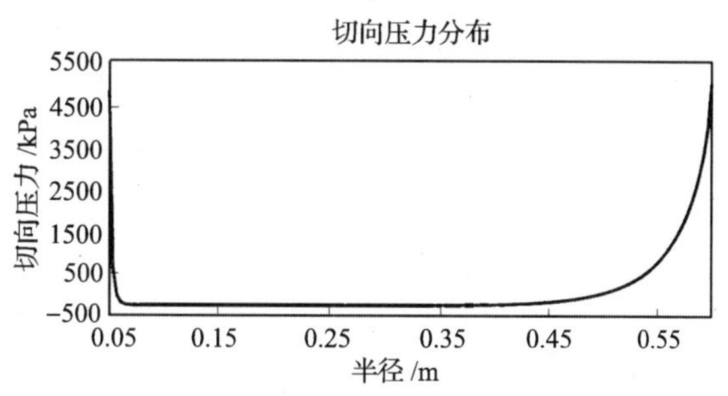

图 2－104　在 5000kPa（355N/m）张力下新闻纸复卷纸卷的切向压力分布

在纸卷的最外层径向压力为 0，因为是不算大气压力的，压力会随着纸卷每层而增加，因为外层必须支撑内层，在纸芯处达到最大压力。切向压力在纸卷外层因张力对里层的压缩力而变化。在纸卷表面，切向压力最终等于 *WIT* 除以纸页的厚度。

表 2－5　新闻纸的纸页性质

参数	值	参数	值	参数	值
厚度/μm	71	C_1	50.6	E_c/GPa	8.0
泊松比	0.01	C_2/kPa^{-1}	−0.0964	ρ/(kg/m^3)	670
E_t/GPa	3.37	C_3/kPa^{-2}	0.0001	v/(m/s)	~0
C_0/kPa	0.0	R_0/cm	5.0		

注：表中 C_1，C_2，C_3，C_0 等符号表示材料径向弹性模量的多项式系数。

参考文献

[1]Roisum,D. R. ,The Mechanics of Winding,TAPPI PRESS,Atlanta,1994.

[2]Smith,P. ,Baganato,L. ,Relationship of the Paper Machine Reel to the Winding Process. TAPPI 1993 Finishing and Converting Conference. TAPPI PRESS,Atlanta,p. 123.

[3]Smith,P. ,A New Reel forTodays (and Tomorrows) Paper Machine,80th Annual CPPA Meeting,Technical Section,CPPA,Montreal,1993. p. 217.

[4]Lindstrand,B. ,Reel Spool Sizing and It's Affects on Converting Performance,TAPPI 1994 Finishing Conference Proceedings,TAPPI PRESS,Atlanta,1994.

[5]Frye,K. G. ,Winding,TAPPI PRESS,Atlanta,1990.

[6]. Tulokas,J. ,OptiReel – Proven New Breed of Reel,Valmet 1995.

[7]Valmet,Internal instruction.

[8]Airola,N. ,Pohjahyllyn minimointi SC – syvapainopaperia valmistavalla paperikoneella. M. Sc. thesis,Teknillinen Korkeakoulu,Helsinki,Finland,1996.

[9]. Valmet,Internal instruction.

[10]Laplante,B. ,Pulp Paper Can. 94(1):57(1993).

[11]Valmet,Internal instruction.

[12]Altmann,H. C. 1968. Formulas for computing the stresses in center – wound rolls,Tappi Journal. Vol. 51(4),p. 176.

[13]Hakiel,Z. ,Nonlinear Model for Wound Roll Stresses,1986 TAPPI Finishing and Converting Conference Proceeding,TAPPI PRESS,Atlanta,p. 9.

[14]Quall. W. R. and Good,J. K. 1997. An orthotropic viscoelastic winding model including a nonlinear radial stiffness. J. Appl. Mech. Vol. 64(3). p. 201.

[15]Olsen,J. E. 1995. On the effect on centrifugal force on winding. Tappi Journal 78(7). p. 191.

[16]Forrest,A. W. Jr. 1995. Wound Roll Stress Analysis Including Air Entrainment and the Formation of Roll Defects. International Web Handling Conference Proceedings,Oklahoma State University,Stillwater,p. 113.

[17]Lee,Y. M. and Wickert,J. A. 2002. Stress field in finite width axisymmetric wound rolls. J. Appl. Mech. Vol 69 March. p. 130.

[18]Lee,Y. M. and Wickert,J. A. 2002. Width – wise variation of magnetic tape pack stresses. J. Appl. Mech. Vol 69 May. p. 358.

[19]Arola,K. and von Hertzen R. 2007. Two – dimensional axisymmetric winding model for finite deformation. Computational Mechanics. Vol. 40(6). p. 933.

[20]Hoffecker,P. and Good,J. K. 2005. Tension allocation in three dimensional would roll. Proceedings of the eight international conference on web handling,Oklahoma State University,Stillwater,p. 565.

[21]Zabaras,N. and Liu,S. 1995. A theory for small deformation analysis of growing bodies with an application to the winding of magnetic tape pack. Acta Mechanica. Vol111. p. 95.

[22] Pfeiffer, J. D. 1968. Mechanics of a rolling nip on a paper webs. Tappi Journal. Vol. 51(8). p. 77A.

[23] Roisum, D. R. 1990. The measurement of web stresses during roll winding. Doctoral thesis, Oklahoma State University.

[24] Pfeiffer, J. D. 1997. Nip forces and their effect on wound – in tension. Tappi Journal. Vol. 60 (2). p. 115

[25] Jorkama, M. 2001. Contact mechanical model for winding nip. Doctoral thesis, Helsinki University of Technology.

[26] Jorkama, M. and von Hertzen R. 2001. Development of tension in the winding nip. Proceedings of the sixth international conference on web handling, Oklahoma State University, Stillwater.

[27] ÄrÖlä K. and von Hertzen R. 2005. Development of sheet tension under a rolling nip on a paper stack. Int. J. Mechanical Sciences. Vol 47(1), p. 110.

[28] Simbierowicz, G., and Vanninen, R. 2005. Roll design effect on roll pressure. Proceedings of the eight international conference on web handling, Oklahoma State University, Stillwater, p. 525.

[29] Kandadai, B. K. and Good, J. K. 2007. Modeling wound rolls using explicit methods. Proceedings of the ninth international conference on web handling, Oklahoma State University, Stillwater, p. 25.

[30] Paanasalo, J. 2005. Modelling and control of printing paper surface winding. Doctoral thesis, Helsinki University of Technology.

[31] Roisum, D. R., The Mechanics of Winding, TAPPI PRESS, Atlanta, 1994.

[32] Good, J. K. 1991. Stresses Within Rolls Wound in the Presence of a Nip Roller. International Web Handling Conference Proceedings, Oklahoma State University, Stillwater, p. 123.

[33] Gerhardt, T. D. 1990. ASME J. Eng. Mat. Tech. 112(4):144.

第3章 纸卷的包装与处理

3.1 引言

纸卷的包装和处理是指纸或纸板在造纸车间卷成纸卷后的工艺和操作(参见图3-1)。全幅宽的纸或纸板通常在卷纸机上被分切和卷取成纸卷。这些纸卷可以是用作现场加工的纸卷,也可以是运往车间外作为终端用户的纸卷。在造纸车间的纸卷包装和输运系统(有时被称为"完成"工段)包括纸卷处理及为其提供防护包装,以保证其在输运到终端用户过程中能抵御机械和气候的影响。此外,这些纸卷还带有清晰的最终用户的标签和记号,以保证能精确地控制输运过程。纸卷内部的处理系统通常由转换、确认、称重、打标、分类、编组和结束等设备组成。该系统一般也包括后续提供包覆和捆扎,也能够与仓库相连接,例如贮存管理和输运。

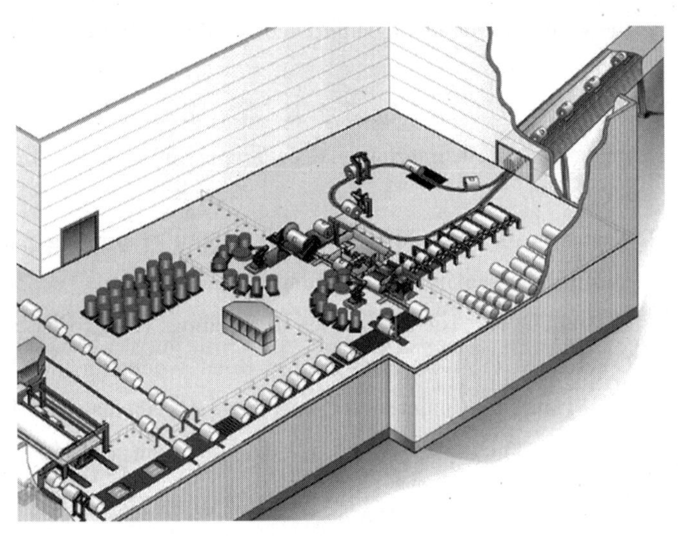

图3-1 典型的纸卷处理系统——复卷后的纸卷通过包装线最终转移至仓库

纸张的品种和选择的运输方法决定了其必要的完成过程。轻定量纸和漂白纸板纸卷通常需要像端部一样进行整体包覆。而车间内部要进行加工的母卷则常常采用套筒式包装以进行防潮。瓦楞芯纸等纸种可先采用套筒式包装然后进行捆扎。一些纸和纸板的品种则不需要任何包装。非漂白纸板的纸卷通常为两道捆扎,一个标签和端部模印。由于考虑到成本,目前对于一些出版物用纸很少采用端部保护包装。

包装是造纸厂唯一可提供的对于纸卷的基本防护过程。

为了在造纸厂、在输运过程中以及终端用户工厂中区别不同客户的订货和纸种,纸和纸板的纸卷在包装过程中被加以标签和模印。现代的纸卷处理系统的设计已经考虑到纸种的特点,以防止其损坏和受其他有害条件的影响。

3.2 造纸厂的纸卷处理

3.2.1 复卷区域布置

纸卷处理系统始于卷取的卸料区域,由于一些原因,该区域的布置各个造纸厂都不一样。根据所生产的纸种,特定的卷纸机布置(双鼓复卷机或多站式复卷机)是必需的。除了运输通道和其他的设备需求外,建筑物的空间也是必须考虑的。此外,纸卷的尺度、系统所需的生产能力和自动化程度也会影响到设备的选型和布置。

3.2.1.1 复卷机卸料区的自动化水平

近年来,复卷机卸料区(参见图 3-2)的自动化程度已经大大提升。任何程度的自动化水平,从全部手工操作到完全的自动化功能都是可行的。典型的自动化功能包括:纸卷组的输送、将纸卷组分为单个纸卷、制作识别标签(参见图 3-3)或用喷墨打印机在纸卷端部打上条形码、纸卷编组以及将窄幅纸卷固定成多纸卷复合包装。纸卷组可以靠分段塞或输送带上的间隙进行分离。对于一些纸种来说,如油封纸或折叠箱纸板的纸卷,为了避免最终产品受到印记污染的风险,不能使用喷墨打印机。多纸卷复合包装通常为轴向延展的包覆。在下面章节的阐述中,将重点关注在造纸厂广泛使用的自动化系统。

图 3-2 复卷机卸料平台的纸卷

图 3-3 采用高分辨率喷墨打印机的自动识别标记系统

3.2.1.2 双鼓复卷机卸料区

目前双鼓复卷机通常采用较低的吊架将纸卷直接置于地面。具有地面输送带的地面水平卸料区的好处是符合人体工程学且改善了安全性。在该区域没有障碍物,这意味着输运模式更为简便。另一个优点是纸卷可以贮存在复卷机卸料区前的地面上。升高的排列会产生障碍物,仅用于受地面输送和建筑结构造价高昂限制的系统。复卷卸料区的操作一般包括纸卷质量的检验、清除损纸、封端和插入纸芯。为了后续工序的识别,标记条形码也在该区域进行。

复卷机卸料区的设计原则是纸卷的文明处理和最少的手工操作。典型的卸料平台是具有分段平台成套设备的混凝土斜坡。当第一排每一个纸卷到来时,纸卷间靠挡块来分隔。在纸卷卸料区输送机的后面,有一个可缩回的片状挡块,对输送机上的纸卷起阻挡作用,同时防止下游紧急事故的发生。在收缩的位置,允许纸卷组存储在输送机后的地面上。通常是最宽幅、最高速的双鼓式复卷机就是这种布局。增加全幅宽的止动挡板增加了一个存放多套纸卷的地方。不论是降低或者升高，混凝土平台比钢制平台更能减少噪声。平台的坡度（倾斜角）设计取决于纸卷的硬度。

分段止动平台的进一步改进是，在其中加入切刀配置，从而使平台的止动行为适当地与切刀组吻合。有坡度的复卷卸料平台为从复卷机到输送机的纸卷组提供了独立的运动。当纸卷组在输送机上被止动后，由于反弹会出现问题。对于传统的止动板，虽然在处理一些强度高的纸种时会有一些效果，但对于一些脆性的、低定量的纸种会生的一些负面问题。这些负面影响主要有纸卷外层被撕裂甚至被撕成碎纸片，从而会堵塞光电池并干扰纸卷包装机械的运行。对于松厚的纸板，纸卷外部的凹痕会穿透许多层，致使终端用户要将这些损坏的纸层剥离掉。总而言之，在运输过程中，松散的外层纸页易于进一步的损坏，从而易于造成最终用户的更多的外层纸页剥离。这些问题的解决方案是采用一套止动垫，如图3－4所示。这种止动垫的设计是分段的，因为套组中的纸卷不会总是以同样的速度滚动并以同样的时间到达[3]。

图3－4　为消除纸卷反弹而设计的止动垫

复卷机后面传送带的型号选择，主要应考虑以下几点：其一是对纸种的敏感度。在这一区域，传送带通常为钢片的传送带，钢片的分布主要取决于它的长度。对于低定量未包装的易损纸种纸卷，通常采用钢片传送带。而对于高定量纸种的纸卷，则可采用带式运输机。然而，所有纸种的纸卷显然都面临外层被撕裂的危险。幅宽窄的纸卷，根据纸卷直径与幅宽之比（纵横比）可以限制其以纸卷端部靠着端部的方式从一个传送带输运至另一个传送带。此时，对于单个纸卷或未包覆的多纸卷组合，纸卷幅宽小于0.4m，且纵横比为3∶1是不稳固的。沿着地面设置的钢片传送带，最适合叉车或类似的重型运输车辆通过。图3－5、图3－6至图3－7给出了双鼓复卷机卸料区的示例。

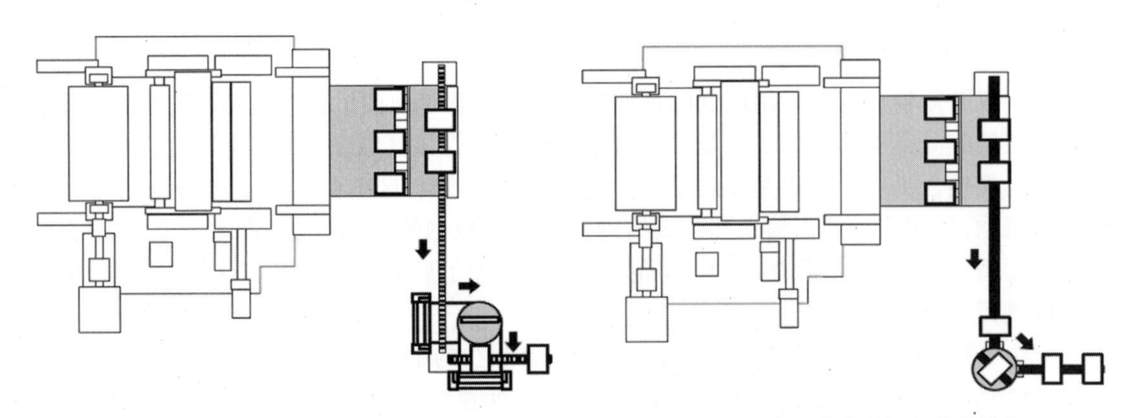

图3－5　直线式传送带和纸卷通过转盘

图3－6　直线式传送机和输送转盘（短节距钢条输送机[4]）

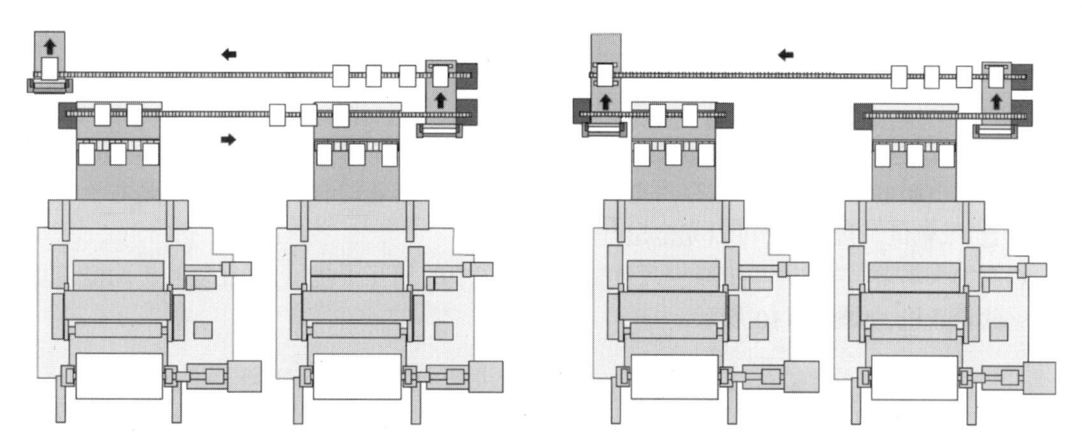

图3-7 并列的双鼓式复卷机(图左为共用一个传送带,图右为各自独立的传送带)

上述布置的应用适用于任何纸或纸板的品种,此时纸卷行经的路线始于靠着纸机的边跨。总体来说,这种布置的优点是校正纸卷的方向和处理高纵横比纸卷的能力。尽管也有缺点,包括减震垫的数量、空间的利用以及所需设备的数量等。图3-5和图3-6给出了完成同样的传输任务而采用不同传送带类型两种选择方案。

3.2.1.3 双鼓式复卷机并列布置

两个双鼓式复卷机的并列安装以服务于单台造纸机,早在20世纪70年代就已成为欧洲新闻纸等纸种的标准配置。通常,第一台复卷机安装在造纸机生产线的中间,第二台复卷机则安装在边跨上。母卷从造纸机生产线的中部通过卷轴车转移到第二台复卷机上。图3-7示出了如何将两个双鼓复卷机并列组成一个纸卷处理系统。左面为U形的传送带布置,传送带用于获得新鲜的纸卷。这种在两台复卷机间共享一个传送带会有一些缺陷,即当纸卷从一台复卷机通过另一台时会造成干扰。一种补救的方法是将两台复卷机错开,各自配置独立的卸料输送带,如图3-7右面的配置。

3.2.1.4 置于造纸机生产线中部的双鼓复卷机

另一种选项是依次排列在造纸机生产线中部的两台复卷机。纸筒母卷通过架空的吊车从一台复卷机送至第二台。鉴于纸卷包装线和整体布置等因素,这种选项具有可削减输送机数量且节省投资等优点。这些因素包括将包装和复卷线放置在切纸车间,即允许直线输送机从造纸机车间延伸出去。

3.2.1.5 多站复卷机的卸料区

多站式复卷机,有时也称为单鼓式复卷机。其卸料辊伸展到复卷部的前后两侧排列,如图3-8所示。内侧的卸料区受复卷站和输送机之间尺寸的限制。而在另一侧,则可以有更大的空间。直到20世纪90年代中期,这种贯通式的多站式复卷机的使用还远远少于双鼓式复卷机(two-drum winder)。然而现

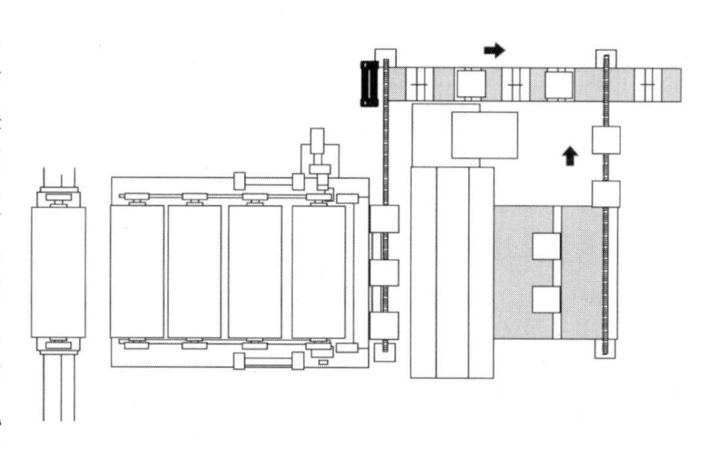

图3-8 多站式复卷机输送机的基本配置

在,一种最具效能的复卷机就是由底辊支撑的多站式复卷机。因此,还没有统一的规则来确定哪种形式的复卷机是最有效的。同样,选择一个或两个复卷机安装在造纸生产线上也没有一定的共识。

前期的设计概念可以将输送机延伸至两台复卷机,如图 3 – 9 所示。这种两台复卷机共用一个输送机引起的干扰问题不是很严重,由于复卷机每卷作业的时间较长,特别是对于低定量纸的纸卷,纸幅的长度很长,可以完全避开干扰。

然而如果需要,为了进一步减少两台复卷机操作中的相互干扰,可以在复卷机两侧使用相互独立的输送机,如图 3 – 10 所示。

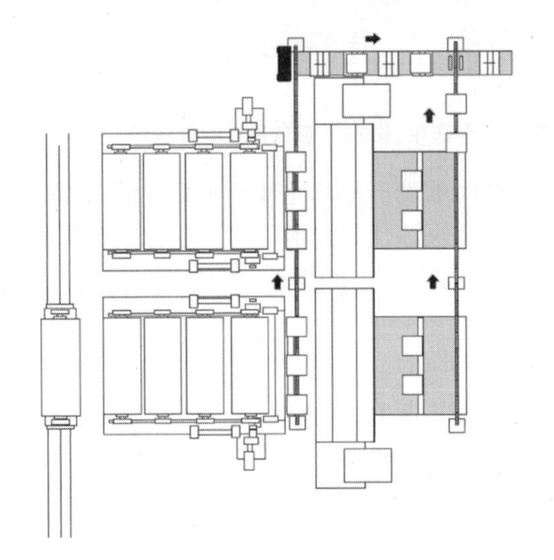

图 3 – 9　两台多站式复卷机在复卷前后两侧各共享一台输送机

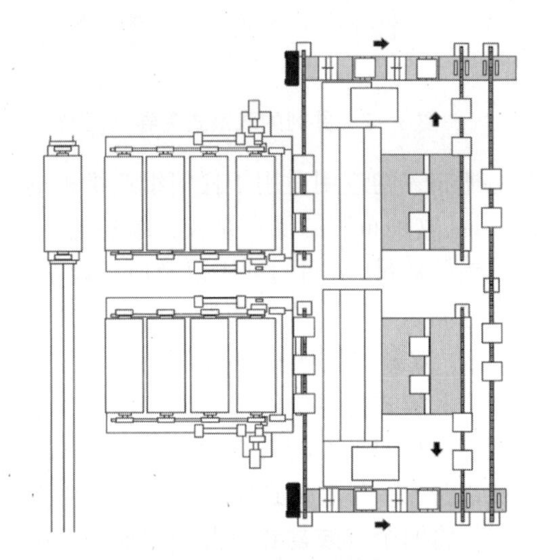

图 3 – 10　两台多站式复卷机各自配置独立的卸料输送机

短节距的钢条输送机具有将纸卷首尾相对地传输的能力,可用于多站式复卷机的卸料区。这种输送机通过转盘的作用,可以消除纸卷的滚动,实现平稳输送。这种配置如图 3 – 11 所示。

3.2.2　布局的思考

打包机通常靠近复卷机的卸料区。因此,这里需要考虑两个矛盾的因素:a. 减少处理步骤的数量,如启动、减震以及未包装纸卷的滚动等;b. 在输送机上保持灵活的操作以及承受过载负荷和处理量的能力。

说起这个系统,首先映入眼帘的就是从复卷机到包装机的单个输送机或直线输送带。由于复卷机卸料操作与包装机喂料有相互

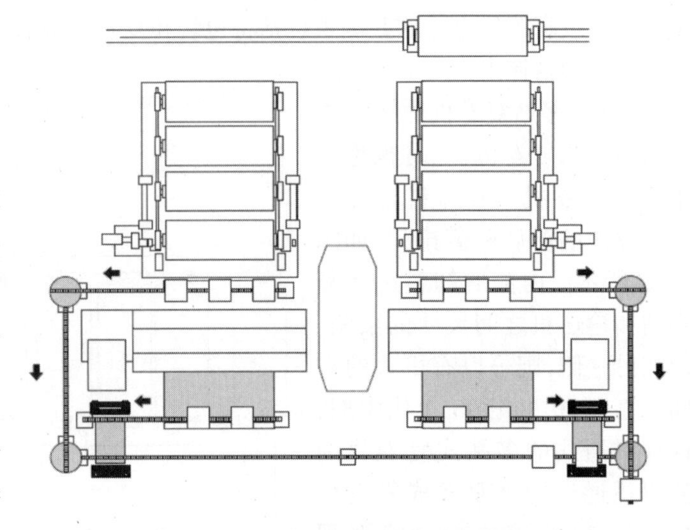

图 3 – 11　短节距钢条输送机和输送转盘

干扰,因此这种系统的操作是非常不便的。特别是对一些易碎的纸种(如含机械木浆的涂布纸或未涂布纸),必须在输送机停止的情况下才能装载纸卷。那么对于单个输送线,则必须停下来一段足够长的时间。为了满足灵活操作的需要,输送线必须分段。

这意味着输运未复卷纸卷的设备必须和缓地操作。从某种意义上来说,必须确保前面付出很多艰辛努力才取得的纸卷质量和外观等成果能得以完全保留到印刷车间。此外,为了消除一些阻滞,其他辅助设备的选择也是很重要的。比如,带式输送机会对低定量纸卷造成损坏(见图 3 - 12),即对纸卷外层的刮伤是可能的。

纸卷(特别是易碎的低定量纸种和凹版印刷纸卷)尺寸和重量的增加,促进了短节距钢条输送机的发展。这种输送机甚至能够把相对窄的纸卷头尾相对从一台输送机转移到下一台。与输送转盘结合的短节矩输送机,可以用最小的空间和最少的设备平稳地转过系统中的拐角(见图 3 - 13)。这种类型的输送机通常有 63mm 的链节和反转的驱动,以保证恒定的传输速度而不受载荷的影响。

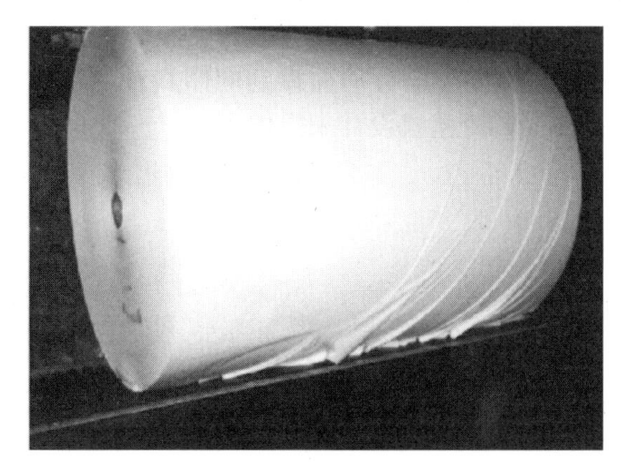

图 3 - 12　带式输送机对未包装低定量纸卷的损伤

图 3 - 13　短节矩钢条输送机的纸卷转向

另一个和缓处理未包装纸卷的成功设计是动力铰接车输送机,通常也称为传送带输送机(carousel conveyor)。纸卷在这种钢片制车上,通过上坡、下坡和曲面,没有任何阻滞地传输。通过一个特殊的加载装置来控制带式输送机的载荷,当纸卷在输送带上遇到很小的危险的时候,这种特殊的加载装置就会同时使纸卷加速,以避免外层纸页的损坏。这里还有一个卸载装置,并以同样的方式操作。传送带式输送机一个新的进展是在输送车上的斜坡补偿技术(如图 3 - 14 所示)。不管输送带是上坡还是下坡,纸卷总是保持水平地躺在传送车上,这样就避免了纸卷外层的刮伤。

图 3 - 14　采用斜坡补偿技术的传送带式输送机

根据生产的纸种,纸卷可分为直接运送

给客户或转移到厂内后加工等。例如,在厂内将部分纸卷裁切成平板纸,然后再运输出厂。裁切平板纸的母卷通常先裁成短一些的纸卷。纸卷在生产过程的储存可包括仅由叉车操作的传统仓库,现代化的自动储存和检索系统(Auto Storage and Auto Retrieval System, AS/AR),或者是采用自动真空吸吊起重机的储存。这些系统的使用大大减少了叉车处理的纸卷,提高了后加工过程的运行效率。为确保运行性,平板纸和涂布纸的母卷常常进行部分包装,如用牛皮纸或塑料拉伸膜进行套筒式的无封头包装。

这种形式的布置经常需要系统中的自动路径选择来指导纸卷流向不同的区域,如纸页完成、储存、装运以及海运仓等。目前大量和完整的系统依靠条形码和激光扫描仪来指导纸卷流向适当的地址。

3.2.3　不同布置中的垂直输运

纸卷处理(和包装)系统的布置常常以两层来划分:纸机层和地下层或仓库层。这种布置取决于各种因素,如地形、现有的纸机、建筑成本等。如上所述,输送机可以下倾或上斜。最大的倾角取决于纸卷种类(未包装或包装)和最小径宽比,如果没有前面提到的倾斜补偿性能,倾角一般很少超过7°。实际的垂直输送依靠下列不同的降落机设计来提供:

① 带有纸卷输送带的降落机;
② 带有纸卷托架的降落机;
③ 连续的链式降落机;
④ 可降低的翻转装置(结合降低和翻转的功能);
⑤ 可降低的铲子。

这种设备的选择基于几个因素,即系统的布置、能力以及纸卷的尺寸。

3.2.4　纸卷分类

纸卷的自动分类主要依靠分类袋、分类袋输送机以及分类坡道等,这些操作均在纸卷的竖直工序之前。纸卷的分类主要目的是促进仓库操作的效率。

每一种分类设置提供不同的选择以及不同的结果。分类袋的目的就是从纸卷流中随机地抓住一个等待匹配的纸卷,一旦发现适当匹配的纸卷,就将等待纸卷嵌入到纸卷流中,然后将组合到一起并翻转成一堆。结合有踢脚和托架的分类袋装置如图3-15所示。

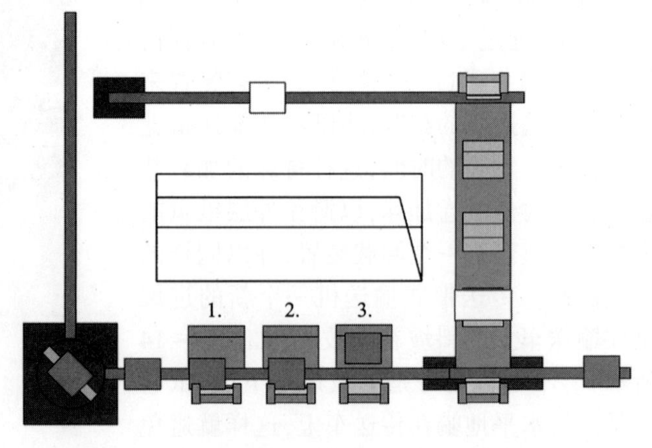

图3-15　沿着输送机具有3个匹配袋的布置
(纸卷在3号袋中等待匹配)

分类袋输送机的布置具有一个中间站,可以将纸卷向左右两边的输送机移动,如图3-16所示。输送机的长度和纸卷的尺寸决定了匹配袋的数量,而匹配袋是可以安装的。然而,这两种分类方法提供的分类能力是相对较低的。

当纸厂有几台纸机和各种其他的

后加工站同时操作时,则必须大大提高分类的效率。一个包括几个分类斜面的平台是一种解决方案,因为其能够处理大量的纸卷流(见图 3－17)。目前,最有效的分类平台具有每小时处理高达 240 个纸卷的能力。

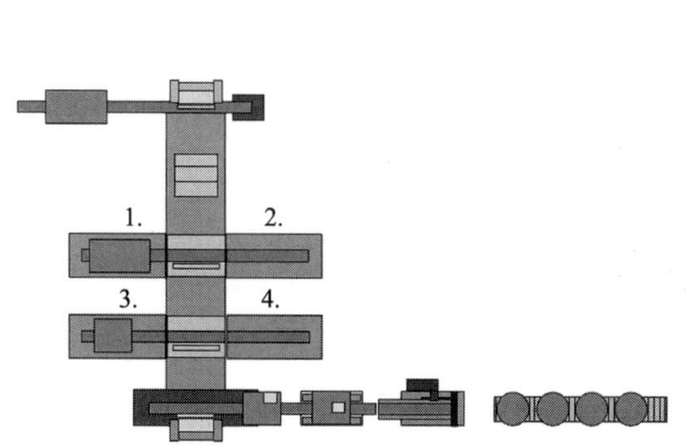

图 3－16　带有四个输送机匹配袋的布局图

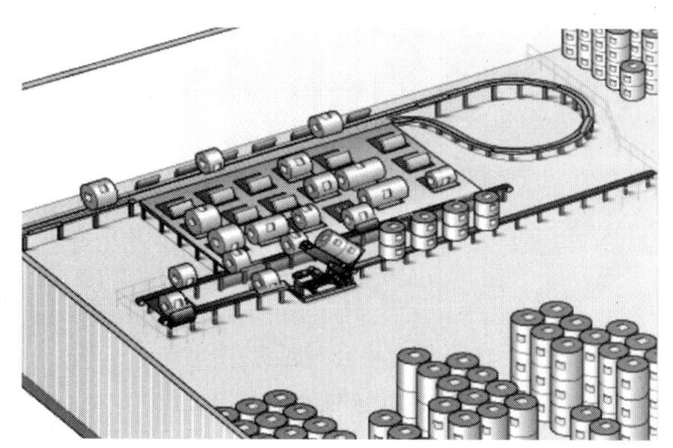

图 3－17　具有圆盘传送带直接给分类平台供料以及标签定位、翻转和平顶输送机的仓库布置示意图

纸卷在分类后,其底部的标签应朝向夹钳卡车的操作者。然后 2～4 个纸卷由输送机输送到翻转机,并由翻转机竖直码垛,这样可大大提高夹钳卡车的运输效率。

分类斜坡可以设计成将多个纸卷送入翻转机。当达到 4 个纸卷一堆(一个垛在另一个顶部)且翻转到储存输送机时,将形成一个靠一个的排列:即 1、2、3 或 4 个纸卷的高度。此时,双纸卷夹附件是需要的。通过使用带双纸卷夹附件的叉车,一次可以将很多纸卷搬移到装运台,如图 3－26 所示。

分类平台的发明是一种所谓的复合平台,如图 3－18 所示。这种平台可适用于不同宽度纸卷,并根据实际生产来适应不同的纸种。这种复合平台基于这样的理念:即超宽带纸卷是中型纸卷宽度的两倍,且为最小纸卷宽度的 3 倍。这种平台特别适合既生产凹版印刷纸又生产胶版印刷纸的造纸厂。

3.2.5　标签定向

标签定向系统通常是采用转向辊和标签探头来对纸卷转向,因此当纸卷到达提取位置时,叉车驾驶员是可以看到标签的。标签的识别是基于深色的包装和白色标签的对比,或者是根据纸卷的直径和纸卷上标签的确切位置,如自动贴标系统一样。标签定向装置转向辊可沿输送机来安装在斜坡上,转向辊带有软垫和弹射功能;也可以安装在斜坡的底部,采用固定的转向辊和双位缓冲站。标签定向装置的提升转向辊如图 3－19 所示。

带有喷墨模印信息的系统借助于模板印刷的方式,可围绕纸卷筒体进行三次印刷。

3.2.6　自动储存

3.2.6.1　自动储存与自动检索系统(AS/AR)

对于需要大量过程储存(如平版纸母卷)的造纸厂,已经使用一些与传统的夹式叉车伺服

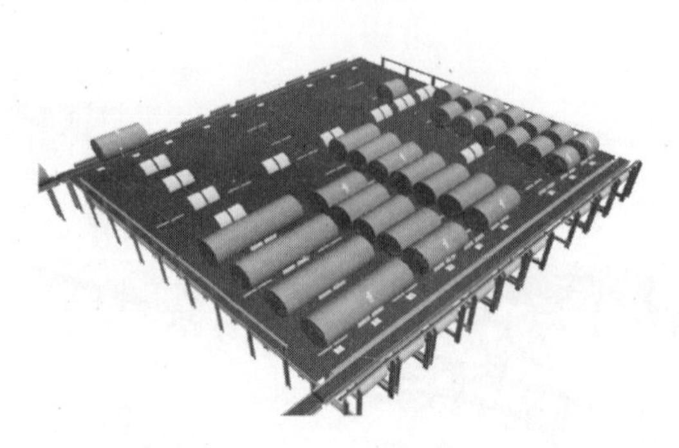

图3-18 复合平台对超宽、中型和小型纸卷的分类

图3-19 采用提升转向辊的标签定向站

仓库所不同的新型仓储系统。高台架的自动储存和检索系统(见图3-20和图3-21),提供了多种用途和功能。除了处理过程存储外,自动储存和检索系统还可以处理已经包装的纸卷,且不管何种包装方法甚至托盘承载都可以。自动储存和检索系统的主要部件是:a.带有输送带的横向进给站,这是一种支架结构,可以自由直立,或靠建筑来支撑的储存与检索设备(带有往复传输机的塔式起重机);b.带有输送带的出料牵引站,以及c.控制系统。纸卷可以储存在仓底,然后自行翻转,或者靠从动托盘的作用。

图3-20 往复传输机运送纸卷到储存支架

图3-21 塔式起重机移送纸卷到储存位置

自动储存与检索系统的优点之一是,它允许使用高支架储存方式来提供大量的储存空间,这对于存储场地受限的情况是非常有效的。自动储存与检索系统的优点是多方面的:如可及时地后加工和装运,减少库存水平,更好的库存控制,减少产品损坏以及减少人力设备。特别值得一提的是,在给定的有限场地内获得最大的储存量。目前许多自动储存与检索系统已经采用自动导航系统(Automatically Guided Vehicle,AGV)升级。

3.2.6.2 自动真空吸吊储存

前述的自动储存与检索系统提供了操作的灵活性和生产能力，但这是一个较为昂贵的解决方案。而基于自动真空吸吊起重机的储存系统可以非常有效和低成本地完成过程纸卷的储存任务。

该系统的主要组成为一台带有真空吸头的自动起重机，真空吸头可以从顶端将纸卷移送，吸吊起重机具有精确的自定位功能，可将纸卷竖立堆集存储（见图 3－22）。依据不同的纸种，纸卷堆积的高度可达 14m。宽度取决于吸吊机的跨度，长度同样取决于起吊车的长度。近年来，吸吊系统的用量大为增加，已有多种吸吊起重机用于大型的储存系统中。在该系统中，纸卷通过真空吸移输送到平顶输送带上。纸卷需要精确和可靠地放置在真空吸移的地点，以保证整个操作无故障地进行。

图 3－22 自动真空吸吊机储存系统

而对于自动检索部分，则由一台平顶输送机并跟随着一台翻卷机组成。翻卷装置安置在舱底的翻转辊上。真空吸吊储存的主要优点是可最大限度地利用仓储空间而不需要留有通道。同样，对纸卷无须夹持的温和处理，也是这种储存系统的优点。该系统的应用范围可从裁切原纸到薄页纸母卷。

3.2.6.3 带有辊夹的自动起吊储存系统

一种新型的储存系统是带有辊夹的起重机。真空吸吊储存用于未包装的纸卷或者是端头裸露的纸卷，但带有辊夹的储存系统则用于完全包装好的纸卷，如图 3－23 所示。该系统的功能、前提条件以及系统的构成与真空吸吊储存系统基本一样，就是将真空吸移头替换成用辊夹移送纸卷。辊夹具有六个钳趾供夹持纸卷，辊夹可同时夹起不止一个纸卷，因此比真空吸移有更大的生产能力。这种带辊夹的储存系统目前用于年产 40 万 t 的新闻纸机生产线。

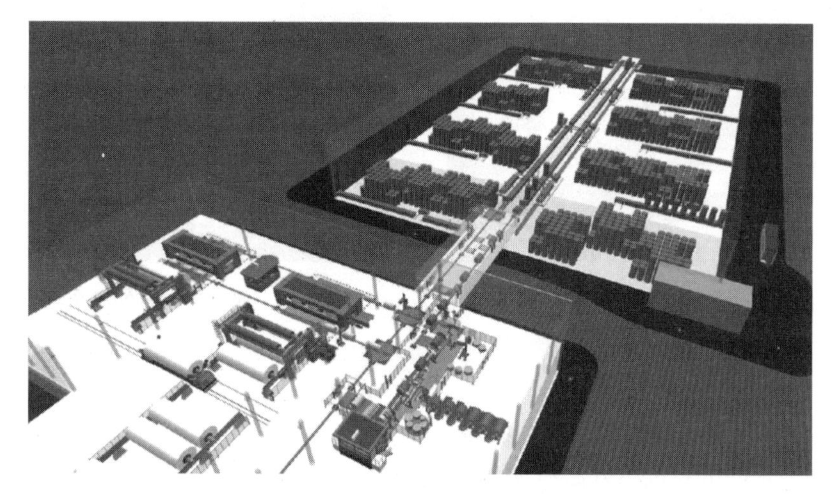

图 3－23 用于已包装纸卷的自动起重机储存系统

3.2.7　纸卷的翻转和竖立

3.2.7.1　采用旋转夹钳的纸卷拾取

采用旋转夹钳拾取纸卷是整个系统最基础的部分(见图3－24),纸卷从地面被夹钳叉车拾取。纸卷可从卸料器中被拾取到地面上,或由单个或复合拾取站中拾取到输送机上。

图3－24　采用夹钳叉车对纸卷转向

纸卷的底部拾取可以直接从输送带上拾取,也可以将斜坡作为特殊的拾取点。在这两种情况下,可采用标签定向系统,此时纸卷朝向拾取点,因而装运标签端部呈径向位置,可被夹钳叉车的驾驶员看到。然而,由于在拾取过程中纸卷沿地面的拖拉或者转向时边角与地面的碰撞等,这种操作易于损伤纸卷。

3.2.7.2　纸卷的翻转竖立装置

纸卷的翻转竖立装置是一个L形的机械设备,其长臂伸向纸卷的中腹部位拾取纸卷,此时竖立过程开始,然后短臂承担起被竖立的纸卷。纸卷的翻转竖立减少了一些原本是由夹钳叉车来完成的工序。将纸卷翻转竖立装置与标签定位系统相结合,可使夹钳叉车的操作更为有效(图3－26)。进一步的改善是纸卷翻转竖立过程的堆码,将一垛纸卷呈现在夹钳叉车前,而后由夹钳叉车进行一次性娴熟的拾取。通过纸卷分类、分组以及将一对纸卷夹钳堆码,可大大改善纸卷的处理效率。

带有电动起止的电动吊臂的应用,为整个过程提供了高速、平稳的加速和减速运动,从而导致了较高的循环率。翻转竖立的时间大致为5s。该循环速率取决于翻转装置的配置,这些配置通常包括在线进给,90°的卸料(如图3－25所示)。同时还取决于卸料腿(有时称为“蝴蝶”)。

图3－25　翻转竖立装置将一垛两卷的纸卷卸在平端输送机上(90°卸料)

图3－26　两个夹钳中的四个纸卷的包装组

3.2.7.3　在线和侧面进料的翻转竖立装置

翻转竖立装置的纸卷进给方法有两种:一线排列(端部对着端部)和侧面进给(使用分拨器和止动垫)。由于一线排列系统的纸卷是连续的,因而更容易堆码。

侧面进给是将纸卷分拨到输送机，然后通过斜坡，最后由止动垫缓冲进入翻转装置的长腿上。在较窄纸卷的情况下，端部接着端部的输送是不可行的。此时，翻转竖立装置可以放置在长距板式输送机的端部。

3.2.7.4　升降翻转竖立装置

升降翻转竖立装置将升降机与翻转竖立装置的功能合为一体（图 3－27）。这种合体的装置一般布置在这样的造纸厂：包装车间在纸机楼层，而纸品仓库在地下一层。升降翻转竖立装置的安全特性包括一个止动门（一线排列进给）和其他的安全装置。其生产能力取决于其降落高度差，但一般很少超过 90 卷/h。通过纸卷组合或者双套安装，可以获得更高的生产能力。双套安装的系统提供了生产的可靠性，但同时也为附加的产能付出了生产线冗长的代价。

图 3－27　升降翻转竖立装置

3.2.8　用于竖立纸卷的平端输送带

通常平端钢条和带式输送机用于竖立装置后的输运中。辊式输送机由于辊子的转动，会对各种纸种的纸卷端部造成损坏，因此只能用于有托盘托护的纸卷输运中。

平端输送带应该足够长，以满足突然增长的生产能力。输送带首选和必须的长度变化很大，通常在 10～30m，这主要取决于要求的生产能力和这一区域的人员配备。在一些情况下，仓储系统可以分为几个分支，而每一分支服务于不同的区域。

平端输送带可被升高或与地面平齐，这主要取决于通道的要求。对于升高的平端输送带来说，沿着墙体布置是一个很好的应用方案。

布置于仓库中间的平端输送机最好选用齐平式的（flush－mounted）钢条平端输送带（参见图 3－28）。该输送带安装在大约比标称地面高 10～15mm 处，并将混凝土的侧面基座做成斜面，以便于夹式叉车的通过，同时可防止纸卷受到地面的拖刮。

图 3－28　夹式叉车从升起式的平端输送带上拾取纸卷——由于标签定位，当输送带的纸卷趋近时叉车驾驶员可以看到其标签

3.2.9　纸卷装运

“成品纸卷”是指不再进行后加工而从造纸厂运走的纸卷。根据运输的方式和情形，成品纸卷可分刚从生产线下线的纸卷，或者是已在纸厂储存一定时间的产品。纸卷装运的工具可以是货车、火车或货船。对于一个出口的纸厂，通常是采用上述运输工具的结合。在大多数情况下，内陆的纸厂将生产的纸卷用货车或火车运载，而沿海的纸厂则采用自己的船运设备或使

用临近的港口码头。仓储系统使用纸卷处理和带有夹钳卡车的输送装置的比例,视该仓储系统的先进程度而定。需要指出的是,在大多数情况下纸卷是竖直装运的。

在美国和加拿大等国沿海造纸厂和港口码头,真空吸吊技术已经用于新闻纸的运输装卸中。真空吸吊起重机的附件包括多种真空吸移头,可以同时吊起6~12个纸卷。

近年来,为了避免纸卷在运输过程中损坏,使用集装箱转运纸卷已经非常普遍。通常广泛应用的是20ft或40ft(6m或12m)的标准集装箱。然而,也有一些造纸厂开发了自己的集装箱系统,将纸卷从北欧国家运往欧洲大陆。该系统主要采用为纸卷运输特定构造的重型集装箱,且固定火车和船舶的运输路线。各种各样的自动或半自动的装运和卸载系统均提供可选择的特性。

3.2.10 自动货车装载

造纸工业应用的自动装载货车(见图3-29)通常用于生产现场没有仓库的造纸厂。在这种情况下,装运或配送仓库则应位于合理的车程范围以内,以便全部产品能够以合理数量的运载工具连续地运输。自动货车装载通常与一定类型的分类系统相连接,以便实现最优化的装载组合。货车车厢通常装有特制的随车输送带系统,能够处理纸卷和托盘,因此同样的货车可以应用于成品纸卷和平板纸运输。

图3-29 自动货车装载

3.3 纸卷包装

3.3.1 纸卷的防护

造纸厂的最终产品是以平板纸或纸卷的形式离开纸厂,两种产品在运输过程中均需要防护包装。本章的这一节将带你关注纸卷的包装,下一章将介绍纸页完成操作的基本内容。本节中,将回顾一些关键内容,如纸卷为什么要进行防护包装,以及多少包装价格将带入产品成本等。下面,我们将从仓储人员的视角讨论这些问题。

3.3.1.1 纸卷包装的要求

根据距离和物流的情况,纸卷从造纸厂运达用户往往需要几天甚至几周的时间。在这段时间内,一个纸卷至少在运输中被装卸两次,并且通常以不同的叉车在不同的仓储系统中进行处理。造纸工作者虽然可以控制大多数的操作,但是仍有一些小的方面难以掌控,如气候和人的因素等,空气温度和湿度的变化可引起纸卷内部和外表面的湿度变化,所有这些因素可能导致产品变形受损。这些质量缺陷将引起后加工机械中纸的断裂或其他问题。从这个意义上讲,在产品到达最终用户之前,所有的仓储和仓储人员都受到了导致纸卷损坏的潜在危险的牵连。

造纸生产商使用的仓库大致上可分为两类:古典式仓库和自动储存的仓库。在古典式仓库中,在洁净的地板上为不同的订单划出特定的区域。仓库管理员在叉车操作期间主要根据大型的条形码标签来识别纸卷。纸卷储存在垂直的纸垛上,每一垛有2~8卷,这种类型的仓库是最普遍的。

当装运的时候,每一个纸卷被拾取后放到货车或铁路货车上运达纸卷的最终目的地。从造纸厂到终端用户间的物流链可包括一些再次装运和不同的运输工具。典型的连续运输系统是基于货车,并使用夹式叉车装卸纸卷(见图 3 - 30)。造纸厂所在地与终端用户很远时,则通常采用海运,使用码头拖车牵引平板车(见图 3 - 31)。

图 3 - 30 夹式叉车从仓库中拾取纸卷

图 3 - 31 港口拖车牵引平板车从停靠码头的货船上运送纸卷

在运输链中,纸卷由夹式叉车装卸。虽然夹式叉车操作已经大为减少,但目前仍有一定的数量。当人为因素作为夹式叉车操作的一部分时,纸卷需要加以保护以避免端部刮伤、纸页破裂及其他损害。这些损害有些也可能是纸卷堆垛的时间太长造成的。考虑到这些附加的潜在问题,为保护最终产品质量,采用防护包装是至关重要的。

3.3.1.2 纸种的影响

对于大多数纸和纸板来说,纸种的不同将大大影响到其完成系统的类型,以及纸卷处理和包装系统的性能。

(1)新闻纸

现在的新闻纸通常含有较高的脱墨浆和填料,这使得纸页变得非常脆。未包覆新闻纸卷的外层容易撕裂和破裂,这会造成纸卷松脱,进而引起保管方面的麻烦且会干扰纸卷的处理和包装操作。最普遍的新闻纸卷尺寸是直径范围从 1000mm 到 1300mm,宽度从 400mm 到 2210mm。纸卷密度的变化则可从 630kg/m^3 到 750kg/m^3。

纸页的完成通常包括在纸卷未包装的端部喷墨模印纸卷序号和一个退纸的箭头。装运的纸卷完全用牛皮纸包装,也常常采用多个纸卷的复合包装的形式。贴标包括卷体和端面。喷墨模印技术已经越来越多地得到应用,通常在卷体周围打印条形码。

(2)非涂布和涂布出版印刷纸

这些含机械木浆的纸种包括非涂布纸(如目录纸)、超级压光纸(SC)和低定量涂布纸(LWC)。这些纸种的性能不同于胶版印刷的新闻纸,纸卷的规格和密度也大不相同,特别是对于用于轮转凹版印刷的 SC 纸或 LWC 纸。上述纸卷的直径并无差别,但是纸卷宽度变化很大,最宽纸卷可达 4320mm,而密度可接近 1200kg/m^3。纸卷密度的增加导致纸卷重量大大增加,因此与较低定量的纸种相比,对高定量的未包装纸卷的处理则更需和缓。同时要减少未包装纸卷的滚动,以保证纸卷的质量。对于重型纸卷,包装规范要求加强纸卷封头,且要包覆多达 4 ~ 6 层的包装材料。复合纸卷包装也是常用的,其喷墨模印和贴标操作与新闻纸卷是相似的。

(3)涂布的印刷和书写纸种

采用化学浆的涂布印刷和书写纸是最常见的用于胶版印刷的纸种,品种包括卷筒纸和平板纸。对于这些纸种,造纸厂的纸卷处理是相对简明,因为这些纸卷的规格和重量都是适中的。然而,涂布过程则对纸卷的损坏和凹痕相对敏感。纸卷规格通常为直径 700mm 至1500mm,宽度 400mm 至 2600mm。纸厂现场裁切母卷成为平板纸,并配有过程仓库。这一系统范围从简单的夹式叉车服务区域到非常现代化的自动储存与检索系统(AS/AR)和自动真空吸吊储存,纸卷由夹式叉车无损地自动移送到裁切机,纸卷成品完好地包装。多纸卷的复合包装普遍采用,并在卷体和端部贴标。

(4)非涂布的印刷与书写纸种

大量的化学浆纸种被用于书写、打印、复印和计算机打印、胶印书刊和油封等。从纸卷处理的视角看,化学浆的配料使其有相对高的强度。然而,这种纸卷在尺寸上有很大的变化,使其在处理和包装上面临挑战。对于这些纸种,纸机可为切纸机(如 12 - pocket 尺寸裁切机)生产直径在 1500mm 到 2545mm 的母卷,质量为 3400kg。假设一台纸机的产量为 1000t/d,则每天可以得到 294 个纸卷,即每小时平均 12 ~ 13 卷。然而,用同样的纸机生产纸卷宽度为200mm、直径为 1100mm 的油封纸,则质量仅为 153kg。即使这些产品采用两卷或三卷一组的包装,每天平均也只有 3000 卷。另一方面,最大宽度的纸卷促进了切纸机的发展,如 15 - pocket 切纸机需要 3175mm 宽的纸卷。已经考虑通过纸幅的长度来提高切纸机的效率,因而大直径纸卷更具优势,纸卷直径通常从 1500mm 增加到 1830mm。纸卷的密度的范围为700kg/m^3 至 850kg/m^3。

这些纸种的成品纸卷通常用牛皮纸完整地包装,并加以封头。带封头的径向拉伸包装也有使用。预定在纸厂现场后加工的平板纸母卷也常常采用套装包装(牛皮纸或拉伸膜),以消除纸卷的湿边(在湿润的气候下容易出现),保证良好的后加工性能。

前述在纸厂现场裁切的母卷储存是非常普遍的,成品纸卷的多卷复合包装也很普遍。喷墨模印的未包装纸卷可引起油墨渗透到纸卷的边缘,对于油封纸卷,如果在后加工时没有去掉切边的话,将会造成质量问题。此外,一些纸厂还会在纸卷卷身(通常为 1 ~2 个标签)和封头上贴上标签。

(5)非涂布和涂布的牛皮纸和纸板

这些纸种包括各种未漂白和漂白的纸和纸板,主要用于技术包装、纸袋以及瓦楞纸箱(挂面纸和瓦楞芯纸)。

这些未漂白的纸种常常没有包装装运,只是在纸卷端部用铁或塑料带捆扎。采用筒体标签和端部模印对纸卷进行标记,见图 3 - 32。一些瓦楞芯纸则采用重型衬套和绑带进行套筒式包装。这些纸种多为高定量品种,因而非常易于处理成纸卷。挂面纸板和芯纸,作为大宗商品纸种,具有完整的纸卷规格标准。直径大多限制在 1250 或 1450mm 以内,宽度范围从1000mm 到 3300mm。

图 3 - 32　带有标签和端部模印的捆扎纸板卷筒

用于后续挤压涂布的纸板母卷通常是需包装的,同样挤压涂布后的成品纸卷也需包装,通常采用包装和捆扎的方法。涂布纸板(如折叠箱板纸,FBB)有较宽的直径范围,可高达 2100mm。与低定量印刷和书写纸相比,涂布纸板更多采用拉伸膜包装。

对于一些松厚的、吸收性高的纸种,其纸卷的密度变化非常大。可从 540kg/m^3 到密度约为 1000kg/m^{3}涂布纸种。此外,多纸卷的复合包装也常常采用。

(6)浆板纸卷

溶解浆和绒毛浆的成品均为纸卷,这些浆板是强度较大的,但与印刷和书写的纸种相比还是稍稍柔软些。对于未包装的产品纸卷,产品污染可视为一个问题。同样对于包装的纸卷,包装去除后也会产生产品污染,因此这些影响应该从过程和最终使用的视角来看。对于绒毛浆,两种污染源均可引起表观或卫生相关的问题。对于溶解浆,污染则可能干扰后续的加工过程。与别的纸卷相比,纸浆产品纸卷似乎小了一些。直径在 750mm 至 1500mm,宽度为 200mm 至 1500mm。纸卷密度则约为 650kg/m^{3}至 700kg/m^3。

由于这些纸卷最终经用户用相应的设备碎解成纸浆,因此基于产品的原因在纸卷处理时不需要特别的注意。多纸卷的复合包装是常用形式,一般用两根塑料绑带纵向捆扎,并扎住封头(见图 3-33)。这些绑带也有助于稳定包装物,否则将难以输运。一些纸卷采用无包裹运输,其他则采用牛皮纸或拉伸膜包装。对于拉伸膜包装,可采用两种方法,即有纸卷封头的径向包裹和无纸卷封头的轴向包裹。贴标通常仅仅限制在纸卷筒体部。

图 3-33 带有封头的纵向捆扎的双卷浆板包装

(7)薄页纸

薄页纸纸卷的处理与印刷和包装纸截然不同。薄页纸特性是非常柔软和密度较低。当薄页纸卷平躺在固体表面上,就会形成一个可高达 500mm 的平面。这样的纸卷即使是放在斜面上也不会滚动,更不会弹出。通过空气穿透干燥(through - air - dried,TAD)的纸种将不会放在平面上,而是以摇篮状的弧形表面取代。这种薄页纸通常在造纸机的卷纸机上被切成 2~3 个母卷,然后被传送到现场加工区,或进一步包装后装运到厂外加工。根据纸厂的加工系统情况,可用复合复卷机对两个或多个满幅宽纸幅的母卷进行复合并切成小纸卷。薄页纸卷处理从设在卷纸机或复卷机的纸芯轴牵引站开始。当处理完成纸卷被输送带运走后,纸芯轴又装上一个新的纸芯,然后又返回到预定的位置进行下一个纸卷的处理。纸芯轴和纸芯的处理是一个重要的操作,对薄页纸处理工段的整体运行效率有很大的影响。图 3-34 为一个带有自动导航和真空吸吊的仓储系统。

如果用夹式叉车处理薄页纸卷,则可能造成纸卷损坏。因此一些系统在叉车装运时使用托板来克服这一缺陷。另一个叉车附件为纸芯插头,当叉车搬运纸卷时,插头插入纸芯而不接触纸卷,从而避免了纸卷的破损。

图 3-34 带有自动导航和真空吸吊的薄页纸处理系统

当考虑到更多的自动化系统时，采用自动导航有助于系统创新。自动导航系统可取代带有插头或夹钳叉车的处理系统。采用自动导航系统，纸卷处理可以用更和缓的方法，甚至如纸芯从输送带返回到纸芯轴更换站都可以有效地照顾。实际上将自动导航与自动真空吸吊结合在一起，则是更为完整和有效的解决方案。

关于薄页纸卷的规格，纸卷直径为750～3350mm（原纸大纸卷），宽度则为500～3400mm（原纸大纸卷）。密度则在200kg/m^{3}至400kg/m^{3}之间变化。

3.3.2　纸卷的包裹方式

一个纸卷的包装里包含了各种不同的材料。纸卷的包装是预定的材料和输入到纸厂计算机系统中的行为的结合[6]。“包装”是这样一个术语：即用于描述包装过程及其机械。当包装过程被归结为一种物理现象，则最具特征的阶段就是包装物的供给，在此大多数的包装材料都得以应用在纸卷包装上。从某种意义上说，根据包装纸的类型，纸卷的包装主要可以分为三种方式：宽幅、窄幅以及宽窄结合的方式。在纸卷包裹前，首先加上内封头来保护纸卷端部，以防止偶然被黏合和起皱。然后以不同的方式进给包装纸，最后加上外封头并对纸卷贴标（参见图3－35）。

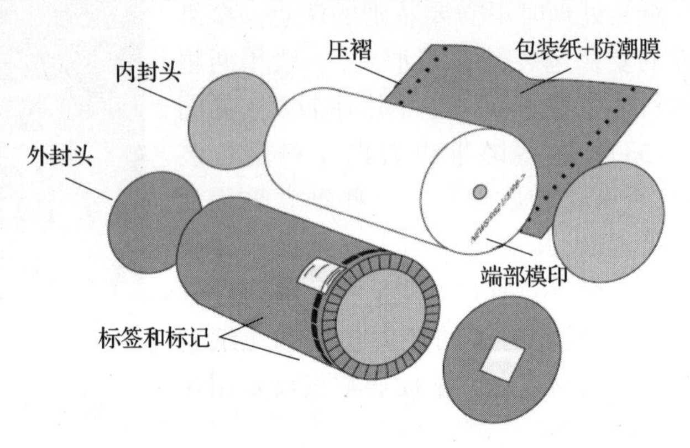

图3－35　纸卷包装材料（包括端部模印、内封头、包装纸、附件、隔湿材料、外封头、标记和贴标等）

（1）宽幅包装

宽幅包装方式是一种传统的形式，通常采用6～10个退纸架。根据纸卷宽度选择的包装纸通过包装纸分配器进给。包装纸的幅宽优化后与日常纸卷的宽度相适应。包装纸幅宽的选择要考虑纸卷的宽度以及用于两端封头处卷曲的部分。随着旋转时间的减少，则选纸工位的速度相对加快，此时包装纸用于全幅宽包装，进纸速度可达2m/s。与窄幅包装相比，这种类型的包装机能力通常可达每小时160卷。然而，包装纸幅宽的选择，存在不同纸幅宽度间的平衡（图3－36）。从某种意义上说，不同幅宽的包装纸需要各自不同的退纸架，以及需要储备不同幅宽的包装纸卷。

（2）窄幅包装

窄幅包装方式仅有1～3个横贯的包装纸退纸架。在这种包装中，包装纸是多层平行供给的。多层纸相互重叠，以获得足够的强度和宽度。这种类型的包装机的配置节省空间，同时也减少了包装材料的储备。另一方面，由于窄幅包装需要更长时间来进纸，因此比宽幅包装的速度要慢。这种包装的应用程序既可以直线进行，又可以以螺旋线

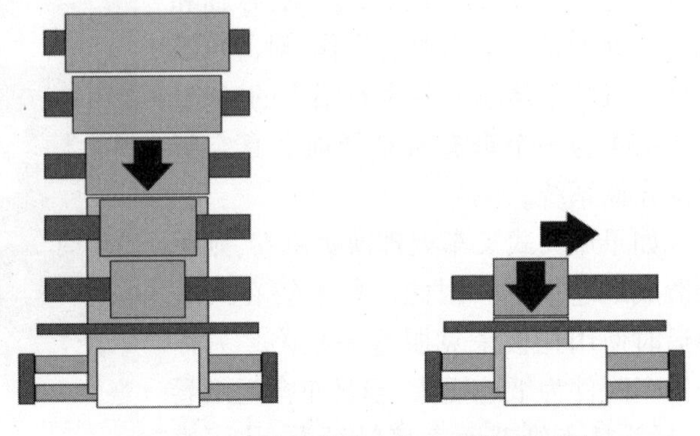

图3－36　宽幅包装和窄幅包装的进纸原理

的形式(参见图 3 - 37 中的 3、4、5 和 7)。

(3)复合包装方式

复合包装方式是一种重叠的进纸方式,即将传统的退纸架和附加的、非日常配置的进纸装置相结合。在这种包装方式中,首先向纸卷一端进纸,然后为另一端。此外,一台现有的包装机可安装附加的包装纸卷退纸架。这样就可以提供附加的进纸,以满足对纸卷超过包装纸宽度部分的包裹。因此,进纸的程序包括两个步骤:首先对纸卷的底端进行包裹,然后用附加的进纸对另一端进行包裹。从这点上看,附加进纸有效地减少了像传统包装进纸方式那样的包装纸卷的数量。简单来说,这里将不需要存储额外的宽幅包装材料,因为仅在偶尔才会用到。参见图 3 - 37 中的 2。

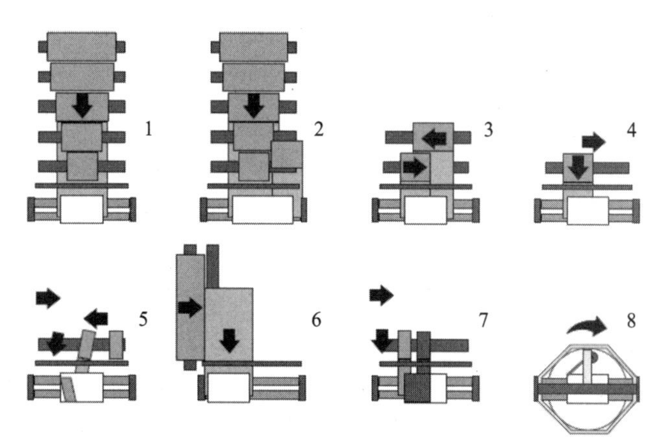

图 3 - 37 以不同材料和空间需求的包装纸进给方式

注:超过 80% 的包装机采用图中左上角"1"的进纸方式。

(4)螺旋式包裹

螺旋式包裹是一种可选的窄幅包装方式。螺旋式包裹采用移动的包装纸退纸张紧器,以一定的角度来完成进纸。当纸卷转动时,形成一个螺旋状的包装纸进纸带。包装纸进纸的角度根据包装纸的宽度和所需的(指定的)包装纸的层数来确定。当包装进行时,将形成二层或多层的相互重叠的包装层。每一层通常为多种包装材料的复合。纸卷端部多出的包装纸延伸开来并进行压褶,图 3 - 38 给出了直线进纸和螺旋进纸方式的差别。

(5)套筒式包装

套筒式包装适用于存储在中转仓库或作为防护包装的纸种(如瓦楞芯纸)的包装。前面提及的每一种主要方法均可采用这种套筒式包装。当采用夹式叉车处理纸卷时,套筒包装可以保护纸卷的中心区域。另一个重要作用是,套筒包装可以防止纸卷的松弛并保持纸卷的紧度。这种包装方式不需要纸卷封头和压褶,因为套筒包装纸并没有超过纸卷的宽度。

(6)拉伸膜包装

拉伸膜包装是另一种可选的窄幅包装方式,可用于径向或轴向的纸卷包装,或者是径向与轴向相结合的纸卷包装。这种包装方法是基于用一种可拉伸的低密度聚乙烯(low - density polyethylene, LDPE)薄膜包覆纸卷。这种方法通常采用比要包装的纸卷宽度窄些的薄膜卷。图 3 - 37 给出了不同包装方式间的生产能力的差异。

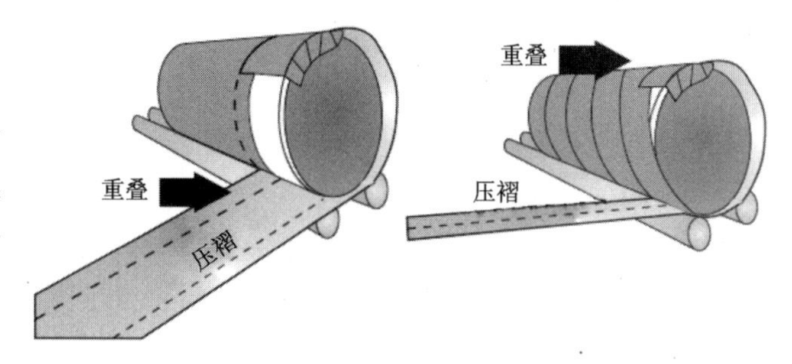

图 3 - 38 直线进纸和螺旋进纸的包装纸进给方式

注:直线进纸通常比螺旋进纸需要更宽幅的包装材料,而螺旋进纸则需要更多的进纸时间。

3.3.3　多站式包装机

这一部分将认真关注包装机及其包装过程。包装机的一个最重要的特性就是设计速度和生产能力。首先,包装机的设计速度与每小时包装的纸卷个数相关。比如一个具有单台高速纸机的新闻纸厂,纸机幅宽 9m,车速为 1750m/min,产量约为每小时 100 卷。然而对于一个纸板厂,如纸机幅宽 5m,则每小时产量仅为 60 卷。因此对于包装机来说,可能存在着时间不足或时间富裕两种情况。当进行这种比较时,也存在这样一个问题:有多少包装机在使用,或者是否全部的产品在集中在一台包装机上进行包装[9]。下面的段落将回顾一下传统包装和拉伸膜包装系统。

合并所有的纸卷到同一流线中可引起包装机的高负荷。在一些纸厂中,纸卷流量可以超过每小时 170 卷,这相当于每一纸卷在包装机上的包装周期小于 20s。包装过程包括一系列不同的工序。其中部分工序可以同步进行,但其余大多数需要分别计时。如果能够将一台单站包装机的所有工序压缩成最小的时间轴,时间轴将不再是 20s,而可能是 3 倍的时间。

因此,高产量的包装过程必须分成多站式。一种典型的布置有识别、检索、包装、贴标、封头和端头贴标等分站(见图 3 -39)。在每一个分站中,纸卷从进站到出站的时间必须小于或等于包装机一个工作循环的时间。所有分站应能够自动地达到较高的产率和均匀的质量。

3.3.3.1　纸卷的识别和对中

每一个纸卷在任何包装工序开始前必须进行识别。条形码标签采用激光扫描仪或 CCD (charge - coupled device)摄像头进行识别(参见图3 -40),并将其获得的数码字符串与纸卷管理系统数据库中的字符串进行比对。在数据处理过程中,纸卷的尺寸经机械手或激光测量装

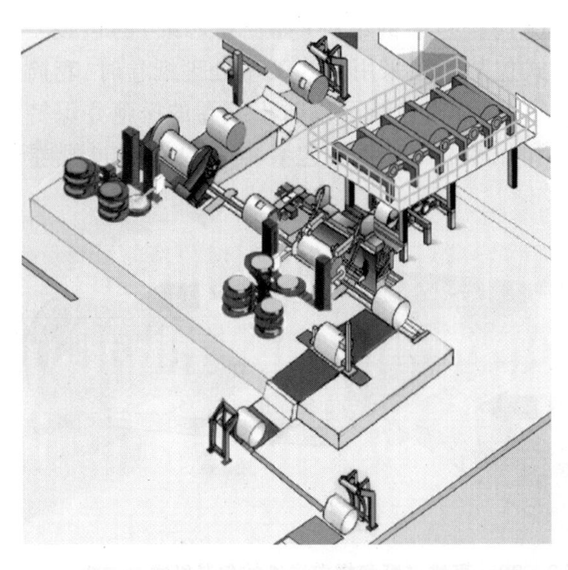

图 3 -39　传统的带有内外封头传递系统的多站式包装机

注:该系统从装有四种不同尺寸封头的架子上拾取封头。
包装机安装在地平面上,并带有可升高的支撑平台。

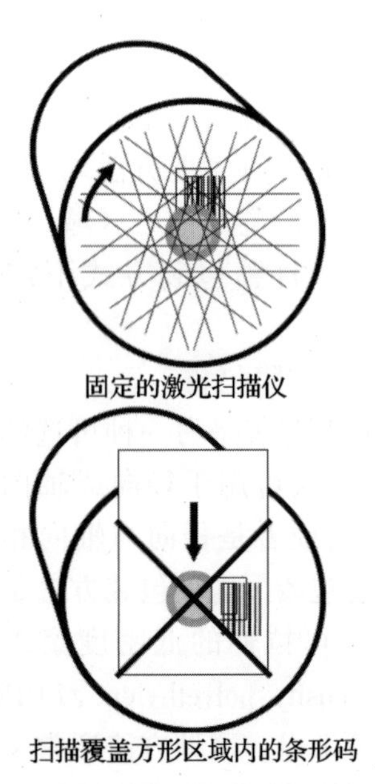

图 3 -40　基于固定或线性运动扫描仪的纸卷芯部条形码识别

置测量。在这个操作台上,纸卷将按照包装线集中起来,以便于以检索输送机进一步传输。在识别架的下方,也安装着称重传感器来测量纸卷的净重。所有的纸卷数据均根据数据库的数据再次复核,当数据准确无误时,则在纸卷上打上一个纸卷序号给予确认。而这一数据将伴随纸卷移送到下一站操作。这一数据含有一个轨迹序号,标明了纸卷的包装材料、标记操作以及下一步寻址[10,11]。

纸卷条码定义了每个纸卷的制造序列。根据计算机的响应时间和配置,在识别站执行的预包装操作需要与在站时间分离以减少循环时间。

射频识别(radio frequency identification,RFID)示踪系统现在已经用于纸卷识别和示踪的工作。这意味着条形码能够且将唯一用作后备系统[12]。

3.3.3.2 站与站之间的纸卷检索

典型的多站式纸卷包装机有一个所谓的“等待站”,这是一个使纸卷流趋于同步的缓冲站。这种类型的中间站可将纸卷暂停,直到其前面的包装工序完成为止。该站也是检索输送机的第一站。在高速包装机中,所有的站是在线的,纸卷随着检索输送机一起运动。包装机的最小循环时间等于检索输送机用于每一次检索的时间。这种类型的输送机同步地从各个站点移送每一个纸卷。

像上面描述的一样,纸卷可以用检索输送机移送,也可以用纸卷输送机移送(见图 3-41)。与普通的钢片式输送机相比,采用检索输送机是一个快速的方法。

图 3-41 传统的片式输送机将纸卷在各站间传输

3.3.3.3 包装封套的进给和压褶

紧接上述工序的下一道工序是包裹。包裹的方法已如前所述,但这里还要说一些与该工序相关的细节。包裹材料由包裹机的后座进给,后座一般安装在楼板水平面上或在一个升起的平台上。平台下的后座通常装备有动力车以便于纸卷交换。包裹材料则借助于桥式吊车的绳索或纸卷夹来进行更换。根据后座的数量,包裹机分配器具有 1~10 个夹区。当一个夹区驱动,包裹机从后座退纸并沿着包裹路径运行,进行切纸和涂胶。胶料被涂覆在包裹纸张的进入段边缘,或者当包装纸进入纸卷与转动辊的夹区时对其表面加热。如果使用胶料,其涂覆方法有两种:移动的涂胶喷嘴或固定的喷嘴臂。涂胶喷嘴创建了一个方形的涂胶模式,而固定喷嘴臂则给出直线的涂胶模式(图 3-42)。此外,另一个密封包装纸层的方法是热封,这种方法通常用于液体包装纸板(liquid packaging board,LPB)的容器密封。

常用的热封方法有两种,即采用加热棒和热敷的方法。加热棒法是在包装机进料台下安装一个加热元件,包装材料表面的边缘在进入压区前被加热,然后在压区由压辊热封合。为了热封包装材料的尾端,热棒法也要求包装材料停下来进行裁切。热敷法在连续进料的过程中,用加热单元将包装物上的涂层熔化,因而其操作工序比热棒法更快。这种连续的热封方法创造了整个幅宽的热封合模式。

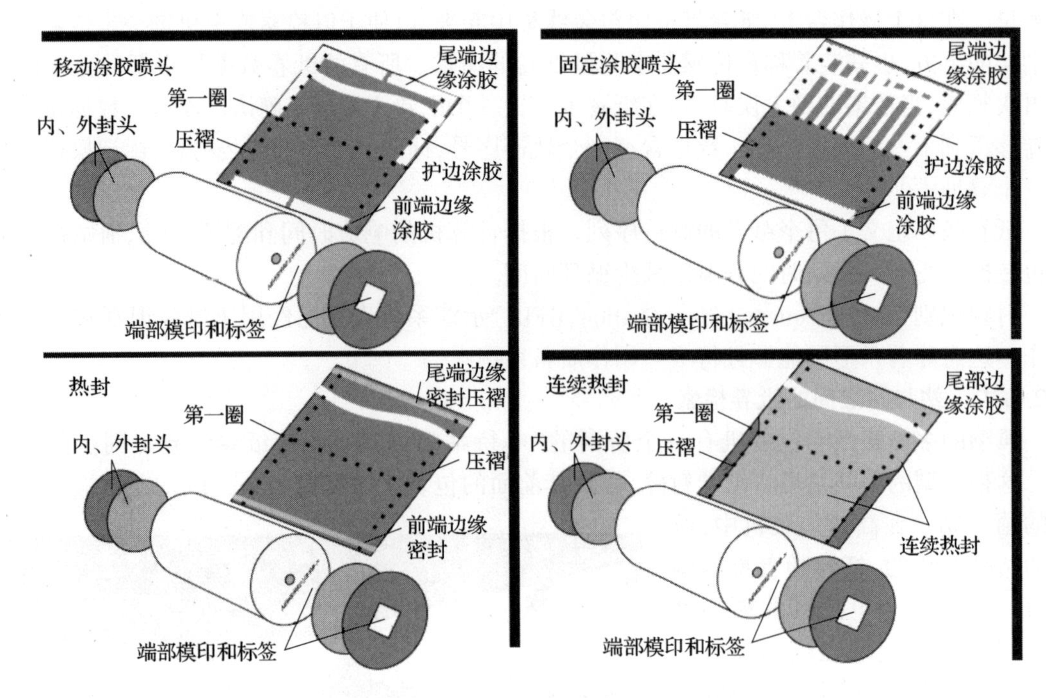

图3-42 不同涂胶和封合方法的示意图

注:创造一个方形、线性或宽幅的涂胶模式,黏合包装纸层和改善包装的耐久性。

所有这些方法不仅将包装材料层间封合,而且还改善了包装的耐久性。

因为印刷厂采用自动的解包机器,所以包装物端部不允许对纸卷外层涂胶,取而代之的是其端部以绑带等捆扎,以便于包装解包的顺利进行。还有一个方便解包的方法,是采用结晶热熔胶和胶料分离系统。这种结晶热熔胶在包装物涂覆时与普通的热熔胶基本一样,但在几个小时后会自行失效并转变为结晶的固体,此时包装物和纸卷上层不再胶合在一起,因而解包机可在无障碍情况下完成解包工作。

对纸卷包装两端的压褶操作有在线和离线两种。压褶臂移动到纸卷端部并旋转压褶桨,从而使压紧纸卷的径向皱褶。

当涂胶为方形模式时,包装物由移动切刀裁切,而包装纸页为静止。这显然增加了循环时间。另一个裁切包装物的可选方法是在线裁切,此时带有倾斜或旋转桨叶系统的包装机可全速运行。

3.3.3.4 纸卷的封头压盖

在纸卷包装工序中,给纸卷端部封头压盖是最后的且重要的一个环节。首先,纸卷外封头可以保护内部的包装。第二,其将端部密封以防止纸卷湿度的变化。最后,其可保护纸卷端部在仓库堆码的过程中不受损害。纸卷的封头一般采用封头压盖机进行。封头压盖机的压板首先在真空作用下吸起封头,然后将其压在纸卷的端部。压板将封头加热并对纸卷端部进行加压热封。压板的表面温度接近200℃,以保证封头紧紧地黏在纸卷端部。

3.3.3.5 封头传递

纸卷包装过程中要求最高的工序要算封头传递了。内外封头的材料从较厚的瓦楞纸板到薄的强韧箱纸板。根据纸种的不同,纸卷的直径从500mm到2100mm。因此,需要宽泛的不同规格的纸卷封头,同时需要裁切各种直径的内外封头以满足不同纸卷的需要。封头运输和存储在托盘上堆成超过 2m 高的柱状。

高速的包装机需要快速的封头传递，因此该工序通常为全自动操作以保证最高的产能和稳定的质量。根据封头传递系统的不同，封头可放置在架子上或直接从托盘中拾取[13]。传统的封头传递系统采用封头架和拾取臂。拾取臂可将封头放在纸卷端部或封头压盖板上。这种类型的封头传递系统可大大减少操作的间隙，其封头传递速度很快，每个循环周期少于 20s（参见前面部分的图 3－39）。

采用机器人的封头传递系统直接从托盘中拾取封头。典型的中等产能的布局如图 3－43 所示，各个纸卷呈圆形布置，每一个工位都有一个专属的工业机器人。机器人用同样的真空钳同时拾取两面的封头，一个工序循环时间仅为 27s 或更少。另一种高产能包装线的布局如图 3－44 所示，每一个工位有两个工业机器人。采用这样的封头传递系统，工序循环时间可少于 20s。

图 3－43　工业机器人用于内外封头传递，封头直接从托盘中拾取

图 3－44　高速包装机示意图

注：内外封头均由工业机器人传递，每一纸卷端部有一个专属的机器人。

3.3.3.6　纸卷的标签和标记

每一个纸卷必须用条形码标签和其他形式进行标记。标签和标记工序是纸卷完成工段的最后一个工序。标签操作站通常靠近最后的包装工段设置,或者就是包装线的一部分。贴标过去常用手工完成,这一工序与封头传递相似,目前已经随着高速包装机的升级为自动化工序。一个自动的贴标操作站不但减少了工序循环时间,而且还有助于提升公司的形象。自动贴标保证每一个标签以适当的方法完成,大大减少了包装机操作人员的工作负荷。自动贴标站的规模与标签的尺寸、材料以及数量相关。尽管每一个纸厂有不同的贴标要求,但是一个典型的贴标站通常将一个标签贴在纸卷筒体上,而将另一个贴在纸卷的端部。这一工序可以由操作者操控或由一个工业机器人来完成。多尺寸贴标则带来更大的挑战。对于多尺寸的贴标,一般推荐采用非机器人的带式输送机方法。这种形式的贴标站也可以用于标签进给过程中生产单元识别条形码,参见图3-45。

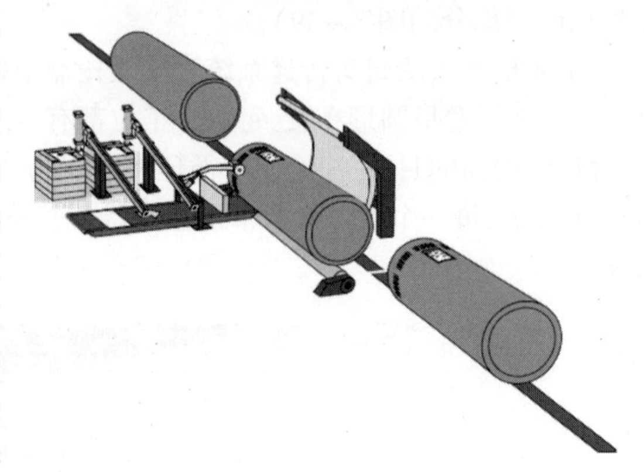

图3-45　纸卷贴标系统从纸盘中拾取标签贴在纸卷筒体上,并环绕纸卷筒体打印条形码

随着制造商与终端用户间的电子数据交换(electronic data interchange,EDI)信息不断增加,精确的纸卷识别已经变得越来越重要了。大多数的欧洲造纸厂商使用条形码,还有不断增加的纸厂已经开始使用单元识别条形码[14]。通过EDI信息的检索,可以知道每一纸卷的详细信息及其物流链的位置。在这一方面,造纸厂商可以构造更精确和实时的纸卷流控制系统。此外,还可以提供更有效的物流,从这个角度看,标签也可作为销售的工具。

3.3.3.7　纸卷的连续包装

采用连续包装可提高多站式包装机的日生产能力,即在包装机运行时,包装材料可以自行进给。在连续包装中,当进给盘中的包装材料用完时,会安全地填满,一个交替的窄幅进给盘可以支撑包装过程,直至耗尽的进给盘重新装填返回。自动封头的封装配置了4个工业机器人,2个进行内封头封装,2个则负责外封头。每个机器人配有双面的拾取头,因而每一对机器人可相互支持。如果一个机器人离线,则另一个可以完成两个机器人的功能[15]。

3.3.3.8　全部包装材料在包装机的同一侧

包装机的单侧设计实现了比以往更顺畅的包装耗材、包装纸卷以及包装封头的进给,同时也为操作者从控制室观测纸卷提供了方便。如图3-46所示,该设计方案比传统的包装线更为紧凑,少用了30%的场地,大约节省了一个柱跨度的空间[16]。

3.3.3.9　无液压系统

现代的包装线没有液压执行器或液压元件。系统中的所有执行器采用电动齿轮马达或气动马达。无液压系统意味着没有液压动力单元和没有液压油的泄露。从而消除了液压系统带来的维护和环境问题。采用电力驱动,关键系统功能的控制大为提高,同时与液压系统比较也更为节能[17]。

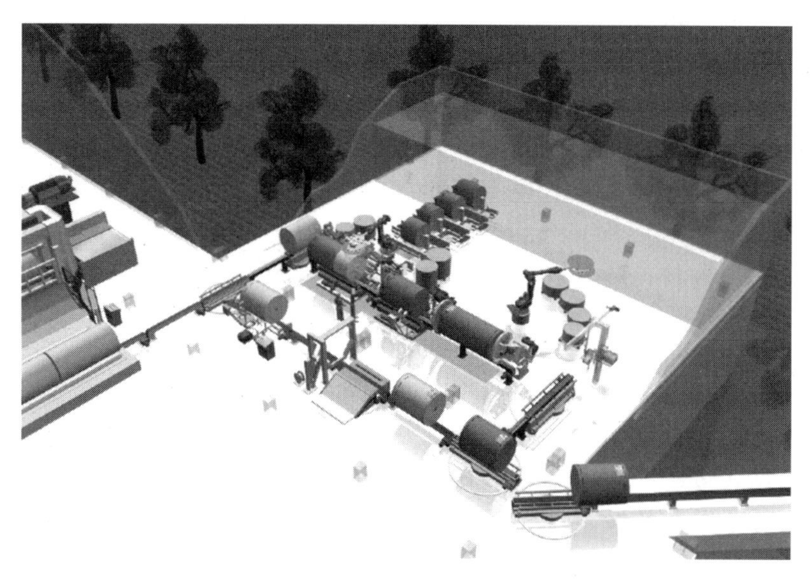

图 3－46 单测包装机设计，在空间使用和包装材料补给方面有诸多优点

3.3.4 单站包装机

多站纸卷包装机是将工序分配给多个操作站，而单站包装机仅用一个站来完成所有工序。在使用单站包装机时（如图 3－47 所示），操作者需要进行纸卷封头封装和贴标。在单侧包装机中，上面提及的所有包装工序将一个接一个地进行，而无法同时完成。这些包装过程由操作者或由自动装置完成。在纸卷识别后，操作者将内封头贴在纸卷的两端。包装机进料、压褶、涂胶，然后裁切包装材料。然后，操作者将外封头放到封头压板上。

在封头压盖完成后，操作者对纸卷贴标，这一包装过程就完成了。根据操作者的数量不同，这种包装机最高可达每小时 60 卷的产能。当地面空间受限时，这种包装机可以将一个进料盘设置在一个升降平台上。在这样的设置中，纸卷流通常从包装机下的进料盘通过。

3.3.5 拉伸膜包装机

拉伸膜包装机采用的是一种窄幅包装的方法。其包装顺序是径向或轴向，或者是两者的结合。这种包装机特别适合软的薄页纸纸卷（母卷为卫生纸、面巾纸和纸毛巾等）。拉伸膜包装提供了足够的湿度变化防护，而且为纸卷在中转仓提供了轻度的机械保护。一些造纸厂仅有少量的夹钳叉车处理步骤使用拉伸包装，甚至出口产品也是一样。

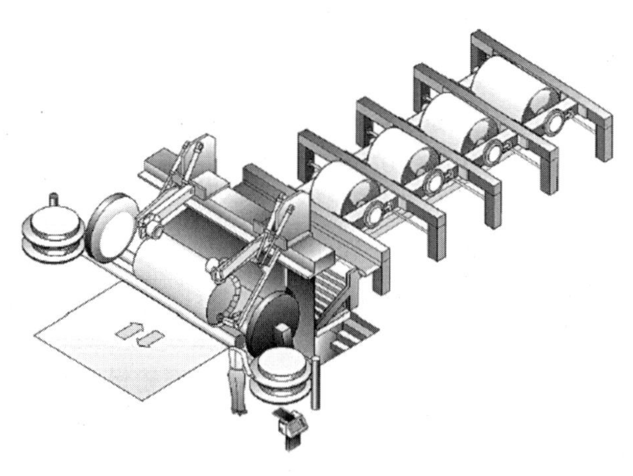

图 3－47 单站包装机——每一个包装工序均在该站完成

轴向拉伸包装工艺（又称蚕茧状，

cocoon style)如图 3－48 所示。当纸卷转动时,拉伸膜也绕着纸卷旋转缠绕,这一包装工序是自动的。在此期间,拉伸膜受力张紧包裹在纸卷表面。每一层包装都是多次缠绕的结合。操作者通常仅仅需要对行进纸卷贴标和包装膜进给换卷。

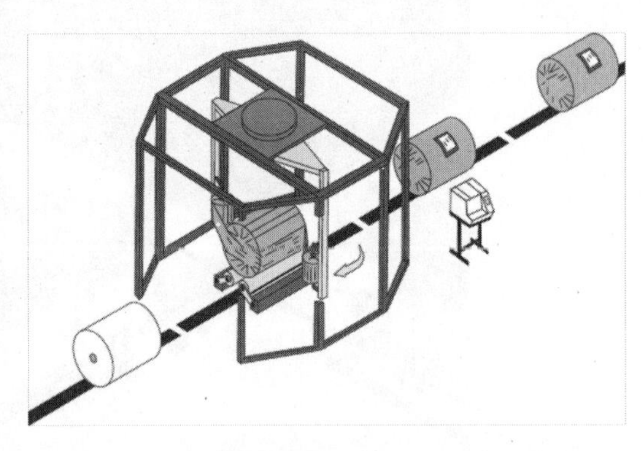

图 3－48 拉伸膜包装机旋转拉伸膜缠绕纸卷,纸卷本身也保持转动,拉伸膜原宽度为 0.5m

对于一些纸种,操作者需要在包装前给纸卷两端贴上内封头。在包装工序完成后,纸卷则连续放在输送机上。除了轴向包装外,还有径向包装以提高包装的耐久性。径向包装像轴向包装一样,可在同一包装站实施,也可以在多站式包装机上进行,以获得更高的产能。根据操作者的数量和自动化程度,这种包装机通常可达到为 60 卷/h 的产能。

3.3.6 包装材料

理想的包装可提供最佳的纸卷保护,且价格便宜和具有视觉吸引力。在实际工程中,这一部分的纸页完成工艺通常要在成本和效果两方面寻求平衡。举例来说,一个年出口量为 50 万卷新闻纸的造纸厂,每个纸卷的包装费用约为 3 欧元。在这方面,通过优化包装过程和材料,成本还有降低的潜力。每个纸卷包括 1.25 至 3 层的包装物、2 个内封头、胶黏剂和水分阻隔材料、标签和外封头等。具体来说,每个包装平均需两张瓦楞纸板内封头、2～3 层 220g/m^{2}的牛皮包装纸(为了压褶的需要,要多出 300mm)、带有 PE 涂层的 250g/m^{2}定量的外封头、预涂胶和预印刷的 120g/m^{2}的标签(这些标签将贴在纸卷的筒体和端头)。

3.3.6.1 包装原材料

根据造纸厂所处的位置,包装材料的范围可从回用纤维的箱纸板到其他品种的箱纸板。它们的定量可以从 100g/m^{2}变化到 300g/m^2(图 3－49)。大多数造纸厂商使用湿气阻隔材料作为包装的一部分,以防止纸卷水分的变化。通常有两种方法可提供湿气阻隔:即采用挤压涂布的包装纸或是采用一层阻隔材料组成复合包装材料。对于前者,包装材料为两张 100～125g/m^{2}的包装纸涂覆 20g/m^{2}的低密度聚乙烯(LDPE,low－density polyethylene),这样相当于平均定量为 220～270g/m^{2}的包装层。此外,也会使用单面涂布的 150g/m^{2}包装材料。实际上,单面涂布的包装纸需要较少的包装层数就能达到足够的强度。对于后者,需要一层附加的湿气密封材料(如塑料膜)或涂布包装纸才能达到要求(见表 3－1)。由于这种包装过程较慢且作用的包装机复杂,湿气阻隔包装材料应用还不够普及。

图 3－49 片式输送机上的新闻纸卷,纸卷筒体上有大型的条形码标签

在上述数据中,水蒸气透过率(water vapour transmission rate,WVTR)是一个表征包装材料适用性的特征参数。此外,当考虑到纸卷要经受夹钳叉车处理时,横向伸长率和抗张强度也是重要的参数。很多造纸厂商使用预印刷的包装材料来强化外观视觉。这种预印刷的包装材料大多采用单端面印刷,因为纸卷端部可被夹钳叉车的驾驶员清楚地识别。然而,为了节约成本,也有人会反对使用预印刷的包装材料。

3.3.6.2 内封头

内封头或端盖的材料可从普通的箱纸板到三层的瓦楞箱纸板。内封头包装材料的选择主要基于纸卷的纸种和此前采用的物流方式。实际上,加衬垫的封头可提供更好的端面防护。

3.3.6.3 外封头

外封头的材料范围可从挤压涂布的挂面纸到 $250g/m^2$ 定量的箱纸板。与内封头材料的选择一样,外封头材料的选择也是基于纸卷的纸种和此前的物流方式。外封头材料的平均特性列于表 3-2。

3.3.6.4 包装的胶黏和密封

热熔胶是应用最广的胶黏密封材料。这些胶料根据纸种、产能和环境和运输,专为纸卷包装的目的而研发的。其基本特性参数见表 3-3。

3.3.6.5 标签

标签材料通常取决于标签打印机,不论标签是手工贴标还是自动贴标,或者直接印刷在包

表 3-1 包装材料特性

特性参数	量值	参照标准
拉伸率(纵向)	2% ~4%	ISO 1924
拉伸率(横向)	6% ~7%	ISO 1924
抗张强度(纵向)	20kN/m	ISO 1924
抗张强度(横向)	10kN/m	ISO 1924
摩擦因数	0.4	ASTM 1894
湿含量	8% ~11%	ISO 287
水蒸气透过率(WVTR,50%RH,23℃)	<5g/(m^2·24h)	ASTM F 1249
水蒸气透过率(WVTR,75%RH,25℃)	<10g/(m^2·24h)	
戳穿强度	50 ~60J	
摩擦强度	100 次	
耐破度	1000kPa	ISO 2758
撕裂度(纵向)	3.0N	ISO 1974
撕裂度(横向)	3.5N	ISO 1974
表面强度	18	TAPPI T 459

表 3-2 外封头材料特性

材料特性	量值	参照标准
摩擦因数	0.45	ASTM 1894
湿气阻隔(PE 层)	小于 $25g/m^2$	
摩擦强度	200 次	
表面强度	18	TAPPI T 459

表 3-3 典型的热熔胶特性

特性参数	量值
熔点	130 ~180℃
结合时间	<1s
开合时间	5 ~12s

装材料上。标签本身可以是纸张或者塑料。标签的背面是平的、带有预涂胶料的,或者是涂有自黏胶的。通过在标签的背面涂上胶料,平整的标签就可以黏附在纸卷上。当使用预涂胶标签时,对标签背面喷水,预涂胶可以在10s钟内发生作用。自黏胶标签需要附加设备来剥离标签背面的离型纸。贴标操作过去曾是多种手工操作中的一种,但是现在这部分工作已经成为自动工序。在这方面,最有用的标签是预涂胶或自黏结的,它们以连续材料或纸张的形式提供,这将取决于标签的打印机。

3.3.6.6 拉伸膜

拉伸包装机通常使用聚乙烯(PE)拉伸膜。PE膜一般以成卷的形式提供,且通常在纸卷旋转期间应用。在这一工序中,PE膜受力拉伸后紧密地包裹在纸卷的表面。每一包裹层由多圈拉伸膜构成,每一层包装膜均靠内摩擦和薄膜的附加涂层黏在一起。换句话说,拉伸膜不需要涂胶来完成层间结合。一卷拉伸膜材料通常为20~80kg,宽度为300或500mm,缠绕在76mm直径的纸芯上。每一卷拉伸膜大约可包裹直径和宽度各为1m的纸卷50~210卷。

3.4 过程管理

3.4.1 概述

这里阐述的过程管理系统是指造纸厂中纸卷处理和包装工段的设备控制以及纸卷数据相关的功能。纸卷处理和包装过程管理系统通常是基于计算机和电子控制装置。其中大多数功能是不用人机交互而自动实现的,操作者只需启动、关停和监视这个过程。只有当维护和清除障碍时,才需要人工交互[18]。

3.4.2 系统结构

过程管理系统的功能大致可分为以下几个水平等级(参见图3-50)。

数据管理功能的运行基于实时计算机系统。该系统与设备控制器以及生产计划系统(如制造执行系统MES,Manufacturing Execution System和/或企业资源计划ERP,Enterprise Resource Planning)相连。过程管理应用则是基于专用管理系统运行,或者是基于高级的EMS系统运行。数据管理水平与设备控制器交互,并依据纸卷和指令数据做出决定。该系统也能产生报告,并与其他计算机系统交互。该系统的用户界面可为操作者提供纸卷处理过程的管理工具。典型的用户界面包括图形显示和一个及多个输入方法。通过图像显示并输入给定指令,操作者可以监控整个过程。

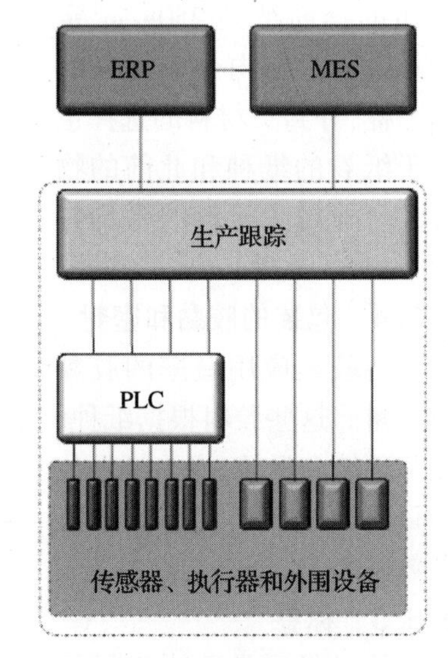

图3-50 过程管理系统的水平等级

ERP—企业资源计划

MES—制造执行系统 PLC—可编程控制器

设备控制器通常为可编程控制器(programmable controllers,PLC),其读取探头和开关的数据,控制电机的启动器、阀门和其他执行器等。这些控制器关注所有的基本功能,即可以顺序地安全地对纸卷处理系统进行连锁。

主要的数据管理功能如下:a. 纸卷生产管理;b. 纸卷识别和堆码;c. 纸卷标记、称重和贴标;d. 纸卷处理过程的监控;e. 报告。

管理系统从生产计划系统收取必要的用户指令和生产安排信息,向上一级水平的系统报告。该系统可提供过程监督和系统诊断功能。从设备控制水平收集信息加以提炼,然后形成图形显示和报告,以帮助操作者对系统顺利运行。

3.4.3 卷纸和复卷

卷纸切刀将母卷切成较小的纸卷,以适应用户的使用要求。在生产安排中,采用裁切模式来生产纸卷。在卷纸机中,一个物理纸卷与一个客户订单条相关。客户订单条决定了纸卷的特性和纸卷规格。客户订单条还能包括纸卷处理和包装过程等信息。

3.4.4 纸卷跟踪

过程管理系统对造纸厂楼板上的纸卷保持跟踪。该系统控制纸卷流并向纸机控制系统给出纸卷目的地址。该系统还监督纸卷输送机,并向操控人员给出纸卷处理系统的必要信息。纸卷运动控制是基于条形码的识别、射频标记,或者通过设备控制的纸卷示踪。在一些情况下,当纸卷人工移动时,纸卷可以由手提条形码读取器识别(参见图 3 – 51、图 3 – 52 和图 3 – 53)。或者向过程控制系统人工输入纸卷位置信息进行示踪。

图 3 – 51 贴在纸卷端部的条形码识别标签

图 3 – 52 纸卷芯部的条形码标签以及端部模板印制图文的识别

3.4.5 中转存储

在一些造纸厂,在制造过程中存储纸卷是必要的,比如在纸厂中一些纸卷要切成平板纸。中转存储是存储成百上千纸卷的缓冲能力。为达此目的,一个自动化起吊存储是典型的解决方案。每一个竖立的纸卷用真空吸吊拾取,并堆码成垛。存储管理系统使存储空间得到优化,且可控制纸卷的进给和检索操作。存储管理是过程管理系统的一部分。

图 3 – 53 纸卷包装线上用户标签的印刷和贴标

3.4.6 包装

大多数纸卷在装运到用户前需进行包装。包装可以保护纸卷在仓储和运输过程中免受机械和气候的损伤。对所有的纸卷来说,包装工艺也不尽相同。这里有多个由客户决定的包装参数,如包装层数、特种包装材料、标签的数量与信息以及附加标记等等。包装线的控制系统需要从纸卷数据库到纸卷包装的正确指令。所有纸卷通常要称重,将毛重打印在标签上,并输送到商务信息系统中,以便于形成装运文件和货品计价。

3.4.7 纸卷分类

纸卷分类可以由配对口袋、分类平台或自动存储和检索系统(AS/AR)实现。纸卷分类的主要功能是将相近的纸卷组合,以提高仓储操作的效率。

纸卷的组合可按照客户订单条目进行,如纸种、定量、规格、送达地址和送达时间等(参见图3-54)。分好组的纸卷从分类平台上卸料,而后由翻转竖立器堆码。纸卷分组可减少夹钳叉车在仓库中的运行,使其在同样的时间内输运更多的纸卷,同时也减少了每一个纸卷处理的次数。

3.4.8 仓库

在大多数造纸厂,纸卷存储在仓库等候装运,仓库中可能有成千个纸卷。过程管理系统必须能够确定每一个纸卷的库存和位置。仓库中的纸卷由夹钳叉车处理,叉车上装有无线发射终端为操作员显示纸卷数据库和处理功能(参见图3-55)。

图3-54 分类器根据用户指令将纸卷分成不同的通道

图3-55 通过移动嵌入式 vehicle-mounted barcode 条形码读取器对标签的条形码进行识别

注:读取器与无线电终端相连接,以便与过程管理系统交换数据。

条形码读取装置与无线电终端连接,以便于纸卷的识别。通常条形纸卷识别码打印在纸卷的装运标签上或直接打印在纸卷筒体上。所有的纸卷从仓库运走或移送到仓库内的另一个位置时,必须进行纸卷识别。这些业务也被记录在仓库的数据库中。

3.4.9　运输

在装运区域，纸卷从纸厂的仓库取出并放置在卡车上，而后送入铁路货车或货船。过程管理系统跟踪这些纸卷，将它们从仓库的库存记录中删除，并添加在纸卷装运数据库中。为便于货品计价和运输，纸卷管理系统也会形成装运文件（实际上，计价是通过纸厂的商务数据系统来完成的）。

3.4.10　报告

过程管理系统保持一个关于纸卷和纸卷处理信息的数据库。因此可以形成多个报告。典型的报告包括一段时间周期的纸卷称重产量，显示全部纸厂操作效率，包括切边损失以及纸机生产吨位和可销售吨位之间的其他损失。这些报告给出了客户订单的全部纸卷质量和数量。该系统还可产生纸厂内部纸卷流或仓库库存的报告。现代数据系统提供了更加灵活的工具来创建附加的报告，而不必繁杂的编程。

3.4.11　远程联系

通信联系使远程系统监督和维护成为可能。这种联系可以是公共电话网络、局域网或互联网。远程联系可以使用如下各种方法：

① 为纸厂维护部门的远程维护工具；

② 通过维护供应商进行维护和升级；

③ 为纸厂管理形成数据收集；

④ 为纸厂客户订制数据监督服务。

在纸卷处理和包装区域可使用摄像机辅助操作者监控全部的纸卷处理和包装过程。视频信号可通过远程数据联系访问。

参考文献

[1] Transfennica, Transport and handling of Paper, Sanomaprint, Finland, 1980.

[2] Paukkunen, P., A new approach to roll finishing, Paper Technology, 2004, Vol. 45, no 5, p. 23, ISSN 0958-6024.

[3] Mäkinen, J., Valmet Paper News, 11(3):28 (1995).

[4] Ojala, P. and Mäkinen, J., Das Papier, 50(10):102(1996).

[5] Hämäläinen, T., SECU korvaa kontit, Transpress, 1, 2001, s. 20, ISSN 0783-6953.

[6] Fahllund, K. and Mäkinen, J., Asia Pacific Papermaker, 6(4):65(1996).

[7] Wrapping Recommendation for Paper and Board Reels, Transport Damage Prevention Council for Finnish Forest Industries(4/1992, 4/1998).

[8] Kölgran, M., Wrapping of Paper Reels, Nordisk Paper Group for Distribution Quality, NPG, November 1995.

[9] Mäkinen, J., Pulp Paper Europe, 1(7):16(1996).

[10] Ojala, P. , and Mäkinen, J. , Paper Asia, 13(1):23(1997).
[11] Mäkinen, J. , Asia Pacific Papermaker, 6(10):29(1996).
[12] Press Release. RFTRAQ, 19th September 2007, UK's RFTRAQ announces unique active RFID innovations for production & supply chain management.
[13] Gurandsrud, K. J. 2008. Verdensrekord i rullpakking. Skogindustri nor1, s. 10, ISSN 0800 – 8582.
[14] Mäkinen, J. , TAPPI J. 79(2):127(1996).
[15] Fahllund Kaj, Continuous Wrapping, Fiber & Paper, Metso Paper Customer Magazine, 3, 2005, p. 35, ISSN 1457 – 1234.
[16] Press Release. SCAMunksund orders a compact StreamLine wrapping machine. Metso Paper. March 08, 2005.
[17] Press Release. SE Varkaus orders fully automated, non hydraulic SteamLine roll wrapping machine. Metso Paper. December 08, 2004.
[18] Williamson, M. and Lasander, H. , Linking operations to business goals, PPI, March 2006.

第4章　纸页的完成

4.1　引言

4.1.1　平板纸及其完成

纸张的原始形态为平板状，称为平板纸。手工抄造的平板纸如今仍然向人们展示着造纸的悠久历史。约在两个世纪以前，人们实现了生产“无限长”纸张的重大技术突破。然而时至今日，市面上销售的纸和纸板产品仍然有相当一部分是平板纸。虽然平板纸的切纸和完成工艺对成本和技术有重要影响，但平板纸仍然大量存在的事实却经常被忽略。

为什么今天仍然需要平板纸和平板纸板呢？主要原因有以下几点：

① 对小规模印刷来说，使用单张印刷机更经济，因为其初始投资比卷筒印刷机低。

② 单张印刷机生产的最终产品尺寸更加灵活。由于投资成本相对较低，如果使用多台印刷机，产品的尺寸灵活性可进一步提高。

③ 单张胶印机能够保证良好的运行状态和印刷质量。

④ 单张印刷消除了松厚的折叠箱纸板的翘曲和开裂问题。

⑤ 家用和办公用喷墨打印机和激光打印机数量的增加，促进了小尺寸平板纸的消费。

平板纸主要有两种尺寸类型，全开平板纸和小尺寸平板纸[1]。客户采购的平板纸产品通常比其最终产品尺寸稍大，这些平板纸通常都未经裁切，以便于加工或印刷之后，将边缘裁切整齐。而裁切过的平板纸通常用于办公印刷。平板纸的标准尺寸有多种系列，如A系列适用于裁切过的平板纸，SRA和RA适用于未裁切过的平板纸。近年来，小裁纸一词仅代表最典型的裁切过的平板纸，即办公室使用的打印纸和复印纸。同样地，小尺寸平板纸一词也可以代表尺寸小于A3或11英寸×17英寸(279mm×432mm)的纸张。与全开平板纸类似，对开纸也可以用于表示尺寸大于A3或11英寸×17英寸(279mm×432mm)的平板纸，包括裁切过和未裁切的平板纸。对开纸的长度和宽度范围较广(见表4-1、表4-2和表4-3)，一般从350mm到2m左右，但也有更大尺寸的。

表4-1　经过裁切的平板纸标准尺寸[2]

规格名称	宽×长/mm	规格名称	宽×长/mm	规格名称	宽×长/mm
A0	841×1189	A4	210×297	A8	52×74
A1	594×841	A5	148×210	A9	37×52
A2	420×594	A6	105×148	A10	26×37
A3	297×420	A7	74×105		

表4－2 平板纸常见尺寸(铜版纸和索引卡纸)[3]
(铜版纸定量49～90g/m²,索引卡纸定量130～796g/m²)

铜版纸		索引卡纸	
宽×长/mm*	宽×长/in	宽×长/mm*	宽×长/in
711×864	28.0×34.0	572×889	22.5×35.0
610×965	24.0×38.0	648×775	22.5×30.5
559×864	22.0×34.0	521×876	20.5×34.5
432×711	17.0×28.0	572×724	22.5×28.5
483×610	19.0×24.0	216×279	8.5×11.0
445×572	17.5×22.5		
432×559	17.0×22.0		
279×432	11.0×17.0		
216×356	8.5×14.0 法定尺寸		
216×279	8.5×11.0 法定尺寸		

* 代表与英寸对应的公制尺寸,以最接近的整数进行取值。

表4－3 未裁切的平板纸尺寸示例[4](LG代表纵纹纸,SG代表横纹纸)

初始范围R					
平板纸尺寸/mm					
纸机纵向与长度方向平行			纸机纵向与宽度方向平行		
860×1220	RA0	LG	1220×860	RA0	SG
610×860	RA1	LG	860×610	RA1	SG
430×610	RA2	LG	610×430	RA3	SG
补充范围SR					
纸张尺寸/mm					
纸机纵向与长度方向平行			纸机纵向与宽度方向平行		
900×1280	SRA0	LG	1280×900	SRA0	SG
640×900	SRA1	LG	900×640	SRA1	SG
450×640	SRA2	LG	640×450	SRA2	SG

尽管EN ISO 217:2008标准对尺寸为320×450mm(LG或SG)的平板纸并未进行归类,但通常将其归为SRA3。

小裁纸的尺寸通常符合一定的尺寸标准,如A4纸(宽度210mm,长度297mm)和A3纸(宽度420mm,长度297mm),法定尺寸的平板纸以及信纸等。小裁纸的典型应用包括复印和电脑打印。因此,这些纸张需要切成最终尺寸规格。

平板纸的尺寸公差在ANSI INCITS 151－1987(R2002)和EN ISO 216:2007两个标准中做了相关规定(见表4－4)。实际应用中,客户更青睐公差小的纸张产品,以适应最新的加工和印刷技术的需求。和旧的切纸机相比,现代化的切纸机能够生产尺寸公差更小的平板纸产品。

表 4－4　　相关标准中规定的纸张尺寸公差

纸张一般尺寸(铜版纸和卡纸)		
纸张尺寸	公差	
大于 8.5in × 14.0in(大于 216mm × 356mm)	±0.0625in(±1.59mm)	长度,宽度
小于或等于 8.5in × 14.0in(小于或等于 216mm × 356mm)	±0.03125in(±0.79mm)	长度,宽度
长度大于 32in(813mm)	0.0625in(1.59mm),90°方向	平方
长度小于或等于 32in(813mm)	0.03125in(0.79mm),90°方向	平方
小裁纸尺寸范围	公差	
210mm × 297mm(A4)	±0.75mm	长度,宽度,对角差
尺寸	公差	
小于或等于 150mm	±1.5mm	长度,宽度
大于 150mm,小于或等于 600mm	±2mm	长度,宽度
大于 600mm	±3mm	长度,宽度

在造纸过程中,成形网上的纤维在纸机运行方向具有强烈的定向特性,导致纸张性能,如挺度、抗张强度等在纵向和横向上的差异。这些性能差异对最终印刷和加工出来的产品功能具有很大的影响。当平板纸长边与纸机方向一致时,则认为纸张是按纵纹(LG)裁切的。反之,纸张则是按横纹(SG)裁切的。在欧洲,纸机方向一般与尺寸数据的后一位一致。例如,700mm × 1000mm 的纸张为纵纹纸,而 1000mm × 700mm 的纸张则为横纹纸。

尽管大多数纸张按照质量出售,但平板纸则通常按照张数和标称定量出售。出售时,平板纸一般堆叠在一个木制基底上,但也经常需要用到更小的包装单位。因此,常以包装纸或者纸箱来包装一定数量的纸张。这一定数量的纸张称之为令。一令纸通常为 500 张,但也有一令纸为 100、125、150、200 或者 1000 张的情况。

4.1.2　世界平板纸和纸板产量

不考虑卷筒纸的产量,关于世界平板纸和纸板产量和消费量的情况鲜有报道。据估计,2010 年世界纸和纸板总需求量为 4 亿 t 左右[5]。本书作者估计,平板纸占世界纸和纸板总需求量的 10% 以上,即约有 4000 万 t 的需求量为平板纸。而平板纸需求量中有 40% 为箱纸板,如漂白硫酸盐浆纸板(SBS)、折叠箱纸板(FBB)和灰底白纸板等。办公用小裁纸的年需求量估计可能超过 1500 万 t,而对开涂布双胶纸和对开未涂布双胶纸的需求量则可能会维持不变或有增加。

平板纸的主要用途是印刷和纸加工。对印刷商和加工纸厂商来说,平板纸既是重要的原材料又是主要的成本因素。而对其他较大的终端用户群来说,有的用户并不熟悉平板纸的特殊性能,有的用户只是将平板纸作为现代商业生活中的一项办公用品。

过去,使用平板纸的印刷机和复印机运行速率相对较低。以平板纸为原料曾经被视为一种充分利用次等原料的有效途径。而现在,随着单张印刷机,制版印刷机和复印机运行速率的提高,情况发生了很大变化,平板纸的质量越来越重要。与此同时,对印刷灵活性,交货及时性和小批量交货的要求也越来越高。由于印刷速率和印刷版面的变化,短纹纸的需求也在不断增加。

平板纸需求量的增加将刺激平板纸的完成产能和设备投资的提高。而这种刺激作用在一定程度上却是自相矛盾的。例如,小批量交货订单和长度更短的纸张的需求增加,反而会降低平板纸完成效率。因此,平板纸完成车间可能会设法提高自动化水平,以缩短和消除效率损失。使用幅宽更大的切纸机也是一种解决问题的办法。当然,切纸机设备供应商也会设法提高设计车速和实际车速,以提高切纸效率。比如引进一种由复合纤维材料制成的更轻便的横切切刀转筒。另外,人的因素也很重要。应设法提高平板纸完成车间的团队合作和管理水平。

4.2 平板纸的技术参数及其原料

在“平板纸完成产品”一节中主要讨论平板纸成品的一般要求。对待切原料的特性和要求在“平板纸完成原料”一节中作了描述。

文中图表数据基于设备供应商提供的技术参数和切纸行业的实践经验。

4.2.1 平板纸完成产品

平板纸完成产品的最终技术参数因加工方法和最终用途的不同而有所差异。平板纸完成产品既可以是板纸,也可以是对开纸或小裁纸。最终用途既可以是彩色胶版印刷,也可以是静电复印。

为了满足最严苛的生产要求,平板纸的技术参数必须尽可能详尽准确,这样才能保证其完成产品能适应大多数的终端应用。由于平板纸的完成有一套固定的工业生产流程,所以平板纸完成产品的技术参数不可能因各项终端应用的不同而进行单独调整。因此,技术参数必须能够满足最高要求。

如今,大多数造纸厂和加工纸厂商都有一套质量保证体系。平板纸完成产品的技术参数便写进了这套质量保证体系,也写进了平板纸完成人员的操作指导书中。这使得工作人员能够对产品质量进行控制。有些技术参数,如尺寸和数量可以直接测得,但也有很多特性只能靠肉眼观察。

以下章节将平板纸完成产品的要求分为客户需求,质量要求和入库要求进行阐述。

4.2.1.1 客户需求

客户需求在客户订单中进行定义。客户一般在订单中会指定纸或纸板的定量等级,是按吨计还是按张数计。订单中也会说明特定的尺寸要求(例如,宽度×长度,长度代表纵向或纤维方向),该尺寸不得随意改动,这一点很重要。因为通常所有的纤维基材料在纵向的挺度都相当高,客户在制定印刷或纸箱生产计划时都会将这一点考虑在内。

还有一些客户需求是关于纸张如何运输的。因此,有必要对纸垛高度和每叠纸的张数进行说明。有时,客户可能希望将纸垛倒置过来运输,或者是对纸令上的标签有要求。另外,客户也可能对纸垛的托盘提出特殊要求,或者要求在标签上做特殊标记或贴上额外的标签。当然,最重要的一点是,客户通常都会指定交货日期。

如果条件允许,最好能将交货信息和产品数据转换成电子版,这对某些客户可能更为重要。

4.2.1.2 平板纸完成产品的质量和入库要求

平板纸成品的尺寸必须符合一定的公差标准。在设计切纸技术参数和公差时,需对切纸设备的工作状况进行限定。纸张水分含量和卷取张力等的波动也会导致最终尺寸的相应波动。以下列举了现代切纸机在切纸过程中比较典型的公差要求:

① 平板纸板长度 <1000mm,公差 <1mm;

② 平板纸板长度 >1000mm,公差 0.1%;

③ 平板纸长度毫米 ±1mm;

④ 平板纸宽度公差 <1mm;

⑤ 各向同性纸页,两个垂直方向的公差范围需保持一致。例如,与长度垂直方向的尺寸公差不得超过长度尺寸的公差范围;

⑥ 小裁纸长度和宽度公差 ±0.5mm。1 令纸中任意两张纸的公差最大波动范围不得超过 0.6mm,且任意一张纸在对角线长度上的最大尺寸差异为 ±0.4mm。

尽管客户在订购平板纸产品时都会预留一些尺寸余量,但交货时平板纸长度和宽度最好不要小于客户的规定值,即使在公差范围之内也不可取。因为客户的期望往往是多种多样的。在不同的国家和不同的商业文化背景下,客户的需求也是不同的。

由于静电作用或者涂料过于柔软,纸张可能会黏连在一起。这种情况应极力避免,否则纸张后续加工将不能顺利进行。当多张薄纸纸幅同时裁切时,黏连是很普遍的现象。因此,在预处理阶段,就应考虑静电电荷和涂料特性的影响。

横切和纵切过程中必须保持清洁无尘。在印刷机上,如印刷版上有灰尘积累,印刷质量将急剧下降,印刷版也因此而需要频繁的清洗。在其他终端应用中,灰尘积累也有带来问题和麻烦的趋势。

纸页表面必须保持干净整洁,不应有涂布缺陷、孔眼、裂纹、褶皱、斑点和杂质。纸页缺陷可能会导致客户的最终产品不合格。纸垛也不得含有杂质。杂质会导致印刷版严重损坏或者破坏整个制版过程。弄脏的纸垛或者托盘在工业生产中是不能接受的,尤其是在食品、制药、卷烟和化妆品工业中。为了防止杂质干扰生产过程,有些客户有自己独特的解决方法。所有的食品包装线几乎都装备了有效的检测装置来除去金属杂质。相应地,所有切纸工厂都应该有方法和策略来消除以下杂质:

① 玻璃碎片。来自破碎的电灯泡、白炽灯管和玻璃瓶等。

② 金属物。源自破损的轴承、钻头、松动的设备部件以及维护时粗心大意等造成。

③ 油脂。通常因润滑过度造成。

④ 灰尘、沙粒和碎屑。可能来自地板,多灰尘的环境或者未做好清洁工作。

⑤ 传送带上产生的碎片和边角。因传送带或其他设备维护不良所致。

⑥ 胶布。来自动态接纸系统和纸卷接口等处。

⑦ 胶水。来自令纸包装。

⑧ 蚊虫。由于门窗未关严或捕虫装置失效导致。

⑨ 纸张之间的碎片、纸边和纸幅。由于受到干扰后工序重启不当或其他生产问题造成。

纸张的边缘必须保持完整。边缘破损的纸张在印刷时有被撕裂的风险。由于印刷机的印刷区域一般覆盖整张纸面,即使很小边缘破损也可能破坏印刷效果。为了防止产生边缘破损,可从以下几个方面考虑:

① 如切纸过程无须切边,纸边破损的纸卷不得使用。

② 传送单元、叠纸单元、码纸台侧板和后板都可能破坏纸边。

③ 用叉车运输和托盘转向装置处理纸垛时也容易破坏纸边。

通常,厂家和客户都希望平板纸纸垛保持平整。如果纸页翘曲无法避免,大多数客户倾向于选择翘曲方向沿着纸机纵向向下的纸或纸板,即纸或纸板正面朝上时纸张向下翘曲。如果纸张向上翘曲,很容易在印刷和涂胶过程中被碾压损坏。

纸垛必须垂直地堆码良好。堆码精度需与纸页宽度公差一致。纸垛还应该根据客户需求进行包装,打上标签或标记。

像整个完成工艺操作一样,切纸工序也要保持整洁。车间是否能够保持整洁常常是客户进行供应商审核的项目之一。车间的整洁度应满足以下要求:

① 车间必须保持整洁干净,采光合理,以保证良好的工作条件。

② 车间机器设备必须保持干净,无灰尘、油脂沉积或杂质。

③ 工作人员需保持积极性和警觉性,并按照公司规定合理着装。

④ 对客户来讲,具有竞争力的生产率数据,是高质量的、可靠的加工纸供应商的标志之一。同时,提高质量和生产率,也是兑现承诺的表现。但除此以外,注意环保也很重要。如检查包装材料是否可回收,或将平板纸完成工段的损纸回收做原料使用等。

作为平板纸供应商,必须清楚自己的产品适用于哪种形式的纸加工工艺。无论是面对新客户还是老客户,无论客户是在计划生产新产品还是纠结于纸加工中的问题,平板纸供应商都应能够给客户提出建议。

4.2.2　平板纸完成的原料

平板纸完成的原料的供应通常有两种形式:一种是经过预切边的纸卷,即在复卷机上将纸幅切成指定的宽度,然后在一个型芯板做成的纸芯上将其卷成纸卷。然而,在一些纸和纸板生产厂则采用另一种形式供应原料,即直接对从卷纸机下来的纸卷进行裁切。在这种情况下,需使用所谓的复刀式切纸机。这种切纸机能够保证两种不同长度类型的平板纸切纸任务同时并排进行,从而获得更好的裁切效果(纸边废料减少)。

对平板纸完成原料的要求在下文“复卷机的影响”“纸和纸板性能”“整理和入库”和“其他因素”等四节内容中进行讨论。

4.2.2.1　复卷机的影响

复卷机的运行状况对平板纸完成原料的质量具有重要影响。

首先,卷纸方向必须正确。交付客户的纸张要么正面朝上,要么反面朝上。如果卷纸方向不对,则很难将平板纸堆垛正确,除非使用纸垛翻转装置。对于灵活性很高的切纸设备,如果能取得更好的切纸效果,卷纸方向的影响可以忽略不计。然而,切纸机的退纸方式受到多种因素的制约,如制动器结构、接纸技术,除翘曲装置结构以及可能用到的质检设备。

其次,纸卷的宽度必须正确。有些时候,平板纸的裁切并不需要进行切边,纸卷宽度不一致直接导致平板纸宽度产生波动。切边纸条必须尽可能窄，以减少损纸的产生。如果纸幅在纵向存在漂移或者纸卷宽度不一致，切边纸条可能断裂或消失，导致切纸机停机并产生大量损纸，切纸质量也会下降。

第三，纸卷张力必须足够高。纸卷过松，切纸机张力控制困难，平板纸长度产生波动。纸幅张力波动通常是由于纸张厚度或湿度曲线不佳导致的。张力波动会导致纸幅上产生褶皱和折痕。张力波动也容易导致翘曲补偿困难，因为翘曲消除装置的使用效果受纸幅张力大小的制约。

第四，纸卷的分切质量也非常重要。由于复卷机的运行速率非常高，可以达到切纸机运行速率的五倍以上，因此需要留意纸卷在复卷机上的分切质量。如果原料纸卷宽度与平板纸宽度相同，则没有切边产生，平板纸的切边与纸卷的切边相同。因此，在这种情况下，纸卷的切边质量直接决定了平板纸的切边质量。另外，在不考虑后续切纸工序的情况下，纸卷分切质量太差，会导致灰尘在后续切纸设备上大量聚集，这些灰尘最终会转移到平板纸上，给终端应用带来诸多麻烦。

第五，纸幅接头必须进行合理连接和标记。切纸时，纸卷内的接头和换卷时产生的胶带都必须清除干净。纸卷上必须标明退卷方向，以防止在切纸机上放错位置。纸卷上还须贴上标签或其他标识物。所有必要的信息都应该在标签上注明，以方便对纸卷进行后续加工和处理，也使得产品的生产过程具有可追溯性。纸卷的所有参数，包括长度、直径、运行长度和质量等必须与生产计划相匹配，否则平板纸数量与生产计划不一致，将导致交货短缺或者生产过量造成浪费。每个纸卷的运行长度也应尽量保持一致或彼此接近。

4.2.2.2 纸和纸板性能

为了保证平板纸质量达到一定的要求，切纸原纸的厚度、水分含量和定量曲线必须维持在指定的公差范围之内。如果厚度曲线不佳，或者其他参数曲线有缺陷，会直接影响纸垛的物理特性。扭曲的纸垛会给运输带来麻烦，也会导致印刷机等其他加工设备的喂料环节出现问题，等等。

平板纸产品的表面需保证洁净无尘。如上文所述，灰尘和其他杂质很容易在后续加工阶段堆积，导致各种质量问题。

4.2.2.3 整理和入库

纸卷必须保证是圆的。圆度被破坏，例如夹钳叉车导致的圆度破坏，会导致退纸阶段纸幅张力控制出现问题，使平板纸长度出现波动。如果纸卷平躺放置，也会失去圆度。有些时候，使用夹钳叉车搬运纸卷也会导致纸芯被破坏，导致切纸机后座上的夹盘无法插入纸芯中。因此，有必要为叉车的夹钳安装压力调节装置。有时，在退纸之前，最好能使用纸芯插塞作为保护装置。

纸卷温度和相对湿度应与完成车间一致。如果纸卷长期储存在阴冷的地方，在切纸之前，需先将其转移至完成车间放置至少一天时间。很多纸厂和分销商对各种等级的纸张均有推荐的贮存条件。

纸卷不得有破损。纸卷在运输、整理和储存过程中均可能受损。如纸卷受损严重，则不能进行退卷。在将纸卷放置在复卷机后座上之前，需取出受损部分。如有必要，可将受损纸卷从后座上取下进行修复。如损伤部位在纸卷中间，可直接弃用。无论是修复还是弃用都意味着额外的开机和停机以及数分钟的生产时间损失。如果切纸机配备了可靠的损纸检测和处理单元，也可以考虑将受损的纸或纸板直接进行复卷和裁切。然而，较薄的或是受损的纸幅很容易在受损处或切边处断头，除非将受损部位去除。纸卷的受损会直接导致切纸机产能的损失，但这并非唯一的影响因素。原纸的损失也是导致产能损失的原因之一：一个直径为1800mm纸板纸卷的外层周长就可达到5m。

为防止破损，需对纸卷进行合适的整理和运输。夹钳叉车和仓库地面条件需保持良好。纸卷需进行正确的包装。考虑到包装材料成本问题，很多一体化的纸厂在进行内部运输和入库存储时，并不对纸卷进行包装处理。

4.2.2.4　其他因素

必须正确选择纸芯的尺寸和类型。现代切纸机带有可调的纸芯夹盘，不同纸芯尺寸的纸卷均能在切纸机上顺利运行。但实际生产中也有很多纸芯夹盘的规格是固定的，如果纸芯尺寸变化，则需要手动更换夹盘，导致车速降低。因此，最现实的做法是保持纸卷的纸芯尺寸一致。在采购原料纸卷时，最好检查一下纸芯内径。

纸芯必须保证足够的强度，以抵抗换卷和停机前后突然减速和突然加速造成的冲击。通常，纸芯锯掉磨损的部分之后，有时可多次回收利用。纸芯尾端用金属代替可以减缓磨损，但容易导致夹盘受损。一些纸厂则将短纸芯用胶水连接起来，以达到多次回收利用的目的。

纸卷的数量必须正确合理。比如，在选择纸卷数量时，应当考虑到切纸时的废料损失量。当然，保证切原纸满足所有其他的要求也是要考虑的。

纸和纸板在切纸机上运行状况越好，后续的加工和处理过程也将越顺利。一般来讲，平板纸产品的质量很难在切纸机上得到提高——只有部分纸病能够通过人工或者纸病自动检测器来去除。唯一能够一定程度上得到提高的性能是纸幅的翘曲。而纸幅变形等纸病通常在纸垛上比在纸卷上更容检测到。

4.3　平板纸完成工艺和设备

在“平板纸裁切工艺”一节中，按照切纸工艺过程顺序，简要讨论了现代切纸机的典型要素。在“切纸机的典型特征及其选型的影响因素”一节中，主要讨论了如何进行切纸机的选型，介绍了对开切纸，小裁纸切纸和闸刀式切纸机实际操作要领。

图4－1为一台典型的现代切纸机及其主要部件。

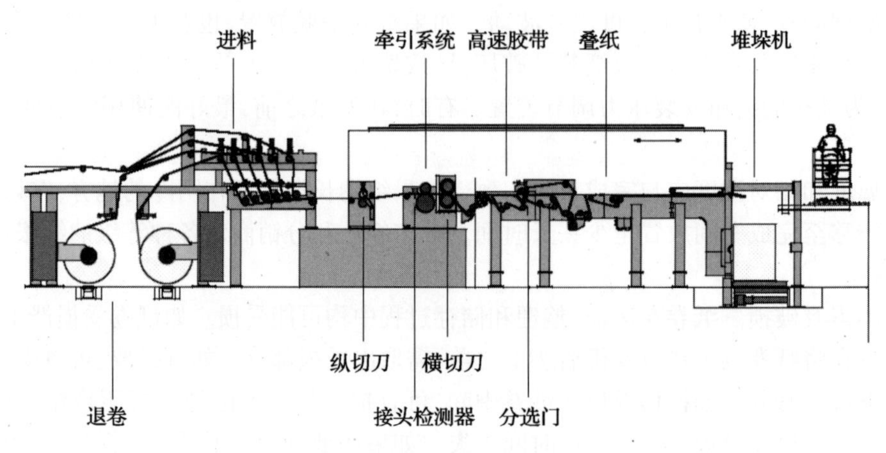

图4－1　典型的对开切纸机

4.3.1 平板纸裁切工艺

4.3.1.1 纸卷的准备

无论纸卷以何种形式存储(见 4.5.3 节),首先必须将其运输到退纸单元。由于纸卷运输时只进行了一些简单的处理,纸卷最外面的几层纸张通常会损坏而需要剔除。在纸卷准备阶段,还需检验纸卷质量,并将纸卷标签上的参数扫描到工厂系统中。

待裁切的纸卷通常由夹钳叉车运输到复卷机后座上。为提高生产效率,很多纸张完成车间倾向于使用自动导向运输工具(AGV)甚至直接用托盘运输纸卷。这类解决方案中较典型的一种是激光导向系统(如图 4-2所示)。

图 4-2 激光导向运输车

纸卷的尾端往往带有双面胶带,能实现自动或半自动接纸。与此同时,现代切纸机所装备的进料传送装置,能将纸卷连续不断地转移到复卷机后座上。

4.3.1.2 退卷

切纸机的退卷单元包括带制动器的后座、纸幅张力控制系统、除翘曲装置和纸幅引导系统,如图 4-3 所示。此外,现代切纸机还可能包含动态接纸系统和纸芯去除系统。

在当今的纸板生产厂,运送到切纸车间的纸卷最大尺寸可达到直径 1800mm,宽度 2500mm,纸卷质量约 4500kg。通常,纸卷直径很少超过 1500mm,但其宽度可达 2800mm,由于这些特殊的规格,其质量可高达 6500kg。

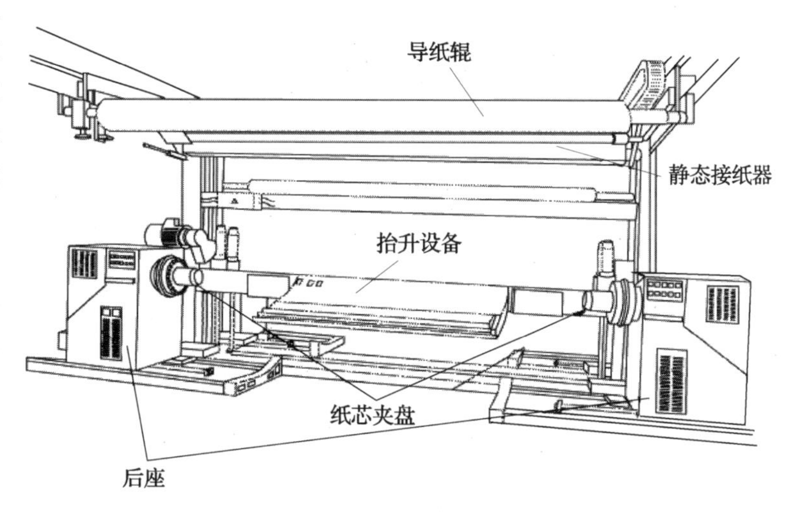

图 4-3 切纸机后座

退卷单元的后座主要有两种:有轴后座和无轴后座。有轴后座在过去 20 年里使用广泛。现在一些纸幅宽度小于 1m 的切纸机上仍然使用有轴后座。无轴后座能够适应自动化的纸卷装载和处理。无轴后座装有夹盘。夹盘可以是固定式的或者是可扩展的。固定式的夹盘为圆锥形,可扩展夹盘有气动式和机械式的两种。目前,可扩展夹盘(见图4-4)的应用较多。

图4-4　切纸机后座上的可扩展夹盘

纸卷的宽度和质量以及纸芯的尺寸和质量直接决定了夹盘类型的选择。当切纸机加速或减速运转时,纸芯不允许在夹盘上打滑,这一点非常重要。为了保证生产时纸卷在夹盘上固定牢靠,可以在夹盘上安装气压控制装置和夹盘位置指示器。这些可选设备能够提高设备的工作安全性。为了便于卸下残余的纸卷,夹盘上可安装一个绷紧的弹簧环,如图4-4所示。

为了保证夹盘运行的可靠性,使用过程中需对其进行日常维护,保证其在良好的条件下运行。新式夹盘可使用压缩空气进行清洁,换卷时即可进行清洁处理。

后座上安装制动装置主要是为了调节纸幅张力,以响应来自纸幅张力控制系统的张力脉冲信号。鼓式和盘片式制动器在切纸机上应用比较普遍,但也有以电机(制动电机)作为制动器的。由于制动器容易发热,对系统进行冷却十分重要。通常可用空气进行冷却。使用空气冷却还能去除制动器上的灰尘。除此之外,也有用水或油进行冷却的。制动器不得产生噪声或产生有害颗粒释放到空气中。

目前最先进的电气制动系统(用扭矩电机代替机械刹车片)能够在工作时发电,并将电能回馈到供电系统。

4.3.1.3　换卷和接纸

根据切纸机的技术特点,换卷操作可按照以下流程进行:

① 采用人工换纸系统时,首先将切纸机停机,卸下旧纸卷(底卷),换上新纸卷。接纸完成后即可开机生产。整个过程完全手工完成。

② 采用静态接纸系统时,切纸机配备有两个后座。当切纸机尚在运行时,即可将新纸卷接头准备完毕。设备停机,接纸自动完成。随后切纸机又恢复到正常车速。静态接纸系统多用于多纸幅切纸机。在这种切纸机上,所有纸卷同时退卷完毕。静态接纸系统主要由接纸支架,接纸头和刀片组组成。接纸头安装在支架内部,用于纸幅的连接。刀片组位于接纸头上。当新纸幅接纸完成时,刀片组随即将旧纸幅切断[6]。

③ 采用动态接纸系统时,可在切纸机半速或全速运行时完成接纸。当设备正在运行时,母卷上的动态接纸胶带即已准备就绪。为保证在设备全速运行时接纸,新的母卷需由电机加速到与旧母卷相同的运行速率。加速电机与纸幅张力自动控制系统相连,使纸幅张力维持在预设值水平。动态接纸系统的复杂性在于纸卷支座及其控制。纸卷支座上需安装电机,以保证电机将新纸卷加速到纸幅运行速率[7]。

如果以客户订货量和纸卷直径平均值计算,装有动态接纸后座的切纸机的生产效率比装备普通后座的切纸机高出10%~25%,具体高出多少取决于动态接纸系统的操作可靠性。

4.3.1.4　纸幅张力控制

切纸机纸幅张力控制系统的主要任务是在生产过程中保持纸幅张力的稳定性。纸幅张力控制不佳会导致纸幅中产生褶皱、平板纸长度不均匀以及给除翘曲工序带来麻烦。

纸幅张力控制系统有以下四种类型:a. 手动控制;b. 压力传感器控制;c. 直径控制(如超声波系统);d. 跳动辊控制。

手动纸幅张力控制需要切纸机操作人员在生产过程中不停地调整纸幅张力。这就要求操作人员时刻保持警觉,尤其是切纸机高速运行时。

压力传感器能够读取纸幅张力实际值,然后根据实际张力大小控制制动压力,以维持纸幅张力的稳定。该系统允许操作人员随时调整纸幅张力。尽管该系统反应迅速,但当纸卷失去圆度而造成纸幅波动时,该系统则无法正常工作。某些情况下,基于压力传感器的张力控制系统可能会对切纸机的快速停机或开机反应不及时或产生过度反应。

超声波检测系统能监控纸卷直径的变化。随着纸卷直径的减小,该系统会控制制动压力相应地减小。然而,该系统无法读取纸幅张力。当纸卷因失去圆度而造成纸幅张力波动时,该系统无法进行张力校正。

跳动辊纸幅张力控制系统装有一个电动或气动的预载跳动辊。该跳动辊由人工进行校正。系统通过跳动辊的位置变化触发机械或电动控制单元来控制制动器[8]。

4.3.1.5 纸幅翘曲补偿

翘曲消除系统的主要作用是补偿纸幅的翘曲,尤其是靠近纸芯的残余纸幅。补偿作用由除翘曲棒(见图 4-5)完成。纸或纸板的质量和表面特性决定了除翘曲棒的选用类型:固定型或转动型。除翘曲棒的边缘形状可以是三角形,也可以是圆形。其材质也可以选钢制品或者陶瓷等。除翘曲装置一般安装在退卷单元,但也可与单个纸幅引导块进行组合安装。

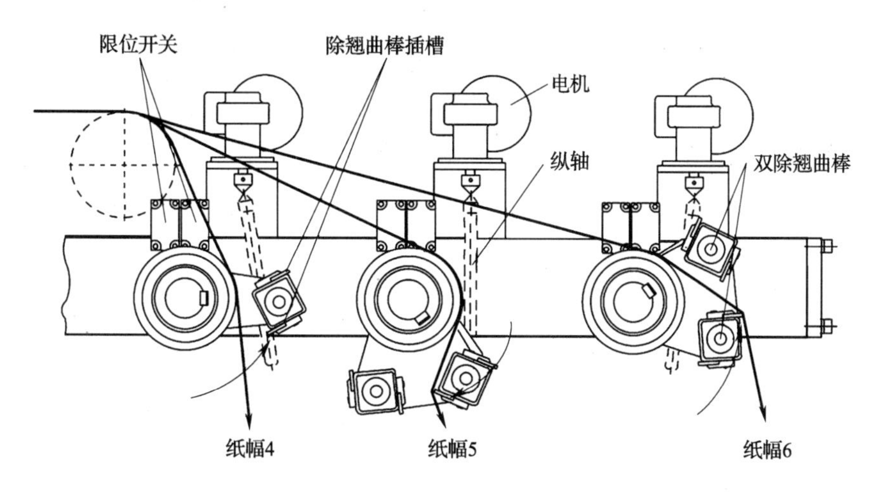

图 4-5 纸幅除翘曲装置

固定型除翘曲装置主要用于处理小尺寸的纸张,如小裁张的切纸机上便装有这类装置。

旋转型除翘曲装置主要用于处理易破损的切纸原料,如涂布纸。

在有些情况下,如裁切较厚的涂布纸时,除翘曲过程必须分两步进行。这种分步除翘曲系统主要是为了防止最终产品产生裂纹或印痕。

4.3.1.6 纸幅位置控制

纸幅位置控制系统的主要作用是引导纸幅进入纵切刀,使切边废纸量降到最低。当切纸操作不需要切边时尤其需要安装该系统。

纸幅位置控制系统主要有两类:移动式纸卷支座和纸幅引导单元。

在绝大多数纸幅位置控制系统中，纸幅边缘均有相关装置进行监控，例如光敏电池装置或工业 CCD 摄像头。这些监控设备能向纸卷支座下达动作指令，以调整纸幅位置。纸卷支座的动作可以手动或自动完成。该系统的缺点是反应动作太慢。当设备高速运行时，容易在纸幅上产生褶皱或导致纸幅不能顺利切边。因此，在高速运行的切纸机上，最好能够安装一个纸幅引导单元。纸幅引导单元由一系列辊子组成，这些辊子与退卷单元相对独立，能够对纸幅起到引导作用，从而提高纸幅位置控制系统的反应速度[9]。

4.3.1.7　分切

在分切（或纵切）部分，纸幅通常在由电机驱动的底刀和由摩擦力驱动的顶刀之间被切开（见图 4－6）。

带驱动的顶刀也可用于分离厚卡纸或纸板和多层的纸张[10]。

为了保证优良的切边质量，切纸机须保持状况良好，顶刀切角以及顶刀与底刀之间的重叠距离须合理。分切效果取决于纵切刀的几何形状。图 4－7 和图 4－8 为折叠箱纸板完成车间使用的一种典型的纵切刀。顶刀和底刀的重叠距离应尽可能降低至 1 ~ 2mm。重叠距离太小意味着顶刀有跳到底刀背面的风险。重叠距离过大，分切效果不好。

图 4－6　小裁纸分切单元

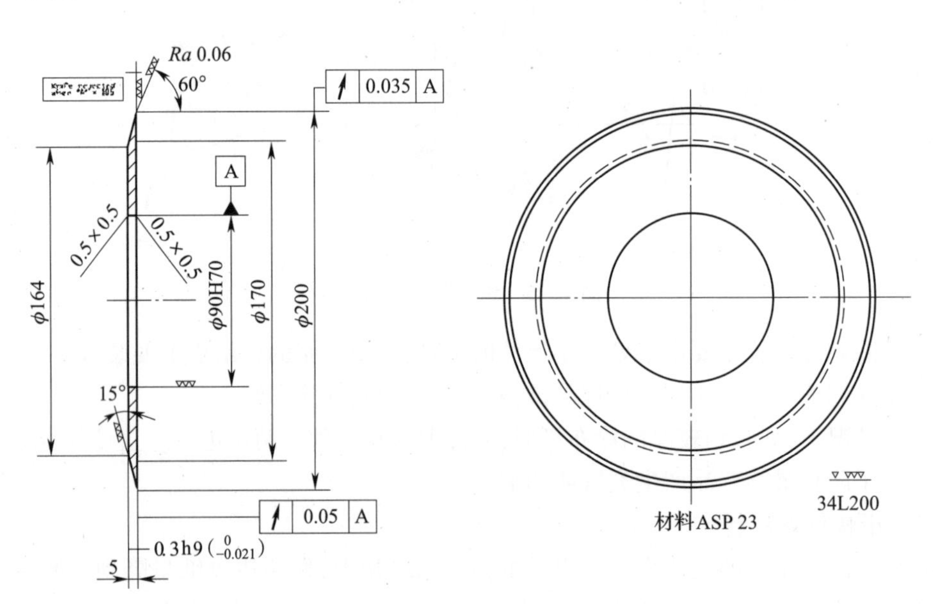

图 4－7　纸板分切用顶刀

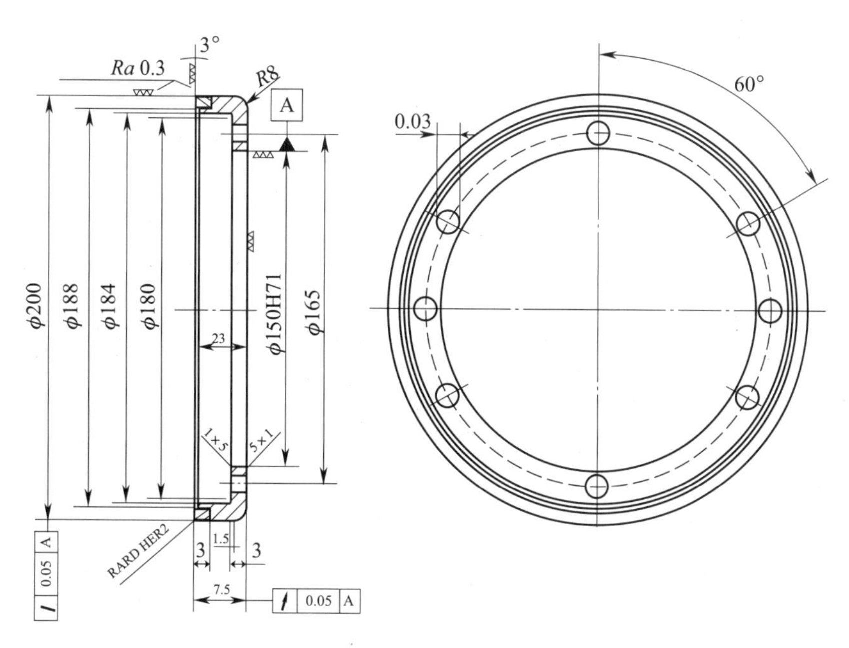

图 4－8　纸板分切用底刀

切刀间的角度须保持在 0.4～0.5°之间。分切点应位于底刀顶部，以便于纸幅在分切过程中得到较好的支撑。无论是否经过打磨，底刀的直径总是固定不变的，这能够保证所有纸幅受到的支撑作用都是相同的。顶刀与底刀之间的压力由气缸进行调节。该压力不应过大，须保证在加压条件下仍然能够人工将顶刀与底刀分离。但压力也不应过小，否则顶刀卡在底刀上的风险会增加。切刀支座也必须施加一定的气压，以防止切纸时产生压力波动。由于顶刀需要打磨锋利，其直径会不断减小，切纸效果也将因此而变差。

谨慎选择切刀材料也很重要。底刀通常选用硬质材料，顶刀则选用粉末冶金材料。现在，表面镀陶瓷或金刚石的底刀也十分普遍。

当考虑到纸边质量好坏时，分切往往是关键影响因素，切刀的最大载荷往往因此而受到限制。因此，双纵切刀（图 4－9）目前得以广泛使用。然而，这种双纵切刀技术上更复杂，成本更高。因此，一种改进的剪刀式纵切法应运而生。这种方法以一种精磨过的圆形刀片取代传统的底刀[11]。

纵切刀系统是自动控制的，能够实现纵切宽度的快速转换。每一把纵切刀都是单独控制的，即便在切纸过程中也能够实现纵切尺寸的调整，只不过车速会有所降低，以避免过量的原料浪费。

纵切刀系统必须安装真空抽吸系统来吸走纸边。这些纸边会被切成碎片，防止其造成切纸机停机。纸边被吸走也能够防止其进入纸垛。如果纸边较宽，需保证真空抽吸系统能够进行相应的调整，如使用变频器或鼓风机。

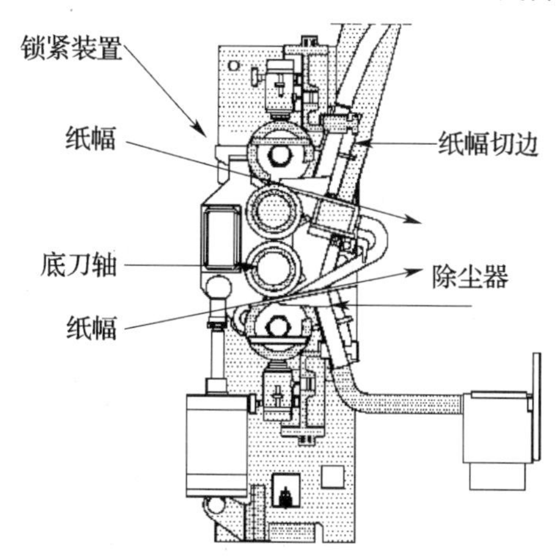

图 4－9　双纵切刀

4.3.1.8　牵引压辊单元

纸幅从后座进入切纸机是在牵引压辊单元作用下进行的。牵引压辊单元由一底辊和一顶部压辊(图4－10)组成。经过包胶处理的顶部压辊表面开有凹槽或覆盖螺旋毛毡带,能够引导空气从纸幅中排出。压辊上的平纹橡胶几乎不需要维护,并且很容易重新包胶。压辊工作压力较小,不会在纸幅上留下印迹。但是,如果纸幅厚度和湿度分布不均匀,则纸幅很容易产生褶皱。因此,有必要考虑是否需要对压辊单独施加载荷或对顶部压辊两端进行切边。钢制底辊表面通常镀有一层碳化钨,以保证一定的表面粗糙度。压辊表面须定期进行打磨或更新,以避免平板纸长度波动。磨损的压辊也会导致切纸机产生震动。有些切纸机在牵引压辊后面还装有辅助的牵引辊(刷辊),以保证纸幅稳定地送入横切单元。

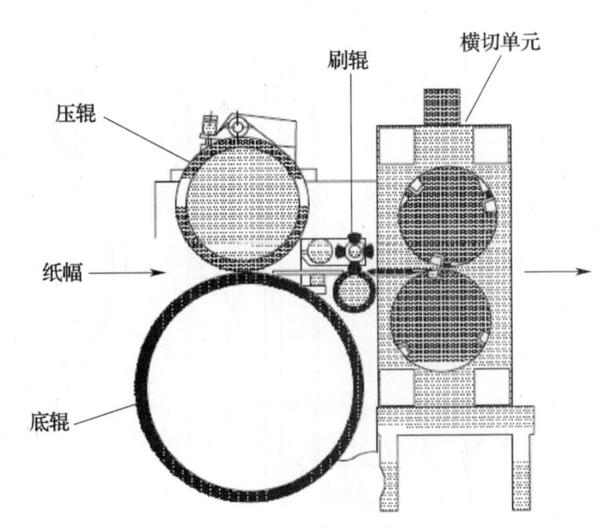

图4－10　切纸机上的牵引压辊系统

4.3.1.9　横切单元和分选门

除闸刀式切纸工艺外,平板纸切纸工艺中使用的主要是旋转式横切单元。例如,连续纸幅生产平板纸的过程中采用的就是这种横切单元(图4－11)。

旋转式横切系统组成有以下两种类型:

① 由一把旋转切刀和一把固定切刀组成。旋转切刀螺旋式地安装在切刀转筒上。

② 由两把旋转切刀组成,两把切刀均为螺旋形[12]。

无论横切单元是单旋转切刀系统还是双旋转切刀系统,实际切纸动作都是一样的,都是切刀刀锋像剪刀一样从纸幅的一边移动到另一边(图4－12)。切刀需与纸幅运动方向的垂线保持一个较小的夹角[12]。Wittenberg[12]曾介绍了一种数学公式来描述横切过程。

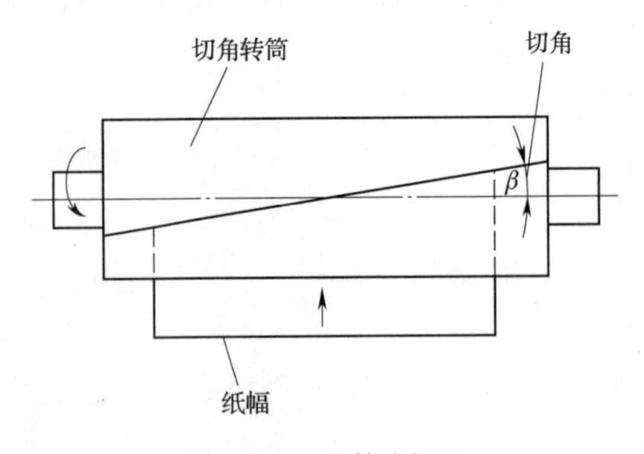

图4－11　旋转式切刀

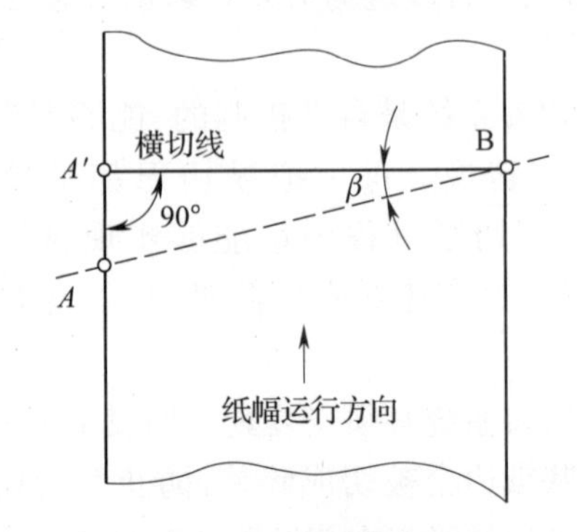

图4－12　纸幅的横切

A－*A*′—切纸过程中切刀尾端切割点的运动轨迹

B—切纸开始　*A*′—切纸结束

β—切刀与纸幅运动方向间的夹角

纸幅的垂直横切只有通过使用同步双旋转切刀才能真正实现(图 4-13)。在同步横切过程中,切刀转筒的线速度须与纸幅速率一致。例如,在 A4 切纸机上,切刀的线速度是固定的,并且总是与纸幅速率相等。在这种情况下,平板纸的长度与切刀周长相等[12]。

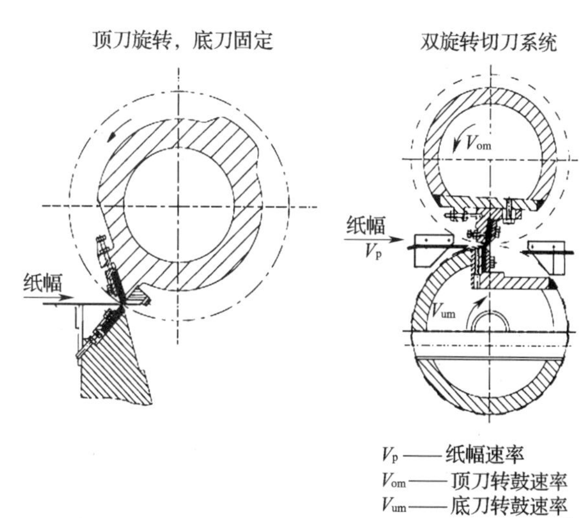

图 4-13 单旋转和双旋转横切系统

在对开切纸机上,平板纸长度往往需要调整。方法之一是调整切刀转筒直径,并固定切刀线速度。但更普遍的做法是固定转鼓直径,调整切刀线速度。在切纸状态下,切刀转筒的线速度与纸幅速率相等;在未切纸状态下,可以对切刀进行加速或者减速,从而达到调整平板纸长度的目的。起初,切刀线速度的调整主要靠齿轮箱来实现,但后来直接驱动系统使用更多。

使用齿轮箱驱动时,切刀线速度变化为曲线型(图 4-14),且切刀线速度与纸幅速率相同的点只有一个。由于装切刀的螺旋片高 5mm,切纸机宽 2m,平板纸的长度偏差可达 0.01~0.15mm,且该偏差会随着切纸机幅宽的增加而增加。而这种问题在直接由电机驱动的横切单元上则不存在。但加速和减速时切刀转筒的质量控制却限制了切纸机的幅宽。目前,装有双旋转横切刀系统的现代切纸机最大幅宽为 3m,几乎达到宽度上限。

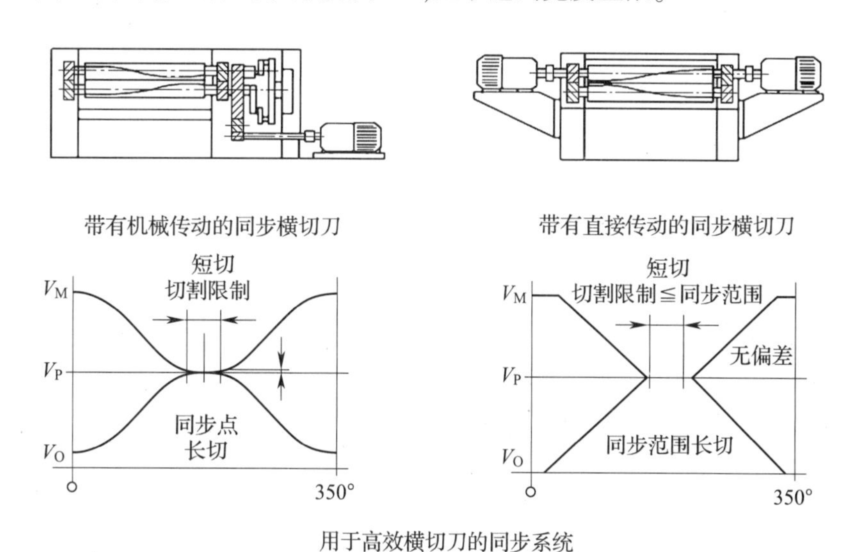

图 4-14 对应于 360°刀鼓的真实速度曲线

为克服横切单元直接由电机驱动时的幅宽限制,方法之一便是建立一个双横切单元。因为切纸往往是在线进行的,切纸速率须与纸机或纸板机速率相匹配。另外,使用纤维复合材料(碳纤维)来降低切刀转筒的质量,或者将转筒设计成只有芯轴部分旋转的方法也是可行的。横切刀驱动电机的发展很快,交流电机很快便被更易维护的直流电机所取代。最新的对开横切单元不使用联轴器,而是将直流电机直接与刀架两端的切刀转轴相连。横切单元之后为接纸带,其运行速率高于前面部分,能够使每张平板纸之间产生一段小间隙,方便后续的叠纸过程。

分选门既能单独对每张平板纸进行筛选(独立分选门),也能同时对全幅宽的纸幅进行筛选。后者也可以部分分隔,因此也可以筛除较宽的纸边。独立筛选的分选门由于以单张平板纸为单位进行单独筛选,因此可以尽可能地减少纸张浪费。但缺点是可能导致每个纸垛的平板纸张数不一致,同时也导致每个纸垛高度不一致,给储存带来麻烦,一些客户可能无法接受。因此,独立分选门在实际切纸过程中仅用于部分纸幅的筛除。

4.3.1.10　叠纸

在切纸机叠纸单元,平板纸的末端放低,后续纸张堆叠其上。随后,在皮带轮的作用下,纸张减速。皮带轮转速低于前面的传送装置。图 4－15 所示为典型的叠纸单元。叠纸动作是在叠纸辊或吸移箱的作用下完成的。使用叠纸辊时,辊面上的凸起部位将纸页尾端压低,同时凸起部位还降低了纸页传动速率,使后续保持高速传递状态的纸张顺利叠加在前一页纸张上。这种使用叠纸辊的叠纸方式通常用于小裁纸切纸机,车速能达到 300～400m/min。

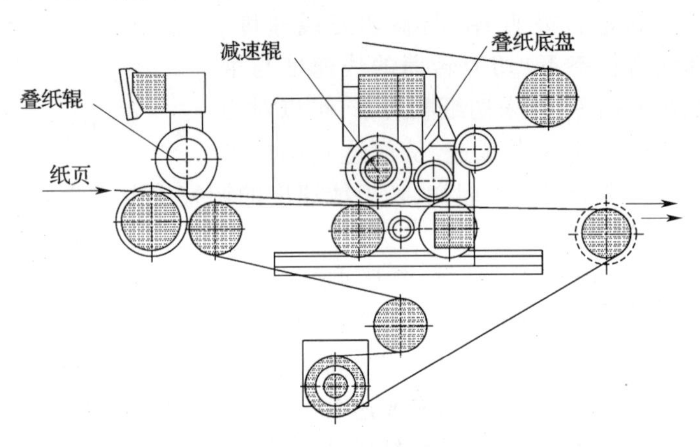

图 4－15　叠纸单元

当使用吸移箱时,纸页尾端被向下吸引,后续纸张首端被向上吹起,从而实现叠纸过程。采用这种方式叠纸时,须把握好吸移的时间,叠纸传送设备的位置需根据纸页长度进行调整。这种叠纸方式在对开切纸机上较常见。

纸页重叠程度须根据切纸材料的要求进行调整。

叠纸单元的皮带等传送装置不得在纸幅上留下印痕,且皮带必须有足够的强度且具有略微的弹性。否则,有些皮带会很快变松。皮带断裂或者新旧、厚薄不一的皮带混用会带来麻烦,如造成卡纸等问题。因此,明智的做法是所有皮带同时更换。为防止叠纸时产生印痕,常使用较宽的皮带或引纸绳。

切纸机上有很多零部件很容易在比较敏感的纸和纸板上留下印迹和刮痕。这主要发生在纸页从纵切单元传递到叠纸单元过程中,尤其是叠纸皮带很容易在纸页上产生印痕。降低车速是一种补救方法,但代价是生产效率降低。因此,切纸机生产商纷纷引进无痕叠纸系统。该系统的其中一种解决方案,是采用真空传送带系统和精密的静电控制,省去了顶部皮带、叠纸辊凸起部位和制动轮。真空传送带系统采用毛毡传送,以避免在纸幅底部产生印痕。该系统也省去了抓纸单元的顶部皮带[13]。在另一种系统中,制动皮带改换为表面具有特殊涂层的制动辊,该辊子能独立地上下移动,辊子压力可自由调节[14]。

4.3.1.11　平板纸堆垛

裁切好的平板纸垂直堆垛在木制托盘上(对开切纸机)或装入口袋(小裁纸切纸机),如图 4－16 所示。

如有必要，在堆垛过程中可在纸令上贴上标签。这通常由纸令标签机自动完成。在现代切纸机上，标签是喷墨打印的。当纸令进行半自动包装和打印时，纸令标签有助于评估纸页张数。数纸和贴标签也可以在平板纸堆垛完成后进行，此时需借助于激光技术[15]。

现代对开切纸机都拥有多个码纸台和托盘自动更换装置。堆垛过程连续进行，更换托盘时也无须减速或停机。

小裁纸切纸机以 500 或 1000 张平板纸为一令。纸令自动从装纸口袋传送到包装生产线上。

图 4－16 裁切规格叠纸和纸令堆垛单元

4.3.1.12 其他工序

为便于将纸幅接头从分选门筛除，可使用接头检测器对纸幅接头进行检测。现代切纸机上都装有光学检测系统，能够对纸幅进行连续扫描，并将废料和损纸从分选门排出。随着这类光学检测系统的发展，涂布缺陷的检测也可以使用该系统来实现。这类检测系统也可以安装在板纸机上，当系统检测到纸幅缺陷时，便在纸幅边缘上留下彩色喷墨标记。标记的颜色能够告知缺陷在纸机纵向和横向的具体位置。这样切纸机仅需安装一个标记读取设备便能够准确获知纸幅缺陷的具体位置。每个纸幅都需要一个单独的纸幅缺陷检测系统[16]。

需尽量减少静电的产生，尤其是当切纸原料干度较高或切纸车间的相对湿度过低时。

纸边废料通常从碎纸机或碎纸机风箱中吹进碎浆机或干损纸处理系统。平板纸废料的运输采用真空系统的较多。

来自纸幅或平板纸的灰尘必须去除，否则容易给印刷等后续处理过程带来麻烦。通过真空抽吸作用，切纸机的除尘系统能够将除翘曲机、纸幅、纵切和横切装置上的灰尘去除。在一些现代切纸线上，纸令上的灰尘也可以通过刷子或真空抽吸作用去除。

4.3.2 切纸机的典型特征及其选型的影响因素

4.3.2.1 对开切纸机

对开切纸机设计用于将一个或多个纸卷原料切成各种不同尺寸的平板纸，而小裁纸切纸机只能切成少数几种尺寸的平板纸（A3，A4）。闸刀式切纸机则用于将平板纸成品切成更小的纸张。在选购切纸机时，须考虑要生产何种类型的平板纸，这一点很重要。

购买切纸机是一项很大的投资，但只要维护得当，切纸机可以正常运行几十年。如果选错了切纸机，因质量差和产能低而导致的损失则可达到数百万美元。选错的切纸机必须进行改造和升级处理，而这不仅是一笔额外的投入，而且还会因停机造成的一定的产量损失。另外，选购切纸机时，购买一些非必需的设备往往并非明智之举。切纸机的工作宽度是根据待切纸卷宽度来决定的，而不是平板纸宽度（图 4－17）。这个问题将在后面一章“平板纸完成效率”中进行讨论。

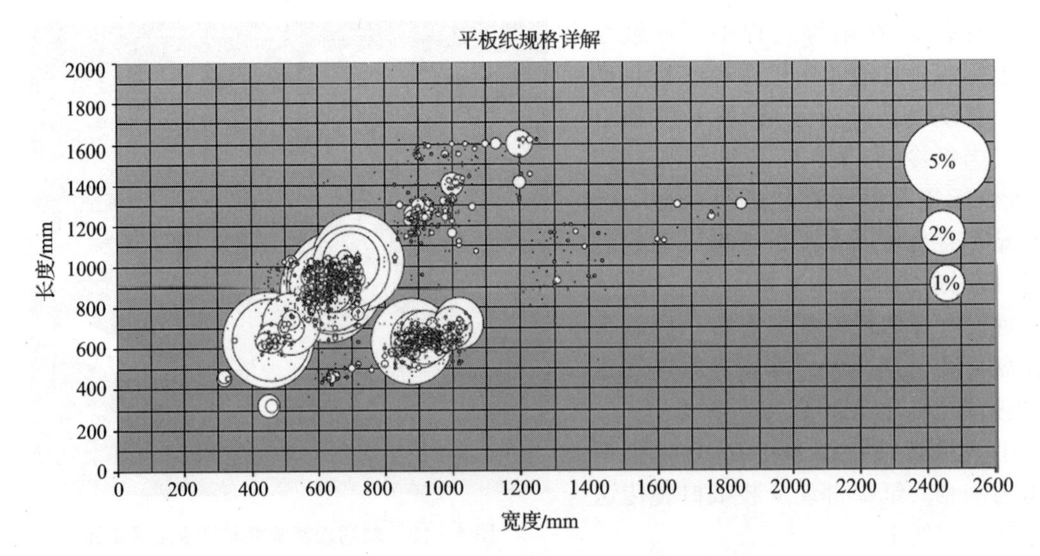

图4－17　对开切纸车间生产的平板纸规格详解

平板纸完成过程中,纸张产品会接触到切纸机上的各种设备,如除翘曲装置,纸幅导轮,牵引压辊,平板纸传送带,减速装置。叠纸时,纸张与纸张之间也会相互接触。这些接触可导致纸张打滑,或产生印痕,甚至破损。打滑的平板纸还可能在运输时从纸垛上滑落而受损。

对开切纸机既可用于纸张裁切,也可用于纸板裁切。在集成了平板纸完成车间的纸厂,最好是选择纸和纸板通用的切纸模式。

纸厂和纸板厂常常将平板纸完成车间与生产线分离开来。独立的完成车间往往分布在离客户较近的地方。这种远程平板纸完成车间能够保证快速发货,以适应市场竞争的需要。远程分布式完成车间必须保证较大的库存量(一般库存),包括一定量的成品和一定量的纸卷原料。当客户没有完成车间,或客户完成车间的产能受到技术性限制或达到饱和时,独立的平板纸完成车间也能够为客户提供切纸和包装服务。

完成车间在向客户提供切纸服务时,为同时满足裁切纸和纸板的要求,往往必须在技术上采取折中的方案。典型的设备配置方案是使用二手切纸机,对压辊和切刀进行升级后,即可同时保证相当理想的纸和纸板裁切效果。

(1)用于纸张和纸板的对开切纸设备的区别

纸张用切纸机通常能够同时处理多个纸幅。切纸机牵引压辊直径很小,能防止纸面受到挤压破损。切刀(包括横切刀和纵切刀)角更平钝。顶部压辊沟槽较深,能够保证在纸幅到达纵切刀前,纸幅间的空气被及时排走。纸张用切纸机的另一个典型特征是在叠纸单元和位于纸垛前的传送单元拥有多个顶部皮带。和松厚度较大的纸板产品相比,松厚度小的纸张表面留下传送带印痕的可能性非常小。

纸张用对开切纸机能够同时裁切6卷甚至8卷来自后座的纸幅(图4－18)。为了避免纸幅波动造成影响,各纸幅最好独立控制。目前,带静态接纸或动态接纸的双后座使用广泛。此外,为避免停车换纸卷,空纸芯自动去除技术也得到普遍应用。

通常,纸张用切纸机配备有简易的纸幅接头检测装置。纸板用切纸机一般也装有光学缺陷检测器,尤其是在处理涂布纸时。根据产品的不同,检测器即可以选用双面检测的,也可以选用仅用于单面检测的。一般来讲,采用相似方法对切纸机上的每个纸幅都进行检测并没有什么难度,但由于每个纸幅都装有独立的分选门,这样一来整个系统的布置将变得十分复杂。

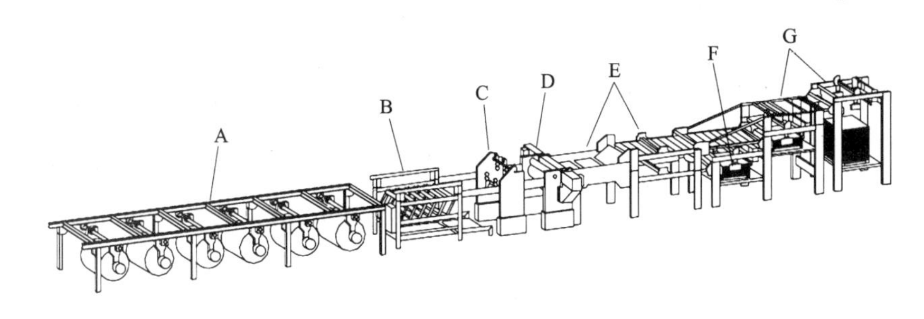

图 4-18 纸张用切纸机

带直接驱动和三组纸垛卸料装置的高速精密切纸机

A—复卷单元 B—纸边控制 C—双纵切刀 D—横切单元

E—分选门和叠纸单元 F—纸垛拣选 G—串联式堆垛机

纸板用对开切纸机与纸张用切纸机基本结构十分相似,但前者更适合于厚度和挺度较大的纸板(图 4-19)。在裁切松厚度大的木浆涂布包装纸板时,对开切纸机需具备特定功能,以避免纸幅印痕和切纸灰尘,保证堆垛动作温和。

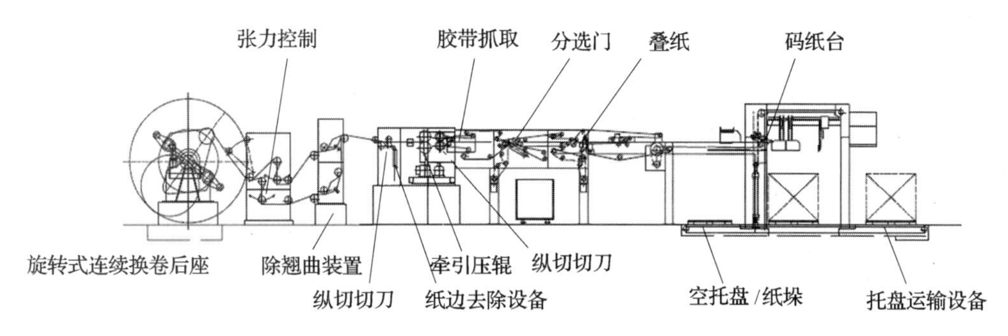

图 4-19 纸板用切纸机

在线切纸机以及与卷纸机联动的切纸机宽度与纸板机或涂布施胶设备的宽度是相同的。这类切纸机通常为复刀式切纸机,带有两个横切单元。这类切纸机幅宽较大,纸幅经过纵切单元后,被引导至两个单一的横切单元。对于经过复卷的纸卷,通常使用单刀式切纸机进行裁切。实际生产线上,单刀式切纸机的工作宽度也能涵盖所有的纸卷宽度范围。事实上,为适应切纸机和运输设备的要求,通过复卷机来调节纸卷宽度和质量的做法在成本上并不划算。

薄的全漂白硫酸盐纸板(SBS)的裁切方式与纸张的裁切方式类似。采用双纸幅切纸时,这种纸的最大定量为 250~300g/m^2,实际最大定量根据松厚度的不同而有所变化。由于纵切和横切效果不理想,这种松厚度高的纸板通常一次只能裁切一个纸幅。一次只裁切一个纸幅有两个优点:一是能够只使用一个光学缺陷检测器。另一个优点是印刷时,可以调节纸板厚度和水分含量的波动,纸板之间也没有色差。因为所有纸板均来自于同一个纸幅的连续区域。对于厚度和质量较大的纸板(大于 600g/m^2),通常不进行复卷等操作,而是直接在线切纸,以避免纸板翘曲和碾压起皱。

(2)现代对开切纸机

在选择切纸机工作宽度时,必须首先知道平板纸长度的划分规则(参见图 4-17)。这在"纵切单元和分选门"和"平板纸完成效率"两部分内容中进行了讨论。如果主要产品是小尺寸的平板纸,小幅宽的切纸机则是一个不错的选择,其结构设计能够实现高车速运行和良好的堆垛效果,最终实现较高的生产率。

纸板厂通常使用大约5种不同直径的纸芯。由于切纸用原料纸卷必须与客户的纸卷定边装置一致,平板纸完成车间也必须使用多种直径的纸芯。无论使用何种直径的纸芯,切纸车间都必须确保能够以最少的人力迅速更换切纸机的纸芯夹盘。为满足快速更换夹盘的需求,切纸机生产商既可以提供根据纸芯直径灵活调节的纸芯夹盘,也可提供仅外部可调的纸芯夹盘。良好的纸芯夹盘储备管理和合适的提升设备能够有效降低对人力的需求。采用现代多尺寸阶梯形纸芯夹盘,则可对一定直径范围[6～12in(15～30cm)]的纸芯进行处理而无须更换夹盘。

纸板用切纸机后座有两种比较典型的结构:一种是旋转式的后座结构(图4-20),另一种是双后座结构(图4-21),两种结构都带有动态换卷装置,能够实现连续换卷。切纸机后座还包括中间臂,当裁切宽度较小的纸卷时,可用于调节退卷设备的工作宽度。还有一种带动态接纸的鼓形后座。无论使用哪种类型的后座,都必须保证纸卷能够正常退卷,无论纸幅正面朝里或朝外。为避免纸幅碾压起皱,纸板用切纸机的纸幅导辊直径应大于纸张用切纸机纸幅导辊。

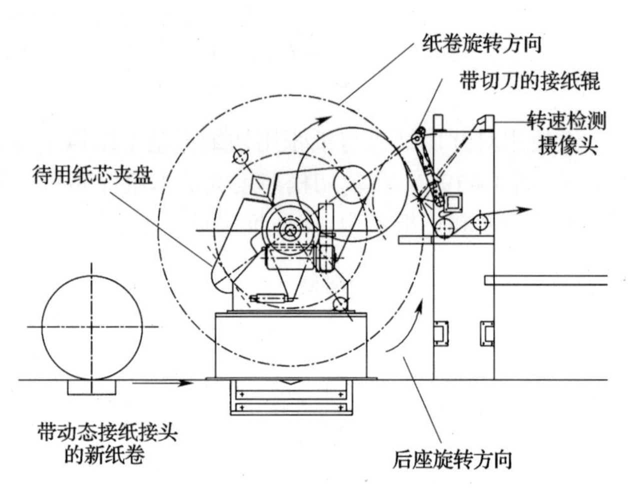

图4-20　旋转式连续换卷后座结构

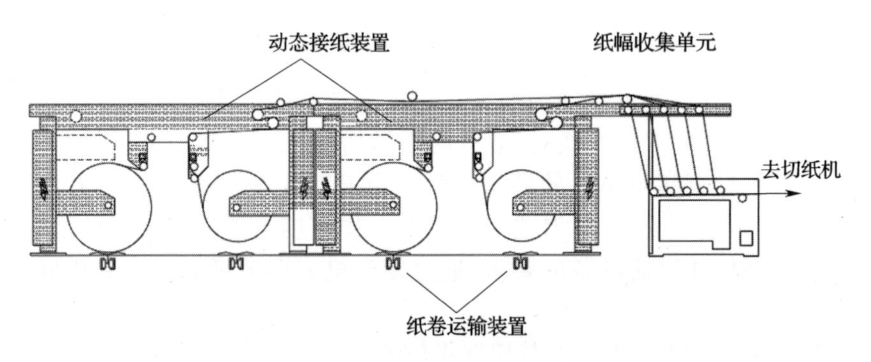

图4-21　能连续换卷的双后座结构

为避免纸板表面被破坏,应使用旋转型的纸幅翘曲补偿辊。如果纸板翘曲方向多种多样,而并非仅仅像通常那样沿纸机方向,则除翘曲单元在横向和纵向都应具备除翘曲能力。容易破损的纸或纸板可以分两步进行除翘曲处理。现代切纸机的除翘曲棒的直径约为60mm。除翘曲棒的直径不能过大,否则就达不到除翘曲效果。对于松厚度高的纸板,除翘曲棒的最佳直径为45～60mm。而用化学浆或二次纤维抄造的低松厚度纸板,除翘曲棒的直径通常为30～45mm。软质除翘曲棒通常用于极其敏感的纸板类型。这种除翘曲棒包括一个橡胶/硅胶软辊和一个小尺寸的旋转硬辊。通过硬辊对软辊施压可改变分离角,从而调节除翘曲效果。

切纸机纵切单元装有一个纸边排出口。如果切纸机后座能够实现双纸卷并排切纸,则切纸机中间也必须安装一个纸边排出口。由于对开切纸机纸卷宽度可变,纸边排出口的位置也必须能够自由移动。为防止纸边因真空抽吸作用而发生跳动,纸边切刀装有支撑环。另外,很重要的一点是纸边必须与其他纸幅保持在同一平面上,以保证纸边被裁切下来之后即被引导至排出系统,而不会与纸幅边缘相接触。

如有需要,采用纸边去除系统去除宽度为 250mm 的纸边应该不成问题。如果需要去除更大尺寸的纸边,可以将其转移至部分隔开的分选门进行处理,或者将其送至码纸台作为一个小纸垛处理。如果分选门并非独立隔开的,可在输送带之间安装一个薄板来引导切纸机下面的废纸。

纵切刀的直径需足够大。根据纸或纸板厚度,纵切刀直径可在 150 ~ 300mm 之间进行选择。纸或纸板越厚,切刀直径越大。为防止意外发生,应保证切刀支座的强度足够大。新型的纸板用切纸机纵切刀直径为 200mm,这种尺寸的切刀适用于大多数类型的纸板。为避免纵切时纸幅被撕裂的风险,切刀内角设为 30°或更小。较小的切刀内角能够防止纸幅在纵切过程中被撕裂,在横切过程中也是如此。

裁切松厚度较高的纸板时,牵引压辊单元不得在纸幅上留下印痕。底辊通常作为切纸机的驱动辊。因此,其材质须保证足够的硬度和强度,以避免因磨损导致其直径减小。直径减小的底辊容易造成牵引压辊单元和纵切刀速比失调。底辊表面通常镀有一层碳化钼或碳化钨,其粗糙度需合理,以避免其在涂布纸表面产生印痕。牵引压辊单元的修复比较简单,在切纸机上就能完成,无须将其拆卸下来。

裁切纸板时,横切刀切角应足够小,小于纵切刀切角。其工作原理与楔子类似,如切角过大,纸板将会被撕裂,而不是被切开。图 4 – 22 和图 4 – 23 为折叠箱纸板用横切刀示例。

纸页经过横切单元后进入叠纸单元的传送带。传送带的间距需根据纸板厚度进行调整。如间距过小,纸板有被撕裂的风险。裁切速率须保证非常准确,否则裁切的纸页可能不是方形的,或者切边效果不好。调整裁切速率时,应先减速,当横切单元前面出现一段小波浪时再加速,波浪消失则停止加速。裁切速率调整完毕后,须检查平板纸对角线长度。如不达标,则应再次调整裁切速率。

在对开切纸机叠纸单元,平板纸边缘被楔子抬起,两边高,中间低,其纵向的挺度因此得到提高。与此同时,压纸皮带向前推送叠纸板间的纸张并向纸张之间吹起。叠纸板上装有振荡器以辅助叠纸。现在,市场上在售的叠纸单元型式有多种。一般地,一个叠纸单元有如下重要特征:

① 平板纸堆垛整齐;

② 更换托盘无平板纸浪费;

③ 更换托盘时不会干扰平板纸堆垛;

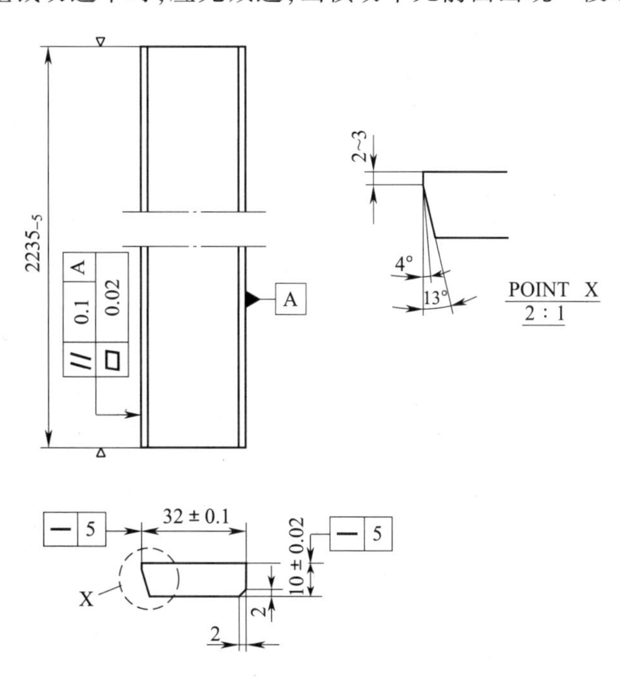

图 4 – 22 纸板用横切底刀

④从堆垛开始到完成的整个过程中均可打上标签；

⑤ 纸垛中平板纸计数准确；

⑥ 更换托盘时，车速降低最小；

⑦ 能以最少的人力将空托盘装载到码纸台上；

⑧ 纸垛堆叠在托盘正中间；

⑨ 纵切刀和横切刀，叠纸单元和码纸台能根据纸边宽度进行自动调整；

⑩ 码纸台有足够的空间承载额外的托盘、纸令标签机和平板纸尺寸精确控制面板；

⑪ 可使用全幅宽的宽托盘；

⑫ 堆叠好的纸垛尽量实现自动运输；

⑬ 识别信息能贴附在纸令上；

⑭ 可添加纸垛边角保护器和顶端固定装置。

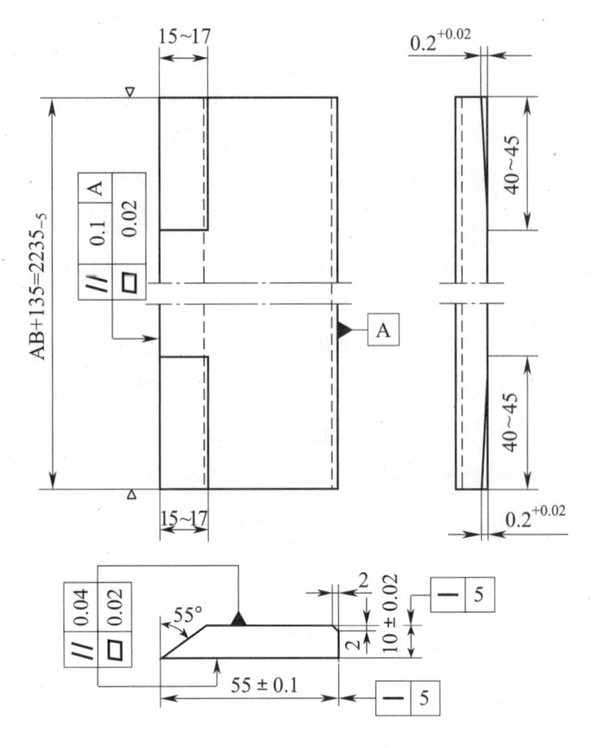

图 4－23　纸板用横切顶刀

随着码纸台的发展，可以在不降低切纸机车速的情况下更换纸垛，也不会造成平板纸的浪费，纸垛或纸令的标记过程也不会受到影响。图 4－24 为一单座码纸台示例。换纸垛时，用一个扁平似剑的物体将平板纸分隔，将叠好的纸垛移走。待新的托盘加入后将扁平物移开，小心地将平板纸放置在新托盘上。在实际生产中，同时布置两台甚至三台码纸台的情况也有，但在横向和纵向上需要较大的空间。采用双码纸台时，当最后一个纸垛还在码纸时，便可提前将空闲的堆垛台准备好，为处理下一批料做准备。

码好的纸垛可采用传送带、叉车、电动升降台以及运输机器人从切纸机上运出。完成的纸垛需具备如下特征：a. 纸垛上必须有识别标签；b. 托盘板条必须处于正确的方向上；c. 纸垛已封顶，并尽可能装上边角保护装置；d. 必须挑出部分平板纸和纸垛用于质量检测，一些纸垛还需进行二次整理；e. 纸垛堆垛整齐；f. 空托盘需运至切纸机备用。

图 4－24　切纸机上的紧凑型连续输送系统

采用传送带运输时，托盘上同一批次的纸垛必须分开运输。如果不同的纸垛在同一个托盘上形成双纸垛，则应将它们合并在一个托盘上。有些情况下，需在产品包装前提前准备好木制托盘用的防水材料。

纸垛上的识别标签可以插入纸垛顶层的两张平板纸之间，也可直接贴附在最顶层的一张平板纸上。对于后者,如果纸垛未经包装便贮存起来,以后查找标签会很麻烦;然而,这种贴附标签的方式最简单,因为从切纸机上下来的纸垛往往是多个并排摆放的。识别标签也可以固定在托盘的支撑木腿上。在纸垛起运至包装生产线之前,如有需要,可为其安装边角保护垫。在切纸生产车间,纸垛运输至包装生产线有多种方式,有的车间采用传送带,有的采用叉车,还有的采用自动导向的运输车。在最终包装之前,有些纸垛还需进行修整。在现代平板纸包装生产线上,输送机还能够调整托盘的放置方式,使其木腿指向运输方向或与运输方向垂直。传送带开启和停止时必须保持平稳,以保证纸垛处于最佳的运输状态。横跨传送带的装置也不得损坏托盘的木腿。

4.3.2.2 小裁纸切纸机

小裁纸切纸机主要用于生产标准尺寸的裁切平板纸:在欧洲为 210×297mm(A4)和 297×420mm(A3);在美国为 8.5in×11in 和 11in×17in。小裁纸主要是由不同白度和定量的化学浆未涂布纸种裁切而成。

小裁纸切纸机的工作宽度取决于袋区的数量,即全幅宽所能裁切的纸令数。选择小裁纸切纸机幅宽时,需考虑造纸机幅宽,以尽量降低损纸量。目前,小裁纸切纸机袋区数为 10 个左右,最多可达 16 个。

由于平板纸尺寸的限制,小裁纸切纸机的工作条件是一定的,比如纸卷尺寸即为标准值。

高效的现代小裁纸切纸机生产线(图 4-25)的典型特征有如下几点:

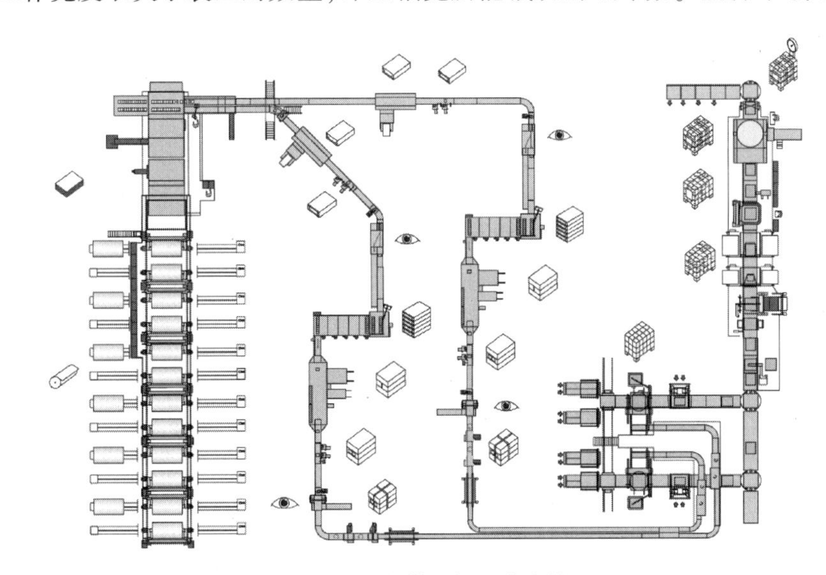

图 4-25 小裁纸切纸生产线

a. 纸卷通过自动导向装置传输到切纸机后座上;b. 6 个双后座,并装有静态接纸或动态接纸系统;c. 纸芯自动去除系统;d. 装有制动电机;e. 双纵切刀;f. 高效除尘系统;g. 纸幅自动引导系统;h. 车速可达 450m/min。

4.3.2.3 闸刀式切纸机

闸刀式切纸机主要用于裁切平板纸。起初,由于旋转式切纸机裁切效果不太理想,闸刀式切纸机便用于对平板纸进行最终裁切,以生产边缘光滑的纸垛。闸刀式切纸机的另外一个用途是裁切尺寸短小的平板纸,而这在旋转式切纸机上无法实现。在印刷厂,闸刀式切纸机主要用于裁切最终产品。在纸厂和纸板厂以及其完成车间,闸刀式切纸机主要用于裁切小尺寸的平板纸和为客户裁切纸张样品。关于闸刀式切纸机的其他用途在“闸刀式切纸操作”一节中进行了进一步的讨论。

使用闸刀式切纸机切纸时,首先将堆码好的纸垛拆开,分成 2~10mm 厚的小纸垛,并将边缘对齐后同时裁切,之后再重新堆码。有时,闸刀式切纸机裁切的纸张可能是直接从纸卷上剥离下来的，如在裁切平板纸样品时。切纸时，纸垛被稍微压缩以保持稳定。理论上，可将闸刀式切纸视为单刀切纸（图4－26），即顶刀切向切纸基座，切刀与基座垂直，纸幅速率为零。采用闸刀式切纸时，平板纸的边缘可能会黏在一起。最坏的情况是平板纸之间形成阻塞块，将这些平板纸用于印刷或复印时需将其分离开来。

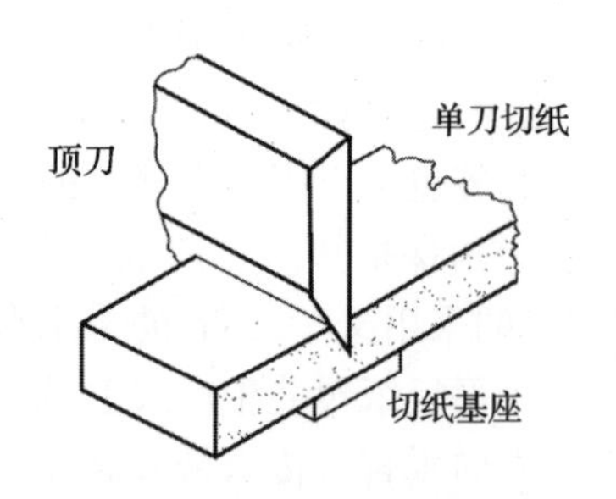

图4－26 单刀切纸

采用闸刀式切纸时，为减少人力，可为闸刀式切纸机配备如下附属设备：a. 一个自动升降台；b. 一个带气垫台的升降解垛机，气垫台带有飞毯；c. 一台桨式输送机；d. 一个存储台；e. 一个快速的自动测量校正系统；f. 一个升降式堆垛机和一个用于平板纸堆垛的升降台。

如没有解垛和堆垛设备，则需要大量人力进行托举作业。现今的闸刀式切纸机都装有对角裁切设备、平板纸计数器和纸令标签机。

当采用解垛设备、闸刀式切纸机和堆垛单元等处理纸页时，很容易破坏纸垛顶层和底层的平板纸，尤其是在纸垛传送至切纸台和纸垛固定器加压过程中。松厚的折叠箱纸板非常容易产生印痕，因此，闸刀式切纸机生产商设计了一种特殊的气垫台来防止对平板纸产品的破坏。

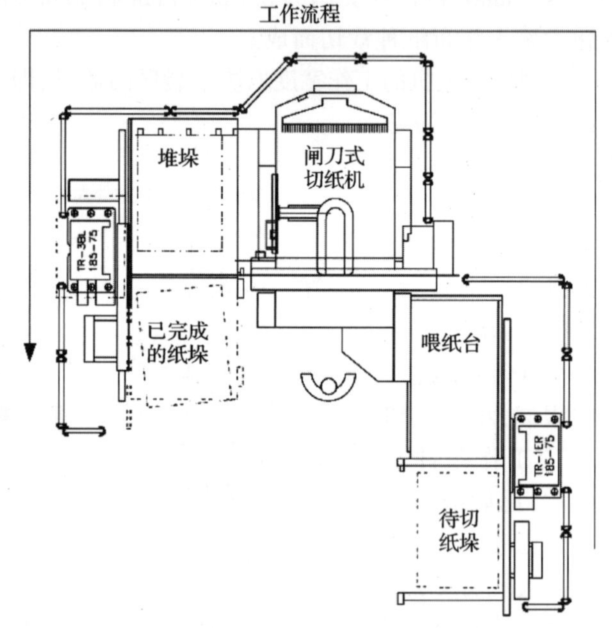

图4－27 闸刀式切纸线平面布置图

图4－27所示为一闸刀式切纸机的平面布置图。该切纸机配备了一个装载单元（右侧）和一个卸载单元（左侧）。除了这种布局，也可以设计成其他布局。图4－28所示为一闸刀式切纸线的主要设备示例。

图4－28 闸刀式切纸线

4.4　平板纸的包装

4.4.1　小裁纸的包装

4.4.1.1　小裁纸包装的技术要求

小裁纸的终端用户多数为小客户。由于最终分销的产品单位是纸令，必须确保其包装和产品准确无误。

小裁纸的纸令可以不经包装直接封装到瓦楞纸箱中（每箱 2500 张，软质包装），但大多数纸令会包装一层防水包装纸。典型的纸令包装材料为聚乙烯涂布印刷包装纸。包装纸含聚乙烯膜的一面既可以朝外也可以朝内。近来，塑料印刷包装纸（例如聚丙烯）也得到广泛使用。这种包装纸具有透明性，尤其在彩色复印纸的包装中使用甚广。纸令标签既可以印在包装上，也可以在纸令包装完成后贴在上面。

小裁纸包装（纸令包装和纸箱包装）的要求最重要的有如下几点：a. 包装上不得有印刷错误；b. 条码清晰整洁；c. 密封牢固；d. 标签印刷或黏贴合理；e. 包装纸完好无损且包装松紧适度；f. 纸箱紧固带固定合理。

4.4.1.2　小裁纸包装生产线

根据产品纸种的多寡，在小裁纸切纸机后可布置 1 ~ 3 条甚至更多条包装生产线。例如，当切纸机仅生产 A3、A4 和散装包装纸时，则只需要 3 条包装生产线。另外，如果切纸机比较老旧或者切纸机仅生产一种特定的纸种且产量较低，那么仅布置一条包装生产线则是比较经济的方案。

纸令包装生产线的设备主要有纸令包装机、纸令检测器（缺陷检测单元）、纸令堆垛机和一个装箱设备。除此以外，还有识别设备、纸令和纸箱标签机和纸箱打捆机。现代纸令包装生产线的最高车速为 150 令/min。

纸令包装机配有一个进料输送带，能将纸令送到包装机上（图 4－29）。装货机抓手将纸令转移至抬升设备上。同时，切好的包装纸被送至纸令上部，一施胶轮或喷嘴将热熔胶涂到包装纸背面。随后，抬升设备升起，将纸令托举到包装纸上。与此同时，包装纸边向下折叠并包住纸令底部。最后，两端的折边向下折叠并涂上热熔胶。之后，纸令进入压紧单元，在包装上印上标签或将标签贴到纸令顶部。

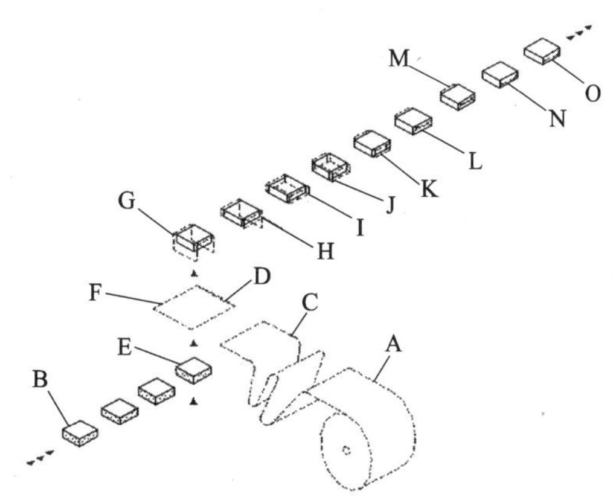

图 4－29　小裁纸纸令包装

生产流程

A—包装纸纸卷　B—纸令进料（切纸机喂料或人工喂料）

C—包装纸裁切（旋转切刀裁切）

D—环形涂胶（包装纸背面上胶）

E—纸令抬升（采用机械抬升至包装纸上形成包装）

F—包装纸　G—将纸令包住　H—向后折叠　I—向前折叠

J—端面向后折叠（两端）　K—端面向前折叠（两端）

L—底部合页折叠（两端）

M—顶部合页涂胶水（胶水涂于合页背面）

N—顶部合页折叠（两端）

O—压实（将两端合页压实，完成包装封口）

包装完成后，还需采用光电感应器和高压气枪对纸令进行检查，使用这两种装置能检查如下包装问题：a. 折边脱胶；b. 环形密封不良；c. 折叠松脱；d. 标签未粘牢；e. 平板纸未包住。

有缺陷的纸令会被自动分拣出来并转移到废品输送带上。

经过质量检查后,纸令被转移至堆垛单元。操作员可以选择希望的堆垛方式,如通常选择的每垛5包纸令。纸令垛的抬升系统采用递降的工作模式,即始终保持纸令垛的高度与现有高度一致。当有纸令堆上来后,抬升系统自动下降一个纸令包的高度,直到触底停止。此时,纸令垛被转移至输送带上。当下游生产继续进行时,纸令垛自动从生产线上转移到下一个工序。

单垛和双垛纸令(5包或10包纸令)在纸箱包装机和加盖机上进行包装处理(图4－30)。纸令首先转移到纸箱包装机的空白箱纸板上。随后,托举空白箱纸板和纸令的升降机向下运动,对底部空白箱纸板四周向上进行折叠。折叠好的纸板箱向前输送,箱纸板边缘合页折叠起来。在此过程中,热熔胶水首先被涂在边缘合页上,然后合页再折向箱纸板底部并将黏结处压实。之后,空白盖板转移到箱纸板上部。随着箱纸板逐步向前移动,托举纸令的升降机也不断抬升,直到与空白盖板相接触。空白盖板涂完热熔胶后,边缘合页折叠起来并将黏结处压实。至此,纸板箱包装完成,可用于后续贴加标签和捆扎。

按照预定的流程,装箱完毕的小裁纸被传输到另外一个堆垛机上,然后一层层地码在一个木质托盘上。纸板箱码好后传输至包装台捆扎包装。捆扎包装台与"纸箱码堆"一节中所述的包装台类似。单元识别器通常装在包装外面。由于托盘尺寸和纸板箱布置类型有限,小裁纸完成车间所用的托盘类型和尺寸只有少数几种。托盘包装台通常没有托盘称重设备,因为小裁纸往往根据张数或标称定量进行出售。

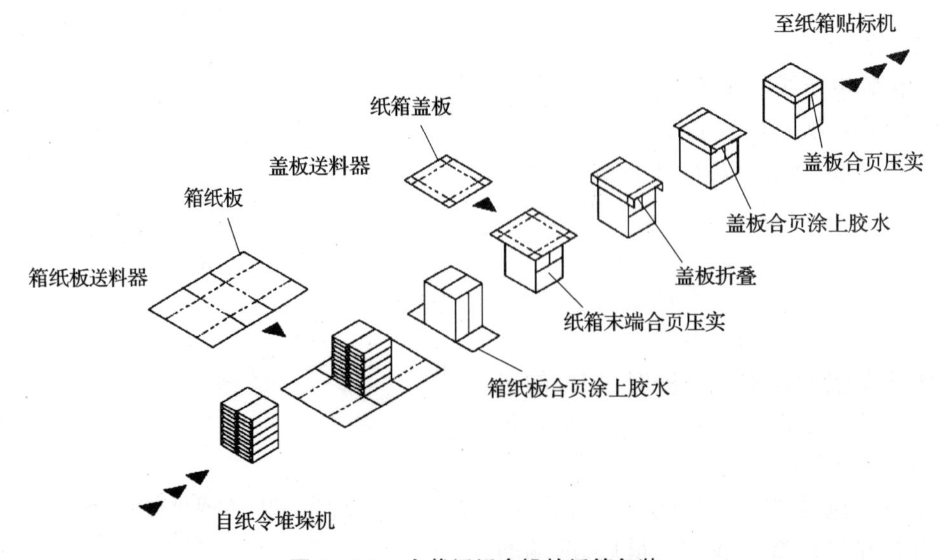

图4－30　小裁纸纸令垛的纸箱包装

4.4.2　对开纸的纸令包装和纸箱包装

4.4.2.1　对开纸包装的技术要求

和小裁纸一样,对开纸的包装也采用防水包装纸或直接采用瓦楞纸箱包装。

对开纸包装的要求最重要的有如下几点:a. 包装上不得有印刷错误;b. 胶水密封牢固;c. 标签印刷或黏贴合理;d. 包装完整,松紧适度。

印刷用纸,如艺术印刷纸和办公用纸售出时,通常在包装上印有某个商业品牌。

4.4.2.2 纸令包装和纸箱包装设备

对开纸包装时通常以 100 ~ 500 张为一令。传送到纸令包装机上的纸令托盘直接来自于切纸机或中转仓库。纸令托盘通常采用自动导航车(AGV)、叉车或传送带进行运输。图 4 - 31 为对开纸纸令包装设备的示例。

包装机上的纸令可以采用人工进料,也可以采用自动进料。进料后,纸令输送到包装区域,包装纸板经折叠后沿纸令四周用胶水黏牢。纸令堆垛之前,可在最顶部放置标签。

图 4 - 31 对开纸纸令包装机

自动纸箱包装机(包括对开纸尺寸自动更换单元)即可以集成到切纸机上,也可以作为独立单元安装。纸令首先放置在底部空白箱纸板上,空白箱纸板四边折起,尾端合页涂上胶水后黏贴起来。随后,纸垛上部加装一瓦楞纸盖板。盖板四周和末端向下折叠,并用胶水与下面的纸箱黏贴起来。插入标签后,纸箱转移至码堆机上[17]。

4.4.3 堆码

4.4.3.1 对平板纸托盘包装的要求

纸和纸板托盘必须进行包装,以防止其在工厂、港口码头、客户仓库存储以及从工厂到客户的运输过程中损坏。包装外观需保持良好,以便于在包装上印刷公司标志和容易识别的标签。标签上一般包含单位识别条码,以便于使用电脑进行信息处理。通常,一个纸垛上有两个标签,一个标签在纸垛长度方向,另一个在宽度方向。

(1)托盘

托盘可以用胶合板、纸板或木材加工工业的各类副产品制作,但木板仍然是最普遍的托盘架材料。托盘的长度和宽度相应的比平板纸尺寸大一些,即有一定的尺寸余量。典型的尺寸余量为,最小不低于 2mm,最大不超过 30mm。但用于纸板的托盘则不同,其尺寸余量可以为零,即托盘的长度和宽度可以与纸板相同。托盘的高度通常受到印刷设备要求的限制。如果平板纸的尺寸较小,将纸垛堆得很高的做法是不明智的。堆得过高,托盘有滑落的风险。运输时,每个托盘上放 2 ~ 3 个纸剁是比较安全的。图 4 - 32 所示为一典型的纸板用木制托盘。

小裁纸用的托盘比较简单,因为小裁纸可以通过纸令包装和纸箱包装得到保护。

许多纸厂采用所谓的“连体托盘”(双托盘,柔性托盘)。这种托盘由两个较窄的托盘结合而成,托盘底部支撑腿采用铁板或塑料板连接,纸垛上部共用一个木制盖板。通过移除盖板和支撑腿的连接装置,客户可以将“连体托盘”分成两个独立的托盘,以方便将纸垛托盘送到印刷设备上。

大多数纸板用托盘都是连续型的,这使得印刷机换纸垛时可以不用停机。保持托盘四周敞开也很重要,这样叉车可以从任意方向托起纸垛托盘。叉车的货叉宽度通常受到托盘尺寸和支撑腿个数的限制。托盘和木制盖板需垫有木板,且木板间的间距需合理,以防止过大的木板间距对平板纸造成损坏。

大多数托盘都是一次性使用的,尤其是用于运输平板纸板和对开平板纸的托盘,且这类托盘仅有少数几种尺寸标准。欧洲托盘联合会(The European Pallet Pool)制定的所谓欧标托盘[18]用于运输平板纸有诸多限制,因为800mm×1200mm的标准托盘很难与实际生产的平板纸尺寸相匹配。唯一的例外是小裁纸的运输可以使用这种尺寸的托盘。尽管如此,使用800mm×1200mm的一次性托盘还是更为普遍。

现在,很多国家对包装用木材质量都制定了严格的法规,所使用的木材必须是无虫的。通常,可将用于制作托盘的木材原料放入烤炉中加热处理,以达到除虫的目的。为证明木制托盘产品没有虫害和其他有害杂质,遵守国际标准ISPM[15]往往能使木制托盘供应商更容易获得客户的信赖。

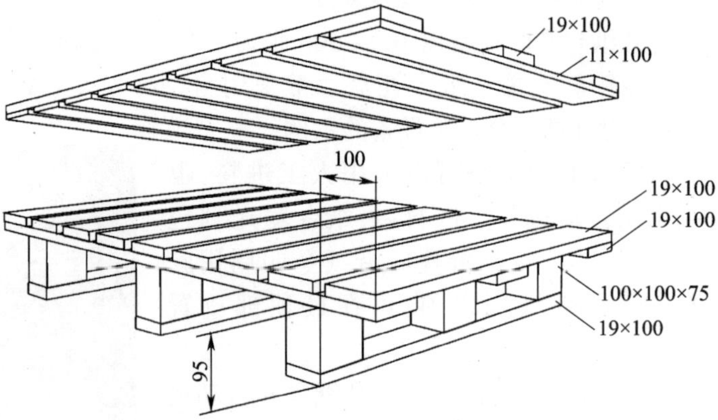

图4-32 纸板用木制托盘和盖板

托盘盖

- 板条间隙(10~12)×100mm

托盘

- 木腿数4,6,7或9
- 板条既可与短边平行,也可与长边平行
- 单垛或双垛:每个托盘放置1个或2个纸垛
- 木腿位置:从边缘起向内缩进10mm或100mm
- 连杆距离>25mm
- 当板条与短边平行时,托板间距为95mm或120mm
- 当板条与长边平行时,托板间距为115mm或140mm

(2)木制托盘的防潮处理

为了保持纸垛干燥,大多数纸厂会在纸垛下垫一块聚乙烯塑料板。常用的塑料板的长度和宽度通常比对开平板纸大100~200mm,其厚度则差异较大,但一般以50~100μm厚的较为常用。有的纸厂仍然使用塑料薄膜纸(聚乙烯复合纸)作为防潮材料。通常,防潮塑料板放置在木制托盘上,但有的纸厂开始尝试将其直接放置在托盘下面。这样,印刷机操作员无须拿掉塑料板即可更换纸垛,保证印刷机连续生产。

(3)纸垛托盘包装

纸垛托盘既可以用纸质包装,也可以用塑料包装。建立自动塑料包装线比纸质包装线更容易,但现在市场上也有部分自动纸质包装线。

纸质包装通常采用纸质印刷品并带有公司标志,使用最普遍的是聚乙烯覆膜纸。纸质托盘标签可以与纸质包装一起使用,但塑料包装最好使用能够与其一同回收的塑料标签。有些纸厂的托盘包装分两步进行:首先采用很薄的塑料拉伸薄膜进行包装,然后再包装一层无塑料覆膜的印刷纸制品。由于纸质包装不能保证足够的强度,需加盖坚固的木制盖板,并用铁皮或聚酯带加固,从而对平板纸进行保护。

塑料包装可分为两类:a. 拉伸薄膜包装。薄膜很薄且具有伸缩性,通常与托盘盖板和加固带同时使用;b. 收缩薄膜包装。可以像拉伸薄膜一样包装,也可以像套筒一样套住托盘。套筒可以预先成型,或者直接从塑料软管上切下。采用收缩薄膜包装的托盘通常无须加固带和盖板,降低了包装成本,减少了包装废料。托盘的顶角可采用边角护板进行保护。

(4)托盘损坏

托盘常见的损坏形式主要有:托盘被移动且缺乏必要的维护、平板纸边角被损坏(通常由叉车所致）、托盘被损坏。为防止这类损坏，很多纸厂直接将平板纸产品装入进厂待运的集装箱中。随着集装箱货运的增长，人们普遍认为这种方式是确保及时交货和保证货物质量的最安全有效的做法[19]。

（5）环保要求

随着欧盟规定中不断提高使用可回收包装材料的需求，许多国家制定了专门的法规，如限制塑料作为包装材料的使用量。对包装材料的回收进行补贴也比较普遍。

4.4.3.2　托盘包装要求

过去几年，平板纸包装系统和包装材料发展迅速。为满足提高生产力的需要，包装线上的人工作业必须减少。这就提高了包装质量，减少了损坏的发生。以下列举了近年来的主要发展进步：a. 包装外观差异缩小；b. 加固带使用量减少；c. 纸垛高度公差达到 ±2mm；d. 消除了纸垛顶部平板纸的偏移；e. 更换托盘外观更简便；f. 可在纸垛托盘各个面上和各个高度贴标签；g. 托盘在包装线上或传送过程中均可通过电子读取器进行识别，客户也可对其进行识别；h. 托盘损坏现象减少。

在对托盘进行包装之前，很重要的一点是检查平板纸是否在木质托盘以内，以防止在使用加固带对托盘进行加固时对平板纸造成破坏。

图 4－33 所示为对开切纸完成车间的一条典型的包装线。第一个重要单元是测量单元。测量单元对纸垛的识别可以人工进行，也可以采用自动激光读取器或摄像头。测量单元与纸厂系统数据库相连，数据库通过与测量数据进行比对，确认所测纸垛信息是否与客户订单相匹配。如信息正确，则进行塑料伸缩膜包装。标签可贴在纸垛上。为节约成本，也可使用便宜的纸质标签。如果纸厂使用其他的包装方法（如拉伸薄膜包装、已有收缩薄膜包装的，或者纸包装），标签只能贴在包装材料的外部。

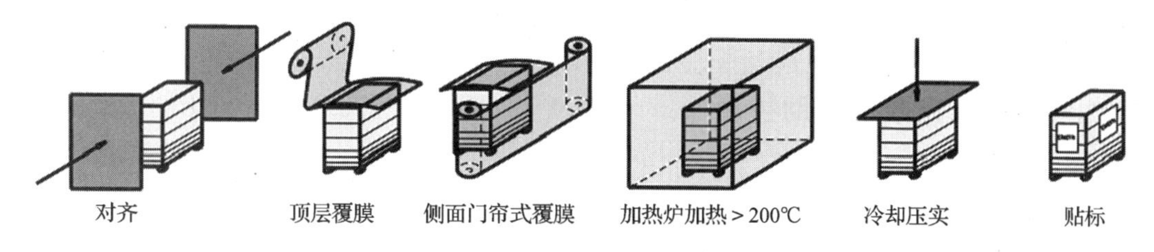

图 4－33　纸板厂的塑料包装线

纸垛称重后即可进行包装。在收缩薄膜包装过程中，纸垛托盘进入热收缩炉中加热，然后再进行冷却压缩处理。包装完成之后是加盖和贴标签操作。当使用盖板时，也需要同时使用铁皮或聚酯带进行捆扎加固（每个托盘 2～4 条加固带）。

以上这种包装线只需要一至两人即可进行操作。识别、称重、包装、加盖和捆扎工序现在都可自动完成。在最新的包装系统中，贴标签可由机器人完成，如图 4－34 所示。

图 4－34　薄页纸生产厂的托盘包装线

平板纸包装时,托盘的净重和毛重往往很难测定。因为纸垛是与木制托盘和底部防潮材料一起称重的,且一条包装线上一般只有一个称重设备。因此应完全除去木制托盘和其他包装材料的质量。

4.5　平板纸完成的其他工艺过程

在平板纸完成车间,除了平板纸裁切和成品包装外,还有许多其他操作过程。图4－35所示为一对开切纸完成车间的平面布置图和工作流程图。

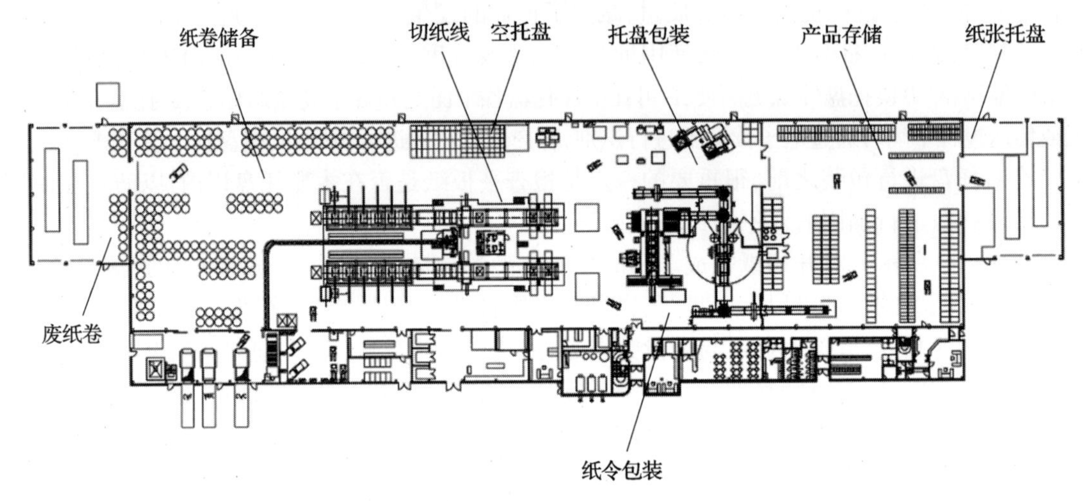

图4－35　对开平板纸完成车间平面布置图

4.5.1　平板纸完成的辅助过程

4.5.1.1　包装材料进料

在现代平板纸完成车间,由于包装材料进料量非常大,因此在进行工厂布置时不得不将其考虑进去。木制托盘和纸板箱特别占空间。每吨纸或纸板所需的托盘数为1.5～5个不等。每吨A4的80g/m²的办公用纸消耗纸箱数约为80个。纸令和托盘包装材料,以及金属和聚酯固定带通常都卷成卷筒,因此不是特别松散,空间占用较小。

包装材料的进料处理需要空间、设备和人力。每天可能有数量卡车卸载包装材料,中转仓库也需入库和出库,这些库存数据都需记录在册。如果需要处理大量的包装材料库存数据,与纸厂系统相连的计算机系统则是最有效的管理工具。

客户类型的差异对包装材料的种类有重要影响(见表4－5)。在一个服务全球客户的纸

表4－5　小裁张平板纸完成过程中所消耗的常规包装材料量

(纸张定量80g/m²,每令500张,每箱装5令,每个托盘500kg)

包装材料	单位	A4	A3
纸令包装(纸张80g/m² + PE塑料10g/m²)	kg/t	10	7
纸令标签	个/t	400	200
板纸箱	个/t	80	40
板纸箱盖板	个/t	80	40
板纸箱标签	个/t	80	40
板纸箱加固带	m/t	92	92
托盘	个/t	2	2
托盘标签	个/t	4	4

板完成厂，平板纸尺寸类型繁多，因此所用的托盘也很难有固定的标准。而在一个小裁纸完成厂，所用托盘可能仅有几种标准的尺寸类型，但却可能有几百种不同纸令包装、纸板箱、纸令以及纸板箱标签。

平板纸完成车间应从自身基础设施状况出发，考虑是否有哪种包装材料需要自己生产。这样做的目的是根据“零库存”原则，建立一个包装材料供应商网络。包装材料的采购量应当根据平板纸完成车间的生产计划和可获得的销量预期来确定，根据经验估计包装材料消耗量往往很难。

在较复杂的平板纸完成厂，其工厂数据系统始终对包装材料的消耗量进行监控。某个生产或包装事件所消耗的材料量会自动计入系统，系统据此不断更新库存信息。

4.5.1.2 再堆垛和分拣

大多数现代化的精密平板纸切纸机生产出来的产品，都是高质量的平板纸纸垛。这些纸垛堆放在托盘上交付客户使用。切纸完成之后还有一道辅助物料处理流程，这个处理过程是人工进行的，与所生产纸种和纸张质量有关。

首先，需给废料处理留出合适的处理空间。同时，根据完成车间的质量系统要求，废料处理线需与正常原料线分开。典型的废料处理过程包括再堆垛和分拣两个过程。这两个过程可以人工完成，唯一额外需要的设备可能是叉车和分拣台。叉车用于运输物料。分拣台则需要保证必要的光源，如自然光、紫外光或其他光照系统。

在需要处理大批量的物料或节省人力的情况下，也可考虑购置相关的附属设备。例如，使用纸垛转向机可以轻松除去堆垛不良的纸垛或次品；使用通风和振动设备能够帮助纠正坏纸垛。有时，完成车间也需要将两个纸垛合并为一个托盘或将一个托盘拆分为两个纸垛，或者人工将纸垛上下倒置。这些工序都可以考虑采用附属设备完成。

4.5.1.3 闸刀式切纸操作

对开平板纸的订货量比较小，一般只有 1 ~ 3t 或更少。无论对开切纸机的效率和自动化程度有多高，过小的订货量还是会降低切纸机的生产效率。如果对开切纸机产能饱和，可以考虑将小额订单生产量降低，将腾出的产能用于生产大批量的全开平板纸，而从对开切纸机上撤下来的小额订单可转至闸刀式切纸机上生产。采用这种生产分配方式既可以提高对开切纸机的产能，也能够保证小额订单的交货期。而一些小额订单往往是重要的试订单。需要注意的是，对开切纸机腾出的额外产能须至少能够抵消因产生损纸而造成的额外损失。

闸刀式切纸机还能对损纸进行回收。当纸卷宽度和运行长度与订单规定的平板纸尺寸不匹配，且剩余纸卷处理和存储复杂时，采用闸刀式切纸机的优势尤其明显。剩余的纸卷可裁切成预先定义好的全开平板纸，并将堆垛在托盘上备为库存。这种做法是比较实际的。当接到下一批合适的订单时，可将这部分库存提取出来，在闸刀式切纸机上切成需要的尺寸。库存的处理最好电子化，这样能够保证良好的周转率，提高库存控制效率。实践经验表明，当平板纸尺寸类型有限时，采用托盘库存的做法对供应高级纸张最有效。

闸刀式切纸机还能部分回收可能因质量问题而废弃的原料。在平板纸完成车间，这类废料的回收过程也需要进行严格控制。因为回收的废料往往不能满足原始订单的要求，而只能将其用于其他订单。

关于闸刀式切纸的设备要求已在“闸刀式切纸机”一节中进行了详细讨论。总的来说，闸刀式切纸应被视为平板纸完成车间的一项重要的生产设备。因此，对闸刀式切纸效率进行检查,为切纸线配备合适的进料和出料台等是十分必要的。此外,为闸刀式切纸机生产线安排受过良好培训且工作积极的操作人员也是十分重要的。

4.5.1.4　产品质量控制和可追溯性

平板纸的技术参数在“平板纸的技术参数和原料”一章中进行了详细的讨论。在平板纸完成厂,为满足可视化跟踪和质量控制的需要,管理人员须负责安排对员工进行培训,以保证员工能掌握这些技术参数并将其用于日常工作中。

无论是将质量控制任务分配给设备操作人员或者指定专人负责,都必须有相应的实施工具。最基本的质量控制工具是一个精密的检验台,用于平板纸尺寸和面积的检测。需注意的是,检验台的尺寸必须涵盖所有尺寸类型的平板纸,并且检验台的精度至少需达到0.01mm。另一个常用的质量控制工具是测量卷尺。卷尺需维护良好。同样地,卷尺也需保证一定的精度:普通的欧洲测量卷尺最小刻度为1mm,低于1mm的尺寸需借助于其他设备才能进行检测。此外,平板纸计数器的精度也很重要,尤其是当纸张以平方米或纸令数为计量单位出售时。

为保证质量控制方案实施合理,须对检验对象和检验时间进行计划和安排,测量结果也需记录在案,以备将来使用。为便于制定质量改进方案和质量控制目标,建议定期制作质量控制统计报告。

除了检验设备和工具、检验计划和检验记录以外,还需要建立一套测量设备精度校准系统。随着精密检验台或测量卷尺的逐渐磨损和老化,其工作状况和精度必须采用独立的测量工具进行定期校准。每个测量工具和设备都需要建立一套常规校准程序。

平板纸完成车间的设备维护也是预防性质量控制体系的重要组成部分。

生产的可追溯性是保持良好的质量控制记录的重要一环。包装生产中,托盘标签上都印有一个单位识别标志,该标志上的信息与工厂数据系统相关联。图4-36所示为平板纸托盘上的识别标签。通过单位识别标志可以很容易地获知所需的产品信息,追溯产品的原料纸卷也成为可能。在平板纸完成过程中,关于原料的数据量可能大得惊人,因为通常一令平板纸的原料可能来自于多达8个原料纸卷。由于一个纸垛中的平板纸可以来自于多组原料纸卷,一批平板纸最终的原料纸卷来源可能多达36个。这些平板纸的原料来源信息只有部分包含在单位识别标志中。单位识别标志的通常表现形式为一串数字加一段竖形条码。在欧洲,大多数平板纸完成厂遵循欧洲纸业联盟(CEPI, Confederation of European Paper Industry)的单位识别标志规则。

图4-36　纸垛的识别标签

A—产品代码　B—定量　C—平板纸宽度　D—平板纸长度　E—托盘接受代码　F—订单编号　G—纸垛计算质量　H—纸垛原定高度　I—平板纸张数　J—切纸机编号　K—卷纸机编号　L—前两位数字:袋数　后两位数字:纸垛数　M—条码　N—条码数字编号

比全幅托盘尺寸更小的平板纸单元也可以印制识别标志。例如,小裁纸纸令就有一个包含原料纸卷信息、加工日期以及加工设备信息的识别标志。

4.5.2 平板纸完成损纸和废料处理

4.5.2.1 平板纸完成损纸的产生

在平板纸完成过程中,有相当大一部分原材料会变成损纸。在小裁纸切纸线上,按已完成的产品净重来计算,损纸总量可以达到低于 5% 的水平;在对开切纸机裁切涂布纸的生产线上,损纸比例一般为 10% ~15% 。理论上来讲,损纸比例可以达到零,但实际上很难做到这一点。

损纸的分类有多种方式,这取决于信息的详细程度。信息越详细,分类也越细。根据损纸的主要来源,可分为以下几类:

① 裁切废料。例如纸卷裁切时必须去掉的最窄纸边。

② 计划性损纸。这类损纸是由于纸卷宽度过大造成,或者纸卷运行长度与所需平板纸总长度不匹配造成的。

③ 有质量缺陷的损纸。纸张缺陷来自于纸机或涂布设备。

④ 因破坏产生的损纸。因纸张运输或进行其他处理时造成破坏而产生的损纸。

⑤ 设备损纸。因设备故障或切纸机设置及其他操作造成的完成损纸。

以上分类还可进一步细分。有的平板纸完成厂甚至有多达 50 种分类。详细的分类对于自动记录损失的产生是有帮助的;如果是人工记录,分类超过 20 种,记录工作将会变得比较困难。从另一个角度来讲,损纸的分类应有助于操作员和管理人员抓住重点,以改善客户满意度并降低成本。因此,太过详细的分类可能是没有必要的。

4.5.2.2 损纸的处理

平板纸完成损纸首先产生于纸卷的准备阶段。纸卷包装去除后,在转移到后座上之前,标准程序是将纸卷表面几层可能损坏的纸张去除。通常,操作人员会将这部分损纸直接放到损纸车中。但这种剥离表面几层纸张的做法值得商榷,尤其是在一家与纸机生产线集成的平板纸完成厂。

连续的损纸流产生于切纸机的纵切单元。这部分连续的损纸即为纸边。人工处理纸边的方式现已被真空系统所代替。在纵切单元之后,真空系统能迅速将纸边吸入,并将其输送至物料处理风机或碎纸机进行进一步切碎。经切碎的损纸碎片再转移至旋风分离器进行收集,然后直接导入碎浆机或打包系统。

间歇的损纸流产生于切纸机横切单元之后的分选门和废纸令的筛选。损纸处理系统的设计处理能力应与切纸设备的最大生产能力相匹配。来自分选门或废纸令筛选的损纸,通常采用传送带运至损纸车或碎纸机。由于碎纸机无法处理过厚的损纸,因此废纸令和废纸垛需在一个陡坡式的传送带(50°)上或在一慢速旋转的转鼓中进行打散。切碎的损纸随后通过真空系统送至物料处理风机和旋风分离器进行收集,最终送至碎浆机或打包系统。

如今,在平板纸完成损纸的处理上,人工操作已经被真空系统广泛代替。使用真空系统有诸多优点,如显著提高产能、减少人力、降低损纸污染物的含量、节约空间、保持工作环境整洁以及操作更安全等[20]。即便如此,现在仍然有一些二者结合使用的情况。

安装气动系统时,需要注意以下几点:

① 减缓生产区内的空气流动。可通过安装合适的分流器和阻尼装置,以及从生产区外采集所需空气。

② 安装隔音设备,降低噪声等级。

③ 安装通风系统,以便于大型物料处理风机和电机散热。

④ 为防止碎纸系统的干扰,可以考虑安装一套备用切边处理系统,因为切边处理对于保证切纸机的稳定运行非常重要。

⑤ 如果平板纸完成损纸的处理终端是碎浆机,有必要安装一个损纸打包单元作为备用系统,以防止碎浆机突然停机或用于处理不同类型的原料。

4.5.2.3　损纸量最小化

在平板纸完成过程中,将损纸产生量最小化的关键是弄清损纸产生的原因,并采取相应的措施。降低损纸量与保证交货产品质量标准二者并无矛盾。严密监控损纸的产生并及时采取相应措施还可以提高平板纸完成质量。在小裁纸完成过程中,以成品净重为基础来计算,损纸产生量可低至3%。在对开纸完成过程中,未涂布纸的损纸总量在10%以下,涂布纸损纸量为10%～12%。

如"平板纸完成原料"一节中所述,平板纸完成车间应该使用高质量的纸卷作为原材料。否则,有质量缺陷和因遭到破坏等原因而产生的平板纸的完成损纸量将会大幅提高。这类问题需采取相应的措施解决,如消除运输和处理原料时造成的破坏,或者改善造纸过程中的质量问题。

有些情况下,为畅销产品预备少量的备用原料纸卷是必要的。但在决定为畅销产品建立公共库存之前,应认真考虑投入相应的资金和仓库维护成本是否值得。

尽管为未来的平板纸订单保留足够的纸卷库存十分重要,但过量的纸卷库存同时也意味着计划性损纸的量将大幅提升。如果纸卷的运行长度与待生产平板纸需求量不匹配,损纸产生量将会大幅上升。在同时裁切多个纸幅时,保证合适的纸卷长度非常重要。因为纸卷通常需要同时进行更换,所有纸芯会同时从切纸机上卸下,如果纸芯上仍留有剩余纸幅,则这部分纸幅将被全部作为损纸处理掉。因此,纸机进行复卷时,需格外注意纸卷的运行长度,纸卷运输和处理时也要注意避免纸卷散开。

如果纸卷宽度超出量过大,即纸卷宽度超出平板纸裁切区域宽度的量过大,也会造成计划性损纸的大量产生。如果平板纸完成作业使用公共库存,则应对纸卷宽度超出量上限值(例如+150mm)进行清晰的界定。超过上限,则不得采用公共库存进行生产。纸边宽度最小值通常仅有10mm甚至更小。使用宽度较大的切纸机也可以降低纸边损纸的量,因为1cm相对于2.8m和1.4m来说前者比值更小。

如果准备使用同样的纸卷生产多种尺寸的平板纸,最好是首先生产尺寸最小的平板纸。否则,生产大尺寸的平板纸将会导致大量原料损失。

设备损纸通常是损纸分类的"垃圾篓"。任何无法进行分类的损纸都可归为设备损纸这个最重要的类别中。因此,有必要对这类损纸进行仔细研究。首先,需弄清分选门是如何工作的,包括自动工作和手动工作的分选门。当切纸机进行加速和减速或者接纸时,切纸机无法准确定位平板纸长度,会导致部分原料损失。质量缺陷和纸卷破坏也会增加设备损纸量。有时上述两类损纸还会被错误地归类到设备损纸中。切纸机堵塞通常是导致损纸产生的主要原因。纸卷末端通常也会直接作废,尤其是切纸机没有合适的翘曲补偿系统时。设备操作员的操作技能以及工作积极性能够有效防止设备损纸的产生,这一点不可忽视。

4.5.3　纸卷的储存和运输

平板纸完成车间与造纸生产线的相对位置决定了纸卷的包装方式。由于纸卷的包装是一笔不小的投资,因此对包装过程进行优化具有重要意义。

如果平板纸完成车间远离纸厂,纸卷需进行包装处理后再运输。对于短距离的运输,纸卷包装可以简略一些。例如,减少包装材料用量,使用伸缩性更小的包装材料,或者不使用纸卷末端护板。如果完成车间与纸厂整合在一起,则可以不使用任何包装,直接使用自动运输系统进行运输,避免不必要的处理过程。

平板纸完成车间的纸卷缓冲库存通常使用叉车进行堆码。现在,全自动纸卷存储系统的使用也十分广泛(图 4-37)。现代高效的未包装纸卷缓冲库存都装有空气调节系统,全部存储过程都由计算机控制。来自纸机生产线的纸卷采用自动运输系统运输到库存区域,再交由真空起重机进行处理。起重机在计算机控制下自动将纸卷按照设定的顺序堆码整齐。纸卷堆码的精度可达到 ±5mm,有效保证了存储空间的高效利用。起重机同时还装有安全保障系统,以防止突然断电。根据操作员的指令,纸卷可自动转移到切纸机上进行生产。

图 4-37 自动的纸卷存储

4.5.4 平板纸成品的储存

对于平板纸成品的储存,不同的平板纸完成厂采用的储存方法各异。有的厂使用简便的储存仓库,装入托盘的产品直接堆码在一起;有的厂则使用现代化的自动高架货栈(图 4-38)。

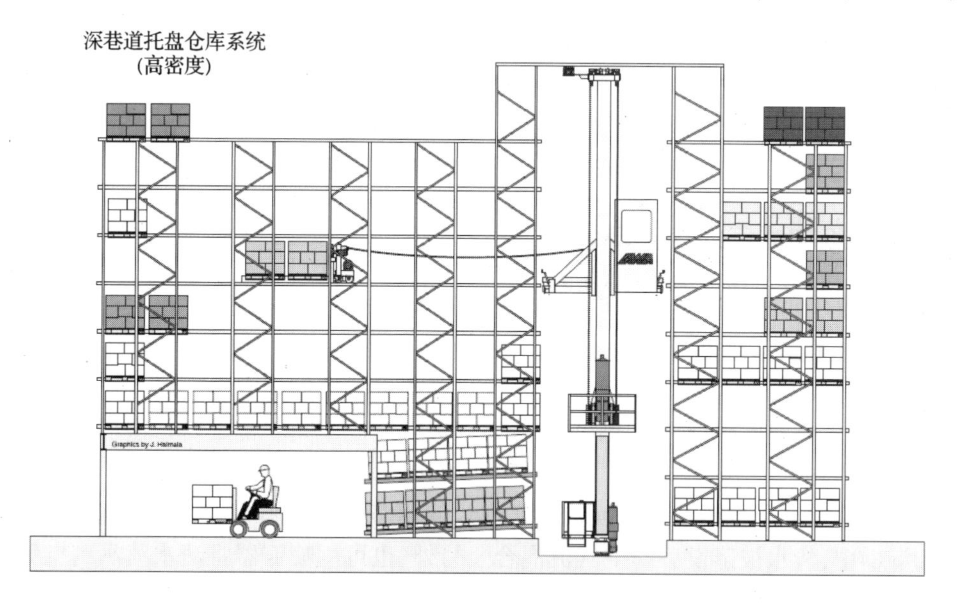

图 4-38 托盘仓库

一个简便的成品仓库布置可以满足即刻发货的要求。只要发货车辆一到,即可装车起运。这种仓库的投资少,但需要使用人力和一定数量的叉车,操作成本高,处理大批量的托盘会增加损坏的风险。另外需要注意，人工处理平板纸托盘的时间比处理同等质量的纸卷的时间高出1.5～2倍。根据经验，平板纸托盘如直接堆码，每平方米可存储1t。如果产量较大，存储方式需能够保证大多数成品可直接装上运输车辆而无须转存。

平板纸完成产品的自动入库和出库系统（ASRS）在产量较大的平板纸完成厂和纸产品分销商仓库使用比较广泛。仓库的作用不仅仅是存储成品，还包括为客户提供优化的服务。造纸厂库存中一般会有部分库存作为固定库存，即这部分库存不指定特定的客户，待到发货时，再按订单要求贴上标签。一个自动化的仓库一般会保留5000～10000t的平板纸托盘作为固定库存[21-24]。

自动存储和出库系统包括一个条码阅读器和一些识别托盘来料和检查来料尺寸的自动化系统。如系统发现任何信息不匹配，托盘则需进行人工处理。如顺利通过检查，托盘会被放置在一个附属托盘上，起重机或升降系统会将其运输至指定位置。托盘的存储位置可以根据每种产品的周转率预期进行相应的调整。货架的高度可以达到10层，货架间的通道通常为双深度巷道。起重机一次能处理4个托盘。托盘的回收与货运计划同时进行。在起运的前一天晚上，起重机将待运的产品从货架上取出，并运至装货月台。如有必要，产品可重新贴标。与此类似，也可将固定库存中的产品重新召回进行再加工，如进行闸刀式切纸。

自动仓库系统在设计时，需对物料流进行仔细研究，包括物料流平均值和峰值。由于生产厂未来的生产量十之八九都会增加，这意味着仓库的物料流将来也会增加。因此，明智的做法是给自动存储和出库系统的处理能力预留足够的提升空间，以防止其成为将来产量提升的瓶颈。影响自动存储和出库系统功能的一个重要因素是与之相连或对其进行控制的计算机系统。关于自动存储和出库系统的更多细节，读者可以参考H. Debor[22]的相关著作。

自动存储和出库系统的优点有如下几点：

① 降低人力和成本；

② 降低产品受损量或库存损失，进而提高客户服务质量，减少物料损失；

③ 提高产品周转率，全过程符合“先进先出”原则；

④ 当处理量大到一定程度时，该系统的优点将超过投资成本高的缺点。

4.5.5　平板纸完成厂的生产环境

平板纸完成厂的温度和湿度环境应与印刷车间保持一致。通常，其相对湿度为50%，温度为20℃。控制相对湿度和温度的一般方法，是保持纸张水分以维持纸页尺寸稳定性。平板纸完成厂的地理位置决定了应该使用什么样的设备来维持标准的空气环境。

冬季，如果室外温度很低，防止干燥的冷空气进入完成车间非常重要。这可以通过抽风室和风帘机实现。

温度控制通常采用带调节器的换热器实现。使用蒸汽加湿器可对水分或空气进行控制。在蒸汽加湿器中，清水被蒸发后与空气流混合。另外，也可用喷雾器将清水喷洒到空气中。冬季，为节省能耗，建议将部分外排的气流进行循环和清洁。

如果平板纸完成厂所在地气候湿热，气温高于20℃也是可以接受的，但相对湿度应要相应进行调节。然而，有些时候冷凝水蒸气以降低湿度也是必要的。

整个平板纸完成车间的温度和湿度必须保持均衡。这可以通过遍布整个车间的管道实现。此外,混合风箱与管道需分开。

高效高品质的平板纸完成车间还需保持全面整洁。一个干净有序的工厂不仅是一个令人愉悦的工作环境,也能够给到访者留下高品质生产的印象。

为保持车间整洁,有些环节和设备是必需的,如切纸机上的高效的除尘系统,中央清洁系统,以及保持地板的全面清洁的刷洗设备等。包装材料的处理也需要有序进行。

平板纸完成厂的最低光照等级一般为 500 勒克司(lux,照明单位)。在需进行质检的地方,光照等级需相应提高[21]。

4.5.6　维护要求

许多仍在运转的老切纸机历史长达 25 年或更长。这些老切纸机一般都经过数次升级,车速也没有现代化的切纸机快,但这些设备由于投资维护成本低,实际生产中仍然比较实用。

现在,所有的平板纸完成厂都有一套质量保证系统,服务和维护也在其中。在制定维护和保养预算时,需对工厂成本和产能进行考虑。

① 通过提高维护和保养水平,消除额外的维修和停机时间,可以赢得更多的有效运行时间。为此,可尽量减少易磨损部件的使用,多使用耐久材料。预防性的维护和运行设备的润滑也非常重要。当切纸机因换卷或调整纸边等原因而停机时,可以充分利用这个机会进行一些细小的维护和修理工作。

② 要提高切纸机的平均车速,可从改进工具和方法、保证所有活动可调的部件和设备维护良好等方面入手。

③ 横切刀和纵切刀的维护、保养和调试对提高产品质量和保证质量稳定性具有重要影响。另外,切刀支架和滑轨的维护也非常重要。

为保证运行的稳定性,需要注意的其他重要影响因素有:

① 退卷单元后座上的纸芯夹盘和制动器会导致平板纸长度的波动;

② 张力调节会影响平板纸长度;

③ 除翘曲装置可能在涂布纸或涂布纸板上留下印痕或破坏纸面;

④ 如果分拣装置没有就绪,纸张缺陷将无法检出,质量完好的平板纸可能会被筛除;

⑤ 如果领纸辊轴承工作不正常,会导致纸面留下领纸辊印痕;

⑥ 压辊可能在纸板上留下印痕。如果压辊过度磨损,会导致纸幅所需张力发生波动或达不到张力要求,从而导致平板纸长度波动;

⑦ 分选门会导致堵塞;

⑧ 叠纸辊或叠纸带会在纸面上留下印痕,消除印痕需以降低车速为代价;

⑨ 码纸台部件,如楔子、输纸皮带、平板、升降台和纸令贴标机对平板纸的纸令质量影响重大;

⑩ 电控系统和电机(包括齿轮箱、联轴器和电动马达)需进行良好的维护。平板纸计数器也需进行良好的维护;

⑪ 通常,有些切纸机部件需要一定的工作气压或真空度。所有的过滤器、阀门和风机都需进行维护。除尘系统运转不良,产品将受到污染。

平板纸完成车间须制定一个综合性的维护和保养计划。所有维护和保养项目都需要详细列出并写进工作指导手册中。

一旦发现任何干扰或微小的问题,切纸机操作人员都应直接告知维护人员。操作人员参与维护工作能够帮助提高工厂产能。

掌握各个部件工作和使用寿命方面的知识,能够确保维护人员及时对设备进行维护和保养,从而避免意外停机。通过及时更换备件,能够防止设备过度磨损,从而保证产品质量维持在较高水平。

对于切纸机来说,只进行日常的保养是不够的。有时,切纸机还需要进行一些重大维护,例如更换横切单元轴承。老旧的切纸机进行轴承更换还需请专业人员进行操作。由于进行重大维护的时间间隔可能为数年,维护人员可能缺乏足够的经验,请专家进行维护则可减少维护时间,避免错误。

每台切纸机都是不同的,但他们都有一个共同的任务:将纸张切成正确的尺寸。因此,优质的切刀材料,有效的切刀保养和维护,正确的磨刀方法,合理的切刀存放和处理以及切刀支架的日常维护,成为保证切纸顺利进行的关键。切纸机操作员可从如下几个方面支持维护工作:

① 保持设备清洁且润滑良好,检查所有部件是否正常工作;

② 按照操作手册的要求操作设备;

③ 定期对所有部件进行检查(除尘设备、缺陷检测器、切刀支架等);

④ 注意设备磨损情况以及噪音和功能异常;

⑤ 提高工作水平,积累实践经验(操作、调校和检查);

⑥ 通知并配合维护人员进行工作。

维护人员需要做好以下几个方面:

① 传授设备维修专业技能,帮助进行设备维修;

② 执行最紧要的维护和维修任务(改造、更换磨损件、主要设备入库);

③ 及时更新设备维护记录;

④ 提高维护工作水平。

4.6　平板纸完成效率

4.6.1　平板纸完成的产能

平板纸完成车间的产能水平与期望值之间可能会有很大的差异。切纸机实际产能只有理论最大值10% ~20%的情况非常普遍(表4 -6)。影响切纸机产能的因素很多,在策划新的平板纸完成项目和现有设备生产过程中,都应对这些影响因素有所了解。

表4 -6　对开切纸机的理论技术产能和实际效率[25]

切纸机参数	量值	纸张参数	量值	备注
最大工作宽度/m	2.23	定量/(g/m^2)	100	
最大车速/(g/min)	350	平板纸尺寸/mm × mm	630 ×880	
最大切刀载荷/(g/m^2)	600			
后座数量	6			
最大纸卷直径/m	1.5			
换卷时间/min	20			

续表

	理论值	实际值	效率/%	
1. 设计产能				
工作宽度/m	2.23	1.8	0.81	宽度效率
车速/(m/min)	350	250	0.71	车速效率
切刀载荷/(g/m²)	600	600	1.00	切刀载荷效率
产量/(t/d)	674	389	0.58	
2. 特定尺寸最大产能				
工作宽度/m	2.23	1.89	0.85	
车速/(m/min)	320	250	0.78	
切刀载荷/(g/m²)	600	600	1.00	
产量/(t/d)	498	408	0.82	
3. 实际连续生产能力				
纸卷直径/m	1.5	1.2	0.80	纸卷直径效率
生产时间/(h/d)	19.87	19.06	0.96	
产能/(t/d)	433	313	0.72	

在大多数平板纸完成厂,切纸机是影响产能的重要因素。本部分将对切纸机的工作效率进行详细讨论。除切纸机外,平板纸完成厂的其他设备和功能对切纸效率的影响也不可低估。现代切纸线是一个集成的系统,包括一台切纸机、数台包装机、输送装置和附属设备四部分,每个部分都会影响整条线的产能,且都有可能成为制约产能提升的瓶颈。现代对开切纸生产线与小裁纸切纸线是紧密结合的,纸箱或纸令包装机往往成为影响切纸机产能的瓶颈。

4.6.1.1 切纸效率的定义

测定切纸效率是平板纸完成厂组织生产计划,跟踪生产状况,检验现有设备,排查潜在瓶颈的有效参考工具。关于以何种指标作为切纸效率测定的基础目前仍鲜有报道。

一台切纸机的理论最大产能可以用如下公式表示[26]:

$$T_{th} = m_F . n . b . v/t \tag{4-1}$$

式中 T_{th}——理论最大产能,kg/d 或 kg/a

m_F——纸张定量,kg/m²

n——同时裁切的纸幅张数

b——切纸机最大工作宽度,m

v——切纸机最大车速,m/min

t——生产时间,min/d 或 min/a

由于公式(4-1)右侧的影响因素实际值与理论最大值存在差异,因此可对有效产能做如下定义:

$$T_{act} = \eta_{act} . T_{th}/100 \tag{4-2}$$

式中 T_{act}——实际产能,kg/d 或 kg/a

η_{act}——效率因子,%

另外,效率因子还可作如下定义:

$$\eta_{act} = \eta_n \eta_b \eta_v \eta_t \tag{4-3}$$

式中 η_n——实际切刀载荷与最大载荷百分比,%

η_b——实际工作宽度与最大工作宽度百分比,%

η_v——切纸机实际车速与最大理论车速百分比,%

η_t——实际生产时间与最大理论生产时间百分比,%

式(4-2)中的效率因子通常远不及100%,导致η_{act}的值非常低。因此,实际切纸能力比理论设计产能低得多也就不足为奇了。

式(4-1)、式(4-2)和式(4-3)仅就各因素对切纸机产能的影响作了大致描述。更详细的描述见表4-7。表中数据以文献报道[27-28]和实际经验为基础,将影响切纸机产能的因素分为三类:切纸机及其附属设备的构成、生产计划和其他工厂因素以及客户订单规定的细节。

表4-7 影响切纸机产能的主要因素

(C代表切纸机及其附属设备的配置,P代表生产计划等工厂因素,O代表客户订单要求)

		C	P	O
纸幅数量	纵切刀载荷/(g/m^2)	×		
	横切刀最大载荷/(g/m^2)	×		
	后座数量	×		
	纸张浆料组成(加填量,涂布量,机械浆/化学浆比例)			×
	切纸质量(切刀工作状态)		×	
	订货量/tons(公吨)			×
实际工作宽度	袋数,例如并排裁切平板纸张数	×		
	平板纸宽度/mm			×
	辊子宽度/mm		×	
	纸边废料最大宽度/mm	×		
实际工作车速	最大设计车速/(m/min)	×		
	车速曲线和平板纸长度	×		
	平板纸长度/mm			×
	纸幅维护状况		×	
	纸幅运行性能	〔×〕	×	
	纸幅摩擦状况	〔×〕	×	
	工作人员操作技能和积极性		×	
实际生产时间	换卷上网时间/min	×	×	
	新平板纸尺寸设定时间/min	×	×	
	平板纸尺寸变换次数			×
	纸种变换次数	〔×〕	×	
	滑道更换时间	×	×	

续表

		C	P	O
实际生产时间	平板纸纸垛最大高度/mm	×		
	平板纸纸垛实际高度/mm			×
	最大纸卷直径/mm	×		
	实际纸卷直径/mm		×	
	纸卷实际运行长度/m		×	
	订货量/tons(公吨)			×
	停机维护时间/min	×	×	
	换班系统/(h/d);(d/a)		×	
	缺纸卷时间/min		×	
	无订单时间/min		×	
	缺人力时间/min		×	
	卡纸时间/min	〔×〕	×	
	工作人员技能和积极性		×	

4.6.1.2 切纸机设计

(1)宽度设计

切纸机以所需产能为设计基础。从后座到平板纸堆垛单元,每个元件都是重要的影响因素,但最基本的影响因素是切纸机宽度。

切纸机宽度的主要限制因素是复杂的纵切单元。如“纵切单元和分选门”一节中所述,对开切纸机中的纵切单元尤为复杂。

在设计切纸机的工作宽度时,应首先考虑选择最常见的几种纸卷宽度和平板纸宽度。表 4-8 列举了对开切纸时常用的几种切纸宽度,并与其他切纸宽度进行了对比。尽管产量的增加并不与切纸机宽度呈线性关系,但总体来说,切纸机宽度增加,产量亦随之增加。在设计小裁纸切纸机宽度时,纸机上的纸卷宽度和最大切边宽度两项指标至关重要。而设计对开切纸机宽度时,以上两项指标的重要程度则相对降低。在某些情况下,如果原料纸卷在纸机上切边不理想,切纸机的额外工作宽度也无法发挥应有的作用。

表 4-8 平板纸尺寸对并排裁切平板纸张数的影响以及产能的理论增加潜能[25]

产量比重	平板纸宽度	平板纸长度	并排裁切平板纸数量 切纸机最大工作宽度			理论产能增加/%	
%	mm	mm	1630mm	2130mm	2230mm	1650/2150	2150/2250
20	630	880	2	3	3	10.0	0
15	450	640	3	4	4	5.0	0
9	610	860	2	3	3	4.5	0
8	460	640	3	4	4	4.0	0
7	700	1000	2	3	3	3.5	0

续表

产量比重	平板纸宽度	平板纸长度	并排裁切平板纸数量 切纸机最大工作宽度			理论产能增加/%	
7	430	610	3	4	5	2.3	1.8
6	640	900	2	3	3	3.0	0
6	640	920	2	3	3	3.0	0
3	650	920	2	3	3	1.5	0
3	440	630	3	4	5	1.0	0.8
3	720	1040	2	2	3	0.0	1.5
2	640	910	2	3	3	1.0	0
2	620	940	2	3	3	1.0	0
2	710	1020	2	3	3	0.0	0
2	650	900	2	3	3	1.0	0
1	700	1020	2	3	3	0.5	0
1	720	940	2	2	3	0.0	0.5
1	720	1020	2	2	3	0.0	0.5
1	720	1100	2	2	3	0.0	0.5
1	880	1260	1	2	2	0.5	0
100						41.8	5.6

(2)后座设计

后座对切纸机效率的影响有三个方面。首先，后座的数量决定了切刀应该使用的最大载荷值；其次，后座类型对换卷时间（去除旧纸卷，换上新纸卷并与旧纸卷相连，以及新纸幅进给）有重要影响。现在，纸卷的运行时间一般为1个多小时，24h内需换卷约20次。而在之前，换卷操作通常需停机20～30min，导致15%的生产时间因换卷而浪费。带静态接纸和动态接纸装置的后座能够将时间损失降到最低水平。第三个影响换卷时间损失的因素是纸卷最大直径。纸卷直径直接影响换卷频率。通常，纸卷直径最大值一般至少为1.5m，纸板纸卷至少为1.8m。使用直径较大的纸卷还有一个好处，即减少因换卷次数，降低因换卷导致的原料浪费。

(3)切刀载荷设计

纵切单元和横切单元的最大切刀载荷决定了被切纸幅的总定量。通常，随着切纸定量的增加，纵切单元的切刀载荷往往比横切单元切刀载荷更容易成为瓶颈。例如，单个纵切单元最大能够承受裁切600g/m^{2}的涂布薄页纸的载荷，而横切单元则可以裁切定量高达800g/m^{2}的涂布薄页纸。为充分利用切刀的荷载能力，在这种情况下可安装第二个纵切单元（双纵切刀）同时对同一纸幅进行分切。

(4)纸幅速度—速率曲线

切纸机设计的纸幅速度通常不超过450m/min，约为每分钟500张对开纸。影响车速的限制因素是平板纸在切纸机末端必须停下来，以便于叠纸。到达码纸台时，纸幅速率必须降到70～80m/min，到达堆垛机时，速率需达到零。纸幅速率的降低，可能导致平板纸，尤其是涂布平板纸被破坏或在纸幅上留下印痕。

由于切刀转筒的圆周速率与纸幅速率是相同的,因此切纸机的实际平均车速可以达到最大设计车速。对于对开切纸机,只有在裁切特定设计长度的平板纸时才能达到最大设计车速,平板纸长度过长或过短都无法达到最大设计车速。对于特定设计的切纸机,可用速率曲线来表示其车速与待切平板纸长度之间的关系。图 4－39 所示为一切纸机的理论和实际速率曲线。

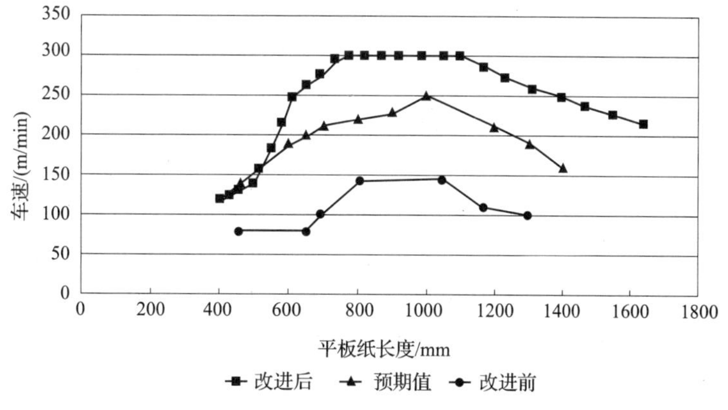

图 4－39 切纸机的理论和实际速率曲线

设计车速曲线必须能够反映最常见长度类型的平板纸的速率值。起初,纵纹纸非常普遍,因此,平板纸长度接近 1m 是比较理想的值;后来,横纹纸的需求量越来越大,导致很多切纸机的运行速率并非位于速率曲线的理想区间。

(5)尺寸类型更换、叠纸和码纸台

由于对开薄页纸常见的订货量不超过 5t,而折叠箱板纸订货量一般不超过 3t,因此,切纸机需满足快速更换平板纸尺寸类型的要求。在 20 世纪 70 年代投入使用的旧切纸机,由于自动化程度较低,大约有 10% 的生产时间浪费在更换尺寸类型上。因此,为提高平板纸尺寸类型的更换效率,可加大投入以提高纵切单元设置、码纸台和平板纸堆垛机自动化程度。这项投入可通过切纸机利用率的提高得到补偿。除了自动更换尺寸类型外,保证叠纸和码纸能够满足所有尺寸类型平板纸满负荷运行的要求也是非常重要的。

(6)托盘更换、纸令收集和转移

如果手动进行托盘更换,对开切纸机的生产时间将会损失 10% 。因此,将托盘更换过程自动化以获得更多生产时间的办法广受欢迎。在更换托盘过程中,带自动托盘更换系统的单个堆垛机和早期的双堆垛机系统只能保证切纸机低速运行。而最新的双堆垛机或三堆垛机系统能够保证切纸机按常速运行,产量损失几乎降为零。

4.6.1.3 工作参数

影响平板纸完成车间运行和实际产能的工作参数有很多。根据实际经验,现对最重要的几个参数进行讨论。

(1)纸卷尺寸,订货量和平板纸尺寸

随着订货量不断减小,更换订货量需要更多的时间,平板纸完成生产线的效率也呈现下降趋势(图 4－40)。根据经验,订货量越小,提高切纸机及其附属设备的自动化程度越重要。

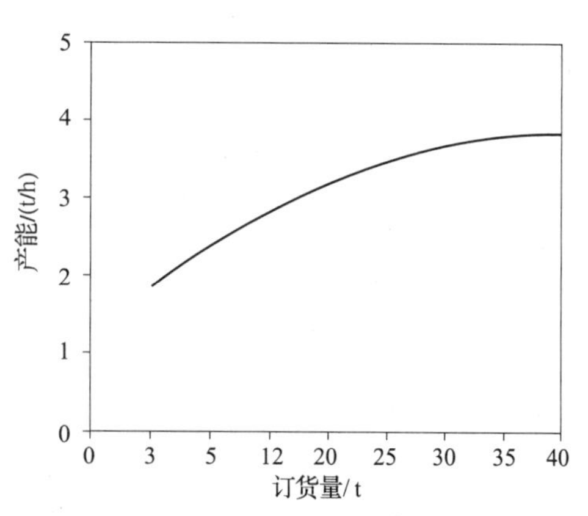

图 4－40 订货量对对开切纸机产能的影响

生产过大或过小的非常规平板纸,可能需要额外的设备设置时间,导致时间的使用效率下降。生产非常规平板纸还可能导致设备运行速率出现异常,而不是按照常规的纵切单元速率曲线运行。导致这种现象的原因既可能是操作人员缺乏经验和操作技能,也可能是切纸机生产线上的其他因素。

纸卷尺寸可通过多个途径影响切纸效率。如果纸卷过宽,宽度超过并排裁切平板纸宽度和最小纸边废纸宽度之和,额外产生的纸边废纸将使切纸机速率降低。即使采用纸边废纸系统对其进行处理,或者直接将其视为宽度较窄的平板纸通过切纸机,其对切纸机速率的影响也无法消除。当纸卷的运行长度与平板纸订货量不匹配时,更换较重的纸卷尾卷也会导致生产时间的损失。

(2)纸张纤维原料和定量

裁切相同定量的纸张,涂布纸比未涂布纸更容易裁切。对于切纸机操作人员来说,这是一个众所周知的事实。另外,含有机械浆的纸张比只含化学浆的纸张更难裁切。如果浆料组成相同,添加填料和颜料的纸张通常更容易裁切。通常,经过涂布的纸张摩擦系数会发生改变,因此,叠纸和码纸单元需要安装调节装置。在纤维原料和纸张表面特性保持不变的情况下,定量越高的纸张越难裁切。如果切纸机不能根据纸张纤维原料和定量的变化进行有效调整的话,车速和切纸质量将会受到严重影响。

(3)纸卷质量

如"平板纸完成原料"一节中所述,如果要求切纸线以最高效率运行,则只能选择质量比普通标准更高的纸卷作为原料。如果纸卷有任何破损或缺陷,切纸机车速将受到严重影响,生产时间也会因此而遭受损失。

(4)维护和干扰

维护和干扰既影响时间利用效率,也影响车速。维护的主要目的是保证切纸机运行良好,以完成目标产能。由于正确的维护会占用一部分生产时间,推荐对预防性维护的可能性进行仔细研究,并制定合理的维护计划,例如切刀的更换。

熟练地分析和排除干扰因素,能显著提高生产时间利用效率。由于现代切纸线操作和控制系统复杂,因此需要安装自检系统。技术娴熟的电气维护人员以及操作人员也是进一步提高产能的基础。

(5)人力,技能和工作积极性

最后需要强调的是,员工及其经验技能、工作积极性也是保证良好生产能力的关键。管理层、监督人员和操作人员的共同努力能够解决很多技术问题,使得设备并不太先进的平板纸完成厂也能够在激烈的竞争中胜出。

在平板纸完成厂,实行操作人员轮岗制能够帮助他们更好地理解岗位需求,为建立良好的工作团队打下基础。在团队协作中,特定任务和紧急任务的分配需定义清楚。另外,如第五章"维护要求"一节所述,让操作人员参与设备维护,尤其是切刀更换对操作人员的技能提升也有一定的帮助。

4.6.2　平板纸完成的高效生产

4.6.2.1　设计产能

除了保证所需的平均产能外,平板纸完成厂还应该预留10% ~15%的额外产能,以缓解需求高峰期的生产压力。在造纸厂,平板纸完成设备的投资成本占整个纸厂设备投资成本的比重相对较低。纸厂很大一部分成本投资集中在纸机设备上,这些设备需保持很高的开工率才能充分发挥其经济效益。因此,投资成本较低的平板纸完成厂不得成为影响纸机开工率的瓶颈。

和浆线、纸机生产线相比,平板纸完成生产线及其独立设备单元的开停机通常要简单得多。因此,可不必局限于一般纸厂所采用的每周 7d,每天三班倒的倒班制度,采用灵活多样的倒班制度也是可以考虑的。比如一周只安排 5d 进行生产,在周末有计划性地对设备进行必要的维护和保养。这样做不仅能够避免在 5d 的有效生产过程中进行停机维护,还能够有选择性地安排周末加班生产,以满足需求高峰期的产能要求。

4.6.2.2 实际产能

平板纸完成厂的运行状况受到很多因素的影响。为跟踪生产线运行效率和实际产能,需对这些影响因素进行仔细研究。K. G. Frye[28] 曾提出一种追踪时间效率的具体方法,这种方法以切纸机主电机的运行时间为基础。和停工原因调查报告一样,报告运行时间也是十分重要的。这些信息经过加工后,能够帮助工厂管理层和相关人员进行决策和处理问题。图 4-41 所示为时间效率的饼状图示例。该示例摘录自一份反映 20 世纪 70 年代初某对开切纸机与一台现代切纸机时间效率对比的报告。该报告还可进行扩展,将其他影响平板纸完成厂整体运行状况的重要设备包括进来。

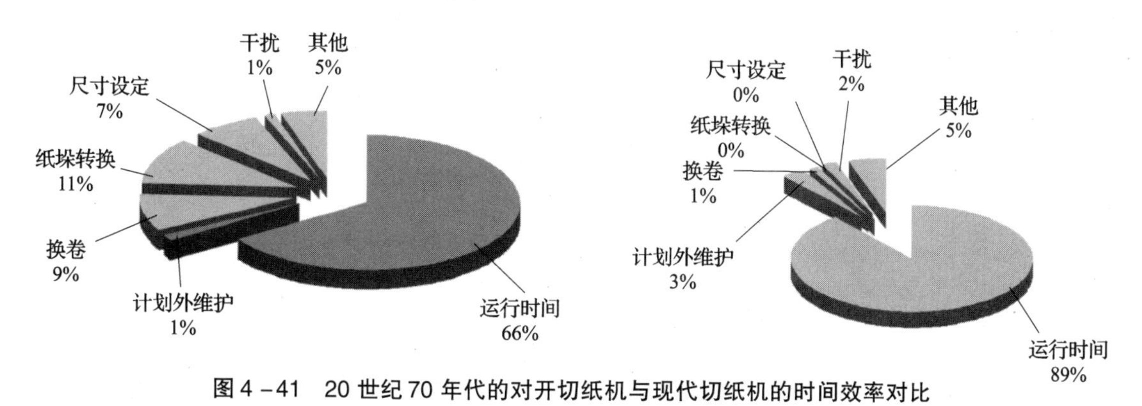

图 4-41 20 世纪 70 年代的对开切纸机与现代切纸机的时间效率对比

尽管实际生产中变数较多,但进行日常报告、月度报告和年度报告还是十分必要的。将日常生产状况按生产时间—产量关系绘制成连续生产曲线(图 4-42),是管理层进行产能预期的重要工具。

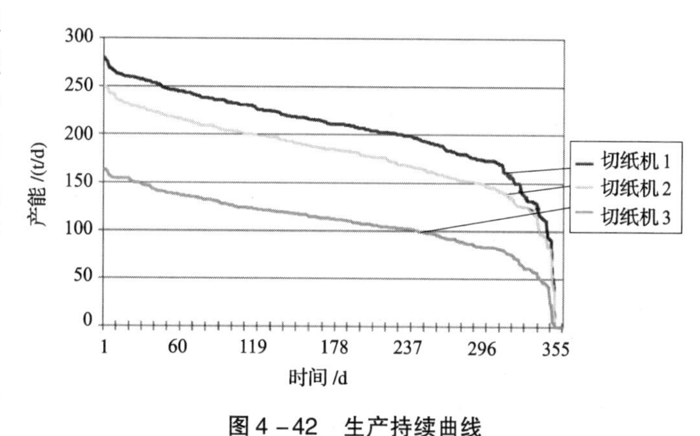

图 4-42 生产持续曲线

对许多平板纸完成厂来说,预先计算每个订单可能需要的运行时间,不仅有助于制定生产计划,还有助于为设备操作人员设定明确的生产目标。

4.6.3 生产计划的原则和问题

平板纸完成车间的生产计划与纸机的生产计划有所不同。纸机生产计划中最重要的因素是保证高效运行,包括较大的成品宽度。在平板纸完成厂的生产计划中,高效运行也非常重要,但实现目标的方式与纸机是不一样的。

4.6.3.1　对开切纸

在对开切纸过程中，制定生产计划的主要目的是对客户订单进行排班生产，以实现产能利用最大化。由于平板纸订货量和订货尺寸并不固定，且同时裁切多种尺寸的平板纸在技术上几乎不可行，切纸机的纸边宽度只可能受到并排裁切平板纸张数的影响。平板纸长度决定了纵切单元的最大切纸速率。纸张定量往往是固定的，在订货量不受限制的条件下，保证实际切刀载荷达到最大值是非常重要的。纸种和纸张定量虽然能够影响切纸机运行性能，但其影响有限。更重要的是提高生产效率，将宽度相近的平板纸的生产计划安排在相邻的批次，宽度接近的纸卷也放在相邻批次生产。生产计划的自由度取决于交货期和库存周转率。

在给独立的对开纸纸令包装机或纸箱包装机安排生产计划时，纸令的尺寸是最重要的因素。将尺寸接近的纸令安排在相邻的批次进行包装，可实现包装设备生产效率的最大化。如果没有建立中转库存（这意味着交货期将更长），想要将切纸机或包装机的产能利用率提高到最大值是很困难的。如要进行彻底的优化，需了解纸令包装/纸箱包装订单比例和订货量、纸张定量、平板纸尺寸和纸令尺寸等的分布情况[29]。

4.6.3.2　小裁纸生产

通常，不同尺寸和纸种的小裁纸，其生产计划都十分简单。由于打孔的A3或11in×17in（279mm×432mm）的小裁纸生产时开机设置时间较长，导致相当大一部分生产时间损失。因此，这类特殊生产应按照每两周一次，每月一次或者其他合适的周期进行。更换纸种往往意味着要进行一些设备调整，也会造成一定的生产时间损失。因此，在考虑交货期和库存周转率的情况下，应尽量降低纸种更换频率。

4.6.4　平板纸完成成本

根据裁切纸种的不同，平板纸完成生产线的运营成本通常占纸卷价格的15%～40%或者更高。在进行全面的成本分析时，除了应考虑直接劳动成本和包装材料成本外，应该考虑以下几个方面：

① 切纸废料的价格，可计入废料补偿中。

② 浮动成本，如包装材料、切刀和电力供应等。

③ 运输和处理成本，包括将纸卷运输到完成车间，以及将成品托盘转运到运输车辆上。

④ 仓储成本，包括纸卷、成品托盘和包装材料库存的投资成本。

⑤ 直接制造成本，包括劳动力及其培训的成本、维护成本和生产原料成本。

⑥ 平板纸完成设备、厂房、土地、叉车等的投资成本、利息和折旧费用。

⑦ 间接制造成本和运营成本，例如管理、生产计划、劳务支出、厂房建设及其维护、供热、采光、办公用品、采购、会计等。运营成本在不同的平板纸完成厂可能有不同的定义，但采用作业成本核算法是一个不错的选择。

⑧ 如果平板纸完成厂作为生产成品的利润中心运营，原料纸卷的采购价格将是成本结构中重要的一项。

图4－43描述了平板纸完成成本项在各个决策层级的分布。

总成本结构对制定经营战略和长远计划，例如决定是否进行投资，或者决定开始或者停止生产某个纸种时具有重要意义。在进行年度预算等短期决策时，有些投资成本可以不必考虑在内，例如切纸设备、土地、厂房、叉车等。管理费用通常作为“沉没成本”，可不予考虑。如果只是进行小范围内的决策,如销售少量次等纸张产品,则最好能够将废料成本、可变成本和直接制造成本考虑在内。然而,所有业务都应该计算平板纸完成的总成本。

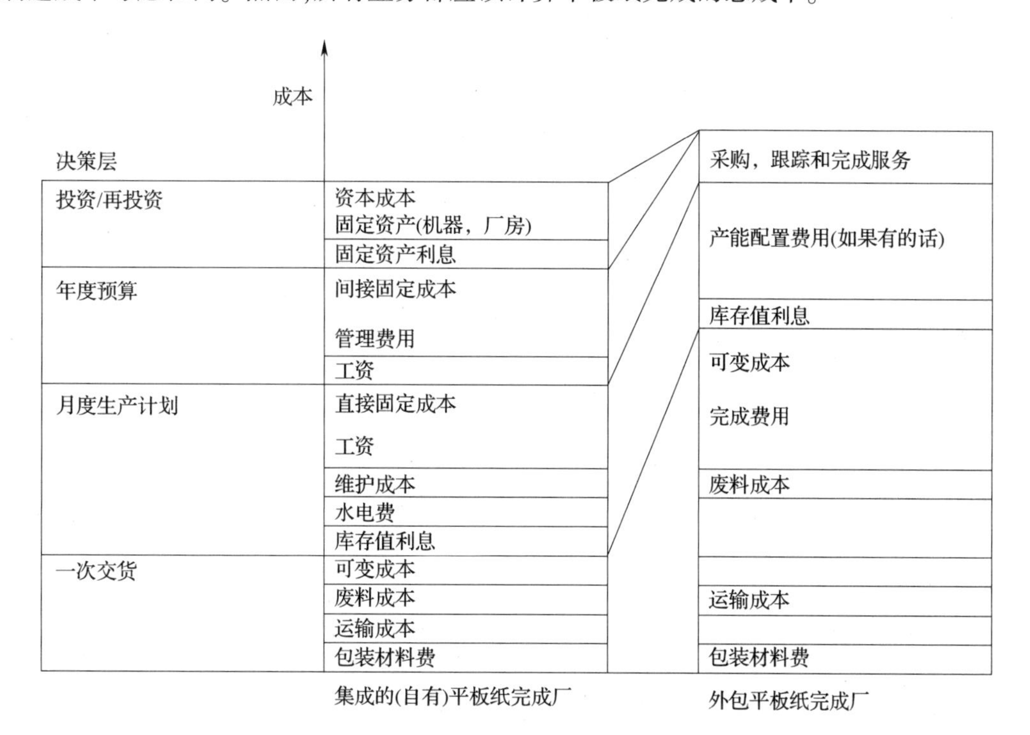

图 4－43 平板纸完成成本在各个决策层级的分布

参考文献

[1] Grygotis, R. C. , Cut Size Sheeting, TAPPI 1993 Sheeting and Packaging Seminar Notes, TAPPI PRESS, Atlanta, p. 87.

[2] EN ISO 216 : 2007, Writing paper and certain classes of printed matter – Trimmed Sizes – A and B series, and indication of machine direction. European Committee for Standardization(2007).

[3] ANSI INCITS 151 – 1987 (R2002). Bond Papers and Bristol Papers – Common Sheet Sizes. Bond Papers Basis Weights 49 – 90g/m^2, index Bristols Basis Weights 130 – 796g/m^2, American National Standard Institute(1986).

[4] EN 1S0217:2008. Paper. Untrimmed Sizes. Designation and Tolerances for primary and supplementary ranges, and indication of machine direction. European Committee for Standardization (2008).

[5] Global paper and paperboard production 1980 – 2008 (Source: ForesSTAT FAQ) [Ref. 28. 1. 2010], Available at: http: f/www. forest industries. fi/tilastopalvelu/Tilastokuviot/Pulp/Julkinen – EN/f30GlobalPaperpaperboard_007. ppt.

[6] Abderholden, M. E. , A Modern Paper Supply System is the Key to a More Efficient Sheeting Operation, TAPPI 1993 Finishing and Converting Conference Proceedings, TAPPI PRESS, Atlanta, p. 187.

[7] Ebel, T J., Modern Technology Makes Duplex Sheeting a Valuable Alternative, TAPPI 1993 Sheeting and Packaging Seminar Notes, TAPPI PRESS, Atlanta, p. 82.

[8] Margarida, T. A., Increasing Quality on Existing Sheeters, TAPPI 1991 Finishing and Converting Conference Proceedings, TAPPI PRESS, Atlanta, p. 223.

[9] Matthews, J., Pulp&Paper 65(10):110(1991).

[10] Herkenrath, H., Ramsay, G., Industrial longitudinal slitting in the paper – processing industry (2006), 60th Appita annual conference and exhibition, Melbourne, Australia, Paper 3C33, pp. 46 1 – 463.

[11] Jeremies, H., Performance restrictions in modern slitting systems, PTS – TUD – workshop for sheeting of paper and board, Dresden 6. 11. 2008, in German.

[12] Wittenberg, H., Paper Tech. ind. 19(7):240(1978).

[13] Brandt, M., Mark – free sheeting of sensitive paper and board, Int. Papierwirt schaft no. 4, 2005, pp. 18 – 19.

[14] Paper Industry Publishing Office, www. paperindustrymag. com/issues/Feb2008/softtec. html.

[15] Hemmerlin, F., Ream handling – counting and marking, PTS – TUD – workshop. Munchen 13. 11. 2007. in German.

[16] Ebel, T. J., Modem Technology Makes Duplex Sheeting a Valuable Alternative, TAPPI 1993 Sheeting and Packaging Seminar Notes, TAPPI PRESS, Atlanta, p. 83.

[17] Charles, S. C., Folio Sheeting – Continuous Discharge for Packing and Skid Stacking, 1993 TAPPI Sheeting and Packaging Seminar Notes, TAPPI PRESS, Atlanta, p. 47.

[18] UIC Code 435 – 2, Standard of Quality for European Flat Pallet Made of Wood, With Four Openings, and Measuring 800 mm x 1200 mm, 7th edn., 1994 – 07 – 01.

[19] Packaging Sheeted Paper and Board Products, VTN(Transportation Damage Prevention Council of Finnish Forest Industries), Finland, 1994, in Finnish.

[20] Hall, J. W, Sheeter Trim and Reject – Pneumatic vs. Mechanical Handling, TAPPI 1993 Finishing and Converting Conference Proceedings, TAPP1 PRESS; Atlanta p. 365.

[21] Clark, B., 1992 Materials Handling System Consolidated Papers, Inc. Converting Division, TAPPI 1993 Sheeting and Packaging Seminar Notes, TAPPI PRESS; Atlanta, p. 31.

[22] Debor, H., AS/RS Warehousing Systems for the Paper Industry, TAPPI 1992 Finishing and Converting Conference Proceedings, TAPPI PRESS, Atlanta, p. 97.

[23] Marcoux, S., Integrated Automatic Storage and Retrieval in a Fine Papers Finishing Department, TAPPI 1991 Finishing and Converting Conference Proceedings, TAPPI PRESS, Atlanta, p. 17.

[24] Welge, S., Wochenbl. Papierfabr. 120(3):91(1992).

[25] Niiranen, M., Folio Sheet Finishing, AEL – INSKO P907302/95 Proceedings, Helsinki, Finland, 1995, in Finnish.

[26] Welp, E G. and Most E. E., Das Papier 46(10A):V169(1992).

[27] Cook, R., Folding Carton ind. 12(4):49(1985).

[28] Frye, K. G., Productivity, TAPPI 1983 Annual Meeting Notes, TAPPI PRESS, Atlanta, p. 181.

[29] Juntunen, J. T., Production Planning of the Ream Wrapping, Diploma thesis, Oulu University,

Oulu, Finland, 1995, in Finnish.

延伸阅读文献

[1] Abderholden, M., Retrofit Brings older sheeters back to life, Paper Film Foil Conv. 69(9):80 (1995).

[2] Anon., Quality, Waste Get Action From Suppliers of Sheeters, Paper Film Foil Conv. 69(2):20 (1995).

[3] Anon., Sheeters in the Folding Carton Industry, Boxboard Containers 102(8):23(1995).

[4] Brandt, E., Herrig, F., Krolle, A. and Ramcke, B., Improving Sheeting Quality With New Dust Control Systems, TAPPI 1991 Finishing and Converting Conference Proceedings, TAPPI PRESS, Atlanta, p. 229.

[5] Brandt, M., Mark – free sheeting of coated paper and board: new technology avoids surface damage and ensures efficient production, Pap. Technol. vol. 17, no. 2, March 2006, pp. 34 – 38.

[6] Breddy, P. and Roberts, F. (EdS.), New Opportunities in Sheet Finishing? 1992 Converting Technology International Proceedings, p. 121.

[7] Brummer, G., Optimisation of fine paper sheeting equipment, International Papierwirtschaft no. 6, 2004, pp. 62 – 66. in German.

[8] Dupre, J. P., Back to the future in sheeting and converting, Pulp Paper Canada, vol. 106, no. 6, June 2005, pp. 14 – 16.

[9] Cottrell, L. R., Unwind Station Up to Slitter Station, TAPPI 1991 Sheeting and Packaging Short Course Notes, TAPPI PRESS, Atlanta.

[10] Dohr, N., Advanced Ceramic Material Offers Advantages for Slitting and Sheeting Operations, TAPPI 1992 Finishing and Converting Conference Proceedings, TAPPI PRESS, Atlanta, p. 135.

[11] Debor, H., Folio Sheeter Production Analysis, TAPPI 1992 Finishing and Converting Conference Proceedings, TAPPI PRESS, Atlanta, p. 109.

[12] Donofrio, D., Ensuring Superior On – press Performance, Package Printing Conv. (5):48 (1996).

[13] Ebel, T J., Folio Sheeter Productivity Analysis, TAPPI 1993 Sheeting and Packaging Seminar Notes, TAPP! PRESS, Atlanta, p. 69.

[14] Ebel, T. J., Flexible system of discharging, handling, packaging and stacking of reams that are discharged directly from a folio sheeter, 1999 Finishing and converting conference and trade Fair, Memphis, TN, USA, 3 – 7 Oct. 1999, pp. 167 – 174.

[15] Estes, C., Quality Control in Sheeting Operations, TAPPI 1990 Sheeting&Packaging Short Course Notes, TAPPI PRESS, Atlanta.

[16] Ferguson, K. H., Sheeting at Union Camp: a cut above the rest, Pulp Paper Intl. 36(11):61 (1994).

[17] Felder, H. J., The next generation of folio sheeters for paper and board applications, 1999 Finishing and converting conference and trade Fair, Memphis, TN, USA, 3 – 7 Oct. 1999, pp. 175 – 185.

[18] Gabel, J. S., Multi – web Localization, TAPPI 1991 Finishing and Converting Conference Proceedings, TAPPI PRESS, Atlanta, p. 241.

[19] Gennis, M., Competetive advantage in folio – size sheeting and packaging through tech – nological innovation, IPPTA Convention Issue, Mumbai, India 7 – 8 Feb 2003, p. 59.

[20] Graham, N. S., Quality Improvements for Sheeting in 1992, TAPPI 1993 Finishing and Converting Conference Proceedings, TAPPI PRESS, Atlanta, p. 129.

[21] Graham, N. S., Sheet Control From Cutoff to Layboy, TAPPI 1990 Sheeting and Packaging Short Course Notes, TAPPI PRESS, Atlanta, p. 1.

[22] Greiner, T S., Automated Sheeting Lines, TAPPI 1990 Sheeting and Packaging Short Course Notes, TAPPI PRESS, Atlanta, p. 35.

[23] Groth, R., Fur Format und Rolle, Wochenbl. Papierfabr. 120(23/24): 994(1992), in German.

[24] Hall, P. B., New pulp and paper warehousing and handling techniques, Tappi J. 76(10): 47 (1993).

[25] Hall, P. B., New Roll Handling Technology Enables More Storage Capacity, Less Damage, Pulp&Paper 71(4): 113(1997).

[26] Hameri, A – P., Efficient Reel Inventory Control – A Trade – off Between Waste and Inventory

[27] Performance, Paper'ja Puu 77(8): 479(1995).

[28] Harrison, A., Automated Production Management Links Potlatch Mills, Distribution Facility, Pulp&Paper 67(10): 41(1993).

[29] Hirsch, M. and Szabo, B., Mead upgrades 20 – year – old Sheeters to Achieve Better output, control, Pulp&Paper 71(3): 83(1997).

[30] Kishbaugh, G. (Ed.), Sheeters: Top option for carton plants, Boxboard Containers 97(6): 25 (1990).

[31] Klein, H., Die Bahnfuhrungsregelung laufender materialbahnen in Verarbeitungs – und Veredelungsprozessen, Coating 29(3): 89(1996), in German.

[32] Knowles, T, Stay sheet – wise: machine makers offer features to ensure smooth sheet – ing, Converting Today, vol. 19, no. 5, May 2005, p. 27.

[33] Koepke, F. A., Total Installation of Converting/Finishing Equipment, TAPPI 1993 Sheeting and Packaging Seminar Notes, TAPPI PRESS, Atlanta, p. 5.

[34] Koepke, F. A. and Seiler, G. S., Design Consideration for a Successful Sheeter/Packaging Line Installation, TAPPI 1992 Finishing and Converting Conference Proceedings, TAPPI PRESS, Atlanta, p. 155.

[35] Konheiser, H., Trends and developments in cut – size production, 6th International conference on new available technologies, Stockholm, Sweden, 1 – 4 June 1999, pp. 89 – 92.

[36] Kotok, A. and Howell, W. H. III, Bar Codes for Folio and Cut – size Stock, TAPPI 1991Finishing and Converting Conference Proceedings, TAPPI PRESS, Atlanta, p. 9.

[37] Kuster, R., Zubehor macht die Bogenverarbeitung effizienter, Druck Print(1): 26(1991), in German.

[38] Lang, F H., Changing Trends in Sheeting and Cross Cutting Operations Create Demand for Quality Cut Knife Maintenance Programme, TAPPI 1995 Finishing and Converting Conference Proceedings, TAPPI PRESS, Atlanta, p. 207.

[39] Lutzner, R. and Moser; A., Hauptrolle fur mobilen Barcodeleser im Papierrollenlager, Allge-

meine Papierrundschau 120(14):400(1996),in German.

[40] Martin,D.,Downtime Versus Uptime on Sheeters,TAPPI 1993 Sheeting and Packaging Seminar Notes,TAPP1 PRESS,Atlanta,p.91.

[41] Matthews,J. F,Overview of Sheeting and Trimming,Pulp and Paper Manufacture,3rd edn.,vol.8,Coating,Converting,and Specialty Processes,TAPP1,Atlanta,CPPA,Montreal,1990,386 p.

[42] Ojala,P and Makinen,J.,Roll handling and logistics control,Paper Asia 13(1):23(1997).

[43] Ottley,R.,Getting the best performance from sheeting machinery,Converter 29(3):18(1992).

[44] Poppe,D.,Moisture and paper,Paper Today 12(3):1(1996).

[45] Ramcke,B. and Brandt E.,Highly automated sheeting and packaging line for Folio sizes,World Pulp Paper Tech 165(1993).

[46] Ramcke,B. and Brandt. E,Cut – size sheeting technology today and in the future,TAPPI J. 79(10):111(1996).

[47] Riethausen,R.,Qualitatssicherung durch eine logistisch verstandene Materialwirtschaft,Deutscher Drucker 29(3):w2(1993).

[48] Ripper,J.,Efficient sheeting – targeting for high productivity,Paper Tech. 32(3):35(1991).

[49] Ripper;J.,Modern and efficient paper and board sheeting practice,Tappi J. 74(7):129(1991).

[50] Rooks,A.(Ed.),Consolidated converts upgrade into results,PIMA Mag. 77(10):43(1995).

[51] Satoh,T and Ishikawa,T,The recent trend seen in the Finishing process Equipments,Japan Pulp Paper 28(1):69(1990).

附　录

一、缩略语对照

A3	尺寸为420mm×297mm的标准平板纸
A4	尺寸为210mm×297mm的标准平板纸
A系列	平板纸尺寸的一类标准系列
AGV	Automatically guided vehicle,自动导向运输工具
ANSI	American National Standard Institute,美国国家标准组织
ASP	Asea Steel Powder ASP粉末冶金钢(一种比常规工具钢硬度更高的钢铁材料)
ASRS	Automatic storage and retrieval system,自动入库和出库系统
B系列	平板纸尺寸的B类标准系列
CEPI	Confederation of European Paper Industry 欧洲造纸工业联盟
CPM	Crusible Powder Metal CPM粉末冶金钢(一种比常规工具钢硬度更高的钢铁材料)
DIN	Deutsche Institute fur Normung e. V. 德国标准化组织
EN	European Norm given by European Committee for Standardization,欧洲标准,由欧洲标准化委员会制定
FBB	Folding Boxboard,折叠箱板纸
ISO	International Standard Organization,国际标准,国际标准化组织
LG	Long grain 长纹纸,即机向于平板纸长边相同
R	未裁切平板纸的初始尺寸
RA0	未裁切平板纸860mm×1220mm
RA1	未裁切平板纸620mm×860mm
RA2	未裁切平板纸430mm×610mm
SBS	Solid Bleached Board,全漂白硫酸盐纸板
SG	Long grain 短纹纸,即机向与平板纸短边相同
SR	未裁切平板纸补充尺寸
SRA0	未裁切平板纸900mm×1280mm
SRA1	未裁切平板纸640mm×900mm
SRA2	未裁切平板纸450mm×640mm
SRA3	未裁切平板纸320mm×450mm
UV	Ultraviolet light,紫外光,一种比可见光波长短的不可见光

二、物理量符号定义

α	nip half width,半压区宽度
s	tangential coordinate of the web,纸幅的切向坐标
$A_{r1}, A_{r0}, A_{\theta 0}, G_{r0}$	elastic constants of the cylinder and web,缸体和纸幅的弹性常数
T_R, T_D	driving torques of the roll and drum,纸卷和转鼓的驱动力矩
R_1, R_2	roll and drum radii,纸卷和转鼓的半径
N	烘缸上的垂直压力载荷
$p^{\pm}, q^{\pm}$	normal and tangential surface tractions at the web－roLl(＋) and web－drum(－)contacts,纸卷和卷纸辊接触处的法向和切向表面牵引力
T	初始纸幅张力
F	复卷力
$\varepsilon_r, \varepsilon_0, \gamma_{r0}$	radial,tangential and shear strains,径向、切向和剪切应变
$\sigma_r, \sigma_0, \tau_{r0}$	radial,tangential and shear stresses,径向、切向和剪切应力
WIT	Wound－In－Tension,(纸幅的)卷入张力
$A_{ij}, B_{ij}, C_{ij}, D_{ij}$	coefficients in finite difference equations,有限差分方程系数
$C_i, (i=1,...,3)$	coefficients in polynomial representing ,多项式系数
E_c	core modulus,(纸)芯部模量
E_r, E_t	radial and tangential modulus of elasticity,径向和切向弹性模量
h	paper thickness(caliper) ,纸页厚度
N	nip load,压区载荷
R_0	core outer radius,纸芯外半径
R	paper roll outer radius,纸卷外半径
r	polar radial co－ordinate,极坐标
r_i	radius of ith lap,第 i 层的半径
T	web line tension,纸幅线张力
T_R	roll centre torque,纸卷中心扭矩
T_D	drum centre torque,转鼓中心扭矩
ΔT	torque differential,力矩差
v	web line speed,纸幅线速度
WOT	Wound－On－Tension. Web tension which enters the roll after the nip,在张力下卷取,纸幅张力在压区后进入纸卷
$\varepsilon_r, \varepsilon_t$	radial and tangential strains,径向和切向应变
μ_k	kinetic coefficient of friction between paper layers,纸层间的动态摩擦因数
v_{rt}, v_{cr}	Poisson's ratios of the roll,纸卷或辊筒的泊松比
ρ	density of the roll,纸卷或辊筒的密度
σ_r, σ_t	radial and tangentiaJ stresses,径向和切向应力
$\Delta\sigma_r, \Delta\sigma_t$	radial and tangential incremental stresses,径向和切向应力增量
$\sigma_{r,i}, \sigma_{t,i}$	radial and tangential total stresses at radius r_i,在半径为 r_i 处的总径向和切向应力

$\Delta\sigma_{r,ij}$,$\Delta\sigma_{t,ij}$	radial and tangential incremental stresses at radius r_i after lapj is wound on,在半径为 r_i 处卷完第 j 层时的径向和切向应力增量
ω	instantaneous angular velocity of the roll,纸卷的瞬时角速度
ω_j	instantaneous angular velocity afterjth lap is wound on,在卷完第 j 层后的瞬时角速度

三、单位换算

推荐单位与常用单位的换算:推荐单位换算成常用单位时除以换算系数,反之则乘以换算系数。

计量单位名称	推荐单位	换算系数	常用单位
面积	平方厘米 [cm²] 平方米 [m²] 平方米 [m²]	6. 4516 0. 0929030 0. 8361274	平方英寸 [in²] 平方英尺 [ft²] 平方码 [yd²]
耐破指数	千帕平方米每克[kPa. m²/g]	0. 0980665	克力每平方厘米 [gf/cm²] 克力每平方米 [gf/m²]
密度	千克每立方米 [kg/m³] 千克每立方米 [kg/m³]	16. 01846 1000	磅力每立方英尺[1b/ft³] 克每立方厘米[g/cm³]
单位长度上的力	牛顿每米 [N/m] 千牛每米 [kN/m]	9. 80665 0. 17551268	克力每毫米 [gf/mm] 磅力每英寸 [1bf/in]
频率	赫兹 [Hz]	1	每秒或每秒转数(rps) [1/s]
长度	纳米 [nm] 微米 [μm] 毫米 [mm] 毫米 [mm] 米 [m] 千米 [km]	0. 1 1 0. 0254 25. 4 0. 3048 1. 609	埃 [Å] 微米[μm] 密耳 [mil 或者 0. 001in] 英寸 [in] 英尺 [ft] 英里 [mi]
质量	克 [g] 千克 [kg] 公吨(1 公吨 =1000kg) [t]	28. 3495 0. 453592 0. 907185	盎司 [oz] 磅 [lb] 吨(=2000lb)
单位面积质量	克每平方米 [g/m²] 克每平方米 [g/m²] 克每平方米 [g/m²] 克每平方米 [g/m²] 克每平方米 [g/m²] 克每平方米 [g/m²]	3. 7597 1. 6275 1. 4801 1. 4061 4. 8824 1. 6275	磅每令,17in ×22in(500 sheets) 磅每令,24in ×36in(500 sheets) 磅每令,25in ×38in(500 sheets) 磅每令,25in ×40in(500 sheets) 磅每 1000 平方英尺[1b/1000ft²] 磅每 3000 平方英尺[1b/3000ft²]

续表

计量单位名称	推荐单位	换算系数	常用单位
功率	瓦特[W] 瓦特[W] 瓦特[W] 千瓦[kW]	735.499 745.700 1.35582 0.74570	公制马力 马力[hp]=550 磅力英尺每秒 磅力英尺每秒[(lbf.ft)/s] 马力[hp]
压强	帕斯卡[Pa] 帕斯卡[Pa] 帕斯卡[Pa] 兆帕[MPa]	1 98.0665 47.8803 0.101325	牛顿每平方米[N/m^2] 克力每平方厘米[gf/cm^2] 磅力每平方英尺[$1bf/ft^2$] 大气压[atm]
速率	毫米每秒[mm/s] 米每秒[m/s]	5.080 0.30480	英尺每分(fpm)[ft/min] 英尺每秒[ft/s]
厚度	微米[μm] 毫米[mm] 毫米[mm]	25.4 0.0254 25.4	密耳[mil 或 0.001in] 密耳[mil 或 0.001in] 英寸[in]
抗张强度	牛顿每米[N/m] 牛顿每米[N/m] 牛顿每米[N/m] 千牛顿每米[kN/m] 千牛顿每米[kN/m] 千牛顿每米[kN/m] 千牛顿每米[kN/m]	9.80665 10.945 66.6667 0.175127 0.980665 0.29655 0.39227	克力每毫米[gf/mm] 盎司力每英寸[ozf/in] 牛顿每 15mm 宽[N/(15mm)] 磅力每英寸[lbf/in] 千克力每 10mm 宽[kgf/(10mm)] 磅力每 15mm 宽[lbf/(15mm)] 千克力每 25mm 宽[kgf/(25mm)]
厚度	微米[μm] 毫米[mm] 毫米[mm]	25.4 0.0254 25.4	密耳[mil](千分之一英寸) 密耳[mil](千分之一英寸) 英寸[in]
黏度(动态)	泊[P]	10	牛顿秒每平方米[Ns/m^2]
体积流率	立升每秒[L/s] 立升每分[L/min] 立方米每秒[m^3/s] 立方米每秒[m^3/s] 立方米每小时[m^3/h] 立方米每天[m^3/d]	28.31685 3.78541 0.0283169 0.76455 1.69901 0.00378541	立方英尺每秒[ft^3/s] 美国加仑每分[gal/min] 立方英尺每秒[ft^3/s] 立方码每秒[yd^3/s] 立方英尺每分[ft^3/min] 美国加仑每天[gal/d]

续表

计量单位名称	推荐单位	换算系数	常用单位
体积（流体） 体积（固体）	毫升［mL］ 立升［L］ 立方毫米［mm^3］ 立方厘米［cm^3］ 立方厘米［cm^3］ 立方分米［dm^3］ 立方米［m^3］ 立方米［m^3］	29. 5735 3. 785412 1 1 16. 38706 1 0. 001 0. 0283169	盎司［oz］ 美国加仑［gal］ 微升［μL］ 毫升［mL］ 立方英寸［in^3］ 立升［L］ 立升［L］ 立方英尺［ft^3］